静电防护标准化

季启政　苏新光　高志良　郭德华　等著

中国质检出版社
中国标准出版社

北　京

图书在版编目（CIP）数据

静电防护标准化/季启政等著．—北京：中国标准出版社，2018.7

ISBN 978－7－5066－8968－7

Ⅰ．①静　Ⅱ．①季…　Ⅲ．①静电防护—标准化　Ⅳ．①O441.1－65

中国版本图书馆CIP数据核字（2018）第088305号

中国质检出版社
中国标准出版社　出版发行

北京市朝阳区和平里西街甲2号（100029）

北京市西城区三里河北街16号（100045）

网址：www.spc.net.cn

总编室：（010）68533533　发行中心：（010）51780238

读者服务部：（010）68523946

中国标准出版社秦皇岛印刷厂印刷

各地新华书店经销

*

开本710×1000　1/16　印张24.25　字数483千字

2018年7月第一版　2018年7月第一次印刷

*

定价：89.00元

《静电防护标准化》
编审委员会名单

《静电防护标准化》
编写委员会名单

序　言

新版《中华人民共和国标准化法》于2018年1月1日起正式实行。《静电防护标准化》这本书是对新版标准化法宣贯、落实的献礼，它体现了军民融合和资源共享、夯实国家标准质量基础设施、构建清晰的标准体系等先进理念，对提升我国静电防护技术水平、助推“中国制造2025”战略、促进国民经济社会发展和国防建设都具有十分重要的意义。

静电放电作为电磁环境的重要因素之一，已成为影响产品品质、工程项目质量、安全生产和公共安全的电磁环境效应（E3）源之一，在工业生产、人民大众工作和生活中得到越来越多的关注。近几十年来，特别是进入新世纪以来，我国静电学界就静电放电与危害防控做了深入的研究，取得了大量的理论与技术成果，一系列静电安全标准如雨后春笋般出现，为航空、航天、电子、纺织、印刷、石油、化工、船舶、汽车等众多行业提供了较为科学的指导。该书作为静电防护标准研究的专业书籍，首次全面介绍了我国静电标准的发展历程，结合国际静电防护标准化发展趋势对我国静电标准化发展进行了分析，提出了构建静电防护标准体系的建议，同时汇集形成了较为完整的国内外静电防护标准目录，并对部分标准进行了解读。该书不仅具有重要的学术价值，而且将成为今后一段时期静电防护标准编研工作的重要参考资料。

北京东方计量测试研究所是中国航天科技集团有限公司第五研究院所属专业计量测试研究所，同时也是国家静电防护产品质量监督检验中心，多年来一直引领航天领域静电防护与检测技术研究、产品研发与标准编制、体系与产品认证。该书是研究所三十余年静电防护技术与标准体系建设经验的积累，体现了提升我国静电标准化水平的责任担当。希望越来越多的专家学者能够关注我国静电防护标准的发展，为富强民主文明的现代化制造强国建设提供更多的“静电”力量！

2018年1月于北京

前　言

静电防护标准是指导、规范静电放电敏感产品、电气引爆装置、易燃易爆液体/气体/粉体等科研生产活动静电防护操作的顶层文件。了解国内外相关静电防护标准发展现状，普及静电标准知识，构建合理的静电防护标准框架，指导、规范相关科研生产活动中的静电防护工作，将有力助推我国整体静电防护能力与水平的提升。《静电防护标准化》通过对我国静电防护标准化现状和国内外先进标准的应用分析，给出了静电安全标准的研究成果；同时，分享了航天器和空间静电的研究成果以及航天静电防护管理标准体系对航天质量提升工程的重要作用，体现了北京东方计量测试研究所砥砺前行、践行“航天制造 2025”战略、推动航天事业不断发展、勇攀高峰的信心。

作为航天领域静电防护专业研究机构，北京东方计量测试研究所针对航天电子产品的静电防护创新提出了明确的管理要求和技术要求，并在航天系统电子产品生产单位运行和实施，得到了成功验证、应用与推广。静电学界也希望我所能够总结静电防护标准编制研究与应用经验，出版体现专业水平的静电防护标准书籍，以推进我国静电防护标准化的发展。

《静电防护标准化》共分七章。第一章系统阐述了静电、静电危害、静电防护工程学及其静电防护标准化。第二章分析了静电防护标准的总体发展，涵盖了标准机构、标准数量、标准分布的技术领域以及标龄等基础信息，并对采用国际标准进行了对比分析。第三章从 IEC、美国及其他国际组织和国家静电防护标准发展入手，探讨了国际静电防护标准化发展现状与趋势。第四章总结了我国静电防护标准发展现状，提出了建立静电防护标准体系的迫切要求。第五章结合国际静电防护标准体系建设以及我国静电安全标准发展现状，给出了搭建静电安全标准体系框架建议。第六章选取了覆盖国家标准、美国静电放电协会（ESDA）标准、IEC 标准、行业标准和空间静电标准的典型标准案例，并对其具体条款进行了阐述分析。第七章结合航天静电防护标准体系对航天电子产品静电防护的积极作用强调了建立静电防护管理体系、实行全链条管理的必要性。

本书由北京东方计量测试研究所组织编写，第一章由季启政编写，第二章由苏新光编写，第三章由苏新光、郭德华编写，第四章由季启政、苏新光、高志良编写，第五章由高志良、郭德华编写，第六章由季启政、高志良、杨铭、张宇、冯娜、袁亚飞、何积浩编写，第七章由高志良、季启政、苏新光编写，附录1和附录2由季启政、苏新光、高志良、郭德华、杨铭、张宇、冯娜、袁亚飞、何积浩编写。全书由高志良审校，季启政统稿。本书编写过程中参阅了大量国内外相关文献资料，吸收了国内外专家、学者最新研究成果，在此向各位专家、学者表示衷心的感谢。

本书可供标准化研究机构、高等院校、科研院所、国防科工部门、军队有关单位、电子产品生产与制造企业使用。

由于编者水平有限，书中难免出现不足之处，恳请广大读者批评指正。

编者

2018 年 1 月

目　录

第1章　静电与静电防护标准化

静电是一种常见的物理现象。在静电技术为人类带来利益的同时，其造成的危害也日益凸显。静电危害不仅会对人员造成生理和心理上的影响，而且会影响产品质量、工程质量、生产安全、公共安全。因此，研究静电防护理论与技术、采取静电防护措施、履行静电防护标准成为现代化工业生产过程中必不可少的环节。本章对静电学、静电危害、静电防护及其标准化进行阐述。

1.1　静电学

静电指某种物质或物质某一部分中，处于静止状态的正负电荷数目不平衡的物理现象，在生产和生活中非常常见。静电学即描述这些静电现象、解释内在机理、研究其特性与规律的专业学科，是由人们对自然界静电现象的初步观察和认知逐渐发展形成，是物理电学中经典而基础的部分。近年来，工程技术的突飞猛进，使静电学再次成为科学研究的前沿：一方面，人们从静电学中提炼出一系列应用技术，衍生出众多静电产品；但另一方面，静电的危害性使其在生产、生活中造成了一系列令人们出乎意料的障碍与事故，给人们带来了极大的困扰与损失。静电因而成为工业生产与日常生活中必须面对的课题。

本节将对静电现象的发现、静电学发展及其基本理论体系展开讨论，从静电力学与静电放电两大理论体系介绍静电物理概念、特性及其基本理论，为后续章节奠定理论基础。

1.1.1　静电简述

众所周知，物质是由原子组成的，而原子的基本结构为质子、中子与电子。其中，质子带正电，中子不带电，电子带负电。在通常情况下，原子中的质子与电子数量相同，从而正负电荷平衡，对外不显电性。而某些物理过程，如不同物体之间的接触摩擦、外界电磁场作用，将使物质或物质的某一部分得到或失去电子，致使其正负电荷数量不再平衡而对外显现电性。这种“处于静止状态下”的正负电荷不平衡现象，被称作静电；正负电荷的差值，则被称作静电电荷。

处于静电状态的物质，由于其自身正负电荷不平衡的特性，将对外界或外物产生电场、电场力等诸多影响，这些作用被称作静电作用。在静电作用下，物质会表现出吸引周围微小物体、接触电荷转移、电离空气放电等物理现象，这些具体表现就是我们所熟知的静电现象或静电过程。

1.1.2 静电基础知识

1.1.2.1 静电力学现象

静电力是静电的基本表现之一，也是人们最早观察到的静电性质。第一个有历史记载的静电实验者是古希腊哲学家塔勒斯（Thales，约 624B. C - 546 B. C. ）。他在公元前 600 年前后研究天然磁石的磁性时发现，琥珀经丝绸、法兰绒摩擦之后具有了类似磁石的吸引轻小物体的能力。我国西汉末年《春秋纬·考异邮》中的“玳瑁吸褚”以及东汉王充《论衡》中的“顿牟掇芥”，所描述的都是这种静电吸引力现象。

16 ~ 18 世纪，人们开始通过实验来探索静电吸引力现象，并尝试寻找现象背后的科学解释。英国人威廉·吉尔伯特（William Gilbert，1544 - 1603）系统性地重复了塔勒斯的实验，发现诸如钻石、蛋白石、蓝宝石、玻璃、硫黄、蜡等材质物体在摩擦后同样会吸引轻小物体。根据该性质，他把具有摩擦后具有吸引能力的物质称作“摩擦起电物体（electrics）”；而把没有这一性质的物体称作“非摩擦起电物体（no - electrics）”。如今英文中“电（electricity）”一词正是来源于此。1678 年，德国人盖利克（Otto von Guericke）以摩擦起电为原理，用布或手摩擦硫黄球，制作了第一台摩擦静电机。1733 年法国人杜费（Du Fay）则在前人的基础上，进一步实验总结出“带相同电的物体相互排斥，带不同电的物体彼此吸引”的结论。

在这一时期，由于实验设备与实验手段的不足，人们对于静电力学性质的了解尚处于初级的认识阶段。但这些静电力学现象的定性描述与总结，为后续的实验和研究奠定了一定的基础。

1.1.2.2 电荷、电场与电位

随着社会生产力的提高以及人们对于静电力学研究能力的迅速提升，静电力学的相关研究迅速发展起来，人们开始对静电力学规律及其本质开始形成比较深入的了解，成体系的科学理论也逐渐形成。

1766 年，普利斯特利（Joseph Priestley）猜测静电力存在着与万有引力相似的规律，他认为两个电荷之间的作用力与它们之间距离的平方成反比，但未能予以证明。几年后，这一猜测被罗宾逊（John Robinson）的实验初步证实。

1785 年，库仑（Charles - Augustin de Coulomb）通过著名的扭称实验对两个

静止点电荷的相互作用力进行了精确测量，总结得出库仑定律：在真空中，两个静止的点电荷 q_1、q_2 之间的相互作用力大小与 q_1、q_2 电荷量乘积成正比，和间距 r 的平方成反比；作用力方向沿二者连线，同号电荷相斥，异号电荷相吸，如图 1－1 所示。

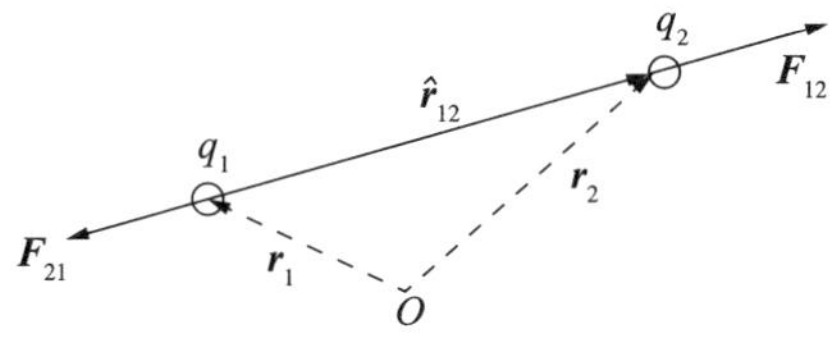

图 1－1　两极性相同点电荷之间的电场力

令 $\boldsymbol{F}_{12}$ 代表点电荷 q_1 给 q_2 的力，$\boldsymbol{r}$ 为两点电荷之间的距离，$\hat{\boldsymbol{r}}_{12}$ 代表 q_1 到 q_2 方向的单位矢量，则库仑定律的矢量表达式为：

$$\boldsymbol{F}_{12}=\frac{1}{4\pi\varepsilon_0}\frac{q_1q_2}{\boldsymbol{r}^2}\hat{\boldsymbol{r}}_{12} \tag{1-1}$$

$$\boldsymbol{F}_{12}=-\boldsymbol{F}_{21} \tag{1-2}$$

这里的点电荷是指本身几何尺度比它到其他物体的距离小得多，带电体形状与电荷分布情况无关紧要，可以抽象为一个几何点的带电体。式中，介电常数 ε_0 是一个物理学基本物理常量，目前公认近似值为 8.85×10^{-12}F/m。

在对静电力有了认知以后，人们开始思考这种力的产生和传递形式。当时人们的传统理解认为，力的产生与传递需要物体之间的直接接触，如兵器间的互相击打、马对车的拉动等。曾有人一度提出，电场力的形成与传递是通过一种假想的充满空间的弹性媒介“以太”来实现的。不过近代静电学的发展证明，这种“以太”假说是不正确的。法拉第（Michael Faraday）等人提出，“场”是静电力形成与传播的媒介，这一观点被后续研究证实。法拉第等人认为，静电荷周围存在着由它产生的空间激发场，即电场 E。电场对处于其中的任何其他电荷都有作用力；电荷与电荷之间的相互作用是通过电场/电场力来实现的。

根据“场”的观点，空间某处电场强度定义为大小等于单位电荷在该处所受电场力的大小，方向与正电荷在该处所受电场力方向相同的矢量：

$$\boldsymbol{E}=\frac{\boldsymbol{F}}{q_0} \tag{1-3}$$

其国际单位为 N/C（后面会看到，电场强度的单位又可以写作 V/m，实际往往使用后者）。

进一步地，电场强度矢量满足矢量场叠加原理，即一系列点电荷在空间某处产生的电场强度矢量等于各点电荷单独存在时在该处产生的电场强度矢量叠加，以公式表示，即

$$\frac{\boldsymbol{F}}{q_0}=\boldsymbol{E}=\sum_i \boldsymbol{E}_i=\sum_i \frac{\boldsymbol{F}_i}{q_0} \tag{1-4}$$

为了使电场的概念形象化，可以引入电场线的概念来描述空间电场，以许多带箭头短线来描述电场矢量场分布情况，如图 1－2 所示。短线的箭头方向表述该点电场的方向，带箭头短线的长度则表示该处电场强度的大小，无数这样的箭头短线连接起来就构成电场线。一般电场下，电场线往往表现为许多曲线，曲线上某一点的切线方向就是该点电场强度的方向；电场线越稠密的地方电场强度数值越大，反之则越小。

（a）正点电荷　（b）负点电荷　（c）正点电荷对　（d）正、负点电荷对

图 1－2　几种典型电场下的电场线

总的来说，除电场强度为零的点以外，电场线具有以下特点：

（1）电场线始自正电荷或无穷远处，止于负电荷或无穷远处，不会在无电荷的地方中断；

（2）电场线不相交；

（3）静电场的电场线不闭合。

在解决实际问题时，直接使用库仑定理或场强叠加原理来计算空间电场往往比较复杂，因而人们利用数学方法进一步推导，得到了表述空间电场与电荷关系的一种简便方法，即高斯定理。高斯定理需要引入电通量的概念：通过一曲面微元 $\mathrm{d}S$ 的电通量 $\mathrm{d}\Phi$ 为曲面微元表面场强大小 $\boldsymbol{E}$ 与该微元在垂直于电场方向的投影面积乘积，即

$$\mathrm{d}\boldsymbol{\Phi}=\boldsymbol{E}\cdot\mathrm{d}S=E\mathrm{d}S\cos\theta \tag{1-5}$$

通过整个曲面的总电通量 Φ 则为

$$\boldsymbol{\Phi}=\iint_S \mathrm{d}\boldsymbol{\Phi}=\iint_S \boldsymbol{E}\cdot\mathrm{d}S=\iint_S E\mathrm{d}S\cos\theta \tag{1-6}$$

由此，就可以利用高斯定理给出空间电场强度与电荷更简便的计算关系。高斯定理表述如下：通过一个任意闭合曲面 S 的电通量 Φ_E 等于该曲面所包围的所有电荷电量代数和除以介电常数 ε_0：

$$\oiint_{(S)} \boldsymbol{E}\cdot\mathrm{d}S=\boldsymbol{\Phi}=\frac{1}{\varepsilon_0}\sum_{(S内)} q_i \tag{1-7}$$

其微分形式为：

$$\nabla\cdot(\varepsilon_0\boldsymbol{E})=\rho_i \tag{1-8}$$

式中，q_i、ρ_i 分别表述曲面内的电荷量与电荷密度。

对电荷、电场、电场力的定义及其内在关系有了明确认知后，人们就可以对生产、生活中的静电做功、静电能量进行量化计算。根据力学原理我们知道，静电力所做的功等于试探电荷所受电场力大小与沿着电场力矢量方向位移的乘积，即：

$$W_{AB} = \int_L \boldsymbol{F} \cdot \mathrm{d}l = \int_L F\cos\theta \mathrm{d}l \tag{1-9}$$

通过推导可以证明静电力所做的功与路径无关，只与运动电荷的起始、终止位置有关；在静电场中，电荷沿任意闭合环路运动一周，电场力做功为零。而在物理上，这种做功与路径无关的力，被称作保守力，其力场则可称作保守力场，相似的如引力－引力场。对于保守力场则可以引入势能（或位能）的概念，用来描述保守力做功的一种能力。泊松（Siméon Denis Poisson）将势论应用于静电学，定义从 A 点到 B 点移动正元电荷时电场力所做的功 W_{AB}，即为两点间的电位差，或称电位降落、电势差、电压差：

$$V_{AB} = \frac{W_{AB}}{q_0} = \int_A^B \boldsymbol{E} \cdot \mathrm{d}l \tag{1-10}$$

而空间某点的电位（电动势或电压），即是该点与零电位之间的电位差。式（1－10）的微分形式联立高斯定理式（1－8），即可进一步得到电位与电荷量的表达式：

$$\nabla^2 V = -\frac{\rho_i}{\varepsilon} \tag{1-11}$$

至此，静电学尤其是静电力学中以电荷、电场、电位为基础的理论体系基本形成，可以相对完善地来认知和解释一系列静电力学现象，静电防护、静电应用、静电工程等衍生学科的发展以及实际静电问题的解决均以此为理论根据。

1.1.2.3　静电场中的物质

在经典物理电学的范畴上，往往从电学性质角度将物质分为导体与电介质两种来进行介绍。导体的特点是体内电子基本以自由电荷的形式存在，这些电子可以在电场的作用下移动；电介质也被称作绝缘介质，体内基本没有可以自由移动的电荷，宏观上表现出不导电的性质。而在实际的应用过程中还存在半导体，其性质介于二者之间；在静电工程中，则根据电阻率将物质材料进一步细化为静电屏蔽材料、静电导电材料、静电耗散材料和静电绝缘材料 4 种。在不同的应用角度或研究领域，这种划分方式是有所差异的，如表 1－1 所示。下面将按照基础静电学的表述方式对导体与电介质在电场下的表现进行基础性介绍。

表 1－1　物质材料的电学分类方式　　单位：Ω·m

<table>
<tr><th rowspan="2">电阻率</th><th colspan="3">分类方式</th></tr>
<tr><th>导电特性</th><th>静电性能</th><th>静电工程与应用</th></tr>
<tr><td>10^{-9}</td><td>导体＜10^{-9}</td><td rowspan="4">静电导体＜10^{4}</td><td rowspan="3">静电屏蔽材料＜10^{3}</td></tr>
<tr><td>10^{-6}</td><td rowspan="4">10^{-9}＜半导体＜10^{6}</td></tr>
<tr><td>10^{3}</td></tr>
<tr><td>10^{4}</td><td>10^{3}＜静电导电材料＜10^{4}</td></tr>
<tr><td>10^{6}</td><td rowspan="3">10^{4}＜静电亚导体＜10^{11}</td><td rowspan="3">10^{4}＜静电耗散材料＜10^{11}</td></tr>
<tr><td>10^{9}</td><td rowspan="3">电介质＞10^{11}</td></tr>
<tr><td>10^{11}</td></tr>
<tr><td>10^{12}</td><td>静电非导体＞10^{11}</td><td>静电绝缘材料＞10^{11}</td></tr>
</table>

首先对于导体，当其位于电场中时，内部自由电荷将在电场的作用下移动而发生重新排布；其次，其内部自由电荷分布的改变又会反过来对电场分布产生影响。因此，电场中有导体存在时，导体电荷分布与电场分布相互影响、相互作用直至达到一个稳定状态，即静电平衡。在电场下处于静电平衡的导体具备以下特点：

（1）导体内部电场强度处处为零。当导体进入电场 E_0，导体内的自由电子将在电场作用下逆着电场线方向运动，直至达到导体表面。由于金属表面势垒约束，电子将在导体一侧积累，使这一侧宏观显负电性，另一侧则显正电性，由此产生一个附加电场 $\boldsymbol{E}_q$，如图 1－3 所示。则此时导体内部总电场为 $\boldsymbol{E}=\boldsymbol{E}_0+\boldsymbol{E}_q$，若总电场不为零，则导体自由电子还会继续运动，直至内部场强处处为零。

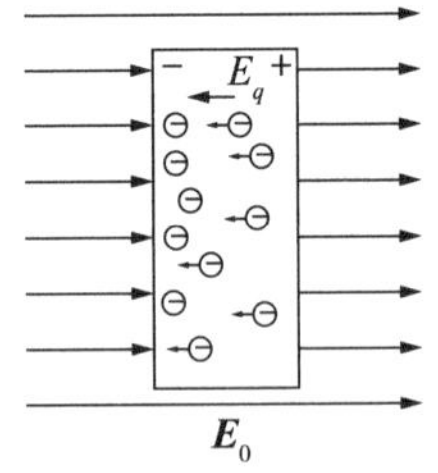

图 1－3　电场中的导体

（2）导体是个等势体。由于导体内部电场强度处处为零，利用式（1－6）我们就可以知道，导体内部任意两点之间电势差为零，因而整个导体是个等势体。

（3）导体外空间电场在靠近其表面处的方向始终与导体表面垂直。这一特点可以通过反证法来说明：若该处电场方向不与导体表面垂直，则通过矢量分解总存在沿着表面径向的电场分量，而该电场分量就会导致导体内部自由电子做进一步的运动，显然与导体处于静电平衡的前提相矛盾。故导体外靠近表面的电场处处与导体表面垂直。

（4）导体电荷只分布在导体表面，导体内部没有未抵消的净电荷。这一点可以利用高斯定理加以证明。假定导体内部某处存在未抵消的净电荷，可在该处做一全部位于导体内部且将该区域完全包裹的闭合高斯面。代入式（1-6）就会发现，等号左侧由于导体内部电场处处为零，因而数值严格为零；但右侧由于净电荷的存在并不为零，由此产生矛盾。所以导体内未抵消的净电荷只能分布在导体表面，而不能分布在导体内部。

（5）导体表面尖端部位附近场强最大，平坦的地方次之，凹陷的地方场强最小，即尖端效应。解释这一特点需要考虑导体自由电子移动达到静电平衡的动态过程。假令初始时导体表面过量电荷数量相同，彼此间的电场力为 $\boldsymbol{F}$。将 $\boldsymbol{F}$ 矢量分解为垂直于表面的 $\boldsymbol{F}_{\perp}$ 与平行于表面的 $\boldsymbol{F}_{/\!/}$。尖端处的表面曲率大，$\boldsymbol{F}_{/\!/}$ 分量小；平坦处表面曲率相对较小，$\boldsymbol{F}_{/\!/}$ 分量较大；凹陷处表面曲率最小，$\boldsymbol{F}_{/\!/}$ 分量最大。因而自由电子会在 $\boldsymbol{F}_{/\!/}$ 的作用下逐渐向尖端汇集，直至 $\boldsymbol{F}_{/\!/}$ 相等而达到平衡。

在静电防护实例中，处于电场中的导体往往是壳形的，如机器金属外壳等，因此我们在这里对导体壳在电场中的特点做针对性的介绍，为后文提供理论基础。

（1）当导体壳内没有其他带电体时，静电平衡下导体壳内净电荷只分布在外表面，内表面没有净电荷；导体空腔内没有电场，电势处处相等。

（2）当导体壳内有其他带电体时，静电平衡下导体壳内表面净电荷与腔内带电体的静电荷代数和为零。

而处于电场中的电介质，由于其内部基本没有自由电荷，因而在外电场的作用下不会有直接的电荷移动。但电介质对外电场同样会做出“响应”。在分子层面上，电介质根据内部结构的不同可以分为无极分子与有极分子。前者在无外加电场情况下，分子内部正、负电荷的等效中心重合；后者则正、负电荷的等效中心不重合，存在电极矩，但由于分子不规则热运动，电极矩总矢量和为零，使其宏观保持电中性。因此有：

（1）对于无极分子，在外加电场作用下，正、负电荷的等效中心会发生偏离。由于电子质量远远小于原子核，因而这种偏离往往体现为电子云的偏离位移。均匀介质中大量无极分子的正负电荷位移偏离方向相同，从内部看相邻分子的极性方向相反的电荷中心彼此接近，因而仍然体现为电中性；从端面看就会宏观显现电性，两端电性相反。即无极分子电介质在外加电场作用下发生位移极化，如图 1-4 所示。

（2）有极分子由于本身具有电极矩，在外加电场作用下将发生转向。尽管分子的不规则热运动会使这种转向并不“整齐”，但在两端面上还是显现出符号相反的电性，这就是有极分子电介质的取向极化，如图 1-5 所示。外加电场越大，有极分子的转向越“整齐”，则表现出来的电性越强。事实上，有极分子中也存在位移极化效应，但其作用在静电场条件下远远弱于取向极化。

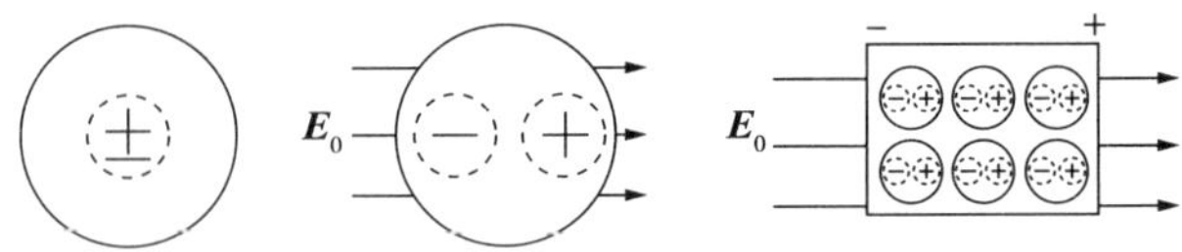

图 1-4　无极分子位移极化

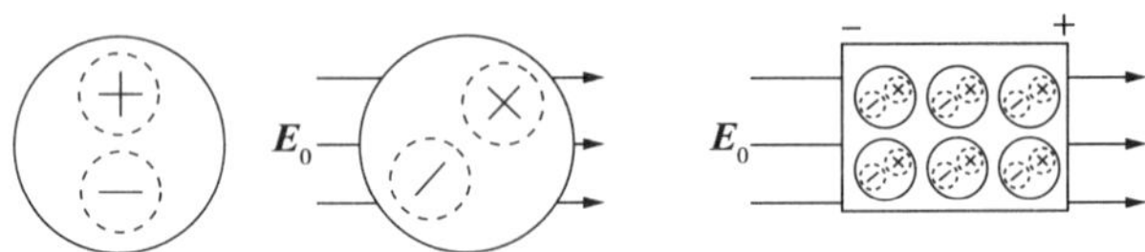

图 1-5　有极分子位移极化

这两种使电介质显现电性的过程统称为极化，显现出的净电荷性质则称作极化电荷。电介质在电场中极化而显现电性，也会产生一个附加电场，从而对空间总的电场强度产生影响，用公式表述为：

$$\boldsymbol{E}=\boldsymbol{E}_0+\boldsymbol{E}_q \tag{1-12}$$

为了计算有电介质参与的空间电场，人们引入了极化强度矢量 $\boldsymbol{P}$ 来描述电介质极化情况，引入电位移矢量 $\boldsymbol{D}$（也称作电感应强度矢量）来表述有介质存在时的空间电场。二者与电场强度存在以下关系：

$$\boldsymbol{P}=\chi_e\varepsilon_0\boldsymbol{E} \tag{1-13}$$

$$\boldsymbol{D}=\varepsilon_0\boldsymbol{E}+\boldsymbol{P}=(1+\chi_e)\varepsilon_0\boldsymbol{E}=\varepsilon_r\varepsilon_0\boldsymbol{E} \tag{1-14}$$

式中，χ_e 为介质极化率，由介质材料决定；$\varepsilon_r=1+\chi_e$ 为电介质的相对介电常数。

考虑介质的存在，则式（1-6）高斯定理写作：

$$\oint\!\!\!\oint_{(S)}\boldsymbol{D}\cdot \mathrm{d}S=\sum_{(S内)}q_i \tag{1-15}$$

其微分形式为：

$$\nabla\cdot\boldsymbol{D}=\rho_i \tag{1-16}$$

需要注意的是，式（1-15）、式（1-16）中的 q_i 与 ρ_i 分别是高斯面 S 内自由电荷电量与电荷量密度，不包括极化电荷。两式是电磁学基础——麦克斯韦方程组的构成公式，更是静电学的基本核心。

1.1.3　静电起电与放电

1.1.3.1　静电起电

下面利用静电力学理论，对静电的产生过程进行简要解释。从伏特-亥姆霍兹假说出发，可以将摩擦起电分解为两个主要过程：

（1）接触起电过程，即两物体接触形成偶电层的过程。由于不同材料的电子（离子）功函数不同，在相互接触（接触距离 $d \leqslant 2.5\mathrm{nm}$）时，正、负电荷会在接触界面附近非常近的范围内移动。总体来看，接触面在功函数大物体的一侧将获得负电荷，显现负电性，而功函数小的一侧则显现正电性，即形成偶电层。偶电层所带电荷量与两物体的功函数差值成正比。

（2）分离起电过程。接触起电形成的偶电层电荷量保持不变，在物体分离过程中使二者电势差明显升高。对这一过程的定性解释需要引入电容的概念，其定义为导体携带电荷量与导体间电势差的比值，$C = Q/V$，衡量导体携带电荷的能力。对于接触起电形成的偶电层，可以近似为两平行板来考虑，其电容值由接触距离 d 与接触面积 S 决定，满足公式 $C = \varepsilon_0 S/d$。设偶电层电荷为 Q，则接触起电电势差为 $V_1 = Qd/\varepsilon_0 S$，而在分离至距离 l 时，静电电压将增加至 $V_2 = Ql/\varepsilon_0 S$。分离前后的电势差与距离之比正相关，即 $V_2/V_1 = l/d$。因此小至 1mm 的分离距离，也可以导致静电电位出现 5 个量级的增长，从而形成很高的静电电位。

摩擦产生静电，实际上就是以上两个过程连续不断进行的结果。如果进一步考虑电荷损耗，则可以用以下 5 个过程来描述摩擦起电形成静电电位的过程，如图 1－6 所示：①偶电层形成，带电极性确立；②分离距离小于隧道效应极限距离，电荷反漏，使电量有所下降；③分离距离增大，电位差成比例上升；④电荷放电引起倒流与电荷量消耗；⑤分离距离继续增大，电位差进一步上升。

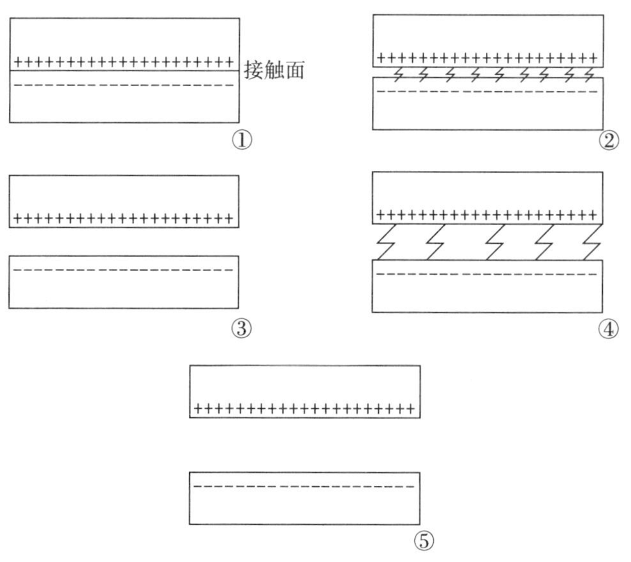

图 1－6　摩擦起电过程

此外，摩擦过程中的温度上升、热分解、机械断裂、压电效应、热电效应、电荷扩散、电荷消散都会对摩擦静电其电量产生影响，环境温湿度、电场、气压以及摩擦形态、次数、速度等也对起电过程有重大作用。

两个物体摩擦起电后，各自携带的静电电荷极性与大小可由摩擦带电静电序列确定，如表1－2所示。

表1－2　相关标准和资料公布的摩擦带电静电序列

	IEC/15D/48/CD	MIL－HDBK－263A	AT&T 静电放电计划管理	IEEE Std. C62.47
正	人手	人手	石棉	石棉
↑	玻璃	兔毛	醋酸酯	醋酸酯
↑	云母	玻璃	玻璃	玻璃
↑	聚酰胺	云母	人发	人发
	毛皮	人发	尼龙	尼龙
	羊毛	尼龙	羊毛	羊毛
	丝绸	羊毛	毛皮	毛皮
	铝	毛皮	铅	铅
	纸	铅	丝绸	丝绸
	棉花	丝绸	铝	铝
	钢	铝	纸	纸
	木材	纸	聚氨醋	聚氨醋
	硬橡胶	棉花	棉花	棉花
	聚酯	钢	木材	木材
	聚乙烯	木材	钢	钢
	聚氯乙烯	琥珀	封蜡	封蜡
	聚四氟乙烯	封蜡	硬橡胶	硬橡胶
		硬橡胶	醋酸酯纤维	聚氨薄膜
		铜、镍	聚氨薄膜	环氧玻璃
		黄铜、银	环氧玻璃	镍、铜、银
		金、白金	镍、铜、银	黄铜、不锈钢
		硫黄	紫外保护膜	合成橡胶
		赛璐璐	黄铜、不锈钢	丙烯酸树脂
		奥纶	合成橡胶	聚苯乙烯塑料
		聚氨酯	丙烯酸树脂	聚酯

续表

	IEC/15D/48/CD	MIL – HDBK – 263A	AT&T 静电放电计划管理	IEEE Std. C62. 47
正		聚乙烯	聚苯乙烯塑料	萨冉树脂
↑		聚丙烯	聚氨酯塑料	聚乙烯
↑		聚氯乙烯	萨冉树脂	聚丙烯
↑		聚三氟氯乙烯	聚酯	聚氯乙烯
↓		硅	聚乙烯、聚丙烯	聚四氟乙烯
↓		聚四氟乙烯	聚氯乙烯	硅橡胶
↓			聚四氟乙烯	
负			硅橡胶	

除了摩擦起电外，通过感应、吸附等方式也可以使物体携带静电。这里对工业生产中几种常见的起电方式进行简要介绍。

（1）感应起电，是指电场使物体内部电荷分布情况发生变化，从而显现出带电性质的过程。

（2）剥离起电，是指两个原本结合紧密的物体在剥离时引起的正负电荷分离过程。该过程也是接触—分离起电的一种形式，工业生产中撕开胶带、揭开覆膜、掀开标签等行为都会因此产生静电。

（3）吸附起电，是指物体由于物质分子存在偶极距，吸附周围环境中的带电粒子，从而携带静电。防静电场所中对物体表面整洁度、空气洁净度提出具体而明确的要求，就存在这方面的考虑。

（4）喷电起电，是指物体处于带电粒子流范围内，电荷沉积于物体表面的过程。静电防护技术中的离子风机，就运用喷电的方式，使异性电荷附着上静电带电体，从而达到降低静电电位的目的。

（5）电解起电，是指固液环境（如固体 + 液体、固体 + 固体 + 液膜等）中离子移动形成偶电层的过程。

1.1.3.2　静电放电现象

静电放电现象同静电力学现象一样，也是人们对静电认识的开始。静电放电现象在日常生活中普遍存在。例如，在干燥的冬季，脱下毛衣或外套时噼噼啪啪的火花现象；人体在接触门把手、楼梯扶手时发生的电击现象；老化或绝缘性不佳电线附近嗡嗡的放电声响。

事实上，静电放电的声、光现象在很早就有所记录。我国晋朝学者张华在《博物志》中就记载了：“今人梳头，解著衣，有随梳解结，有光者，亦有咤声。”唐朝段成式也记有“猫黑者，暗中逆循其毛，即若火星”。16 世纪，西方水手们所记录的暴风雨来临前船桅杆上或其附近的“埃尔摩火”，其实也是静电放电的发光现象。

18 世纪以来，科学实验的广泛开展使人们逐渐对静电放电特性有了理性的认知。富兰克林（Benjamin Franklin，1706—1790）对静电放电的产生进行了一系列实验。其中一个实验是两个人分别站在蜡质的平台上，由第三个人用布摩擦玻璃棒后分别将布和玻璃棒交给两人。当两人手指接触时就会感到电击；而若两人中任何一个与站在地面上的人接触后之后再用手指互相接触，电击就会弱很多。由此他总结这种电击现象与两人所带的不同电性电荷相关，正负电荷差距越悬殊，电击强度越猛。此外，富兰克林也注意到尖端是最易“吸引”电，并进行了著名的“风筝引电”实验，证实了大自然中的雷电也是电荷积累放电的现象。1745 年，荷兰的穆欣布罗克（Pieter van Musschenbroeck，1692—1761）实验发现，使玻璃瓶中的水带电，手拿玻璃瓶不会被电击，但碰到接触水的金属丝就会感受到强烈电击，由此他设计了能够储存电、控制放电时机的莱顿瓶，这也是电容器的原始雏形。

1.1.3.3 静电放电与气体放电

随着静电力学理论体系的建立、“电场、电位”概念的完善，静电放电的物理过程也逐渐形成了科学的机理体系。气体放电是静电放电的最常见形式之一，所谓的静电火花就是气体放电的一种。

帕邢（Paschen，1865—1947）对两个带电平行金属平板之间发生火花放电击穿的电压 V_b 进行了详细的理论推导，确定除金属电极材质、气体性质外，该电压数值仅与气体间隙尺度 d 和环境气压 p 相关，并进行了实验验证。这一规律被称为帕邢定律。见式（1－17）。

$$V_b = \frac{Bpd}{\ln\left[\frac{Apd}{\ln(1+1/\gamma)}\right]} \tag{1-17}$$

式（1－17）中二次电子系数 γ 与常数 A、B 由金属电极材质与气体成分决定。

式（1－17）利用静电物理基础解释了静电放电的发生本质原因，给出了静电导致气体放电的条件。图 1－7 显示了空气环境下平行板电极结构击穿电压与 pd 值的关系曲线。

在这一时期，汤森（Townsend）、米克（Meek）、特里切尔（Trichel）等众多科学家对静电放电进行了充分的理论与实验研究，对电晕放电、刷形放电、弧光放电、沿面放电等不同静电放电形式的物理机制进行了解释，对气体放电的知识体系基本完善。

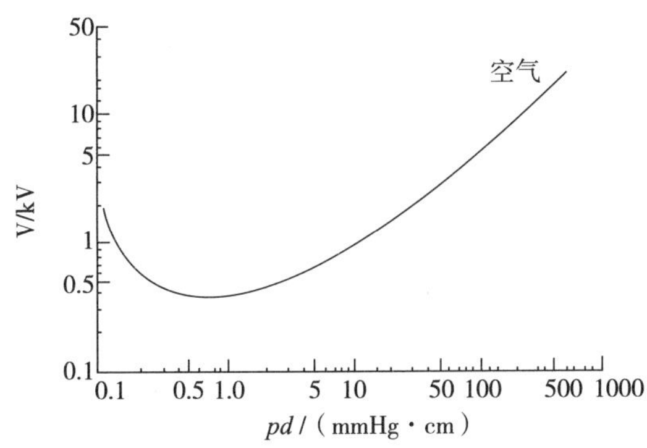

图 1－7　空气环境下平行板电极结构帕邢曲线

一般来说，气体放电是指带静电导体周围电场较强，使环境气体分子电离，并伴随有声、光、热的现象。具体过程如下：当导体携带静电电荷后，其电位提高并在周围空间产生电场作用；空间中的自由电荷（主要为自由电子）在电场作用下加速获得动能；当电场强度足够强时，自由电子获得的能量足够高，在与中性气体分子的概率碰撞过程中，将分子电离为离子和新的电子；所有的电子继续在电场中加速，进一步引发更多的电离反应。这一过程的显著特点是电子数量不断倍增，将像雪崩时雪量越来越大，因此被称为电子雪崩过程，或电子崩过程。

现代静电学对静电放电给出了明确的科学定义，其内涵已不仅仅局限在静电作用导致的气体放电：①静电场引起的静电荷快速瞬态转移过程；②两个具有不同静电电位的物体，由于直接接触或静电感应，引起的两物体间的静电电荷转移；③强静电场作用下，物体间空气、介质击穿，或以其他放电形式形成的电荷转移。

根据这一定义，静电放电包含接触放电、气体电离放电、介质击穿放电以及感应放电等内容，涵盖了金属、介质、气体之间，传导、电离、感应等多种形式的电荷移动、产生和消失过程。例如，携带静电的工具在接触器件时产生的瞬时冲击电流属于固体导体之间的静电放电；电路板临近线路之间的静电击穿属于介质击穿放电；带静电操作员在手部接近器具时发生的火花放电属于气体电离放电。这些都是工业生产中典型的静电放电现象。

1.1.4　静电放电模型

由于现代工业对静电防护与安全的关注度日益提高，人们通过大量的实验研究与理论计算，以建立静电防护技术标准与管理规范为目标，建立了不同的静电放电模型，来模拟不同形式静电放电的特性。下面将简要介绍常见的静电放电模型。

1.1.4.1 人体模型

人体模型（human body model，HBM）可模拟带电的操作者与器件外引脚接触所产生的静电放电，是静电模型中建立最早、使用最广泛的模型之一。

人体具有一定的储存静电电量的能力，因此可以认为人体具有电容属性，其容值受人员服装、鞋袜及所处地面材料的影响，也与个体的高矮胖瘦相关。同时，人体也具有电阻属性，其阻值与人体肌肉弹性、水分及接触紧密程度有关。人体的电感值则往往很小，约为零点几个微亨，在大多数情况下可以忽略不计。虽然存在个体差异，但为了标准规范的统一，相关标准规定，人体放电模型为一个 100pF 电容与一个 1.5kΩ 电阻串联构成，如图 1-8 所示。

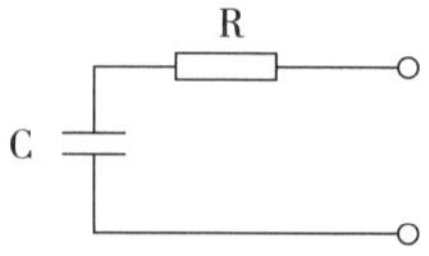

图 1-8 人体模型

1.1.4.2 机器模型

机器模型（machine model，MM）用来模拟对地隔绝的导体在携带静电后造成的静电放电问题，如自动装配线上的机台、机械臂、仪器外壳等；也可以模拟带静电金属工具对器件的放电，如镊子、金属夹具、电烙铁等。

由于模拟的是导体携带静电，因此机器模型中没有电阻成分（实际电阻值约为几欧姆到几十欧姆），仅由一个 200pF 的电容来描述其携带静电的能力。与人体模型相比：①机器模型电容值较大，储存电荷的能力更强，在相同电压下会有更高的静电电量；②机器模型几乎没有电阻，因此相同电压下的放电电流会更高。机器模型往往也可以视作人体模型的特殊情况。

1.1.4.3 带电器件模型

带电器件模型（charged device model，CDM）是模拟器件本身累积静电并放电的模型。电子器件在加工、处理和运输等环节均会因与工作面、包装材料接触分离而静电起电，也会因处于电场环境而感应带电。当带电器件接触导体、人体或其他不等电位的物体时就会发生静电放电。例如，将器件从非防静电的包装袋中取出放于导电桌面时的放电。再如，在带电电源附近的器件挪移至金属工作台面时的放电。

带电器件模型基于携带静电的器件通过外引脚放电而建立，一般采用 RLC 电路结构，其中电容的典型值为 6.8pF，电阻取值几欧姆到几十欧姆，电感为（1～20）nH，如图 1-9 所示。

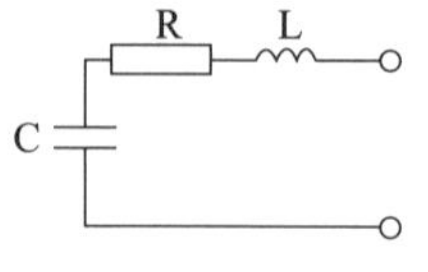

图 1-9 带电器件模型

1.1.4.4　人体－金属模型

人体－金属模型（body metal model，BMM）模拟是携带静电的人体通过手持金属物（如螺丝刀、镊子、钥匙等）接触物体造成的静电放电情形。这类模型中的金属物一般是小型金属工具，由于尖端效应的存在，金属物附近电场会大大增强，再加上金属物的导电效应，将会使放电过程的等效电阻明显减小，因而放电过程的电流峰值要比人体模型更大，放电持续时间较短。

最初建立的人体－金属模型采用是与人体模型相同的 RC 电路，电容值比人体模型略大，为 150pF，但电阻仅为 500Ω。但随着静电学的发展与静电防护需求的翻新，人们发现以单纯的 RC 电路模型不能很好地描述这类放电状态，因而建立了双 RLC 电路模型，如图 1－10 所示。其中 C、R、L 分别为电容、电阻和电感，下标 B、HA 则分别表示人体与金属物件。

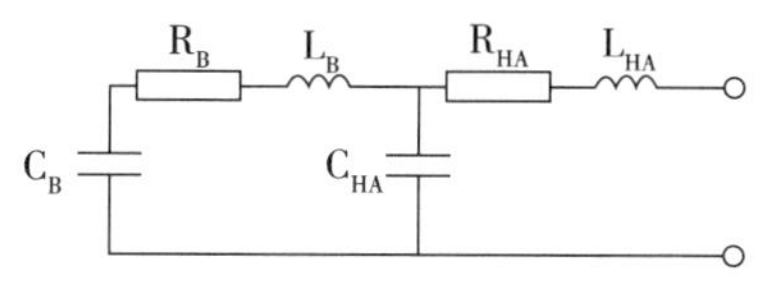

图 1－10　人体－金属模型

1.1.4.5　其他模型

近年来，随着航空航天、微电子等行业的不断发展，发生静电放电事件的可能性与途径均大大增加，一系列新的静电放电问题接踵而至。新的静电问题也迫使人们建立对应的静电模型，以研讨针对性的静电防护技术。

电缆静电放电是其中一个极具代表性的问题。电缆组件广泛应用于国防、航天、电子等各个领域，其中既包含组件间的电气连接线缆，也包含通信电缆。生产、运输、组装等环节中的摩擦、拖动、抻拽及感应均会使电缆携带静电，并在随后与接插口连接的过程中发生放电，对器件、系统造成损伤。电缆对地等效电容正比于线缆长度，因此实际使用的长电缆具有较大的容值，相同静电电位下可以储存更多的静电电荷量；电缆放电波形具有快速的脉冲上升沿，并伴随极性反转的震荡现象；多芯电缆还需要考虑不同线芯带电、放电之间的相互作用。由于电缆放电的这些特点，经典的静电模型已不能很好地描述，因此迫切需要建立针对性的放电模型，对这类放电问题加以描述并进行防护设计。

此外，航天器带电放电模型也是静电学发展过程中面临的一个亟须解决的新问题。航天器在升空、载入、位于临近空间或轨道空间时，将面临表面带电、不等量带电、框架带电、内带电等一系列问题，如不加以考虑与防护，将存在严重的静电安全问题，直接威胁型号任务。因此，同样需要根据航天器的工作环境、负载功能、结构性质来建立专业性的静电模型。

针对这些新涌现出来的静电放电问题，一系列崭新的静电模型不断被提出、验证与应用。针对实际问题建立合理的静电模型，已成为静电学与静电防护工程中不可或缺且与时俱进的重要一环。

1.2 静电危害

总体来说，静电危害主要包括：静电对电子工业的危害、静电放电引发火灾爆炸事故、静电对洁净工艺和环境的危害、静电放电产生电磁干扰、静电对人的伤害。

1.2.1 形成静电危害的三种效应

1.2.1.1 静电力学效应

根据静电学原理我们知道，携带静电的物体会由于自身显电性而在周围空间产生静电场。在静电场作用下，附近原本没有带电的微小颗粒也会因为静电极化作用而显现电性，并由此而受到电场力作用。根据静电极化过程的原理，颗粒极化后受到的电场力将指向静电体，宏观上即表现为微小颗粒被静电体吸引。在微电子制造、生物制药等对洁净度有极高要求的生产工艺场所，静电吸附颗粒污染物的特性将对产品质量造成极大危害。

1.2.1.2 静电电学效应

静电电学特性带来的危害则主要体现在以下几点：首先，静电带电体在与其他物体接触时发生的快速电荷转移会产生瞬时的大电流。这种静电接触放电的电流峰值往往在安培量级，有时甚至可以达到百安培量级，对流经的器件、部件或系统造成严重冲击，造成电子器件突发性失效或潜在性失效，使得电子器件或电路性能参数发生完全的、不可逆的变化，或者性能参数发生部分变化（如漏电流增大），严重影响器件寿命，并在未知时刻演变为完全失效。

即使静电带电体没有发生接触放电，其自身的高电位、强电场特性也可以造成绝缘介质层或空气间隙击穿。例如，一般的静电带电体，其自身静电电位很容易达到数百至千伏量级，在微距下可以产生（$10^6 \sim 10^9$）V/m 的局域强电场，足以突破绝缘介质或空气间隙的隔离与临近部分发生静电击穿，如电子行业经常出现的 MOS 器件氧化层击穿、电路板临近走线击穿短路等事故。

同时，无论是静电接触放电还是静电击穿放电，均表现为电流、电压的瞬变脉冲，势必会向周围空间辐射电磁波。静电放电的电磁辐射特性对电气电子装备、信号传输系统、探测导航设备来说是严重的干扰源。这种电磁信号也会再次通过耦合进入电子电路，造成浪涌、震荡效应。静电电晕放电或火花放电等形式，都可以产生宽频带的电磁干扰，干扰范围覆盖低频至数吉赫以上，可引发电子通信干扰、传输信息失效等危害。

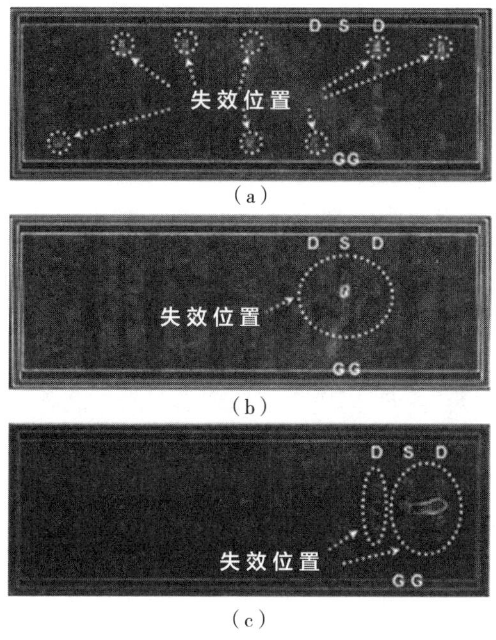

(a)

(b)

(c)

图 1－11　静电放电导致电子器件损伤

此外，静电放电的突然性还会引发二次事故。例如，工作人员由于静电放电而受到电击时，会因为精神紧张而造成判断失误、操作违规或行为失常，进而引发事故。

1.2.1.3　静电热学效应

如 1.1.3 节所述，静电放电往往非常快，可以在微秒乃至纳秒量级内完成放电过程。在如此短的时间内，放电局域空间可以视作绝热状态，即放电产生的热量来不及向周围传导、扩散。因此，发生静电放电部分将形成一个局域的高温热源。这种热效应可以引发火炸药、电火工品、达到爆炸浓度的油气粉尘、烟花爆竹等易燃易爆品的发火响应，也会造成半导体结、电路连接线的熔断。

1.2.2　静电危害领域

随着工业技术的发展及高分子材料的广泛应用，静电这个不速之客闯进了众多领域，造成了不可估量的损失。比较典型的是 1969 年底在不到一个月的时间内，荷兰、挪威、英国三艘 20 万吨超级油轮在洗舱时相继发生爆炸。总体来说，静电危害主要涉及以下 5 个领域。

1.2.2.1 静电对电子工业的危害

随着科学技术的飞速发展，电子、通信、航天航空等高新产业的迅速崛起，电子仪器仪表和设备等电子产品日趋小型化、多功能化及智能化，高性能微电子器件已成为满足上述要求中不可缺少的核心元件。这种器件具有线间距短、线细、栅氧薄、集成度高、运算速度快、低功率和输入阻抗高等特点，因而导致这类器件对静电越来越敏感，业内把这类器件称为静电放电敏感器件（ESDS）。一般而言，薄栅氧 MOS 器件、场效应器件和浅结、细条、细间距的双极器件的抗静电放电能力更弱。在微电子器件及电子产品的生产、运输和存储过程中，所产生的静电电压远远超过其受损阈值，人体或器具上所带静电若不加以适度防护，会使器件产生硬或软损伤现象，使之失效或严重影响产品的可靠性。静电放电对微电子器件和集成电路的危害方式主要有三种：①静电源直接对电子器件放电；②带电器件对其他导体（包括大地及等效接地点）的静电放电；③电场感应带电。静电放电可以使微电子器件和集成电路的介质击穿、芯线熔断，导致漏电流增大、老化加速、电性能参数改变等，造成器件的降级或损坏。

根据损伤类型的不同，电子器件的静电放电损伤主要分为两类：突发性失效和潜在性失效。突发性失效是指电子器件或电路在遭受静电放电后，性能参数发生完全的、不可逆的变化，器件无法正常工作。静电放电引起的电压也可以在电子器件绝缘层上产生电场，电场强度到达一定阈值便会发生绝缘层击穿。静电放电应力所造成的高电流使器件温度升高，会造成金属熔化，PN 结或氧化层击穿。集成电路内部晶体管会因为静电放电电流产生的散热造成永久性的物理伤害。焦耳热产生的温度上升可导致熔化的金属膜晶体管的 PN 结尖峰长丝。这些击穿或熔化会导致器件或电路的突发性失效，器件或电路无法正常工作。与突发性失效不同，潜在性失效是指电子器件或电路在遭受静电放电后，器件发生潜在性失效，性能参数发生部分变化（如漏电流增大），器件仍然能够完成原有功能，但是器件寿命会受到严重影响，潜在性失效会在后续器件工作过程中逐渐显现，在未知时刻演变为器件功能的完全失效，因此潜在性失效具有更大的不确定性危害。对于潜在性失效，失效分析手段无法发现物理损伤，但会导致器件电流 - 电压特性改变。潜在的损害难以确定，因为即使产生了一定退化，设备仍然可以工作。然而，如果一个芯片中含有潜在性失效的器件，整个芯片就有可能出现过早失效或芯片故障。

此外，根据物理过程的不同，元器件静电损伤也可以分为两类：过电流热模式静电放电损伤和场感应（过电场）模式静电放电损伤。过电流热模式静电放电损伤物理过程如下：在静电放电通路的高阻区静电放电电流会产生相应的功率密度，如果这个功率密度足够大，在放电的时间内所产生的热量不能有效散出，导致高阻区温度升高，从而造成结构损伤。场感应模式静电放电损伤物理过程：当电子器件处于静电场中或外引线与带静电物体接触时，栅氧化层表面会因感应或传导产生静电荷，形成电场，电荷越多电场越强，当超过临界击穿电场强度时，导致介质层击穿。场感应模式静电放电损伤与绝缘膜所处的电场有关，与元器件与地绝缘程度无关。

过去二三十年的统计研究表明，70% 的集成电路产品失效是由静电放电事件引起的。传统制造工艺随着摩尔定律不断发展，以及金属栅高介质应力硅等技术的引入，半导体器件尺寸已经进入纳米量级。技术革命带来了芯片尺寸缩小，功耗减低，工作频率提高以及芯片成本压缩等优势。但纳米集成电路的片上静电放电防护遇到了前所未有的难题，主要是：超薄的栅氧化层在静电放电应力面前十分脆弱；单个晶体管尺寸越来越小，其静电放电散热能力也相应减弱；器件进入纳米尺度后，量子效应变得越来越明显，静电放电应力对器件性能造成越来越严重的影响；纳米集成电路更窄的线宽和更高的金属电阻率导致互连线在静电放电冲击下更容易熔断。因此，如何在纳米尺度工艺上设计出更强鲁棒性、更快开启速度、更低开启电压的静电放电防护结构成为当前面临的巨大挑战。

1.2.2.2　静电对危化品行业的危害

静电放电能够引起火灾和爆炸事故，在石油、化工、粉体加工、民用爆破器材、烟花爆竹等生产领域，由于静电引起的燃烧爆炸事故占相当的比例。美国在 1950 年前后就报道，由于人体静电和电磁辐射在海军武器实验室连续几次发生电雷管意外爆炸事故；日本每年因静电放电引起的火灾事故大约有 100 起；我国石化企业近年来曾发生 30 多起因静电造成的火灾爆炸事故，易燃易爆场所的静电防护已成为各国静电科研人员研究的重点。

在易燃易爆场所中，常见的静电起电方式有：①摩擦带电。如易燃易爆物料输送时物料之间、物料与管壁的摩擦；过筛时与筛网之间的摩擦；搅拌时物料之间及物料与搅拌器之间的摩擦；橡胶和塑料的研磨、传动皮带与皮带轮或辊轴摩擦；固体物质挤出、过滤时与管道、过滤器的摩擦等。②剥离带电。互相密切结合的物体剥离时引起电荷分离而产生静电，一般情况下，它比摩擦带电的静电产生量要大。③破裂带电。固体或粉体类，当其破裂时出现电荷分离，破坏正负电荷的平衡，从而产生静电。④喷出带电。易燃液体、气体在进行搅拌、混合时，由于喷射、飞溅、沉降等作用产生大量的静电，如乙炔从钢瓶中喷出的静电电压可达 6kV，二氧化碳由钢瓶喷出的静电电压可达 8kV。⑤冲撞带电。粉体类的粒子之间或粒子与固体之间冲撞形成极快的接触和分离，产生静电。⑥流动带电。液体的流动速度对静电产生量影响较大。⑦飞沫带电。喷在空间的液体，由于扩展、飞散、分离，形成许多子滴组成新液面而产生静电。⑧滴下带电。附着于器壁固体表面上的珠状液体逐渐增大后，其自垂形成液滴，当它坠落脱离时，因出现电荷分离而产生静电。产生静电荷的多少与生产物料的性质、料量、摩擦力大小、摩擦长度、液体和气体的分离或喷射强度、粉体粒度等因素有关。当产生的静电荷积累到一定程度时，在一定条件下，便会发生静电放电。若静电放电能量达到易燃易爆品的最小点火能时，就可以将其引燃引爆，进而造成严重的事故。为了消除由于静电放电而引发的各种燃爆灾害，要积极采取有效措施，防止静电产生和消除已产生的静电。

1.2.2.3 静电对工业生产的危害

静电电场能使导电材料感应带电，能使绝缘材料极化带电，在小物体上产生电偶。静电场对小物体的吸引作用，正是电偶在电场中受力的结果。静电能吸附尘埃，比如，静电除尘、静电喷涂、静电复印都是人们利用静电场吸附作用的典型案例。但是不受控制的静电吸附，在照相机镜头上、在计算机屏幕上造成尘埃污染，尤其是在有洁净度要求的生产工艺中，静电吸附的尘埃对产品质量造成极大危害。生物制药、微电子光刻、液晶板、触屏板、硬盘等生产中要求洁净度处在 ISO 3 级 ~ ISO 5 级，大于 0.1μm 粒径的尘埃粒子要求控制在（10^3 ~ 10^5）个/m^3以下，洁净室环境的表面和被加工的材料上必须控制静电电荷的积累。

1.2.2.4 静电对信息通信的危害

无论放电能量较小的电晕放电，还是放电能量较大的火花放电，都可以产生电磁辐射。静电电晕放电可出现在飞机机翼、螺旋桨和天线及火箭、导弹表面等尖端或细线部位，造成飞机、火箭等飞行器的无线通信干扰或中断。静电火花放电过程中会产生上升沿极陡、持续时间极短的大电流脉冲，并产生强烈电磁辐射，形成静电放电电磁脉冲，它的电磁能量往往引起电子系统中敏感部件的损坏、翻转，使某些装置中的电火工品误爆炸，造成事故。即便采取完善的屏蔽措施，当电路屏蔽包装上发生静电火花放电，静电放电大电流脉冲仍会在仪器壳体上产生大的压降，会使屏被蔽的内部电路出现感应电脉冲而引起电路故障。

目前，静电放电电磁脉冲已经受到人们的普遍重视，作为近场危害源，许多人已经把它与高空核爆炸形成的核电磁脉冲及雷电放电时产生的雷电电磁脉冲相提并论。

1.2.2.5 静电对人的伤害

几乎人人都有被静电刺激的感受，对静电产生畏惧和恐惧，它经常在人猝不及防时发生，对容易出现静电刺激的场所和物体，人们往往产生厌恶、恐惧和逃避的心理。人体在遭受高电位瞬间的刺激作用时，可形成瞬间的精神紧张状态，使人体在瞬间形成整体的抽动，在一些需要高度集中注意力的操作中，操作人员如果受到静电刺激就会出现误动作，比如，医生正在手术，航天员正在操控航天器，实验人员正在调校精密仪器等过程中，静电放电容易引起重大危害。

静电场吸附的灰尘对人的皮肤也有影响。一些行业已经开始关注静电对人的伤害问题，比如，高级宾馆、酒店、重要会议场所，已经把地毯、窗帘、家具、床单等纺织物的防静电工作列入工作流程，并开展定期静电测试和定期用降阻剂维护的工作。汽车、服装、家具行业开始推出防静电的产品。

总之，静电危害主要概括为以上 5 个方面，涉及各个行业，对安全生产、公共安全、产品质量以及人们生活产生了极大影响。因此，静电防护具有重要的意义。

1.3　静电防护

由于无法控制的静电电荷和静电场，给人类生活、生产、科研活动带来危害，而静电电荷和静电场作为自然现象无法消除，只能采用科学的方法控制静电电荷的产生和释放，控制静电场的作用，抑制静电带来的危害。随着对静电危害认识的不断提高，静电防护理论和应用孕育而生。

1.3.1　静电防护原理

构成静电危害的基本条件包括：产生并积累起足够的静电形成“危险静电源”，以致局部电场强度达到或超过周围介质的击穿场强，发生静电放电；危险静电源存在的场所有易燃易爆气体混合物并达到爆炸浓度极限，或有电火工品、火炸药之类爆炸危险品，或有静电敏感器件及电子装置等静电易爆、易损物质；危险静电源与静电易爆、易损物质之间能够形成能量耦合，并且静电放电能量不小于前者最小点火能。

形成静电危害的这三个条件是缺一不可的，只要控制其中一个条件不成立，就不会有静电危害发生。静电防护原理便是从消除三个条件中的一个或多个为出发点，进行静电防护设计，控制静电危害。

1.3.2　静电防护措施

防静电是一个系统工程，当前国际先进企业的管理方法是将工作区划分出非静电防护区与静电防护区（EPA），静电防护产品与工程技术研究内容也就包含在 EPA 的静电防护系统中。依据形成静电危害的“三个基本条件”，形成三条静电安全防护原则：控制静电起电量和电荷积聚，防止危险静电源的形成；使用静电感度低的物质，降低场所危险程度；采用综合防护加固技术，阻止静电放电能量耦合。

遵照上述三条静电安全防护原则，为防止静电危害，可采取如下措施：

（1）控制静电起电率防止危险静电源的形成。主要包括减少物体间摩擦；控制物体间接触分离次数和速度；缩小接触分离物体间的接触面积，减小接触压力；合理搭配使用带电序列中位置靠近的材料等。

（2）人体静电防护。人是重大的静电源，人体所携带的静电，一是可以通过接地良好的防静电手腕带及时泄放；二是防静电鞋与防静电地面的配合使用，可以及时有效地泄放人员在运动中产生的静电，减少人体所携带的静电。人体防静电系统由防静电的手腕带、脚腕带、工作服、鞋袜等组成；必要时辅以防静电的帽、手套或指套、围裙、脚套等。

（3）环境静电防护。防静电工作区的地面、墙壁、天花板，选用防静电材料，使之具有很好的防静电性能，其中地面处理是防静电系统改造的主要工程。

（4）离子风静电消除器。由于静电荷在绝缘材料表面不能发生迁移运动，其本身又无放电通路，所以不可能用接地的办法通过泄放的方式消除静电荷，这时唯一行之有效的方法是离子中和法。

（5）防静电接地。静电防护最主要的工作是防止静电积聚，而防止静电积聚的最好办法就是及时将产生的静电泄放掉，接地系统正是静电泄放的通道，因此可靠的接地是一切防护的基础。

（6）防静电操作系统。主要用于在各工序经常与元器件、组件、成品发生接触－分离或摩擦作用的工作台面、生产线、工具、包装袋、储运工具等。防静电操作系统的配置主要包括：防静电工作台（包含台体、防静电桌垫、防静电地垫、防静电手腕带、防静电工作椅等）、防静电元件盒（袋）、防静电周转箱、防静电周转车、防静电温控烙铁、防静电镊子及其他保护设备等。

（7）提高静电防护对象的抗静电能力。主要包括：采用抗静电火工品和元器件降低场所危险程度，控制气体混合物浓度防止爆炸事故发生；采用抗 ESD 设计和防护加固技术提高电路抗电磁干扰能力等。

（8）加强静电防护管理。国际先进的静电防护方法和理念是“技术加管理”。技术防护是手段，管理落实是关键。管理的主要工具是规章制度，只有静电防护管理有效，才能保证各项防护措施落实到位。

1.3.3 静电防护工程学

随着各领域静电防护需求的不断增多、人们对静电危害认识的不断提高及静电防护技术的不断发展，一门新兴的学科——静电防护工程学在不断地孕育发展。静电防护工程学是研究静电危害及其防护工程的一门交叉学科，它以电磁场理论、电动力学、有机化学、电化学、表面物理、微电子学、热力学为理论基础，研究静电产生 - 消散、静电危害等自然规律，研究静电放电控制、静电参数测量、防护产品检测与评价等技术方法，以电子、石油、火炸药、粉体、纺织、建材、检测计量、管理等工业领域为应用对象，通过管理、技术和产品标准指导静电防护工作，把已有的工程技术与理论相结合形成专门学科，进而指导各行业的静电防护工程实践。

静电防护工程学的起源可大概追溯到 1966 年日本菅义夫主持编写的《静电手册》，其中，系统总结了之前科学家们在静电起电机理、静电测量方法、静电灾害/危害及防护、静电应用等方面的研究成果。1987 年，北京理工大学鲍重光教授编译的《电子工业防静电危害》总结了国内外静电防护的理论。上海海事大学孙可平教授于 1994 年出版《工业静电》、2007 年出版《电子工业静电放电（ESD）防护与控制技术》，系统总结了电子工业静电防护工程的知识体系。1998—2007 年，刘尚合院士出版了《静电理论与防护》著作并发表系列论文，进一步提出静电防护工程学概念，为静电防护理论提供了系统的知识体系，成为静电防护工程学的理论基础。2012 年以后的文献表明，国外对静电现象的研究基础已经跨越了电磁理论，寻求多学科综合的研究方法，如运用电化学、有机化学等理论解释绝缘物与金属之间的静电起电机理。

静电防护工程学是典型的交叉学科，由于静电现象复现性差，静电危害不易发现和预测，所以静电防护工程学具有研究方法模型化、测量参数多样化、工程技术标准化等特点，其研究内容主要包括：静电起电 - 消散机理、静电危害机理、防护材料、防护方法、测量及评价方法、静电危害评价技术、静电防护工程技术、静电防护测试技术、静电防护设计技术、静电防护管理。它是为产品与人员安全防护、产品质量与可靠性服务的学科。它以现代静电学和电磁场理论为基础，涉及安全工程学、材料工程学、微电子学、纺织工程学、管理学等多个学科，应用在电子、微电子、生物制药、石油化工、火炸药、粉体工业、纺织、建材、测量仪器、计量、产品检验、标准化、认证等多个工程领域。静电防护工程学重点在工程实际中控制静电积累，控制静电放电，减少静电危害，评价静电防护效果，规范静电防护管理。

1.4　静电防护标准化

标准化是在一定的范围内获得最佳秩序，对实际的或潜在的问题制定共同的重复使用的规则的活动，在保障产品质量安全、促进产业转型升级和经济提质增效、服务外交外贸等方面具有重要作用。伴随静电防护理论、技术和工程实践的发展，静电防护标准化已经成为重要的学术领域，静电防护要求和标准结合在一起形成当今各行各业、多种版本的静电防护“标准群”。

1.4.1 标准及其分类

标准伴随工业化发展而产生，与标准有关的基本概念主要包括标准、标准化、技术法规、标准化机构与标准制定机构。标准有多种分类方法：按照制定标准的宗旨划分、按照制定标准的主体划分、按照标准化对象的基本属性划分、按照标准的约束力划分、按照标准信息载体划分。按制定标准的宗旨可分为公标准（公共标准）、私标准（自有标准）；按制定标准的主体可分为国际标准、区域标准、国家标准、行业（专业）标准、地方标准、企业标准；按标准化对象的基本属性可分为技术标准、管理标准；按标准的约束力可分为强制性标准、推荐性标准；按照标准信息载体可分为标准文件、标准样品。本书重点介绍按照制定标准的主体划分的标准分类方法，即标准的级别。

1.4.1.1 标准

根据 GB/T 20000.1—2014《标准化工作指南 第 1 部分 标准化和相关活动的通用术语》对标准的定义，标准是“为了在一定的范围内获得最佳秩序，经协商一致制定并由公认机构批准，共同使用的和重复使用的一种规范性文件。标准应以科学、技术和经验的综合成果为基础，以促进最佳的共同效益为目的。”由以上标准的定义可知，其关键点包括标准由公认机构组织制定，具有权威性和可使用性；标准必须按照严格的制定程序经过相关利益各方的协商一致才能制定出来；标准制定的对象是共同的重复使用的事物或概念；标准产生的客观基础是科学、技术和经验的综合成果。

1.4.1.2 标准化

GB/T 20000.1—2014《标准化工作指南 第 1 部分：标准化和相关活动的通用词汇》中对标准化的定义是：“为了在既定范围内获得最佳秩序，促进共同效益，对现实问题或潜在问题确立共同使用和重复使用的条款以及编制、发布和应用文件的活动。”该定义揭示了“标准化”这一概念的含义：标准化不是一个孤立的事物，而是一个活动过程，主要是制定标准、实施标准进而修订标准的过程，标准是标准化活动的产物；标准化是一项有目的的活动，除具有为达到预期目的改进产品、过程或服务的适用性作用之外，还具有防止贸易壁垒、促进技术合作等作用；标准化活动是建立规范的活动，所建立的规范具有共同使用和重复使用的特征。

1.4.1.3 标准化机构与标准制定机构

标准化机构指："公认的从事标准化活动的机构。"标准化机构包括国际标准化机构、区域标准化机构、国家标准化机构、行业标准化机构、企业标准化机构等。

标准制定机构指："在国家、区域或国际的层次上承认的，根据其章程的规定以制定、批准或通过公开发布的标准为主要职能的标准化机构。"

1.4.1.4 标准的级别

按照制定标准的主体，即根据标准化机构和标准制定机构所发布标准的适用范围，标准可分为国际标准、区域标准、国家标准、行业（专业）标准和企业标准。各级标准化机构在制定各级标准时都遵循严格的协商一致程序。各级标准在制定中协商一致的范围不同，在使用中适用的范围不同，在实施中也各具特点。

国际标准是指国际标准化组织（ISO）、国际电工委员会（IEC）和国际电信联盟（ITU）制定的标准，以及国际标准化组织确认并公布的其他国际组织制定的标准。其他国际组织包括国际食品法典委员会（CAC）、国际信息与文献联合会（FID）、国际铁路联盟（UIC）、世界卫生组织（WHO）等共40多个。

区域标准是适用于一个地理区域的标准。制定区域标准的目的是为了消除该区域内各国之间的标准差异，消除贸易技术壁垒，从而实现产品在区域内的自由流通。区域标准化机构包括欧洲标准化委员会（CEN）、欧洲电工标准化委员会（CENELEC）、欧洲电信标准化协会（ETSI），南非标准发展共同体（SADC）、亚洲标准咨询委员会（ASAC）、泛美技术标准委员会（COPANT）等。

国家标准是适用于一个国家的行政区域内的标准，国家标准化机构是国家标准的制定者、生产者和发布者，拥有本国国家标准的知识产权。目前，许多国家都建立了国家标准化机构，截至2017年，ISO有164个成员，如美国国家标准学会（ANSI）、德国标准化协会（DIN）、法国标准化协会（AFNOR），英国标准协会（BSI），中国国家标准化管理委员会（SAC）。

行业（专业）标准是适用于国家内一个行业（专业）领域范围的标准，行业（专业）标准化机构是行业（专业）标准的制定者、生产者和发布者，拥有本行业（专业）标准的知识产权。世界各国都活跃着众多的行业协会标准化机构。例如，美国大约有600多个专业标准化机构，其中200多个被ANSI认可为美国国家标准的制定机构，包括美国电气电子工程师协会（IEEE）、美国静电放电协会（ESDA）等；我国有机械、电子、通信等72个行业标准化管理机构，组织制定和实施行业标准。

地方标准为我国设立的标准级别，2017年11月最新颁布的《中华人民共和国标准化法》以下简称《标准化法》，第十三条规定："为满足地方自然条件、风俗习惯等特殊技术要求，可以制定地方标准。地方标准由省、自治区、直辖市人民政府标准化行政主管部门制定；设区的市级人民政府标准化行政主管部门根据本行政区域的特殊需要，经所在地省、自治区、直辖市人民政府标准化行政主管部门批准，可以制定本行政区域的地方标准。"

团体标准是我国最新设立的标准级别，新《标准化法》第十八条规定："国家鼓励学会、协会、商会、联合会、产业技术联盟等社会团体协调相关市场主体共同制定满足市场和创新需要的团体标准，由本团体成员约定采用或者按照本团体的规定供社会自愿采用。"

企业标准是指由企业制定的产品标准及为企业内需要协调统一的技术要求和管理、工作要求所制定的标准。

1.4.2 静电防护标准化的产生

静电防护标准化与静电防护工程学相伴产生，二者相互促进，共同发展。

随着人们对静电危害认识的逐渐加深，静电防护工作也逐渐工程化，出现了多种类型的静电防护工业产品，例如，防静电服装、鞋、手套等人体防护用品，防静电地板、桌面、椅子、储物柜等工业产品，人体防静电测试仪、静电电压表、静电电荷分析仪、防静电表面电阻测试仪及离子风机等测量仪器和控制设备。随着静电防护产品和工程化的发展，相关的静电防护技术标准和管理标准也相继出现。

20世纪80年代后，经过大量实验和统计，用技术标准确立了几种静电放电模型，包括人体模型（HBM）、机器模型（MM）和带电器件模型（CDM）等，并以标准化的形式规范。基于这些模型设计的各种测量仪器和试验装置，现已广泛应用。与这些放电模型相关的技术要求和技术指标也纷纷出台。例如，基于HBM模型的静电屏蔽感应能量50nJ要求，1GΩ的表面对地电阻要求等。这些静电放电模型建立在实验基础上，没有太多的理论依据，一旦模型出现问题，这些技术标准将重新翻牌。但是工程上需要这些模型，否则一个行业将面临危机，静电防护标准仍在实验中不断发展。

在静电防护工程学提出之前，静电防护要求和标准结合在一起形成当今各行各业，多种版本的静电防护"标准群"。静电防护"标准群"推动了静电防护产业，聚集了厂商、学者、管理者、专业技术人员、标准化工作者。这些静电防护工作者总结了静电防护的知识体系，提出静电防护工程学。它利用标准化的方法，形成了静电防护知识体系、标准体系、产品体系和科学仪器。而且，静电防护工程学所建立的知识体系将再作用于"标准群"，使之更加科学和规范，如图 1－12 所示。

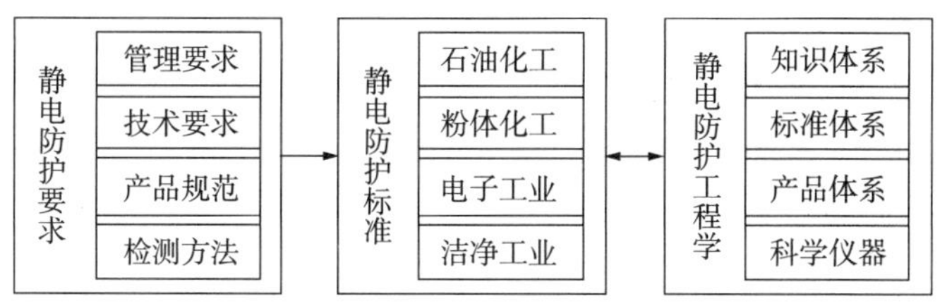

图 1－12　标准化与静电防护工程学的发展关系

科学、技术、工程是三个不同的概念。科学是总结规律、揭示规律的知识体系；技术是利用规律实现目标的方法和程序；工程是在具体目标实现过程中，建立在经验知识基础上的人－机－料－法－环－软件的有效组合。在人类的发展历程中，先有工程知识，后出现技术知识，最后诞生了科学知识。静电学和电磁场理论属于科学范畴，它揭示了物理规律。静电防护工程学虽然以静电学和电磁场理论为基础，但是面对复杂的环境及各种非理想情况，很多现象在理论上难以解释，所以常常以工程化的方法解决实际问题，具体对象不一样，采用的方法也不一样，所以它更偏向于工程技术学科。在静电起电－消散机理、静电危害机理完善之前，静电防护工程学的知识体系一部分来自经验方法，另一部分来自实验验证，还有一部分来自行业内约定俗成。静电防护标准是这类知识的重要载体。静电防护工程学借助标准化方法固化了大部分先进的知识，形成了特有的知识体系。

如今静电防护工程学的理论尚在发展完善中，相关的技术标准也在逐步推广应用，如国际电工委员会的国际标准 IEC 61340 系列标准和美国标准协会 ANSI/ESD 系列标准成为当今引领电子行业静电防护的先进标准，在静电防护工业领域发挥着重要作用。我国航天行业标准也紧跟国际发展潮流，中国航天科技集团公司 Q/QJA 118～122 系列标准，提出了建立静电防护管理体系的要求。这些技术和管理标准更加丰富了静电防护工程学的内涵。

1.4.3　静电防护标准化的内容

国际先进的静电防护方法和理念是，技术加管理，两种方法同样重要。静电防护标准化主要包括以下几个方面的内容。

1.4.3.1　静电危害评价技术标准

如何定量地表述静电的危害，不同行业有不同的评价方法，对易燃易爆物质的静电危害评价采用静电感度来表述，静电感度是静电能量触发爆炸的阈值，可用静电能量和静电电压两种参数表述；评价电子元器件的静电危害，采用静电敏感度来表述，静电敏感度是导致电子元器件失效的最低静电电压，同一种元器件对应人体模型（HBM）、机器模型（MM）、带电器件模型（CDM），有各自的静电敏感度，目前对潜在失效的测量依据和测量方法正在研究中；在电磁兼容 EMC 测试中，用静电抗扰度来描述电子设备和产品对静电放电的防护能力；在人体 - 金属模型下，用直接接触放电和不接触的空气放电两种状况下测试。静电危害评价技术标准是一项基础性研究工作，需要采用科学的方法，做大量试验，积累大量数据，才能得到具有指导意义的静电防护数据，才能制定出科学性的标准，是静电防护标准化中最困难的环节，也是静电防护技术标准的基础。

1.4.3.2 静电防护工程技术标准

静电防护工程技术是针对接触分离起电、感应起电及静电放电的特点，从静电源和静电危害途径两方面进行静电防护的技术，主要依靠对电阻特性有要求的特殊材料和复合材料，采用泄放、屏蔽、静电中和及抑制起电的方法，达到静电防护的目的。如接地、防静电地面、防静电工作台、防静电椅子、防静电工具、人体防静电用品、离子风机、防静电涂料、静电放电屏蔽包装等静电防护设备设施和防护用品。这些工程技术需要技术标准进行规范，包括生产、应用、检测、认证等方面，是支撑静电防护产业发展的重要技术标准。

1.4.3.3 静电防护测试技术标准

静电防护设备设施和产品是否合格，要“用数据说话”，测量仪器及其计量校准方法也是静电防护的关键技术。目前可测量的参数有静电电荷、静电电压、表面电阻、体电阻、接地电阻、静电衰变时间、静电放电的电流波形和静电放电的能量等。由于静电现象可观测性和重复性较差，受环境影响大，受材料影响大，受测试人员自身影响也很大，现有的静电防护测量仪器不是以静电现象为被测对象，而是以静电防护产品和工程为被测对象。测试技术标准可以提供统一规范的测试方法，为测试仪器研制提供技术依据。

1.4.3.4 静电防护设计技术标准

电子产品的静电防护设计分为芯片级、PCB 板级和整体结构级。早期的理念是不断提高单个电子元器件的静电敏感度电压，通过串联保护电阻、并联瞬态抑制二极管、增厚加宽内部结构等方法。然而，这与电子产品要求小型化、高速、宽带的发展方向相矛盾。现在已经不再追求提高单个电子元器件的静电敏感度电压，转而强调在生产过程中满足静电防护要求，而将静电防护功能设计到整体结构上，用机电一体化的设计思路解决静电防护设计问题。静电防护设计技术标准可以为静电防护设计提供指南。

1.4.3.5　静电防护管理标准

管理是静电防护的重要手段。人能感知到 3kV 以上的静电电压，在我们不知不觉中，很多电子产品已经被破坏了，所以提高人们的静电防护意识是管理的关键环节。管理上要加强培训，做到“心里有静电，才能看到静电”“心里有所畏惧，才能自我约束”的境地。科学技术不发达的时候，人们对自然界的理解往往是唯心的，只有科学技术发展后，科学才能战胜唯心。宗教与科学正是这样共存，又共同发展的。管理的主要工具是规章制度，人们对静电现象和静电危害的认识仍在发展中，在完善的理论尚未建立起来之前，静电防护的管理手段显得越发的重要。

人是最大的静电源，人的操作也是最危险的静电放电途径，所以管理好人是静电放电的关键。标准化的管理体系是当今最先进的管理方式，如质量管理体系依据了 ISO 9000 系列标准，PDCA 循环的持续改进已经成为流行的管理理念。静电防护管理也需要这种标准化的模式，便于产品的上游、下游企业之间建立相互认同的静电防护管理模式，使技术标准和管理模式实现统一，便于产品流通，增强对产品质量的信心。

第2章 静电防护标准的总体发展与对比分析

通过对国内外标准化机构、标准制定机构的调研分析，我们了解到国际标准化机构和许多国家都制定发布了静电防护方面的标准。各标准化机构网站和中国标准化研究院国家标准馆数据库对国内外静电防护相关标准进行检索、筛选和整理，形成了国内外完整的静电防护标准数据库。本章对所有标准数据进行多角度、多方面的分析，形成国内外静电防护标准的总体发展概貌。

2.1 标准发布机构与静电防护标准数量

国际标准化机构、国家标准化机构和专业标准化机构均发布了静电防护相关标准，我国也制定发布了静电防护方面的国家标准和行业标准，国内外静电防护标准的发布机构和标准数量的总体情况如下。

2.1.1 国外标准发布机构与静电防护标准数量

国外关于静电防护的标准共计845项，由40个国际、国外标准化机构发布，见表2－1。

表2－1 国外标准发布机构与静电防护标准数量

序号	标准发布机构	标准代号	数量/项
1	美国标准化机构	略	254
2	英国国家标准协会	BS	58
3	法国国家标准协会	NF	58
4	德国标准化协会	DIN	51
5	欧洲电子元器件委员会标准	CECC	7
6	欧洲电信标准化委员会	ETSI	1
7	欧洲标准	EN/HD/ENV	41
8	俄罗斯联邦标准化、计量和认证委员会	GOST	45
9	国际电工委员会	IEC	42
10	捷克标准局	CSN	28
11	立陶宛标准局	LST	27

续表

序号	机　构	标准代号	数量/项
12	丹麦标准基金会	DS	24
13	韩国标准局	KS	23
14	日本工业标准调查会	JIS	19
15	意大利标准联盟	UNI	18
16	国际标准化组织	ISO	15
17	瑞典标准协会	SIS	14
18	南斯拉夫联邦标准化协会	JUS	12
19	波兰标准化、计量与质量委员会	PN	12
20	奥地利标准化协会	ONORM	12
21	罗马尼亚标准化研究院	STAS	11
22	西班牙国家标准	UNE	8
23	葡萄牙质量管理总局	NS	8
24	比利时标准局	NBN	8
25	澳大利亚国际标准公司	AS	8
26	澳洲霍顿汽车有限公司标准	HOLDEN	1
27	南非国家标准局	SANS	6
28	巴西技术标准协会 ABNT	ABNT	6
29	瑞士标准化协会	SNV	5
30	匈牙利标准局	MSZ	4
31	土耳其标准学会	TS	4
32	北约标准协议	STANAG	4
33	越南标准质量总局	TCVN	2
34	牙买加标准局	JS	2
35	挪威标准组织	SN	2
36	泰国工业标准学会	TIS	1
37	加拿大标准协会	CAN	1
38	国际无线电干扰特别委员会	CISPR	1
39	古巴国家标准局	NC	1
40	哥伦比亚技术标准协会	ICONTEC	1
总计			845

由表 2－1 可知，美国发布的静电防护标准数量最多，为 254 项，包括国家标准化机构、专业标准化机构和和企业等。英国、法国、德国发布的静电防护标准数量次于美国，均有 50 余项，分别由国家标准化机构 BSI、AFNOR、DIN

发布。国际和区域标准化机构中，IEC 和欧洲静电防护标准的数量最多，为 40 余项，其次为 ISO，发布了 15 项标准。国外各国或各机构发表的静电防护标准数量分布如图 2-1 所示。

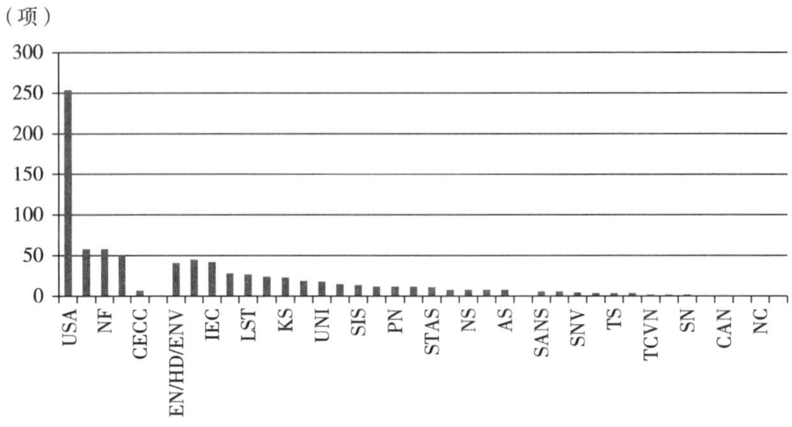

图 2-1　国外静电防护标准数量分布

美国静电防护标准发布机构分布多元，既有 ANSI、ASTM、ESDA、IEEE 等标准化机构，也有美国国防部在内的空军、海军、NASA 等国家部门，还有通用汽车和福特汽车这样的企业，具体分布如图 2-2 所示。

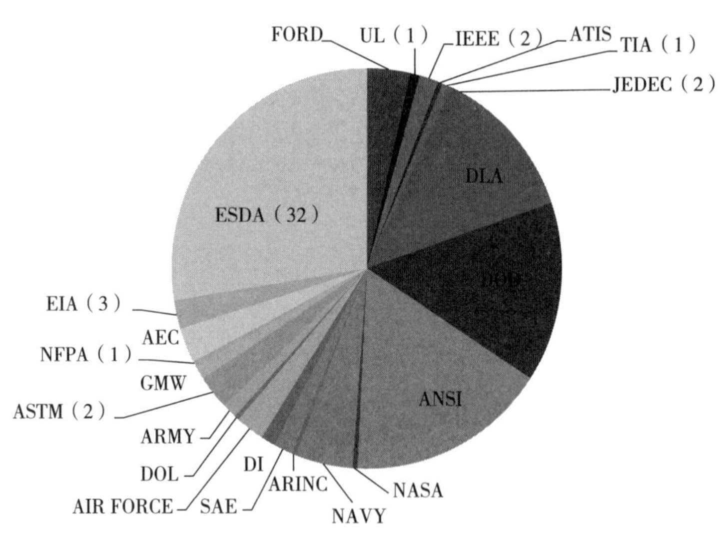

图 2-2　美国相关标准化机构分布

包括美国国家标准协会 ANSI 在内，美国共有 23 个标准化机构发布了 254 项静电防护标准，其中，美国静电放电协会 ESDA 发布的标准数量最多，共 70 项，其中 32 项被采用为美国国家标准 ANSI，详见表 2 -2。

表 2 -2　美国各标准发布机构与静电防护标准数量

序号	标准发布机构	标准代号	数量/项	ANSI 采纳/项
1	福特汽车标准	FORD	9	0
2	美国保险商实验室标准	UL	2	1
3	美国电气电子工程师学会	IEEE	4	2
4	美国电信行业解决方案联盟	ATIS	1	0
5	美国电信行业协会	TIA	2	1
6	美国固态技术协会	JEDEC	4	2
7	美国国防部后勤局	DLA	28	0
8	美国国防部指令	DOD	37	0
9	美国国家标准协会	ANSI	42	—
10	美国国家航空航天局标准	NASA	1	0
11	美国海军	NAVY	12	0
12	美国航空无线电通信公司	ARINC	1	0
13	美国机动工程师协会	SAE	4	0
14	美国军标	DI	3	0
15	美国空军	AIR FORCE	6	0
16	美国劳工部	DOL	1	0
17	美国陆军	ARMY	3	0
18	美国试验与材料协会	ASTM	7	2
19	通用汽车标准	GMW	3	0
20	美国防火协会	NFPA	1	1
21	美国汽车电子工业协会	AEC	7	0
22	美国电子工业协会	EIA	6	3
23	美国静电放电协会	ESDA	70	32
总计			254	44

2.1.2　我国标准发布机构与静电防护标准数量

我国共发布静电防护国家标准 53 项。其中强制性标准 13 项，推荐性标准 40 项，并包括工程建设类国家标准 4 项。我国共发布军用、国防静电防护相关标准 26 项。

我国电子（SJ）、通信（YD）、兵工民品（WJ）、化工（HG）、煤炭（MT）、航天（QJ）、核工业（EJ）、安全生产（AQ）、纺织（FZ）、公安（GA）、石油（SY）、交通（JT）、轻工（QB）、石油化工（SH）、民用航空

(MH)、劳动和劳动安全（LD)、铁道（TB)、教育（JY)、林业（LY）等27个行业发布了静电防护行业标准107项，详见表2-3。

表2-3 我国行业标准发布机构和静电防护标准数量

序号	标准类别	标准代号	批准发布部门	标准制定部门	数量/项
1	安全生产	AQ	国家安全生产管理局	国家安全生产管理局	2
2	兵工民品	WJ	国防科学工业委员会	中国兵器工业总公司	13
3	地震	DB	中国地震局	中国地震局	1
4	电力	DL	国家发展和改革委员会	国家发展和改革委员会	1
5	电子	SJ	工业和信息化部	工业和信息化部	15
6	纺织	FZ	国家发展和改革委员会	中国纺织工业协会	7
7	工程建设	CECS	建设部	建设部	2
8	公安	GA	公安部	公安部	5
9	航空	HB	国防科学工业委员会	中国航空工业总公司	3
10	航天	QJ	国防科学工业委员会	中国航天工业总公司	11
11	黑色冶金	YB	国家发展和改革委员会	中国钢铁工业协会	1
12	化工	HG	国家发展和改革委员会	中国石油和化学工业协会	8
13	机械	JB	国家发展和改革委员会	中国机械工业联合会	4
14	建筑工业	JG	建设部	建设部	2
15	劳动和劳动安全	LD	劳动和社会保障部	劳动和社会保障部	2
16	林业	LY	国家林业局	国家林业局	1
17	煤炭	MT	国家发展和改革委员会	中国煤炭工业协会	10
18	民用航空	MH	中国民航管理总局	中国民航管理总局	3
19	轻工	QB	国家发展和改革委员会	中国轻工业联合会	1
20	商品检验	SN	国家质量监督检验检疫总局	国家认证认可监督管理委员会	1
21	石油	SY	国家发展和改革委员会	中国石油和化学工业协会	3
22	石油化工	SH	交通部	交通部	2
23	铁道	TB	铁道部	铁道部	1
24	医药	YY	国家食品药品监督管理局	国家食品药品监督管理局	1
25	邮政	YZ	国家邮政局	国家邮政局	2
26	有色金属	YS	国家发展和改革委员会	中国有色金属工业协会	1
27	交通	JT	交通部	交通部	4

2.2　静电防护标准涉及的技术领域分布及其对比分析

世界各个标准化机构的静电防护标准都涉及哪些技术领域呢，是否有共性和异性呢？这就需要对静电防护标准的技术领域分布进行详细的分析。国际标准分类法（International Classification for Standards，ICS）是 ISO 发布且为各标准制定机构共同采用的，各国均选择 ICS 作为划分技术领域的依据。ICS 是一个等级分类法，包含 3 个级别。第一级包含 40 个专业技术领域，各技术领域又细分为二级类、三级类。ICS 以数字编号表示，第一级、第三级采用双位数表示，第二级采用三位数表示，各级分类号之间以实圆点相隔。例如，ICS 号“17.220.20”中，“17”表示一级类目“计量学和测量、物理现象”“220”表示二级类目“电学、磁学、电和磁的测量”“20”表示三级类目“电和磁量值的测量”。

2.2.1　技术领域总体分布

按 ICS 统计的结果显示，具有国际标准分类号的 562 项静电防护标准中，共涉及 34 个一级类目，标准数量高于 10 项的技术领域如图 2－3 所示，共 501 项，占具有 ICS 分类号总量的 89.15%，包括：①17 计量学和测量、物理现象；②13 环保、保健与安全；③29 电气工程；④31 电子学；⑤59 纺织和皮革技术；⑥87 涂料和颜料工业；⑦71 化工技术；⑧33 电信、音频和视频技术；⑨01 综合、术语学、标准化、文献；⑩83 橡胶和塑料工业；⑪53 材料储运设备；⑫77 冶金；⑬25 机械制造；⑭49 航空器与航天器工程。

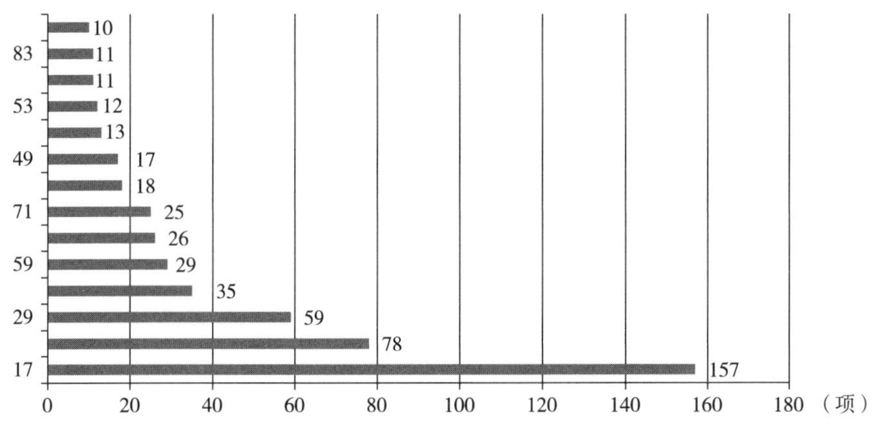

图 2－3　按 ICS 统计的标准静电标准数量大于 10 项的技术领域

其中，“17 计量学和测量、物理现象”类的标准数量最多，共 157 项，标准比率为27.9%；其次为“13 环保、保健与安全”，标准数量为78项，标准比率为13.9%。

针对标准数量最多的“17 计量学和测量、物理现象”类标准的技术领域分布再进行详细的统计分析。按照ICS分类中对“17 计量学和测量、物理现象”类的三级类目进行统计分析的结果如图2－4所示。从图中可以看出：“17.220.20 电和磁量值的测量”类标准最多，共85项；其次是“17.220.99 有关电学和磁学的其他标准”，标准数量为55项。这两类标准占“17 计量学和测量、物理现象”类总量的89.2%。

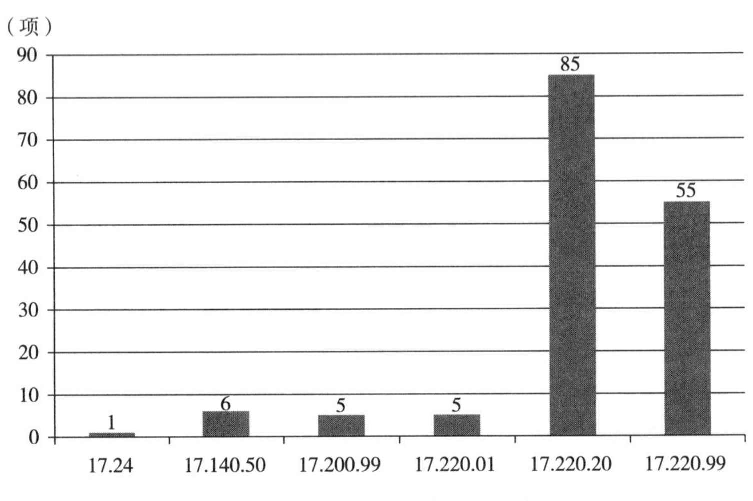

图2－4　ICS的17类标准分布

从表2－4中可知，“17 计量学和测量、物理现象”类标准中包括6个技术领域，按数量排序，依次是：17.220.20 电和磁量值的测量；17.220.99 有关电学和磁学的其他标准；17.140.50 电声学；17.220.01 电学、磁学一般特性；17.200.99 有关热力学的其他标准；17.240 辐射测量。

表2－4　计量学和测量、物理现象类标准分布

ICS号	17.220.20	17.220.99	17.220.01	17.200.99	17.140.50	17.240
名称	电和磁量值的测量	有关电学和磁学的其他标准	电学、磁学一般特性	有关热力学的其他标准	电声学	辐射测量
数量/项	85	55	5	5	6	1

2.2.2　标准技术领域分布的对比分析

对比各标准制定机构在各个技术领域的标准分布情况，可以比较分析各国在技术领域上的不同，为合理制定标准提供依据。选择标准数量较多的的18个标准制定机构进行静电防护标准技术领域分布的对比分析，包括 NS（葡萄牙质量管理总局）、NAVY（美国海军）、JIS（日本工业标准调查会）、IEC（国际电工委员会）、ISO（国际标准化组织）、EN（欧洲标准）、ASTM（美国试验于材料协会）、KS（韩国标准局）、DS（丹麦标准基金会）、LST（立陶宛标准局）、UNI（意大利标准联盟）、ANSI（美国国家标准协会）、CSN（捷克标准局）、GOST（俄罗斯联邦标准化、计量和认证委员会）、GB（中国国家标准）、DIN（德国标准化协会）、NF（法国国家标准协会）、BS（英国国家标准协会）。

18 个标准制定机构中具有 ICS 分类号的标准数据共 519 项，按照 ICS 统计的结果如图 2－5 和表 2－5 所示，具体标准目录见附录。

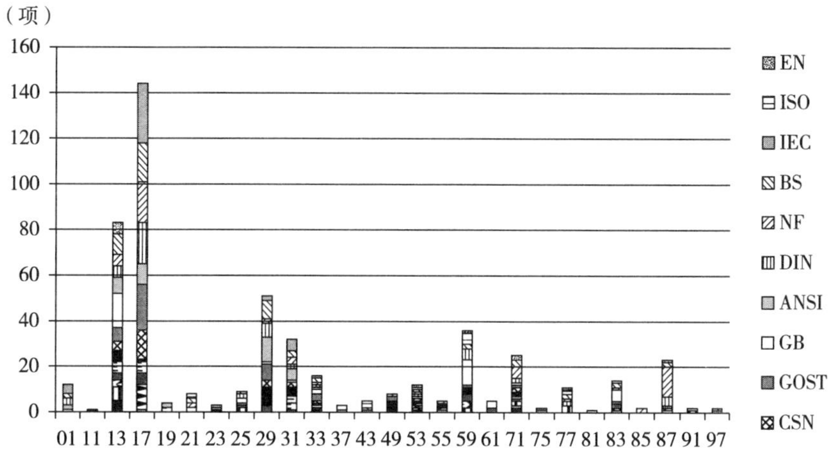

图 2－5　技术领域分布对比

由图 2－5 可知，“01 综合、术语学、标准化、文献”：DIN 有 3 项，BS 有 2 项，IEC 有 4 项，这 3 个协会的标准内容相似，都是关于频率控制，选择和检测用压电，电介质等的术语。另外，ANSI 有 2 项，GB 有 1 项。

“11 医药卫生技术”：只有 NAVY 制定了此类标准 1 项，是关于船上使用通气管的雾沉淀器。

“13 环保、保健与安全”：13 个标准协会共制定了 83 项此类标准，其中 GB 最多，有 15 项，6 项为防护服装相关标准，3 项为涂装作业相关标准。ANSI 共 7 项，5 项为静电放电相关标准。BS 有 9 项，6 项为防护服装、用具相关标准。DIN 和 DS 均有 5 项，基本都为防护服饰相关标准。GOST 共 6 项，5 项为职业安全相关标准。KS 共 3 项，都是关于防护服饰的标准。LST 有 5 项，NF 有 5 项，NS 有 4 项，都是关于防护用具的相关标准。UNI 共 6 项，EN 共 5 项，大部分为防护服饰相关标准。综上所述，除 GOST 主要为职业安全标准，其他标准协会主要发布的为防护用具（服装，手套，头盔）相关标准。

“17 计量学和测量、物理现象”：12 个标准协会制定了 144 项此类标准，其中 IEC 最多，共 26 项。GOST 次之，共 20 项。BS、NF、DIN 数量均超过 15 项。这些标准的领域主要为静电的相关测试、测量方法，静电现象与原理等。

“29 电气工程”：10 个标准协会共制定了 51 项标准。ANSI 发布的标准数量最多，有 11 项，占该类标准的 21.57%，主要为静电放电敏感物品的防护和试验方法。其次是 GOST、DIN、BS，发布的标准数量都在 7 项左右。BS 有 8 项，其中 3 项是手持式静电喷涂设备相关标准。DIN 有 6 项，内容与 BS 的标准一致。GOST 有 7 项，其中 3 项为火箭及宇航用品的防静电保护标准。

“59 纺织和皮革技术”：10 个标准协会共制定了 36 项此类标准。主要涉及纺织品，铺地织物，地板等产品。GB 最多，有 11 项，其中 8 项关于纺织品。

表 2－5 为主要标准化机构有关静电防护的标准技术领域分布统计。

表 2－5　各机构静电防护标准技术领域分布　单位：项

机构 领域	BS	NF	DIN	GB	GOST	ANSI	IEC	LST	CSN
1	2	0	3	1	0	2	4	0	0
11	0	0	0	0	0	0	0	0	0
13	9	5	5	15	6	7	0	5	4
17	17	18	18	0	20	9	26	1	13
19	0	0	0	0	0	2	0	0	0
21	2	2	0	2	0	0	0	0	0
23	0	0	0	0	0	1	0	0	0
25	1	0	2	2	1	0	0	0	0
29	8	2	6	1	7	11	2	8	3
31	3	3	2	1	0	5	5	4	2
33	2	1	1	2	3	1	1	1	1
37	0	0	0	2	0	0	0	0	0
43	1	0	0	0	1	0	0	0	0
49	1	0	0	0	2	0	0	0	0
53	1	1	1	0	0	1	0	1	1
55	0	1	0	0	0	0	0	2	0
59	2	0	5	11	1	0	0	3	0
61	0	0	0	3	0	0	0	0	0
71	3	5	2	1	1	0	0	2	2

续表

机构 领域	BS	NF	DIN	GB	GOST	ANSI	IEC	LST	CSN
75	0	0	0	0	1	0	0	0	0
77	2	1	2	0	0	0	0	0	0
81	0	0	0	0	0	0	0	0	0
83	2	1	0	5	1	0	0	0	0
85	0	2	0	0	0	0	0	0	0
87	2	13	4	0	1	0	0	0	1
91	0	0	0	1	0	0	0	0	0
97	0	1	0	0	0	1	0	0	0

机构 领域	DS	KS	JIS	UNI	ISO	EN	NS	NAVY	ASTM
1	0	0	0	0	0	0	0	0	0
11	0	0	0	0	0	0	0	1	0
13	5	3	3	6	0	5	5	0	0
17	5	5	11	0	0	0	0	0	1
19	2	0	0	0	0	0	0	0	0
21	0	0	0	0	2	0	0	0	0
23	0	0	0	0	0	0	0	1	1
25	0	1	0	2	0	0	0	0	0
29	0	3	0	0	0	0	0	0	0
31	6	1	0	0	0	0	0	0	0
33	1	1	1	0	0	0	0	0	0
37	0	0	0	0	0	0	0	0	1
43	0	0	0	0	3	0	0	0	0
49	0	0	0	0	0	0	0	5	0
53	1	0	1	1	1	1	1	0	0
55	1	0	0	0	0	0	0	0	1
59	0	3	3	2	5	1	0	0	0
61	0	2	0	0	0	0	0	0	0
71	1	1	0	2	0	2	2	0	1
75	0	0	0	0	0	0	0	0	1

续表

领域＼机构	DS	KS	JIS	UNI	ISO	EN	NS	NAVY	ASTM
77	0	0	0	3	2	1	0	0	0
81	1	0	0	0	0	0	0	0	0
83	0	2	0	1	1	0	0	0	1
85	0	0	0	0	0	0	0	0	0
87	1	0	0	0	0	1	0	0	0
91	0	0	0	1	0	0	0	0	0
97	0	0	0	0	0	0	0	0	0

由表 2－5 可见知：

BS 制定的静电相关标准分布领域最广，达到 15 个，其中 17 计量学和测量、物理现象（17 项），13 环保、保健与安全（9 项）和 29 电气工程（8 项）3 个领域标准数量较多。

JIS、IEC、ANSI、CSN、GOST、DIN、NF、BS 在 17 计量学和测量、物理现象领域发布的标准比较多，均有 10 项以上。ANSI 在 29 电气工程领域标准数量较多，有 14 项。LST 在 29 电气工程领域标准较多，有 8 项。GB 在 13 环保、保健与安全和 59 纺织和皮革技术领域标准较多，分别为 15 项和 11 项。NF 在 87 涂料和颜料工业领域标准较多，有 13 项。

综上所述，13 环保、保健与安全，17 计量学和测量、物理现象，29 电气工程，31 电子学，59 纺织和皮革技术 5 个领域标准数量较多，制定标准的标准协会较多，是各个机构共同关注的静电防护标准的主要技术领域。

利用 ICS 对“17 计量学和测量、物理现象”标准进行细致的二级分类统计，以了解该领域中各个标准制定机构的标准分布情况，统计结果见图 2－6。

从图 2－6 中可以看出，“17.220.20 电和磁量值的测量”领域的标准最多，共 61 项，其中 GOST、DIN 标准最多，均为 16 项，NF 次之，为 11 项；其次为“17.220.99 有关电学和磁学的其他标准”，共 48 项，且制定的标准协会较多，仅 ANSI、ASTM、DIN 未发布此小类标准。

2.3 标准发布年代与标龄

分析标准发布年代与标龄可以了解标准的年度制定数量情况及标准的应用时间长短情况，从而为分析标准的年度发展情况与标准的适用性提供依据。

2.3.1　国外标准发布年代分布

对所有国外现行标准的发布年代进行统计分析，按年度统计标准数量，结果如表 2－6 所示；其中，静电防护标准发布年代分布如图 2－7 所示。

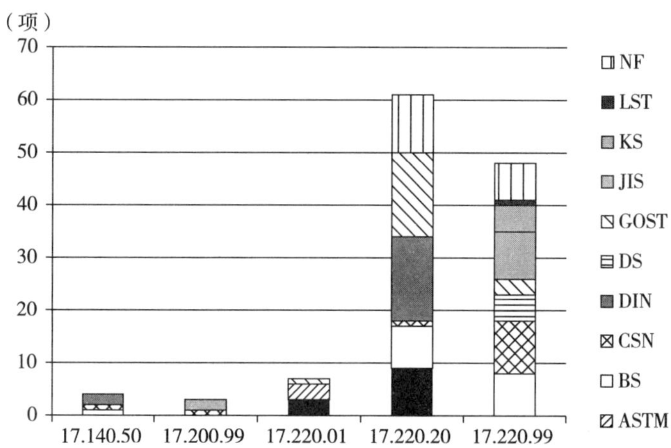

图 2－6　计量学和测量、物理现象技术领域分布对比

由图 2－7 可以看出，这些标准的发布年代跨度自 1963 年开始，迄今有 50 多年。其中，1990 年之前发布的标准数量较少，仅占 15.67%；从 1990 年起发布的标准数量开始增多，但 1995 年、1996 年出现标准发布数量明显减少的情况；到 1998 年后，每年标准发布数量回升且较为稳定；2004 年，标准发布数量大幅增加，之后几年维持在较高水平。

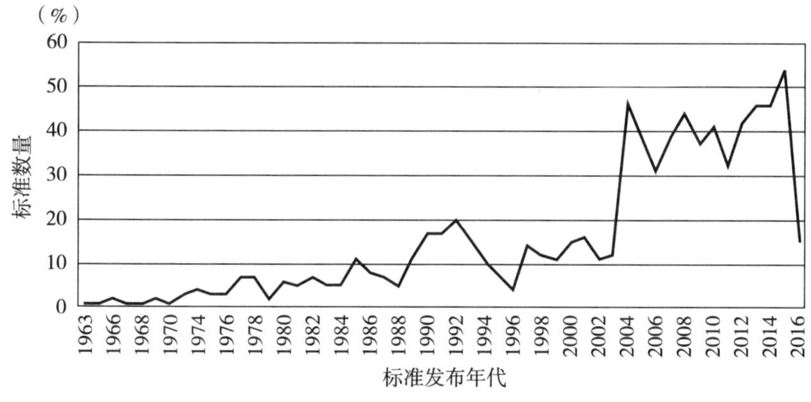

图 2－7　标准发布年代分布（静电防护）

通过深入的对各年份的具体数据分析可以看出，1990 年以前发布的静电防护标准为 126 项，占 15.67%。2004 年及其以后发布的标准数量为 521 项，占

63.68%。由此可以看出，大部分静电防护标准都是近十年来制定的。

表 2－6　国外年度静电防护标准数量

发布年代	数量/项	百分比/%
1990 年以前	126	15.67
1991	17	2.11
1992	20	2.49
1993	16	1.99
1994	11	1.37
1995	7	0.87
1996	4	0.50
1997	14	1.74
1998	12	1.49
1999	11	1.37
2000	15	1.87
2001	16	1.99
2002	11	1.37
2003	12	1.49
2004	46	5.72
2005	39	4.85
2006	31	3.86
2007	39	4.85
2008	44	5.47
2009	37	4.60
2010	41	5.10
2011	32	3.98
2012	42	5.22
2013	46	5.72
2014	46	5.72
2015	54	6.72
2016	15	1.87

2.3.2　国外标准的标龄分布

标准的标龄是指现行标准自发布至废止期间的时间长度，一般以年为单位计算。对所有现行静电防护标准的标龄进行计算和统计分析，标龄分布如图 2－8 所示。

从图 2－8 中可以看出，标龄在 10 年内的标准居多，共有 396 项，占标准总数的 49.3%。标龄为 11～20 年的标准占标准总量的有 207 项，占 25.7%，标龄为 20 年以上的有 201 项，占标准总量的 25%。

从具体标准中可以看到，最长标龄为 54 年，对应标准是美国海军的"NAVY MIL－P－23917－1963 船上使用（静电式）通气管的雾沉淀器"。而标龄超过 50 年的有 5 个标准，均出自美国。英国标准中标龄最长的为 39 年标龄的"BS 2050－1978 软聚合材料导电和抗静电制品电阻规范"。法国最长标龄的标准是"NF Q13－003－1968 纸．静电电容器纸特性"，标龄 49 年。俄罗斯标准中标龄最长的为 37 年标龄的"GOST 9.403—1980 腐蚀和老化联合防护系统．油漆涂层．抗液体静电效应性试验法"。

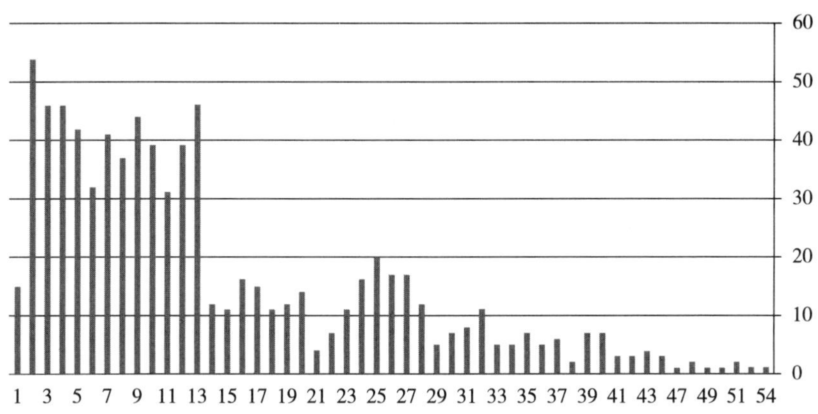

图 2－8　静电防护标准的标龄分布

2.3.3　我国静电防护国家标准的发布年代与标龄分布

按照标准发布年代进行统计分析，由图 2－9 中可以看出，我国静电防护国家标准的发布年代自 1993 年开始，经历了 2009 年的高峰期，共发布 9 项；其次，2008 年发布 8 项，2011 年发布 6 项；其他年份每年发布数为 1～3 项。从表 2－7 中可以看出，大部分静电防护标准是在近十年内发布的，即标龄小于 10 年的共有 41 项，占总量的 77.36%；标龄多于 10 年的总计 12 项，占 22.64%。53 项国家标准的平均标龄为 8.62 年。

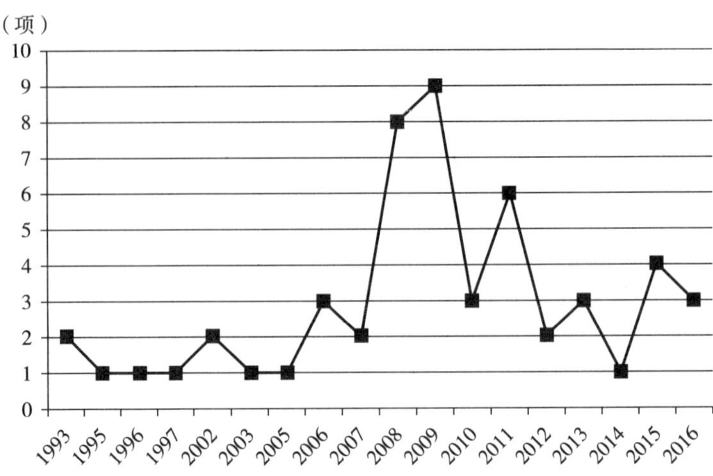

图 2－9　我国国家标准发布年代分布（静电防护）

表 2－7　我国静电防护国家标准年度标准数量

年份	标龄/年	数量/项	累积数量/项
1993	24	2	2
1995	22	1	3
1996	21	1	4
1997	20	1	5
2002	15	2	7
2003	14	1	8
2005	12	1	9
2006	11	3	12
2007	10	2	14
2008	9	8	22
2009	8	9	31
2010	7	3	34
2011	6	6	40
2012	5	2	42
2013	4	3	45
2014	3	1	46
2015	2	4	50
2016	1	3	53

2.3.4　标准标龄的对比分析

对 14 个静电防护标准数量超过 20 项的标准化机构所发布标准的年代进行统计，各年度所发布的静电防护标准数量的统计结果如图 2－10 所示，按标龄长度的统计结果见表2－8。

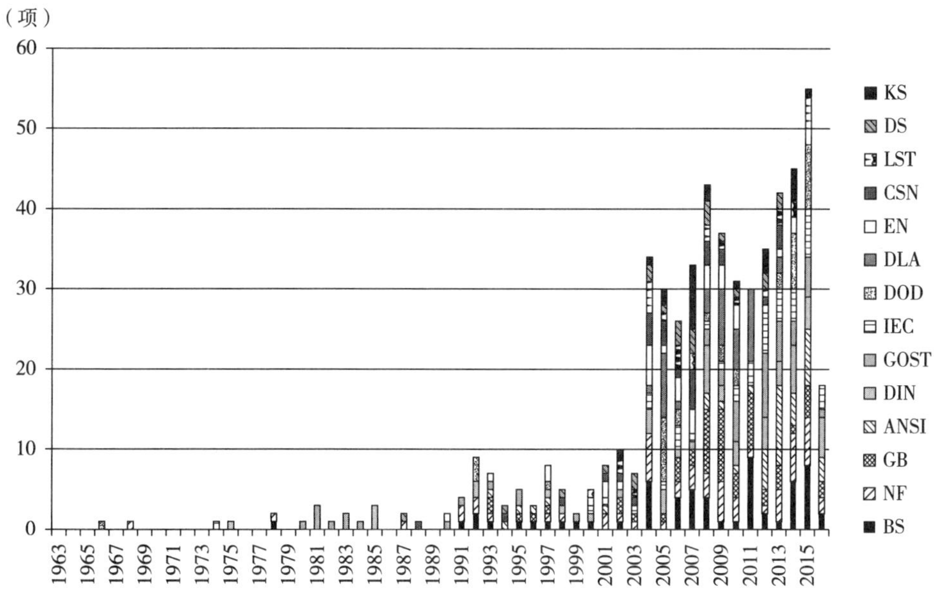

图 2－10　各机构静电防护标准发布年代对比

表 2－8　标准机构标龄分布比例

标准机构	标准总数 项	标龄 20 年以上数量 项	比率 %	标龄 10 年以上数量 项	比率 %
BS	61	7	11.48	22	36.07
NF	57	8	14.04	23	40.35
GB	53	4	7.55	12	22.64
ANSI	42	5	11.90	6	14.29
DIN	52	6	11.54	17	32.69
GOST	51	13	25.49	14	27.45
IEC	45	1	2.22	10	22.22
DOD	40	4	10.00	15	37.50
DLA	37	0	0.00	10	27.03
EN	36	2	5.56	17	47.22

续表

标准机构	标准总数 项	标龄 20 年以上数量 项	比率 %	标龄 10 年以上数量 项	比率 %
CSN	35	2	5.71	14	40.00
LST	28	0	0.00	12	42.86
DS	27	2	7.41	12	44.44
KS	24	0	0.00	4	16.67
JIS	23	0	0.00	4	17.39
总计	611	54	8.84	192	31.42

通过数据检索和筛选，14 个标准机构共 611 项静电防护标准，标龄 20 年以上的共 54 项，占总数的 8.84%；标龄 10 年以上的共 192 项，占总数的 31.42%；标龄 10 年以下的共 419 项，占总数的 68.58%。其中，标龄 20 年以上比率最高的是 GOST（25.49%），其次是 NF（14.04%）。KS、JIS、LST 无标龄大于 20 年的静电防护标准。标龄 10 年以上比率最高的是 EN（47.22%），比率较低的是 KS（16.67%）和 ANSI（14.29%）。

2.4 采用国际标准的对比分析

采用国际标准是各国标准化工作的一项重要工作，是扩大贸易、避免技术性贸易壁垒的一项重要措施。ISO、IEC 等国际标准组织鼓励成员国将国际标准采用为国家标准，欧盟则建立了欧洲标准与国际标准同步发展的政策，我国也鼓励积极采用国际标准。现行的国际标准采用程度包括 IDT 等同采用、MOD 修改采用、NEQ 非等效采用。在现行国际标准采用程度实施之前，采用程度包括 IDT 等同采用、EQV 修改采用、NEQ 非等效采用、REF 参考采用。因标准数据时间跨度较长，数据库中包括各种采用程度的数据，故针对每种采用程度进行统计分析。对采用国际标准进行对比分析可以发现各国标准与国际标准的一致性程度和各自具有的特色。本书从采标率、采用程度、采标及时性 3 个方面进行对比分析。

2.4.1 采标率

采标率是指各标准采用国际标准数量和标准总数量的百分比，各标准化机构采用 ISO、IEC 的采标率统计结果见表 2－9。

表 2－9 采用国际标准的采标率统计表

标准化机构	采标率			采用程度									
				IDT		MOD		EQV		NEQ		REF	
	总数项	数量项	比率%	数量项	比率%	数量项	比率%	数量项	比率%	数量项	比率%	数量项	比率%
BS	58	36	62.07	35	97.22	1	2.78	0	0.00	0	0.00	0	0.00
NF	58	22	37.93	22	100.00	0	0.00	0	0.00	0	0.00	0	0.00
DIN	51	28	54.90	28	100.00	0	0.00	0	0.00	0	0.00	0	0.00
GOST	45	23	51.11	23	100.00	0	0.00	0	0.00	0	0.00	0	0.00
CSN	28	19	67.86	19	100.00	0	0.00	0	0.00	0	0.00	0	0.00
DS	24	16	66.67	16	100.00	0	0.00	0	0.00	0	0.00	0	0.00
KS	23	15	65.22	15	100.00	0	0.00	0	0.00	0	0.00	0	0.00
JIS	19	15	78.95	9	60.00	6	40.00	0	0.00	0	0.00	0	0.00
GB	53	12	22.64	6	50.00	4	33.33	0	0.00	1	8.33	1	8.33
UNI	18	3	16.67	3	100.00	0	0.00	0	0.00	0	0.00	0	0.00
ANSI	42	5	11.90	4	80.00	1	20.00	0	0.00	0	0.00	0	0.00
EN	39	20	51.28	2	10.00	0	0.00	18	90.00	0	0.00	0	0.00
JUS	12	4	33.33	0	0.00	0	0.00	0	0.00	4	100.00	0	0.00
DOD	37	0	0.00	0	0.00	0	0.00	0	0.00	0	0.00	0	0.00
DLA	36	0	0.00	0	0.00	0	0.00	0	0.00	0	0.00	0	0.00
LST	27	0	0.00	0	0.00	0	0.00	0	0.00	0	0.00	0	0.00
ASTM	7	0	0.00	0	0.00	0	0.00	0	0.00	0	0.00	0	0.00
NAVY	16	0	0.00	0	0.00	0	0.00	0	0.00	0	0.00	0	0.00
SIS	14	0	0.00	0	0.00	0	0.00	0	0.00	0	0.00	0	0.00
FORD	9	0	0.00	0	0.00	0	0.00	0	0.00	0	0.00	0	0.00
ONORM	12	0	0.00	0	0.00	0	0.00	0	0.00	0	0.00	0	0.00
PN	12	0	0.00	0	0.00	0	0.00	0	0.00	0	0.00	0	0.00

从表 2－9 可以看出，各国家标准机构的采标率差异较大，JIS 的采标率最高，达到 78.95%；ANSI 采标率最低，为 11.90%；BS、DIN、GOST、CSN、DS、KS、EN 的采标率接近，且都在 50% 以上。NF、ANSI、JUS、GB、UNI 的采标率较低，均未达到 40%。

2.4.2 采用程度

根据表2－9的统计结果，大部分机构的采标方式是“IDT等同采用”。在IDT方式下，NF、DIN、GOST、CSN、DS、KS、UNI的采标率均为100%；BS采标率达到97.22%；JIS、GB的采标率较低，仅为60%、50%；采用EQV方式的仅有EN，比例为80%；JUS标准则全部采用“NEQ非等效采用”。各国家标准机构采用国际标准程度的对比情况如图2－11所示。

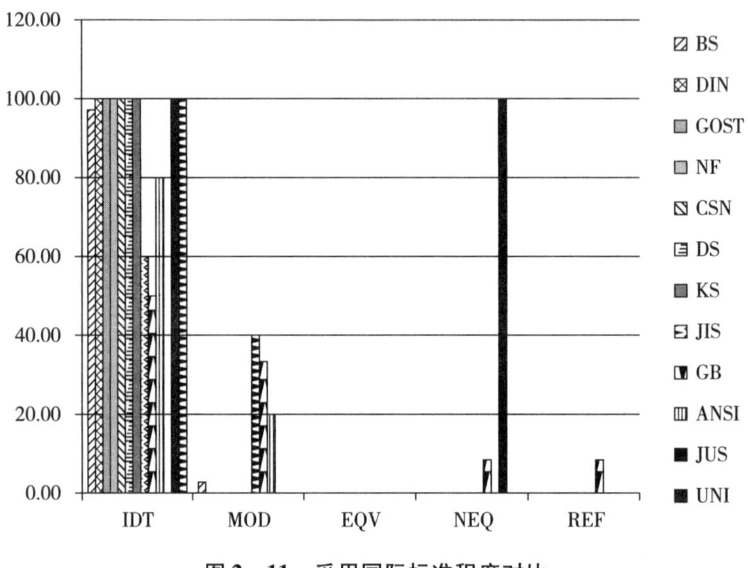

图2－11 采用国际标准程度对比

从图2－11中可以看到，大部分的国家标准机构采用国际标准的程度为IDT，采用MOD方式的只有BS、JIS、ANSI、GB，其中在MOD方式下，JIS的采标率最高，为40%，BS最低，为2.78%；JUS采用国际标准的程度均为NEQ。

总体上看。中国标准的采标率相对较低，采用IDT、MOD这两种国际认可方式的标准较少。日本、韩国、丹麦、英国采用国际标准比率较高，美国、欧盟较少采用国际标准。

2.4.3 采标及时性

采标及时性是反映采用国际标准工作程度的一项重要指标，本书通过计算各国国家标准的发布时间与该标准采用的国际标准发布时间的时间差来展现采标的及时性，通过计算在不同时间差情况下的采标数量与采标率来比较各国采标及时性的差异（采标及时性的统计数据截至到2017年）。

按照采用国家标准时间差统计的各国家标准机构的标准数量及比率情况见表2－10，采标时间差与比率的对比见图2－12。

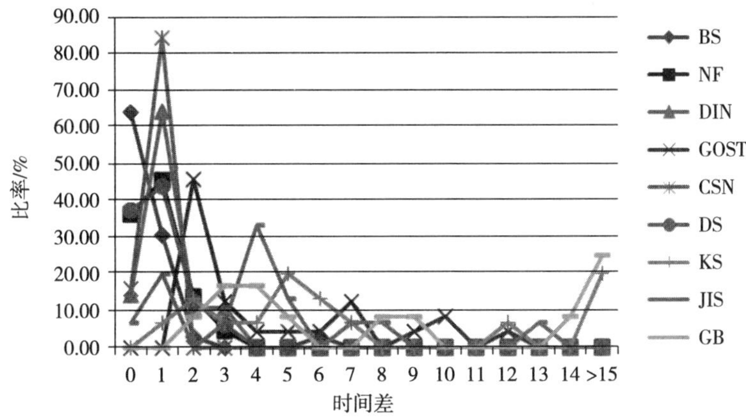

图2－12　采用国际标准时间差对比

总体来看，BS对国际标准的跟踪最为及时，反应最为敏锐，其次是DS、CSN和NF。GOST、KS对国际标准的采用最不及时，对国际标准的应对比较迟缓。

BS在ISO、IEC标准发布的当年即将其采用为BS标准的有23项，占本机构采标总量的63.89%；在ISO、IEC标准发布1年后采用为BS标准的比率为30.56%；即94%的BS采标标准都是在ISO、IEC标准发布后1年内的时间完成的。

NF在ISO、IEC标准发布的当年即将其采用为NF标准的有8项，占本机构采标总量的36.36%；在ISO、IEC标准发布1年后采用为BS标准的比率为45.45%；即81%的NF采标标准都是在ISO、IEC标准发布后1年内的时间完成的。

DIN在ISO、IEC标准发布的当年即将其采用为BS标准的有4项，占本机构采标总量的14.29%；在ISO、IEC标准发布1年后采用为BS标准的比率为64.29%；即78%的DIN采标标准都是在ISO、IEC标准发布后1年内的时间完成的。

CSN在ISO、IEC标准发布的当年即将其采用为BS标准的有3项，占本机构采标总量的15.79%；在ISO、IEC标准发布1年后采用为BS标准的比率为84.21%；即CSN的全部采标标准都是在ISO、IEC标准发布后1年内的时间完成的。

DS在ISO、IEC标准发布的当年即将其采用为DS标准的有6项，占本机构采标总量的37.5%；在ISO、IEC标准发布1年后采用为BS标准的比率为43.75%，且DS的全部采标标准都是在ISO、IEC标准发布后3年内的时间完成的。

表 2－10　采用国际标准的时间差分布

时间差 年	BS		NF		DIN		GOST		CSN		DS		KS		JIS	
	数量 项	比率 %	数量 项	比率 %	数量 项	比率 %	数量 项	比率 %	数量 项	比率 %	数量 项	比率 %	数量 项	比率 %	数量 项	比率 %
0	23	63. 89	8	36. 36	4	14. 29	0	0. 00	3	15. 79	6	37. 50	0	0. 00	1	6. 67
1	11	30. 56	10	45. 45	18	64. 29	0	0. 00	16	84. 21	7	43. 75	1	6. 67	3	20. 00
2	1	2. 78	3	13. 64	3	10. 71	11	45. 83	0	0. 00	2	12. 50	2	13. 33	0	0. 00
3	0	0. 00	1	4. 55	3	10. 71	3	12. 50	0	0. 00	1	6. 25	1	6. 67	1	6. 67
4	0	0. 00	0	0. 00	0	0. 00	1	4. 17	0	0. 00	0	0. 00	1	6. 67	5	33. 33
5	0	0. 00	0	0. 00	0	0. 00	1	4. 17	0	0. 00	0	0. 00	3	20. 00	2	13. 33
6	1	2. 78	0	0. 00	0	0. 00	1	4. 17	0	0. 00	0	0. 00	2	13. 33	0	0. 00
7	0	0. 00	0	0. 00	0	0. 00	3	12. 50	0	0. 00	0	0. 00	1	6. 67	1	6. 67
8	0	0. 00	0	0. 00	0	0. 00	0	0. 00	0	0. 00	0	0. 00	0	0. 00	1	6. 67
9	0	0. 00	0	0. 00	0	0. 00	1	4. 17	0	0. 00	0	0. 00	0	0. 00	0	0. 00
10	0	0. 00	0	0. 00	0	0. 00	2	8. 33	0	0. 00	0	0. 00	0	0. 00	0	0. 00
11	0	0. 00	0	0. 00	0	0. 00	0	0. 00	0	0. 00	0	0. 00	0	0. 00	0	0. 00
12	0	0. 00	0	0. 00	0	0. 00	1	4. 17	0	0. 00	0	0. 00	1	6. 67	0	0. 00
13	0	0. 00	0	0. 00	0	0. 00	0	0. 00	0	0. 00	0	0. 00	0	0. 00	1	6. 67
14	0	0. 00	0	0. 00	0	0. 00	0	0. 00	0	0. 00	0	0. 00	0	0. 00	0	0. 00
>15	0	0. 00	0	0. 00	0	0. 00	0	0. 00	0	0. 00	0	0. 00	3	20. 00	0	0. 00
总计	36	100. 00	22	100. 00	28	100. 00	24	100. 00	19	100. 00	16	100. 00	15	100. 00	15	100. 00

以上机构中，除 GOST、KS、JIS 外，其他国家标准机构的采标标准基本都在 ISO、IEC 标准发布 3 年内的时间完成。而 GOST、KS、GB 在 ISO、IEC 标准发布当年和发布 1 年后采用为本国标准的比率都很低，KS 分别为 0，6.67%，而 GOST 和 GB 则没有。

GOST 没有一项标准是在 ISO、IEC 标准发布当年和发布 1 年后采用的，45.83% 的标准是在 ISO、IEC 标准发布 2 年后采用的，37.5% 的标准是在 ISO、IEC 标准发布 5 年后采用的。

KS 仅有一项标准是在 ISO、IEC 的标准发布 1 年内采用的，大多数标准是在 ISO、IEC 标准发布 5 年后才采用的，占 66.67%，且仍有 26.67% 的标准采用的是 ISO、IEC 发布 10 年后的标准。

GB 没有一项标准是在 ISO、IEC 标准发布当年和发布 1 年后采用的，大多数标准在 ISO、IEC 发布 7 年以后采用，占 50%，而仍有 33.33% 的标准采用是 ISO、IEC 发布 10 年以后的标准。此外，GB 和 KS 是仅有的两个采用 ISO、IEC 发布 15 年以上的标准的国家标准机构。

JIS 在 ISO、IEC 标准发布的当年即将其采用为 JIS 标准的仅有 1 项，占本机构采标总量的 6.67%；在 ISO、IEC 标准发布 1 年后采用为 JIS 标准的比率为 20%。

综上所述，在采标及时性方面，亚洲国家（中国、日本、韩国）与欧洲国家相比有一定差距。

第 3 章　国外静电防护标准化发展现状与趋势

通过本书第 2 章对静电防护标准的总体分析可以发现，国外静电防护标准以 IEC 居多，美国在静电防护领域的标准更加多元化。本章对国外静电防护标准现状和发展趋势进行深入具体分析。

3.1　国际静电防护标准

国际静电防护标准主要包括国际电工委员会（IEC）和国际标准化组织（ISO）的标准。

3.1.1　国际电工委员会（IEC）

3.1.1.1　技术机构

IEC 在静电防护方面的国际标准主要由 IEC/TC 101（静电学标准化技术委员会）负责，已经发布了 18 项国际标准，正在进行约 6 项国际标准的制修订工作。

IEC/TC 101 成立于 1996 年 1 月，致力于静电学领域的标准化工作，秘书处由德国承担，共有 20 个“P”成员（参加成员）和 13 个“O”成员（观察成员）。IEC/TC 101 的工作范围是为静电学领域的标准化提供通用指南，主要包括评估静电放电发生、保留和耗散的测量方法；确认静电放电作用；以测试为目的的静电现象模拟方法；规范用于降低或消除静电危害或负面作用的程序、设备和材料，或控制区域内的设计和操作。

IEC/TC 101 下设工作组（Working Groups）、项目团队（Project Teams）、维护团队（Maintenance Teams）、联合工作组（Joint Working Groups）分别从事不同方向的标准化活动，详见表 3－1。

表 3－1　IEC/TC 101 组织结构

缩写	名称	召集人/项目负责人
工作组		
WG 5	电子设备免受静电干扰的防护	Mr Reinhold Gärtner（德国）

续表

缩写	名称	召集人/项目负责人
项目团队		
PT 61340 -4 -2	评价服装静电性能的试验方法	Dr Paul Holdstock（英国）
PT 61340 -6 -1	医疗保健设施中的静电控制标准	Mr Toni Viher iäkoski（芬兰）
维护团队		
MT7	维护 IEC 61340 -4 -4 专用品的标准试验方法　柔性集装袋（FIBC）的静电分类	Mr Paul Holdstock（英国）
MT 8	维护 IEC 61340 -2 -1/ -2/ -3，测试静电耗散材料和表面的方法	Dr Paul Holdstock（英国）
MT 9	维护 IEC 61340 -4 -1/ -3/ -5 专用品的标准测试方法　鞋类和地板	Mr Kevin Duncan（美国）
MT 11	维护 IEC 61340 -5 -3 Ed. 1.0 静电　第 5 -3 部分：电子设备免受静电现象的影响　用于静电放电敏感设备的包装的特性和要求分类	Mr Rainer Pfeifle（德国）
联合工作组		
JWG 13	与 TC 40 相关的电子制造中使用的包装系统	Mr David Swenson（美国）
JWG 14	与 ISO/TC 38 相关的纺织品	Dr Paul Holdstock（英国）
JWG 29	与 TC31 爆炸性环境用设备联合成立，由 TC31 管理	Mr Graham P Ackroyd（英国）
战略规划小组		
SPG	战略规划咨询小组，由主席团成员、召集人、项目负责人和应邀专家组成	Dr Paul Holdstock（英国）

3.1.1.2　静电防护标准化进展

IEC 自 1980 年以来陆续发布静电防护相关标准，截至 2018 年 2 月，IEC/TC101 已发布出版国际标准 18 项，修改件 4 项，其中包括 3 项技术报告 TR，1 项技术规范 TS。其基本编号是 61340，分为 6 个类别。第 1 类为基础类标准，1 项标准，1 项修改件，内容为静电现象的原理和测量。第 2 类为测量方法标准，共 3 项，包括材料和产品的静电荷耗散能力、充电率、抗静电电荷积累的固态材料的电阻和电阻率的测量方法。第 3 类为静电放电模型，共 2 项，包括人体模型（HBM）、机器模型（MM）的静电放电试验波。第 4 类是专用品的标准试验方法，9 项标准，1 项修改件，包括地板覆盖物和已装修地板、服装、鞋、柔性集装袋、鞋靴和地板材料、腕带、电离、包装袋等，其中柔性集装袋、鞋靴和地板材料都是2018 年刚刚发布的标准。第 5 类是电子设备静电防护，3 项标准，2 项修改件，包括通用要求、用户指南、静电放电敏感设备的封装要求和分类等。第 6 类是卫生保健设施中的静电控制，正在进行新增标准制定。

截至 2017 年 12 月，IEC/TC101 正在制修订的国际标准共 6 项，其中制定 4 项，修订 1 项，另有一项为编号为 ISO 的标准制定项目。制定标准中有 2 项处于预备阶段，包括“PWI/TR 101 -1 未来的 IEC/TR 61340 -5 -5 电子设备的静电防护——用于电子制造的包装体系”“PWI/TR 101 -3 自动操作设备和流程”；1 项处于委员会草案阶段，为“IEC 61340 -5 -4 静电 - 电子设备的静电防护 - 符合性验证”；1 项处于最终草案阶段，为“IEC 61340 -6 -1 静电 - 医疗保健的静电控制 - 设施的通用要求”。修订的 1 项标准已经进入出版阶段，即将发布，为“IEC TR 61340 -5 -2 静电 - 电子设备的静电防护 - 用户指南”。编号为 ISO 的标准制定项目为“ISO 20615 纤维绳 - 静电表面电位测量方法。”

3. 1. 2 国际标准化组织（ISO）

ISO 在静电相关领域的标准上侧重于橡胶、地毯、汽车、航天、传动带、纺织品等领域的抗静电特性及试验方法的标准制定，共研制相关标准 13 项。其中，ISO 10605：2008 是汽车电子产品测试中的重要抗扰度标准，该标准的发布在技术内容上作了重要的修改和充实；ISO 18080 系列的 4 项纺织品方面的评估织物静电性能的试验方法标准也同时体现在 IEC/TC 101 的标准制定项目中，体现了 ISO 和 IEC 两大标准化组织在静电防护领域的合作和交流。

3. 2 欧洲和欧盟成员国静电防护标准

欧洲标准和欧盟各成员国国家标准是欧盟标准体系中的两级标准，其中，欧洲标准是欧盟各成员国统一使用的区域级标准，各成员国标准是国家标准。在静电防护标准化方面，欧盟及其各成员国也开展了大量的工作。

3. 2. 1 欧州标准与各成员国国家标准的关系

1990 年欧共体委员会发表的《关于发展欧洲标准化的绿皮书》指出：“统一的共同市场只有在欧洲一级而不是在国家一级逐步制定出通用的技术标准后，才能成为现实。”因此，要实现欧共体单一市场的目标，迫切需要在欧洲一级建立各成员国适用的统一的技术标准。由此，导致了欧洲标准的产生。欧洲标准是在欧盟区域内实行的标准，属区域标准范畴。

欧洲标准由三个欧洲标准化组织制定，分别是欧洲标准化委员会（European Committee for Standardization，CEN）、欧洲电工标准化委员会（European Committee for Electrotechnical Standardization，CENELEC）、欧洲电信标准协会（European Telecommunications Standards Institute，ETSI）。这三个组织都是被欧洲委员会（European Commission）按照 83/189/EEC 指令正式认可的标准化组织，分别负责不同领域的标准化工作。CENELEC 负责制定电工、电子方面的标准；ETSI 负责制定电信方面的标准；CEN 负责制定除 CENELEC、ETSI 负责领域外所有领域的标准。这三个组织分别按照自己的组织机构和标准制定程序，在各自的工作领域内进行欧洲标准的制定工作。欧洲标准有 3 个类别，与成员国国家标准具有不同的关系，具体如下。

（1）欧洲标准（European Standard，EN）

由 CEN、CENELEC、ETSI 按其标准制定程序制定，经正式投票表决通过的标准。每项欧洲标准被正式批准发布后，各成员国必须在 6 个月时间内将其采用为本国国家标准，并撤销与此标准相抵触的本国国家标准。各成员国在本国出版欧洲标准时，对标准的内容和结构不得做任何改动。

（2）协调文件（Harmonization Docement，HD）

在制定欧洲标准中，当无法避免成员国国家偏差时，采用编制协调文件的形式。每个协调文件必须在国家级采用，但可以采取两种方式，一是采用为相关国家标准，二是向公众通告协调文件的编号和标题。无论采用哪种方式，各成员国都要撤销与此协调文件相抵触的本国国家标准。

（3）暂行标准（European Prestandard，ENV）

暂行标准是在技术发展快或急需标准的领域临时应用的预期标准。在标准制定过程中，暂行标准比正式标准省略一些过程，制定速度快。各成员国在对待暂行标准时，也要采取与欧洲标准和协调文件一样的方式，但在暂行标准转化为正式标准之前，各成员国与之相对立的国家标准可以同时存在，不必撤销。

各成员国在将欧洲标准转化为本国国家标准时，无须重新编号，只需在欧洲标准编号前冠以成员国国家标准代号，并将发布年代改为本国采用欧洲标准的年代。如，DIN EN 13906 - 2：2002（德国标准，采用 EN 13906 - 2：2001）。

3.2.2　欧洲静电防护标准

在静电防护方面，欧洲标准主要分为 3 个方面：人员防护和地面方面的标准，采用 IEC 61340 系列的标准、半导体器件标准，具体分析如下。

人员防护和地面方面的标准由 CEN 制定，包括：①EN 1149 - 1 系列的防护服静电性能标准，涉及表面电阻率的测试方法、材料的体电阻率的试验方法、电荷衰减的测试方法、材料性能和设计要求等；②EN 16350 防护手套静电性能；

③EN 1815 弹性地板和地毯织物 静电性能评估；④CEN/TR 16832－2 个人防护装备的选择、使用、保养和维护，防止危险区域的静电危害（爆炸危险）。

欧洲标准中只采用 IEC 61340 系列的标准，而没有采用 IEC 中的技术报告 TR 和技术规范 TS，采用的方式为等效采用，其标准名称与 IEC 标准一致，标准由 CENELEC 制定。

半导体器件标准为 EN 60749 系列中的标准，包括半导体器件－机械和环境测试方法－第 26 部分：静电放电（ESD）敏感度测试－人体模型（HBM）及第 27 部分：静电放电（ESD）敏感度测试－机器模型（MM）。

3.2.3 欧洲各国的静电防护标准

英国、德国、法国的静电防护标准数量最多，其次为捷克、丹麦、意大利、瑞典、南斯拉夫、波兰、奥地利、罗马尼亚等。欧洲各国的多数标准都采用欧洲标准或 ISO、IEC 标准，只有少量的本国独有的标准。下面以标准数量最多的英国、德国、法国为例来说明。

英国 BSI 共发布了 58 项静电防护相关标准，其中有 6 项是本国独有的标准，但发布年代都比较早，大多为 20 世纪 90 年代发布的标准，主要包括 BS 5958 系列的有害静电控制惯例－第 1 部分－总则和第 2 部分－特种工业推荐标准；BS 7506 系列的静电测量方法－基本静电学指南及试验方法。

德国 DIN 共发布了 51 项静电防护相关标准，其中 7 项是本国独有的标准，发布年代也很早，大多在 20 世纪 80 年代，主要包括 DIN 54535 系列的纺织品检测－静电性能的电阻值测定、用机器法对织物地毯静电荷的测定、平面织物静电荷的测定、在织物条上测定电阻值。

法国 AFNOR 共发布了 58 项静电防护相关标准，其中 8 项是本国独有的标准，与 DIN、BSI 不同，法国的本国标准大多是近年制定的。法国本国标准中具有代表性的是“国防用高能材料 安全性、易损性”的 3 项标准，分别为对静电放电的敏感性（NF T70－527—2013）、静电放电敏感性测试－GEMO 装置（NF T70－539—2009）、静电放电敏感性试验 SNPE 仪器（NF T70－540—2009）。此外，还有“NF H00－313—2014 防静电放电和电磁场的物品柔性包装－特性和试验方法”。

3.3 美国静电防护标准

美国标准由联邦政府机构和私营领域的标准制定组织制定。联邦政府机构负责制定一些强制性标准，主要涉及制造业、交通、环保、食品和药品等。美国私营领域的标准制定机构制定自愿性标准，其自愿性体现在标准的制定和实施由相关方需求来决定，相关方自愿参加制定标准和自愿采用标准。在静电防护标准方面，既有美国国防部（DOD）、美国海军（NAVY）、美国空军（AIR FORCE）、美国陆军（ARMY）、美国劳工部（DOL）等联邦政府标准，也有美国国家标准学会（ANSI）及美国静电防护协会（ESDA）等私营领域的标准制定机构制定的标准。

3.3.1　美国国家标准学会（ANSI）

ANSI 是非营利性质的民间标准化组织，其职责是组织协调、批准发布美国国家标准，对美国的标准制定组织进行认可，代表美国参加 ISO、IEC 的活动，进行认证活动等。ANSI 遵循自愿性、公开性、透明性、协商一致性的原则。

ANSI 本身并不制定国家标准，而是通过对标准制定机构的认可，将这些标准制定机构中较成熟的且对全国普遍具有重要意义的标准，按照 ANSI 程序审核后，提升为美国国家标准并冠以 ANSI 标准代号及分类号，但同时保留原标准制定机构的标准代号。截至 2015 年 6 月，ANSI 认可的标准制定机构有 242 个，包括私营领域的各专业学会、协会，发布了 1 万多项美国国家标准。

ANSI 标准是自愿采用的。美国联邦政府认为，强制性标准可能限制生产率的提高。但被法律引用和政府部门制定的标准，一般属于强制性标准。最新的发展趋势表明，美国联邦政府机构引用自愿性标准的比例越来越高。

根据表 2－2，美国的静电防护国家标准共 44 项，由 ANSI 认可的标准制定机构制定，包括美国保险商实验所（UL）1 项、美国电气和电子工程师学会（IEEE）2 项、美国电信行业协会（TIA）1 项、美国固态技术协会（JEDEC）2 项、美国试验与材料协会（ASTM）2 项、美国电子工业协会（EIA）3 项、美国防火协会（NFPA）1 项、美国静电放电协会（ESDA）32 项。可以看出，ESDA制定的标准是美国国家标准的主要组成部分。

3.3.2　美国静电放电协会（ESDA）

近年来，ESDA 一直是制定静电防护标准的重点机构，是美国国家标准协会 ANSI 认可的专业标准制定机构，代表美国参加 IEC/TC101 国际标准化活动。

3.3.2.1　技术机构

ESDA 于 1982 年在美国成立，总部设在纽约，是一个专家志愿者协会，从事静电防护理论和实践研究。成立初期不到 100 名成员，目前成员遍布全球，总数超过 2000 名。为适应不断变化的环境，该协会通过标准制定、教育节目、专业书籍、出版物、指南、认证工作和座谈会宣传 ESD 知识。

ESDA 制定标准的工作由以下标准工作组完成：WG1.0 腕带；WG2.0 服装；

WG3.0 电离；WG4.0 工作台面；WG5.0 通用器件测试；JWG（HBM 人体模型）器件测试；WG5.2（MM 机器模型）器件测试；JWD（CDM 带电设备模型）器件测试；WG5.3.2 器件测试（SDM）；WG5.4（TLU）器件测试；WG5.5（TLP）器件测试；WG5.6（HMM）器件测试；WG6.0 接地；WG7.0 地板；WG8.0 符号；WG9.0 鞋类；WG10.0 操作者；WG11.0 包装；WG12.0 座椅；WG13.0 手工工具；WG14.0 系统级 ESD；WG15.0 手套；WG17.0 流程评估；WG20.20 ESD 控制程序；WG20.21 航天工业 ESD 控制程序；WG53 符合性验证；WG55.0 洁净室；WG97.0 鞋类系统。

3.3.2.2 标准化进展

ESDA 制定发布 4 种类型的标准，分别为：

S（Standard）——标准：对材料、产品、系统或过程要满足要求的精确陈述，还规定了确定每项要求是否得到满足的程序。

STM（Standard Test Method）——标准试验方法：用于识别、测量和评估那些产生可重复测试结果的材料、产品、系统或过程的一种或多种质量、特性或性质的确定程序。

SP（Standard Practice）——标准操作规程：用于执行不确定是否能产生测试结果的一个或多个操作或功能的过程。

TR（Technical Report）——技术报告：技术数据或测试结果的集合。作为关于特定材料、产品、系统或过程的信息参考而公布。

目前，ESDA 已发布 10 项标准、14 项标准试验方法、11 项标准操作规程和 32 项技术报告。同时，ESDA 目前还有 3 项标准处于提案阶段（具体数量见表 3－2）。ESDA 的静电标准绝大多数被 ANSI 采用为美国国家标准，70 项标准中，被 ANSI 采用的共有 32 项，占 ESDA 标准总量的 45.7%，且标准类型主要为 S 和 STM。ESDA 还与 JEDEC（美国固态技术协会）密切合作，共同制定了 2 项标准，1 项技术报告，2 项标准也被 ANSI 采用为美国国家标准。

表 3－2　ESDA 标准数量分布

标准制定组织	S/JS	STM	SP/JSP	TR/JTR	ADV	总数
ANSI/ESDA	7	14	9	0	0	30
ESDA/JEDEC	0	0	0	1	0	1
ANSI/ESDA/JEDEC	2	0	0	0	0	2
ESDA	1	0	2	31	3	37
合计	10	14	11	32	3	70

以上 70 项标准分为两大类——工厂标准和设备标准，工厂标准根据标准规

范的对象，可分为七大类：ESD 控制程序、工作环境静电防护、人员用静电防护装备、电子产品防静电包装、设备测试模型及方法、静电防护基础理论、静电工具，基本覆盖了静电防护的标准化需求，具体内容如图 3-1 所示。

此外，ESDA 还出版草案文档、ESD 手册、咨询文档、工具书、EOS/ESD 学报和研究论文选集、EOS/ESD 研讨会报告（EOS/ESD Symposia Presentations）、ESD 指南和研究会注释等。

3.3.2.3　合作交流

ESDA 代表美国参加 IEC/TC101 的国际标准化活动，在推进 ESDA 标准的广泛性、利用 IEC 标准制定快速程序转化 ESDA 标准成为 IEC 标准、主导国际标准研制方面采取了积极有效的对策。

ESDA 在组织合作方面也十分活跃，ESD 协会和美国国防部之间进行了一次合作，结果是 ANSI/ESD S20.20 成为 MIL-STD-1686 的继任者。ESDA 与 JEDEC 从签订谅解备忘录开始进行了第二次合作，制定了 2 份文件（2010 年共同出版 HBM 文件，2011 年共同出版 CDM 联合文件）。

在国际上，ESDA 和欧洲标准制定组织已经建立了工作关系，增加了对国际电子界影响力的投入，从而对发布的文件进行了扩大审查，有助于制定更加协调一致的标准。对于 ESD 标准的用户，这种增加合作将产生重大影响。由于更广泛的投入，标准在技术方面得到改进，不同标准之间的冲突减少，重复标准减少。

3.3.3　美国电子工业协会（ECIA）与固态技术协会（JEDEC）

美国电子工业协会（Electronic Components Industry Association，ECIA）与固态技术协会（Solid State Technology Association，JEDEC）有着紧密的联系，相互间的标准也在不断演进与发展。

3.3.3.1　美国电子工业协会（ECIA）

美国电子工业协会（ECIA）前身为美国电子工业联盟（Electronic Industries Alliance，EIA）。EIA 成立于 1924 年，1950 年和 1957 年曾先后改为无线电制造商协会（Radio Manufacturers，Association，RMA）和无线电、电子、电视制造商协会（Radio-Electronics-Television Manufacturers，Association，RETMA）。1965 年，吸收了磁录音工业协会（Magnetic Recording Industry Association，MRIA）。目前，ECIA 由美国电子元器件协会（Electronic Components Association，ECA）、固态技术协会（JEDEC）、美国电信行业协会（Telecommunications Industry Association，TIA）等 5 个协会共同组成。

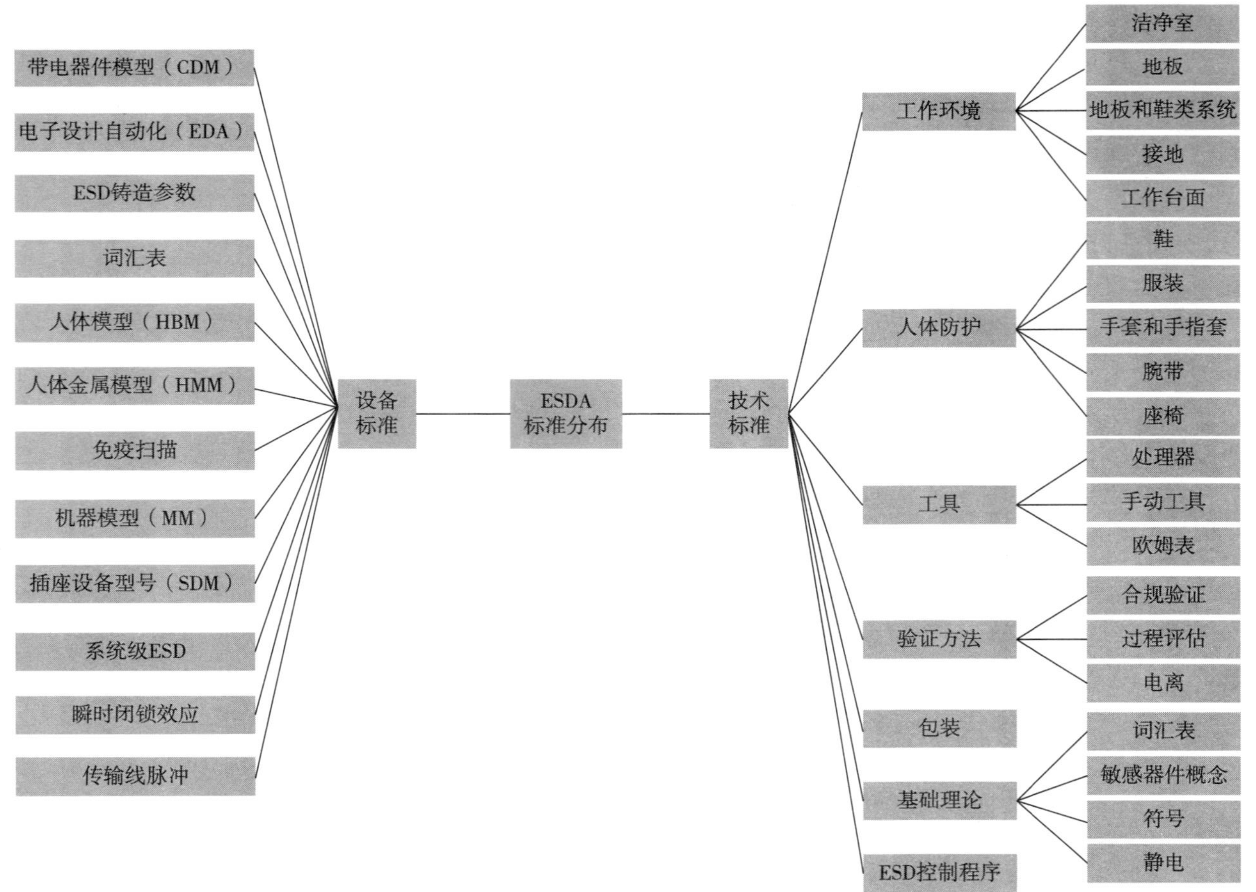

图 3-1 ESDA标准类型

ECIA 由 250 家无线电、电视、通信和工业电子产品与元件制造商组成，是消费者、工业和政府使用的电子元器件、设备和系统制造公司的全国性协会。在国内和国际上的利益范围内，该协会代表其成员。

ECIA 下设工程部、政府关系部和公共事务部三个部门委员会和若干个电子产品部、组及分部。部门委员会为 EIA 成员提供市场统计及其他数据、技术标准、法律法规信息、政府关系、公共事务方面的技术支持。其中，技术标准的制定工作由工程委员会承担，工程委员会下设 225 个分委员会，承担标准的具体编制工作。

ECIA 是一个代表电子产品制造厂商的纯服务性全国贸易协会。它主要从事国内和国际标准化活动，以及市场销售和消费者事务等工作，并代表美国电子行业参加国际电工委员会电子元器件质量评定体系（IEC Quality Assessment System for Electronic Components，IECQ）；参与电阻、电容器、开关、变压器、电感器、晶体管和集成电路等元器件的标准化工作；还参与电视机显像管、广播设备、数据传输、数字控制、印制电路、无线电接收机、电唱机、卫星通信及磁带系统的标准化工作。通过 ANSI 和 IEC 制定标准。标准可直接应用或被采纳为国际标准。工程标准的目的是消除制造商和采购商之间的误解，有利于产品的互换性和改进，并可帮助采购人员选择符合需要的产品。

ECIA 制定的标准文件包括：美国电子工业联盟（EIA）标准、固态技术协会（JEDEC）标准、电子管工程专家咨询委员会（TEPAC）出版物。

3.3.3.2　固态技术协会（JEDEC）

固态技术协会（JEDEC）曾经是电子工业联盟（EIA）的一部分：联合电子设备工程委员会（Joint Electron Device Engineering Council，JEDEC）。1999 年，JEDEC 独立成为行业协会，抛弃了原来名称中缩写的含义，目前的名称为固态技术协会。

JEDEC 是一家独立的半导体工程贸易组织和标准化机构，拥有超过 3000 名志愿者，代表近 300 家会员公司，在 50 个技术委员会领域制定标准和出版物，并向全世界免费提供其标准。JEDEC 范围包括但不限于固态器件、集成电路、电子模块和相关电子元件的领域、各种制造业功能/工艺，其过去的活动包括零件号标准化、制定静电放电（ESD）标准及领导无铅制造转型。

JEDEC 的理事机构是 JEDEC 董事会，由代表 JEDEC 成员公司的独立董事（或其候补成员）组成。JEDEC 董事会负责建立适当的委员会进行标准化活动，这些委员会被分配服务或产品任务。

服务委员会处理可能影响多种产品类型的特定主题。活动包括套餐概况、条款和定义、政府标准和国际标准。服务委员会与其他 JEDEC 委员会以及 JE-

DEC 以外的机构建立联系。产品委员会处理特定类型的产品，包括测试方法、设备规格格式和最小内容、引脚、接口要求和应用。产品委员会与其他 JEDEC 委员会及 JEDEC 外的机构建立联系。

JEDEC 是微电子领域非常活跃的一个开放性技术与标准组织，其标准的维护与更新活动十分频繁，具有较好的时效性。EIA 标准已部分转由 JEDEC 负责维护与更新。JEDEC 研制静电相关标准的技术委员会主要包括 JC－14 固态产品质量和可靠性委员会下设的 JC－14.1 封装器件可靠性测试分委会、JC－14.3 硅器件可靠性鉴定与监测分委会和 JC－13 政府联络委员会等。

JEDEC 制定的静电相关标准有：

（1）JESD22－A115C：2010　静电放电（ESD）灵敏度测试——机器模型（MM）

该标准由 JC－14.1 封装器件可靠性测试分委会制定，该标准是参考文件，不是每个 JESD47（集成电路的压力测试驱动认证）的要求。

（2）JESD22－C101F：2013　微电子元件静电放电耐受阈值的场诱导充电器件模型测试方法

该标准由 JC－14、JC－14.1 制定，标准中的新测试方法描述了用于建立充电装置模型静电放电耐受阈值的均匀方法。

（3）JESD471：1980　静电敏感器件的符号和标签

该标准由 JC－10 制定，标准对于任何从事处理由于静电电位而导致永久性损坏的半导体器件和集成电路的人员将是有用的。该标准建立了可能会对设备造成静电损伤的人员注意的符号和标签。

（4）JESD625－B：2012　处理静电放电敏感（ESDS）器件的要求

该标准由 JC－13、JC－14.1 制定。静电荷通过静电放电敏感装置可能导致零件的灾难性故障或性能下降，该标准确定了用于保护易受静电放电损坏或降解的电子设备的静电放电控制方法和材料的最低要求。

JEDEC 相关委员会有：

（1）JC－10：术语、定义和符号委员会

JC－10 范围内的活动包括与分立固态器件、集成电路、模块和各种半导体制造支持功能相关的术语、定义和符号的生成、协调和审查。委员会还协助制定和标准化类型指定系统。为了完成这些职能，委员会与其他团体保持联系并使用技术信息，这些团体包括其他 JEDEC 委员会、国家和国际标准和专业组织。

（2）JC－13：政府联络委员会

负责标准化军用、空间和其他要求超过标准的商业惯例的特殊用途能力的固态产品的质量和可靠性方法。这包括长期可靠性和/或特殊筛选要求。其目的是为成员公司及其客户提供统一、成本效益、经过验证客户接受的方法来指定

和评估特殊用途产品，最终目标是提高这些产品的性能和可靠性。活动包括关于产品质量和可靠性、验证系统和流程管理的标准文件的开发、协调和维护。

委员会还对其他组织产生和维护的类似和相关文件做出贡献，与客户、其他 JEDEC 委员会、政府机构和有特殊应用需求的有关方面保持联络。

（3）JC－14 固态产品质量和可靠性委员会

负责标准化计算机、汽车、电信设备等商业应用中固态产品的质量和可靠性方法，还包括开发商用设备固态产品板级可靠性标准。其业务包括：为商用设备中的固态产品制定板级可靠性标准；未来主要的扩展领域是汽车电子、宽带隙半导体和光电子等。

该委员会由供应商和用户组成，并提供了一个关注固态设备质量和可靠性问题的论坛。委员会与其他 JEDEC 委员会保持联络，其任务涉及质量和可靠性问题。此外，委员会与其他标准组织（如 IPC、IEC 和 JEITA）协调活动，以帮助开发行业和全球范围内的标准化。

2016 年年初，JEDEC 发起了第一个在中国的工作组，与 JC－14 委员会联系。

JC－14 委员会包括以下几个小组委员会：封装器件可靠性的测试方法、晶片级可靠性、硅器件的可靠性鉴定与监测、质量流程与方法和失效分析、砷化镓的可靠性与质量标准等。小组的工作成果包括但不限于如下各个领域的标准和出版物：器件物理与失效机制、统计分析技术、筛选程序与质量保证、环境应力对器件的影响、测试程序与技术和可靠性增长与寿命等。

JC－14 委员会下设 JC－14.1 封装器件可靠性测试分委会。JC－14.1 建立统一的方法和程序来评估封装固态器件的可靠性。小组委员会制定和出版用于确定包装设备的可靠性和建立这些封装设备将要测试的物理、电气、机械和环境条件的测试方法。

3.3.3.3　标准制定进展

EIA/JEDEC 发布的 ESD 相关标准共 12 项，见表 3－3。

其中，EIA－625 标准是 EIA 和 JEDEC 联合制定的 ESD 标准，1999 年修订为 JESD625－A，2012 年进一步修订为 JESD625－B，成为集技术、培训和质量认证的基础标准，绝大部分内容与 ANSI/ESD 接轨；EIA 541 标准于 2003 年被 ANSI/ESD S541：2003 取代，标准 ANSI/ESD S541：2008 是对 ANSI/ESD S541：2003 的重审，并于 2008 年 6 月 8 日批准。ANSI/ESD S541：2008 对 EIA－541：1988 进行实质性改进，包括采用表面电阻代替表面电阻率，体积电阻代替体积电阻率，允许计算穿透能量的屏蔽试验代替电压测量，并限制使用静态衰减测试，电阻不再是用于分类 ESD 包装的唯一属性，同时增加了低充电、电场屏蔽和直接放电屏蔽等属性；JESD 471 以前称为 EIA 471，分别于 1988 年 10 月、

1996 年 9 月、1996 年 11 月、2009 年 9 月重审。

表 3-3　EIA/JEDEC 静电相关标准结构关系

标准号	ESD 敏感装置操作要求			静电放电测试方法		包装				
	操作要求	经销商要求	推荐 ESD 等级目标	标识	微电子组件	ESD 敏感度	包装材料	储运	潮湿敏感产品	包装、套管和管子内包装
EIA 541（已被 ANSI/ESD S541：2008 取代）							√	√		
JESD22 - A115C：2010			√			√				
JESD22 - C101F：2013					√					
JESD471：1980				√						
ANSI/ESDA/JEDEC JS - 001：2017		√			√					
ANSI/ESDA/JEDEC JS - 002：2014		√			√					
JESD625 - B	√	√								
EIA 583									√	

3.3.4　美国电信行业协会（TIA）

美国电信行业协会（Telecommunications Industry Association，TIA）是一个全方位的服务性国家贸易组织。该协会成员有能力制造供应现代通信网中应用的所有产品。此外，TIA 还有一个分支机构——多媒体通信协会（MMTA）。TIA 还与美国电子工业协会（ECIA）有着广泛而密切的联系。

TIA 寻求为其成员提供一个论坛，以便成员讨论问题，交流信息。TIA 还积极代表其成员——通信和信息技术产品的制造商和供应商，在公共政策和国际事务中对成员感兴趣的问题发表看法。TIA 积极支持经济的繁荣，力求技术的进步，通过提高通信的现代化程度来改善人类生存环境。

TIA 是一个成员推动的组织。根据该组织的规定，在华盛顿选举出 35 个成员公司组成理事会，并根据以下工作事务成立了六个专门委员会：全球企业市场发展、全球网络市场、国际事务和公共政策、标准和技术、小型企业发展和市场业务。每个专门委员会由一个理事成员掌管。

TIA 下设工程技术委员会，包括：

TR - 8 移动和个人无线电标准。

TR - 14 通信和小型风力涡轮机支撑结构的结构标准。

TR - 30 多媒体访问，协议和接口。

TR - 34 卫星设备与系统。

TR - 41 通信产品的性能和可访问性。

TR - 42 电信布线系统。

TR - 45 移动和点对点通信标准。

TR - 48 车载远程信息处理。

TR - 50 M2M - 智能设备通信。

TR - 51 智能实用网络。

TAG 技术咨询组

TIA 制定的静电标准包括：

（1）TIA TSB - 153：2003　LAN 和数据终端设备之间的静电放电该 TSB 包括有关不同电缆类别 ESD 特性的背景信息，并提供了平衡双绞线布线系统中减轻静电放电效应的安装准则。

（2）TIA - 455 - 129：1996　FOTP - 129 将人体模型静电放电应力应用到封装的光电组件的程序。

适用于任何模块电路的 ESD 测试，适用于所有利用半导体技术的多频和单频激光器件，专门排除仅使用除了半导体器件之外的有源元件的激光器，还排除了包含其终端仅连接到内部节点的光电子芯片的封装模块，仅涵盖了人体模型（HBM）ESD 测试的应用。

3.3.5　汽车电子工业协会（AEC）

汽车电子工业协会（Automotive Electronic Council，AEC）最初由克莱斯勒、福特和通用公司成立，目的是建立共同的部分资格和质量体系标准。从成立以来，AEC 由质量体系委员会和组件技术委员会两个委员会组成。

如今，AEC 是由主要汽车制造商与美国部件制造商共同组成的、以车载电子部件的可靠性及性能指标标准化为目的的团体，是为汽车电子工业元器件提供质量标准和质量认证的组织。AEC 制定的电子元器件质量要求的主要标准有：AEC - Q100（集成电路类 13 项）、Q101（分立半导体类 8 项）、Q200（无源元器件 9 项）和其他标准共 35 项，其中 ESD 相关标准共 9 项，AEC - Q100 - 003 - Rev - E 和 AEC - Q100 - 006 - Rev - D 已废止，如表 3 - 4 所示。

表 3-4　AEC 静电相关标准结构关系

	质量要求与测试	静电放电测试
无源元器件	AEC-Q200 Rev-D base （质量测试）	无
集成电路	AEC-Q100 Rev-H（质量要求）	AEC-Q100-002-Rev-E（HBM）
		AEC-Q100-011-Rev-C1（CDM）
半导体分立器件	AEC-Q101 Rev-D1（质量测试）	AEC-Q101-001-Rev-A（HBM）
		AEC-Q101-005-Rev-（CDM）

3.3.6　美国军用标准（MIL）

传统上，美国军方率先制定了美国 ESD 控制方面的具体标准和规格。美国军用电子产品自 1970 开始实行静电防护控制，约 10 年后正式颁发相应的美国军用标准（American Military Standard，MIL），共发展出 13 项 MIL 标准。但今天，美国的军事机构不再积极，不是自己制定标准，而是依靠民间制定的标准。例如，ESD 协会完成了国防部的任务，将 MIL-STD-1686 转换为商业标准 ANSI/ESD S20.20。

美军 ESD 防护性能指标标准共发布了三个版本：DOD-STD-1686（1980）、MIL-STD-1686A（1988）、MIL-STD-1686C（1995）。与此同时，为配合标准的实施，先后颁布了 MIL-HDBK 263：1980《静电放电控制手册》和修订版 263A：1991、263B：1994，着重从技术上强调静电放电的防护控制。随后，EIA 和 ESDA 的标准进一步完善了美国军用标准。

美国军用标准由不同的美国军方部门发布。美国国防部发布 ESD 相关标准 35 条，美国国防部后勤局发布 ESD 相关标准 29 项，美国空军发布 6 项，海军发布 10 项，陆军发布 3 项，航空航天局 NASA 发布 1 项，主要涉及内容为电子设备静电控制、包装和静电放电敏感度测试。美国静电军用标准分布，如表 3-5 所示。

表 3-5　美国静电军用标准分布

	电子设备静电控制	包装	静电放电敏感度测试
国防部	27	5	3
国防部后勤局	29	0	0
空军	4	2	0
海军	6	4	0
陆军	2	1	0
NASA	1	0	0
其他	1	0	2

3.3.7　其他标准化机构

美国试验与材料协会（American Society for Testing and Materials，ASTM）制定的 ESD 标准主要包括材料性能试验方法（ASTM D991 -89：2014 橡胶、ASTM D7524：2010 添加剂）、包装材料（ASTM D5077 -90：2009）、静电试验方法（ASTM D4470 -97：2010 静电起电、ASTM D4865：2009 静电产生与耗散）等 7 项。

美国电气电子工程师学会（Institute of Electrical and Electronics Engineers，IEEE）研制的 ESD 相关标准共 4 项，主要针对电子设备静电放电 ESD 试验方法（IEEE C63. 16：2016、ANSI/IEEE C37. 90. 3：2001）、环境特征（IEEE C62. 47：1992）、评价方法（IEEE C62. 38：1994（R1999）方面。2001 年以后，IEEE 开展 ESD 领域的标准化活动很少，且活动多为标准的重申。

美国防火协会（National Fire Protection Association，NFPA）设有静电（Static Electricity）技术委员会，负责维护 NFPA77《静电推荐做法》，用来识别、评估和控制静态电气危害以防止火灾和爆炸，历史版本包括 1966、1972、1977、1983、1988、1993、2000、2007、2014 等。

3.4　日本静电防护标准

日本工业标准调查会（JIS C）发布的静电领域标准大部分采用国际电工委员会 IEC 61340 标准系列，在内容上侧重于地板（JIS A1455：2002）、铺地纺织物（JIS L1021 - 16：2007）、输送带（JIS K6378 - 3：2013）、机织品（JIS L1094：2014）抗静电特性及试验方法；地板覆盖物（JIS C61340 - 4 - 1：2008）、鞋类（JIS C61340 -4 -3：2009）、集装箱（JIS C61340 -4 -4：2015）、防静电手环（JIS C61340 -4 -6：2016）、箱包（JIS C61340 -4 -8：2014）的标准试验方法；静电属性的测量方法（电阻、电阻率、电磁兼容性等）。JIS 静电相关标准。

3.5　国外静电防护标准化的发展趋势

通过前述的分析，国外静电防护标准化近年来发展迅速，也展现出新的发展趋势。

3.5.1　静电防护标准化向多领域融合发展

随着航天、航空、石化、电子、汽车等行业高分子材料、ESD 敏感器件的广泛应用，静电防护工作已成为现代化工业生产过程中必不可少的工作之一。在技术发展和市场需求驱动下，静电防护标准化也呈现多领域融合发展的趋势，特别是以下几个行业具有比较强烈的标准化需求。

在石化、化工、制药、印刷、加工等制造业中，静电的产生会点燃可燃性气体、蒸汽和粉尘，静电的吸引和排斥作用也会导致轻质材料在通过机器时出现传送失败等问题。

在电子行业中，包括电子系统的最终用户，在生产、储存、运输和使用的过程中，少量的静电放电会损伤或损坏敏感的电子器件和系统。此外，静电的吸引和排斥作用会导致封装、拆装或在电路板上放置表面贴装元件时出现问题。

在医疗设施和洁净室环境中，静电的吸引和排斥现象会导致微粒对环境的污染，静电对医生、护士和患者的静电电击也会造成医疗伤害。特别在医疗设施领域，静电危害方面的报道越来越多，许多国家已把建立医疗保健设施的静电控制作为当务之急。

在日常环境中，人和地板、衣服等物品的相互作用所产生的静电，会对人造成伤害。

国外的标准化机构面对静电防护技术和标准化需求，标准制定领域也从电子逐步拓展到多个领域。IEC 自 1980 年以来陆续发布防静电标准，后于 1996 年 1 月成立 IEC TC 101，致力于静电学领域标准化。在初期，IEC 的大部分工作都侧重于电子行业，目前，虽然电子行业仍然是 TC101 主要工作内容，但其制定的的标准和相关技术文件已覆盖了更广泛的工业和商业范围。ESDA 在发展初期，领域只局限于电子元器件的静电影响，而现今已拓宽到包括诸如纺织品、塑料、织物处理、居室清洁和形象艺术等领域。

静电防护多领域融合发展还体现在标准化机构之间日益增多的紧密合作方面。IEC/TC 101 不断评估具有联络关系的标准化技术委员会，不仅限于 IEC 内部，而且还包括 ISO、ASTM、ESDA 的标准化技术委员会。例如：

IEC/TC29 电声学、IEC/TC 31 爆炸性环境设备、IEC/TC40 电子设备电容器和电阻器、IEC/TC 47 半导体器件、IEC/TC 107 航空电子设备的流程管理、IEC/TC 112 电气绝缘材料和系统的评估和鉴定；

ISO/TC38 纺织品、ISO/TC45 橡胶和橡胶制品、ISO/TC45/SC2 测试和分析、ISO/TC122 包装、ISO/TC219 地板覆盖物；

ASTM/D09 电气电子绝缘材料、ASTM/E27 化学品危害潜力、ASTM/F06 弹性地板覆盖物；

ESDA/JWG（HBM）设备测试、EDA/WG1.0 腕带、ESDA/WG2.0 服装、EADA/WG3.0 电离、EADA/WG4.0 工作面、EADA/WG11.0 包装。

目前，IEC/TC101 与 IEC/TC31 成立了联合工作组 JWG29，共同编写预防易爆环境中静电危害造成电气设备损害的指南，为危险易爆环境中静电控制材料、设备和系统的评估提供测试方法；与IEC/TC40建立联合工作组JWG13，开展电子制造中使用的包装系统方面的标准；与ISO/TC122/SC3建立联合工作组JWG7/JMT7，共同制定柔性集装袋（FIBC）的静电标准；与ISO/TC38建立联合工作组JWG14，共同制定ISO 18080系列的纺织品——评估织物静电倾向的试验方法的标准。

ESDA也与其他标准化机构合作共同制定和发布标准，例如，与JEDEC以双编号形式发布了2项标准，1项技术报告，其中2项标准均被ANSI采用为美国国家标准。2项标准分别为“ANSI/ESDA/JEDEC JS-001：2017静电放电敏感性测试——人体模型（HBM）—器件级“ANSI/ESDA/JEDEC JS-002：2014静电放电敏感性测试——带电器件模型（CDM）—设备级。1项技术报告为“ESDA/JEDEC JTR5.2-01：2015设备ESD资质用机器模型的非连续使用”。

3.5.2 利用政策积极参加和主导国际标准化活动

欧洲和美国都充分利用ISO、IEC有关国际标准化的相关政策积极参加和主导国际标准化活动，将本国优势技术和标准发展成为ISO、IEC国际标准。

在欧洲，CEN与ISO有密切的合作关系，于1991年签订了《维也纳协议》。《维也纳协议》是ISO和CEN间的技术合作协议，主要内容是CEN采用ISO标准（当某一领域的国际标准存在时，CEN即将其直接采用为欧洲标准），ISO参与CEN的草案阶段工作（如果某一领域还没有国际标准，则CEN先向ISO提出制定标准的计划）等。CEN的目的是尽可能使欧洲标准成为国际标准，以使欧洲标准有更广阔的市场。40%的CEN标准也是ISO标准；CENELEC和IEC有密切的合作关系，于1996年9月在德国的德累斯顿（Dresden）签署了《德累斯顿协议》，包括共同计划新工作项目和双方对国际标准草案进行并行投票表决，目的是适应市场需要，加快标准的制定过程。有时，CENELEC以IEC标准为基础，稍作修改后，即作为欧洲标准，这些修改主要是为了适应欧洲市场的卫生和安全要求。在静电防护标准方面可以充分体现CELELEC这一政策实施的效果，欧洲标准直接使用与IEC 61340系列静电防护标准同样的编号，为EN 61340系列标准。

在美国，ESDA代表美国参加IEC/TC101的国际标准化活动，在推进ESDA标准的广泛性、利用IEC标准制定快速程序转化ESDA标准成为IEC标准、主导国际标准研制方面采取了积极有效的对策。根据《ISO/IEC导则 第1部分 技术工作程序》（ISO/IEC Directives Part 1 Procedures for the technical work）规定，每项国际标准的制定过程包括预备阶段（PWI）、提案阶段（NP）、准备阶段（WD）、委员会阶段（CD）、询问阶段（DIS/CDV）、批准阶段（FDIS）、出版阶段。如果一项国际标准在各个阶段都能顺利推进，从立项到出版至少需要36个月的时间。为了加快国际标准的制定，ISO、IEC又规定了“快速程序”，即在“相关技术委员会的任何P成员及A类联络组织可建议将任何来源的现行标准作为询问草案（DIS/CDV）提交投票”，即省去准备阶段（WD）、委员会阶段（CD）直接进入询问阶段，这大大加快了国际标准的制修订进程。美国作为IEC/TC 101的P成员，可以采用IEC国际标准制定快速程序将ESDA标准提议为IEC询问草案（CDV）。当ESDA认识到欧洲标准组织利用快速程序能将欧洲标准快速推进成为IEC标准后，也开始充分利用这一政策，将其标准快速推进为IEC国际标准。目前，EDSA采用快速程序推进的ESDA标准及相应国际标准见表3－6。

表3－6　ESDA采用快速程序推进的IEC国际标准

序号	ESDA标准	IEC标准
1	ANSI/ESD S1.1腕带	IEC 61340－4－6
2	ANSI/ESD STM2.1服装	IEC 61340－4－9
3	ANSI/ESD STM3.1电离	IEC 61340－4－7
4	ANSI/ESD S541包装	IEC 61340－5－3
5	ANSI/ESD S11.31屏蔽袋	IEC 61340－4－8
6	ANSI/ESD STM11.13两点电阻测量	IEC 61340－4－10

在ESDA不了解国际标准快速制定程序之前或某些标准不适合采用快速程序的情况下，ESDA积极采取以其标准为基础来主导制定IEC国际标准的对策。例如,《IEC 61340－2－3 静电学 第2－3部分　测定用来避免静电电荷积累的固体平面材料电阻和电阻率的试验方法》《IEC 61340－4－1 静电学 第4－1部分　特定应用的标准测试方法 地板遮盖物和安装地板的电阻》《IEC 61340－4－3 静电学 第4－3部分　特定应用的标准测试方法 鞋类》《IEC 61340－4－5 静电学 第4－5部分　特定应用的标准测试方法 与人相关的鞋类和地板静电防护特征描述方法》。

ESDA在ANSI/ESD S20.20标准上与IEC IEC61340－5－1保持同步发展和相互融合。ANSI/ESD S20.20标准体系是在MIL－STD－1686C基础上建立的目前业界最流行的一套认证体系，该体系的核心标准是ANSI/ESD S20.20，其目的是为建立、实施和维护ESD控制程序提供管理和技术要求，已成为国际通行的建立ESD防护体系的规范性指导标准，在美国国防部、美国航空和航天局、美国食品和药品管理局等多个行业领域及IBM、霍尼韦尔、惠普等企业得到应用。在ANSI/ESD S20.20发布之前，IEC也在制定“IEC 61340－5－1 电子器件静电防护通用要求”国际标准。在ANSI/ESD S20.20正式发布后，IEC对其标准进行了修改，与 ANSI/S20.20 在技术上保持一致，IEC 61340 -5 -1 的项目负责人为来自 ESDA 的专家。

3.5.3　以技术发展趋势预测为基础来分析标准化发展需求

国外标准化机构在开展静电防护标准化工作中，不仅基于现有技术开展相关标准制定，而且还对技术发展趋势进行预测分析，以确定未来的标准化发展需求，做好标准化工作的发展计划，及时开展标准制修订，与技术发展同步。IEC/TC 101 在其 2016 年 7 月发布的《战略发展规划》中就提到以下的技术发展趋势及相应的标准化工作规划。

在电子行业部分，电器元件的内部结构尺寸正在变得越来越小，而 5V 的人体模型静电放电已经足够引起一些器件的结构和功能发生不利的变化。预计到 2024 年，最小的电子结构的大小将小于 10nm。这意味着 0.1nC 的静电荷和 1000V/m 的静电场足以对这些敏感器件造成永久性的损毁。IEC 61340 系列标准中的 ESD 控制计划指南和要求是基于人体模型 100V 及以上的手工装配技术而编制的，而以下的趋势则需要对现行的 IEC 61340 系列标准进行重新评估，评估制定新标准的可能性。

（1）一些器件的尺寸减小，而对于其他器件，其内部结构和数百计的引脚连接却越来越复杂。

（2）高密度的元件表面安装技术越来越常见。

（3）100V 以下 HBM 器件的处理已经变得普遍。

（4）由于装配中的 ESD 防护成为可能并被广泛使用，芯片上的 ESD 防护正在逐渐减少。

（5）大部分电子系统现在已采用一定的自动化处理和装配，因此自动化处理设备需要进行带电器件模型 ESD 和充电板的防护。

（6）小型器件的 ESD 防护包装具有很小的特征，用现有的方法还无法测量。

（7）ESD 防护包装的类型多样化。

在职业和工艺安全领域，以下的新趋势对工业作业中与静电相关的风险具有影响。

（1）工程塑料使用的增加，其中许多塑料具有电绝缘性。

（2）虽然自动化和工艺效率的提高能获得更快的操作速度，但也意味着更高的静电充电电流。

（3）由煤炭、油和石油转换为气体（天然气、液化石油气、氢等）作为燃料增加了风险性，这是因为引燃能量更低的原因。

（4）使用含乙醇的生物燃料也增加了风险，因为其蒸气在正常条件下经常处于可燃范围内。

(5) 包装和运输易燃材料的新方法通常涉及塑料绝缘材料的使用，例如燃料管道、运输液体的刚性散装容器。

在静电危害和其他现象方面，高分子聚合材料（如塑料、树脂等）很容易获得并保留静电电荷，而由于许多原因——其成本低廉、耐用、易于清洁和消毒［包括缺少可持续的天然产品（木材、石头）］等，这种材料正越来越多地用于地板和家居装饰。随着对医疗场所中的耐药性细菌和感染关注的提升，对医疗保健设施和公共区域内的污染控制要求日益提升，而控制静电亦是综合污染控制的一个方面。

第 4 章　我国静电防护标准化发展现状

近年来，我国标准化工作进行重大改革，建立政府主导制定的标准与市场自主制定的标准协同发展、协调配套的新型标准体系，标准化工作进入新的发展时期。在静电防护领域，我国开展了大量的标准化工作，展现出新的发展态势，本章对我国静电防护标准化工作发展进行分析。

4.1　我国标准化工作最新发展

我国标准化工作在法制建设、标准体系以及推进措施等方面出现了最新发展，为开展静电防护标准化工作提供了行动指南。

4.1.1　新标准化法正式颁布与实施

2017 年 11 月 4 日，习近平主席签署第 78 号主席令，正式公布新修订的《中华人民共和国标准化法》，新《标准化法》自 2018 年 1 月 1 日起施行。新《标准化法》是我国标准化工作的基本法，这部法律的修订对促进标准化改革创新发展意义重大，影响深远。该法的修订，有利于贯彻以人民为中心的发展思想；有利于促进我国经济社会高质量发展；有利于强化标准化工作的法治管理；有利于实现更高水平的对外开放。

中国的标准化立法经历了 4 个发展阶段：1962 年 11 月，国务院制定《工农业产品和工程建设技术标准管理办法》，是中华人民共和国成立后首部标准化法律文件；1979 年 7 月，国务院制定《中华人民共和国标准化管理条例》，是我国首部标准化行政法规；1988 年 12 月，第七届全国人大常委会第五次会议表决通过了《中华人民共和国标准化法》，是我国首部标准化法；2017 年 11 月，第十二届全国人大常委会第三十次会议表决通过新修订的《中华人民共和国标准化法》，自 2018 年 1 月 1 日起施行。

新《标准化法》共六章，四十五条，包括总则、标准的制定、标准的实施、监督管理、法律责任、附则。新标准化法新增了“监督管理”一章，共有 16 项重大制度设计：扩大标准范围、建立标准化协调机制、鼓励积极参与国际标准化活动、明确标准化奖励制度、加强强制性标准的统一管理、赋予设区的市标准制定权、发挥技术委员会的作用、对标准制定环节提出要求、明确强制性标准应当免费向社会公开、赋予团体标准法律地位、建立企业标准自我声明公开和监督制度、促进标准化军民融合、增设标准实施后评估制度、建立标准化试点示范制度、强化标准化工作监督管理制度、加大违法行为处罚力度。

新标准化法的框架和内容如表 4－1 所示。

表 4－1　新标准化法框架内容

章　节	内　　容
第一章 总则	立法目的；标准范围和分类；标准化任务和保障；制定标准基本要求；管理体制；协调机制；鼓励参与国内和国际标准化；表彰奖励
第二章 标准的制定	强制性国家标准制定范围和程序；推荐性国家标准、行业标准、地方标准的制定范围、主体和要求；标准化技术委员会和专家组；标准公开；团体标准制定及规范；企业标准；标准制定基本原则；军民融合；标准编号
第三章 标准的实施	强制性标准法律效力；出口产品和服务的技术要求；团体标准和企业标准自我声明和监督；技术创新的标准化要求；标准实施统计分析、信息反馈、评估、复审；标准交叉重复处理；试点示范与宣传
第四章 监督管理	标准化监管职责；标准争议协调解决机制；标准编号、复审、备案的监督措施；举报投诉措施
第五章 法律责任	生产、销售、进口产品或者提供服务不符合强制性标准应承担的民事责任、行政责任和刑事责任；企业生产的产品、提供的服务不符合其公开标准的技术要求应承担的民事责任；企业未依法公开其执行标准以及标准制定主体未依法制定标准、未依法对标准进行编号、备案、复审应承担的法律责任
第 6 章 附则	军用标准的管理以及本法的实施日期

4.1.2　我国新型标准体系

新《标准化法》构建了政府标准与市场标准协调配套的新型标准体系，改变原政府单一供给的标准体系，能更好地发挥市场主体活力，增加标准有效供给。政府主导制定的标准侧重于保基本，市场自主制定的标准侧重于提高竞争力。

我国新型标准体系将标准划分为 5 个层次，包括国家标准、行业标准、地方标准和团体标准、企业标准。国家标准、行业标准、地方标准属于政府标准，团体标准、企业标准属于市场标准。国家标准分为强制性标准、推荐性标准，行业标准、地方标准是推荐性标准。我国新型标准体系如图 4－1 所示。

新型标准体系只设定强制性国家标准，将我国原标准体系中的强制性国家

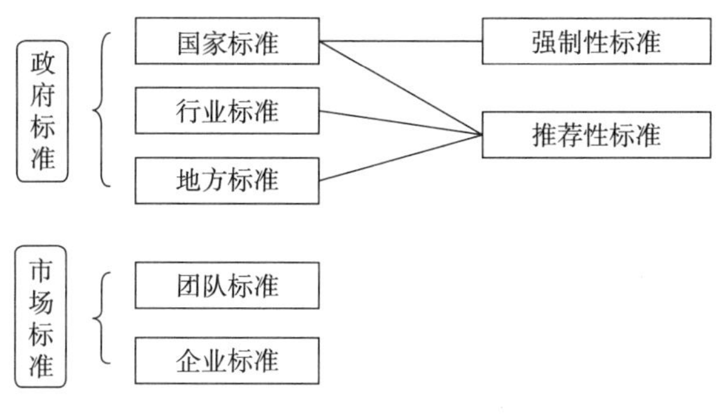

图4-1 我国新标准体系

标准、强制性行业标准、强制性地方标准统一整合为新型的强制性国家标准，以实现“一个市场、一个底线、一个标准”。同时，将强制性国家标准制定范围严格限定在保障人身健康和生命财产安全、国家安全、生态环境安全以及满足社会经济管理基本需要的技术要求。在强制性标准实施方面，强制性标准必须执行，不符合强制性标准的产品、服务，不得生产、销售、进口或者提供。

新型标准体系中设定的推荐性标准包括国家标准、行业标准、地方标准。新《标准化法》规定：对满足基础通用、与强制性国家标准配套、对各有关行业起引领作用等需要的技术要求，可以制定推荐性国家标准；对没有推荐性国家标准、需要在全国某个行业范围内统一的技术要求，可以制定行业标准；为满足地方自然条件、风俗习惯等特殊技术要求，可以制定地方标准。在推荐性标准实施方面，国家鼓励采用推荐性标准。

在新型标准体系中，团体标准具有法律地位，新《标准化法》规定：国家鼓励学会、协会、商会、联合会、产业技术联盟等社会团体协调相关市场主体共同制定满足市场和创新需要的团体标准，增加标准有效供给。在团体标准实施方面，团体标准由本团体成员约定采用或者按照本团体的规定供社会自愿采用。

新型标准体系在企业标准方面也有了新变化，新《标准化法》规定：企业可以根据需要自行制定企业标准，或者与其他企业联合制定企业标准。国家实行企业标准自我声明公开和监督制度。企业应当公开其执行的强制性标准、推荐性标准、团体标准或者企业标准的编号和名称；企业执行自行制定的企业标准的，还应当公开产品、服务的功能指标和产品的性能指标。国家鼓励企业标准通过标准信息公共服务平台向社会公开。

4.1.3 标准制修订的新要求

新《标准化法》对标准制定内容提出实质要求，并对制定环节提出新要求，使标准制修订程序更加严格。

新《标准化法》规定：制定标准应当有利于科学合理利用资源，推广科学技术成果，增强产品的安全性、通用性、可替换性，提高经济效益、社会效益、生态效益，做到技术上先进、经济上合理。禁止利用标准实施妨碍商品、服务自由流通等排除、限制市场竞争的行为。推荐性标准、团体标准、企业标准的技术要求不得低于强制性国家标准的相关技术要求。

在制定程序上，新标准化法要求立项时进行需求调查，对制定标准的必要性、可行性进行论证评估。对保障人身健康和生命财产安全、国家安全、生态环境安全以及经济社会发展所急需的标准项目，应当优先立项，并及时完成。在制定过程中，应当按照便捷有效的原则采取多种方式征求意见，组织对标准相关事项进行调查分析、实验、论证。标准应当按照编号规则进行编号。

具体而言，强制性国家标准、推荐性标准的制定程序如下。

（1）强制性国家标准

①项目提出和立项。国务院有关行政主管部门负责向标准化行政主管部门提出，标准化行政主管部门评估审查后，对符合要求的项目予以立项。

省、自治区、直辖市人民政府标准化行政主管部门可以向国务院标准化行政主管部门提出立项建议，由国务院标准化行政主管部门会同国务院有关行政主管部门决定是否立项。

社会团体、企业事业组织以及公民可以向国务院标准化行政主管部门提出立项建议，国务院标准化行政主管部门认为需要立项的，会同国务院有关行政主管部门决定。

②组织起草、征求意见、技术审查。国务院有关行政主管部门负责强制性国家标准的组织起草、征求意见和技术审查。

制定强制性标准，可以委托相关标准化技术委员会承担标准的起草、技术审查工作。

③对外通报。WTO/TBT 要求，标准化行政主管部门通过我国的世界贸易组织（WTO）通报点进行对外通报。通报内容：强制性国家标准所涵盖的产品、制定目的和理由。

④编号。标准化行政主管部门负责统一编号。

⑤批准发布。国务院批准发布或者授权批准发布。

（2）推荐性国家标准

国务院标准化行政主管部门制定，包括立项、组织起草、审查、编号、批准发布。

立项时进行需求调查，对制定标准的必要性、可行性进行论证评估。

相关方组成的标准化技术委员会承担标准的起草、技术审查工作。

（3）推荐性行业标准

制定范围没有推荐性国家标准，本行业范围内需要统一的技术要求。

国务院有关行政主管部门制定，包括立项、组织起草、审查、编号、批准发布。目前，共有 67 个行业标准代号，例如，AQ（安全生产）、电力（DL）、机械（JB）。

行业标准应在批准发布后 30 日内报国务院标准化行政主管部门备案。

（4）地方标准

制定主体包括 31 个省、自治区、直辖市人民政府标准化行政主管部门；设区的市级人民政府标准化行政主管部门，经所在地省、自治区、直辖市人民政府标准化行政主管部门批准，目前有 318 个设区的市。

地方标准应报国务院标准化行政主管部门备案，其中，设区的市制定的地方标准须经省、自治区、直辖市人民政府标准化行政主管部门备案。

地方标准由国务院标准化行政主管部门通报国务院有关行政主管部门。

（5）团体标准

国务院标准化行政主管部门会同国务院有关行政主管部门对团体标准的制定进行规范、引导和监督。

制定主体：学会、协会、商会、联合会、产业技术联盟。

制定原则：应当遵循开放、透明、公平的原则，保证各参与主体获取相关信息，反映各参与主体的共同需求，并应当组织对标准相关事项进行调查分析、实验、论证。

4.2　我国静电防护标准现状

我国静电防护标准，既有国家标准也有行业标准，分散在不同领域和部门。

4.2.1　国家标准归口在多个部门

我国 ESD 国家标准共 53 项，其中强制性标准 13 项，推荐性标准 40 项。这些国家标准分散归口于 26 个全国标准化技术委员会和 4 个归口单位，如表 4－2 所示，包括 TC288 安全生产（1）、TC49 包装（1）、TC272 表面活性剂和洗涤用品（1）、TC36 带电作业（1）、TC428 带轮与带（2）、TC150 地毯（1）、TC246 电磁兼容（1）、TC34 电工电子设备结构综合（1）、TC25 电气安全（1）、TC209 纺织品（10）、TC219 服装（3）、TC112 个体防护装备（5）、TC231 工业机械电气系统（1）、TC249 建筑卫生陶瓷（1）、TC154 量度继电器和保护设备（1）、TC279 纳米技术（1）、TC201 农业机械（1）、TC114 汽车（1）、TC15 塑料（1）、TC5 涂料与颜料（1）、TC39 纤维增强塑料（1）、TC71 橡胶塑料机械（1）、TC35 橡胶与橡胶制品（2）、TC113 消防（2）、TC425 宇航技术及其应用（1）、TC185 胶粘剂（1），工业与信息化部（3）、国家安全生产监督管理局

（以下简称国家安监局）（4）、中国兵器工业集团公司（1）、中国石油化工集团公司（1）。其中，TC49、TC5 和 TC113 的平均标龄最长，超过 15 年；TC288、TC246、TC114、TC71 和工业与信息化部的平均标龄为 10 ~ 15 年；TC36、TC428、TC150、TC25、TC249、TC154、TC279、TC35、国家安监局等 TC 和归口单位的平均标龄为 5 ~ 10 年。

表 4 – 2　国家标准归口单位

归口单位		数量	时间总和	平均标龄（年）
工业与信息化部		3	32	10.67
国家安全生产监督管理总局		4	38	9.50
中国兵器工业集团公司		1	7	7.00
中国石油化工集团公司		1	5	5.00
TC288	安全生产	1	11	11.00
TC49	包装	1	24	24.00
TC272	表面活性剂和洗涤用品	1	4	4.00
TC36	带电作业	1	9	9.00
TC428	带轮与带	2	17	8.50
TC150	地毯	1	9	9.00
TC246	电磁兼容	1	11	11.00
TC34	电工电子设备结构综合	1	2	2.00
TC25	电气安全	1	9	9.00
TC209	纺织品	10	69	6.90
TC219	服装	3	26	8.67
TC112	个体防护装备	5	33	6.60
TC231	工业机械电气系统	1	8	8.00
TC249	建筑卫生陶瓷	1	6	6.00
TC154	量度继电器和保护设备	1	7	7.00
TC279	纳米技术	1	6	6.00
TC201	农业机械	1	1	1.00
TC114	汽车	1	12	12.00
TC15	塑料	1	1	1.00
TC5	涂料与颜料	1	20	20.00
TC39	纤维增强塑料	1	9	9.00
TC71	橡胶塑料机械	1	14	14.00

续表

归口单位		数量	时间总和	平均标龄
TC35	橡胶与橡胶制品	2	18	9.00
TC113	消防	2	46	23.00
TC425	宇航技术及其应用	1	2	2.00
TC185	胶粘剂	1	1	1.00
总计		53		

4.2.2　军用、国防 ESD 标准（GJB、GJB－K）实施应用多年

中国军用、国防 ESD 标准共 26 项，其中 21 项标龄超过 10 年。按时序统计发现 GJB 的发展经历了 1997 年、2005 年、2009 年这三个高峰期，侧重于静电测试方法，静电放电敏感度试验以及产品设计制造、安装维护的防静电要求、安全规程、验收规程类标准三个主题。其中，最新的一项标准为静电放电敏感度试验类标准（GJB 8142—2013），标龄为 4 年。通用导则类标准（GJB 1649—1993、GJB/Z 105—1998），标龄分别为 19 年和 24 年；产品设计制造、安装维护的防静电要求、安全规程、验收规程类标准（GJB 3136—1997、GJB 2527—1995、GJB/J 5025—2001、GJB/J 5972—2007），标龄分别为 20 年、22 年、16 年、10 年；包装类标准（GJB/Z 86—1997、GJB 2747—1996、GJB 2605—1996），标龄分别为 20 年、21 年、21 年。这三类标准标龄过长，有必要从技术时效性和适用性上组织审查工作。同时也缺少接地设计类、术语类以及工作地面、台面、生产线类等标准，如表 4－3 和图 4－2 所示。

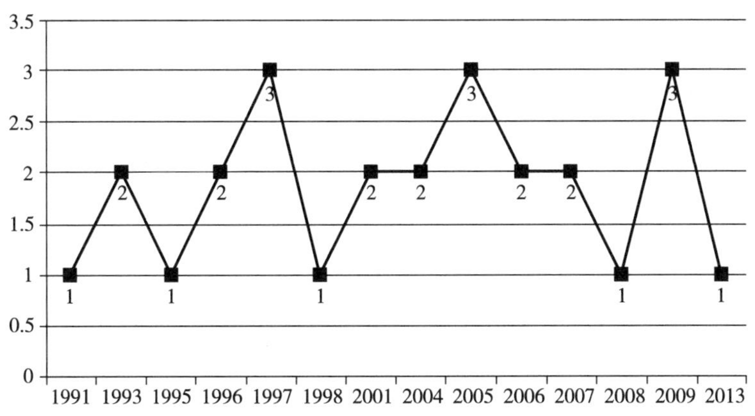

图 4－2　军用、国防标准发布年代分布（静电防护）

表 4-3　中国军用标准国际 ESD 标准发布年代数量

年份	标龄/年	数量/项	累计数量/项
1991	26	1	1
1993	24	2	3
1995	22	1	4
1996	21	2	6
1997	20	3	9
1998	19	1	10
2001	16	2	12
2004	13	2	14
2005	12	3	17
2006	11	2	19
2007	10	2	21
2008	9	1	22
2009	8	3	25
2013	4	1	26

4.2.3　多个部门制定行业标准

我国电子（SJ）、通信（YD）、兵工民品（WJ）、化工（HG）、煤炭（MT）、航天（QJ）、核工业（EJ）、安全生产（AQ）、纺织（FZ）、公共安全（GA）、石油（SY）、交通（JT）、轻工（QB）、石油化工（SH）、民用航空（MH）、劳动和劳动安全（LD）、铁道（TB）、教育（JY）、林业（LY）等 28 个行业发布了 ESD 相关行业标准共 107 项。

根据按行业统计的情况，如图 4-3 所示，28 个行业中兵工民品、电子、航天三个行业发布的标准数量最多，都超过 10 项，但标龄普遍较长，时效性差。兵工民品行业标准的标龄全部在 10 年以上，其中近一半的标龄超过 20 年；电子行业相关标准共 15 项，其中 11 项标龄在 10 年以上；航天行业仅有两项标准发布于 2010 年之后，其余标准均发布于 2000 年之前。

4.2.4　分布在多个不同的技术领域

按中国分类统计的结果显示，具有中国标准分类号的 51 项国家标准中，共涉及 13 个大类标准，标准数量和技术领域分布如图 4-4 所示，其中标准数量较多的领域包括：①C 医药、卫生、劳动保护，14 项；②W 纺织，11 项；③G 化工 8 项。其中，C 医药、卫生、劳动保护类的标准数量最多，标准比率为

25.5%；其次是 W 纺织，标准比率为 21.6%。

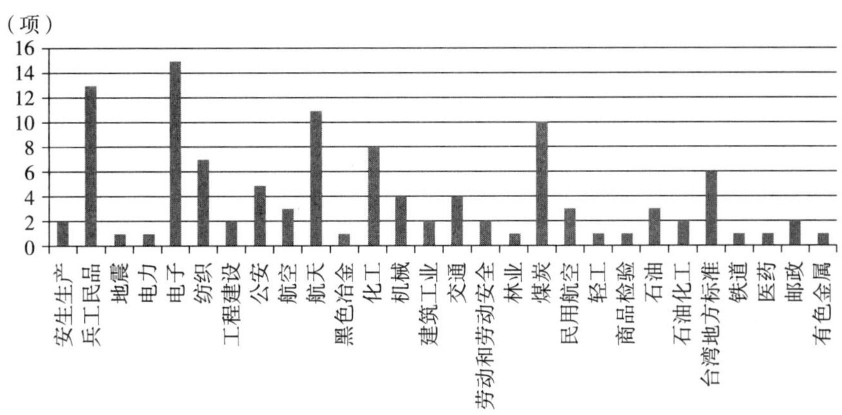

图 4－3　行业标准分布（静电防护）

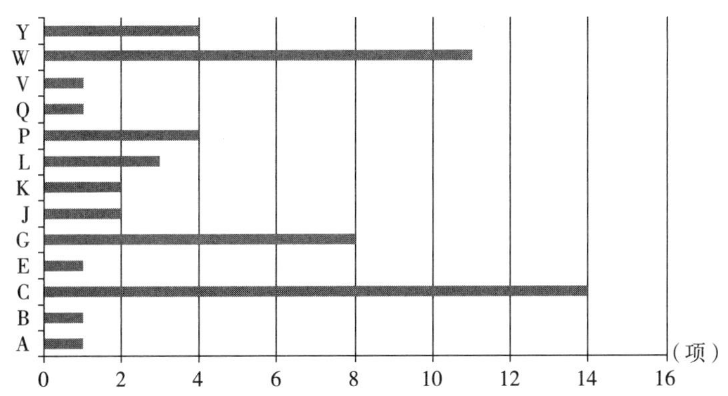

图 4－4　国家标准按 CCS 统计的标准分布的技术领域（静电安全）

根据按中国标准分类统计的情况，行业 ESD 标准共 107 项，共涉及 21 个行业，标准分布得较为分散。标准数量在技术领域的分布情况如图 4－5 所示，共 93 项，标准数量较多（≥5 项）的技术领域包括：A 综合（9）；C 医药、卫生、劳动保护（5）；G 化工（22）；L 电子元器件与信息技术（6）；P 工程建设（6）；V 航空、航天（14）；D 矿业（5）；W 纺织（5）；这些领域的标准共 72 项，占具有中国标准分类号标准总量的 77.4%。

4.2.5　行业标准标龄各具特点

根据各行业每年标准发布的数量统计，见图 4－6，兵工民品、电子、公共安全、纺织、航天、化工、煤炭行业（标准数量≥5）的标准都有很大一部分标龄在 10 年以上（2007 年前发布），详见表 4－3。

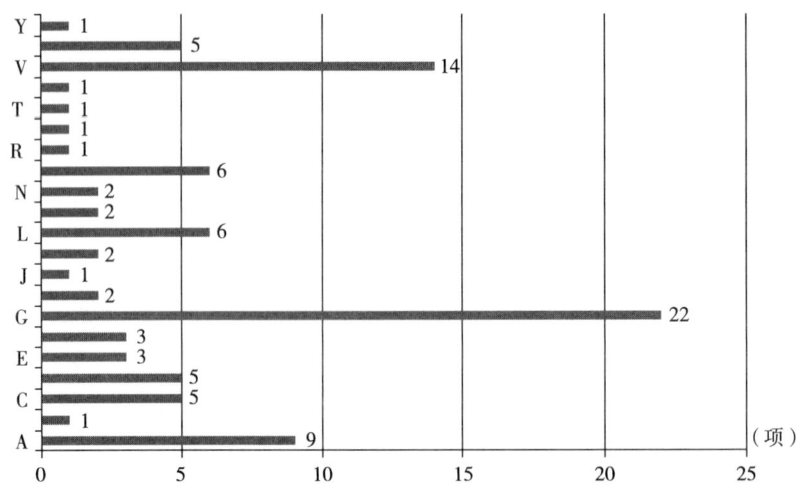

图 4－5　行业标准按 CCS 统计的标准分布的技术领域（静电安全）

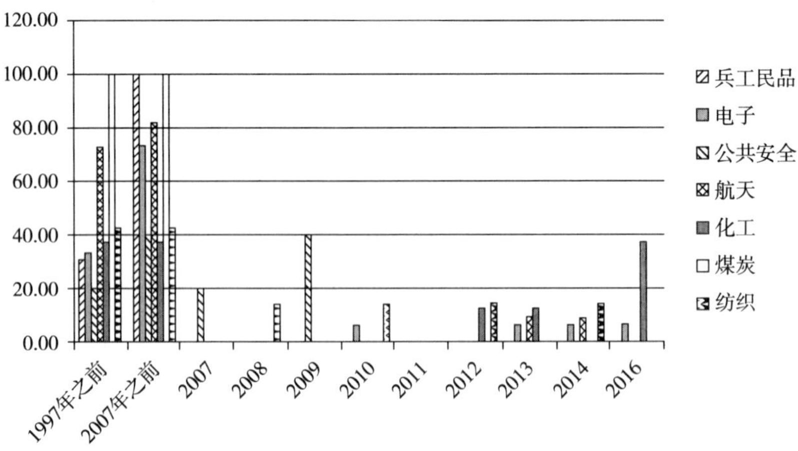

图 4－6　行业标准发布年代分布（静电安全）

其中，兵工民品和煤炭行业的标准均在 2007 年前发布，电子和航天行业超过 60% 的标准标龄大于 10 年；而且航天、化工和煤炭行业超过 50% 的标准标龄大于 20 年，这些行业的标准更新慢，时效性较差。公共安全行业标准主要发布于 2007 年和 2009 年，化工行业 50% 的标准发布于 2012 年、2013 和 2016 年（见表 4－4）。

4.2.6　采用国外先进标准

国外先进标准是指本国以外的其他国家或专业组织制定的标准，我国鼓励采用国外先进标准。我国 53 项国家标准（GB）中，采标 18 项，采标率为

33.96%。具体包括 ISO 标准 9 项、IEC 标准 3 项、EN 标准 2 项、ASTM 标准 2 项、DIN 标准 1 项和 JIST 标准 1 项。GB 采标情况表，共采用 ASTM、DIN、EN、JIST 四个标准机构的标准，总共 6 项。表 4 -5 为 GB 采标的详细情况。GB 采用的国外标准如表 4 -6 所示。

表 4 -4　兵工民品、电子、公共安全、航天、化工、煤炭标准时间分布百分比

行业	数量	1997 年之前	2007 年之前	2007	2008	2009	2010	2011	2012	2013	2014	2016
兵工民品	13	30.77	100.00	0.00	0.00	0.00	0.00	0.00	0.00	0.00	0.00	0.00
电子	15	33.33	73.33	0.00	0.00	0.00	6.67	0.00	0.00	6.67	6.67	6.67
公共安全	5	20.00	40.00	20.00	0.00	40.00	0.00	0.00	0.00	0.00	0.00	0.00
航天	11	72.73	81.82	0.00	0.00	0.00	0.00	0.00	0.00	9.09	9.09	0.00
化工	8	37.50	37.50	0.00	0.00	0.00	0.00	0.00	12.50	12.50	0.00	37.50
煤炭	10	100.00	100.00	0.00	0.00	0.00	0.00	0.00	0.00	0.00	0.00	0.00
纺织	7	42.86	42.86	0.00	14.29	0.00	14.29	0.00	14.29	0.00	14.29	0.00

表 4 -5　GB 采标情况（静电防护）

标准机构	采用总数/项	采用程度				
		IDT	MOD	EQV	NEQ	REF
ASTM	2	0	0	0	2	0
DIN	1	0	0	0	0	1
EN	2	2	0	0	0	0
JIST	1	0	1	0	0	0
ISO	9	4	3	0	1	1
IEC	3	2	1	0	0	0

表 4 -6　GB 采用的国外标准

序号	国外标准	GB
1	ASTM E582：1976，NEQ　气体混合物中最小点火能量和淬熄距离用标准试验方法	GB/T 14288—1993　可燃气体与易燃液体蒸气最小静电点火能测定方法
2	ASTM D2624：94a，NEQ　石油罐导静电涂料电阻率测定法	GB/T 16906—1997　石油罐导静电涂料电阻率测定法

续表

序号	国外标准	GB
3	DIN 53486，REF　绝缘材料的电特性规范．评估静电特性	GB/T 14447—1993　塑料薄膜静电性测试方法 半衰期法
4	EN 1149－1：2006，IDT　防护服　静电性能．第1部分：表面电阻测量试验方法	GB/T 22042—2008　服装 防静电性能 表面电阻率试验方法
5	EN 1149－2：1997，IDT　防护服　静电特性．第2部分：测量材料电阻的试验方法（回路电阻）	GB/T 22043—2008　服装 防静电性能 通过材料的电阻（垂直电阻）试验方法
6	JIST 8118：2001，MOD　防静电工作服	GB/T 23316—2009　工作服 防静电性能的要求及试验方法
7	IEC 60093：1980，MOD　固体绝缘材料体积电阻率和表面电阻率试验方法	GB 26539—2011　防静电陶瓷砖
8	IEC 60255－22－2：2008，IDT　测量继电器和保护设备　第22－2部分：电干扰试验．静电放电试验	GB/T 14598.14—2010　量度继电器和保护装置 第22－2部分：电气骚扰试验 静电放电试验
9	IEC 61000－4－2：2001，IDT　电磁兼容（EMC）第4－2部分：试验和测量技术 静电放电抗扰度试验	GB/T 17626.2—2006　电磁兼容 试验和测量技术　静电放电抗扰度试验
10	ISO 1813：1998，MOD 皮带传动 V 形肋带、连接 V 形带和 V 形带、包括宽剖面带和六角形带　抗静电带的导电性：试验的特征和方法	GB/T 10715—2002　带传动　多楔带、联组 V 带及包括宽 V 带、六角带在内的单根 V 带　抗静电带的导电性：要求和试验方法
11	ISO 2878：2011，IDT　硫化橡胶或热塑性橡胶 抗静电和导电制品 电阻的测定	GB/T 11210—2014　硫化橡胶或热塑性橡胶 抗静电和导电制品 电阻的测定
12	ISO 3915：1981，REF　塑料、导电塑料电阻率的测量	GB/T 15662—1995　导电、防静电塑料体积电阻率测试方法
13	ISO 3915：1999，NEQ　塑料、导电塑料电阻率的测量	GB/T 15738—2008　导电和抗静电纤维增强塑料电阻率试验方法
14	ISO 6356：2000，IDT　纺织铺地物静电习性评价法行走试验	GB/T 18044—2008　地毯　静电习性评价法　行走试验
15	ISO 2883：1980，IDT　硫化橡胶 工业用抗静电和导电产品　电阻极限	GB/T 18864—2002　硫化橡胶　工业用抗静电和导电产品　电阻极限范围

续表

序号	国外标准	GB
16	ISO 10605：2001，IDT　道路车辆 静电放电电气干扰试验方法	GB/T 19951—2005　道路车辆　静电放电产生的电骚扰试验方法
17	ISO 9563：1990，MOD　皮带传动 抗静电无端同步带的导电性 特性和试验方法	GB/T 32072—2015　带传动　抗静电同步带的导电性　要求和试验方法
18	ISO 20347：2004，MOD　个人防护装备职业鞋类	GB 21146—2007　个体防护装备 职业鞋

4.3　我国静电防护标准化工作进展

近年来，我国在静电防护标准化技术研讨、科学研究、标准化活动等方面都开展了很多工作，吸引教育、科研、检测机构和协会、企业的多方参与，在社会上形成新的带动作用，促进了我国静电防护标准化工作的发展。

4.3.1　静电防护与标准化国际研讨会

自 2012 年开始，中国标准化研究院、中国空间技术研究院、电磁环境效应国家级重点实验室、美国贸易开发署（USTDA）、美国国家标准协会（ANSI）、美国静电放电协会（ESDA）作为主办单位共同举办“静电防护与标准化国际研讨会”年度会议，交流研讨国际和我国先进静电防护与标准化经验，促进静电防护与标准化的技术进步和推广实施。

研讨会已成为全国范围内唯一的静电防护学术、技术与标准的交流互动平台，成功举办六届，影响广泛。会议一直得到美国贸易开发署（USTDA）的中国—美国标准与合格评定合作项目（SCACP）支持；刘尚合院士在 6 届会议中出席 4 次，发表主题演讲 2 次；美国 ESDA 每届均派出专家做专题报告；每届会议规模都在 150 人以上，大学、科研、企业派出代表参加；《高电压技术》《电子科学与仪器学报》《标准科学》等国内核心期刊择优刊登会议优秀论文；新华网、人民网、《科技日报》《中国经济导报》《经济日报》新浪网等媒体给予相关报道。

4.3.1.1　第一届会议——北京（2012 年）

2012 年 11 月 12 日，第一届会议在北京成功召开。来自中美两国静电防护领域的专家、学者和企业代表等共 150 多人参加会议。电磁环境效应国家级重点实验室中国工程院院士刘尚合、国家标准化管理委员会国际合作部副主任李玉冰、中国标准化研究院院长马林聪、中国空间技术研究院副院长余后满、美国驻华大使馆商务服务处标准化官员魏达乐（Dale Wright），以及美国国家标准协会国际发展部主任埃莉斯·欧文（Elise Owen）等出席会议并致辞。刘尚合院士等11位中美专家针对不同主题做了专题报告。

刘尚合院士以“静电相关标准探讨”为题发表了精彩的专题演讲，内容包括：IEC 61000-4-2标准的局限性及建议；真实静电感度测试；静电动态电位测试等。来自美国静电放电协会（ESDA）的内森尼尔·皮奇（Nathaniel Peache）、约翰·肯尼尔（John Kinnear）、特里·威尔斯（Terry Welsher）分别就“ESDA及其标准制定”“工厂和材料标准”“微电子器件标准的发展和路线图”全面介绍了美国静电防护标准化工作的基本情况。来自上海海事大学静电技术研究所的孙可平教授、中国电子仪器行业协会防静电装备分会的孙延林研究员、总后军需装备研究所的师椢梧教授、美国密苏里大学电磁兼容实验室客座教授黄久生先生、工业和信息化部电子第五研究所来萍研究员、上海防静电工业协会黄建华理事长和北京东方计量测试研究所刘民研究员分别从中外防静电技术标准、防静电标准化管理模式、纺织品抗静电技术、中美防静电标准体系与发展趋势、ESD试验方法与标准、静电防护标准体系、静电防护测量及仪器等方面发表各自的看法与观点。专家们丰富的知识、经验以及独到的见解给与会代表带来巨大的收获，代表们与演讲专家进行积极的互动交流，会场气氛热烈。

本次会议具有重要的里程碑意义，中美专家与国内航天、航空、石油、化工、电子、通信、矿产、纺织等多个行业从事静电防护工作的代表共聚一起，共同交流探讨静电防护标准化问题，探索解决方案，反映出国内外各行业对静电防护标准化工作的急迫需求，有力推动了我国静电防护标准化工作的发展。

此届会议由北京东方计量测试研究所、北京市劳动保护科学研究所、上海防静电工业协会、中国电子仪器行业协会防静电装备分会、北京谱脉技术有限责任公司、一远静电科技有限公司协办，承办单位为中国标准杂志社和美国电气制造商协会（NEMA）。

4.3.1.2 第二届会议——苏州（2013年）

2013年11月4—5日，第二届会议在苏州成功召开。来自中美两国静电防护领域的专家、学者和企业代表等共100多人参加会议。电磁环境效应国家级重点实验室中国工程院院士刘尚合出席会议，中国标准化研究院党委副书记王金玉、苏州市质量技术监督局副局长李平、美国国家标准协会马德琳·麦克道格尔（Madeleine McDougall）女士等出席会议并致辞，来自中美两国的12位专家针对不同主题做了专题报告，5位论文作者做了论文交流报告。会议分别由中国标准化研究院公共安全标准化研究所副所长郭德华、中国空间技术研究院514

所总工程师刘民、上海防静电协会理事长黄建华主持。

中国标准化研究院院党委副书记王金玉研究员以“公共安全标准化”为题做了精彩的专题报告，内容包括主要国家标准化战略与公共安全标准化、国际国外公共安全标准化现状、中国公共安全基础标准化、公共安全业务连续性管理体系标准等内容。来自美国静电放电协会（ESDA）的内森尼尔·皮奇、约翰·肯尼尔、特里·威尔斯分别就“技术进步及其对标准的影响”“S20.20 项目进展——接地”“关于工厂和现场中 EOS/ESD 事件中 ESDA 的新任务”全面介绍了美国静电防护与标准化的最新进展。来自上海海事大学静电技术研究所的孙可平教授、上海防静电工业协会的黄建华理事长、苏州天华超净科技股份有限公司的孙玉荣、兵器工业安全技术研究所静电检测中心的曾丹研究员、中国空间技术研究院 514 所的刘民研究员、美国密苏里大学电磁兼容实验室客座教授黄久生先生、工业和信息化部电子第五研究所的来萍研究员、美商卫利有限公司的郭先正分别就“粉体静电学国内外研究动态与进展”“防静电工作服的分类及性能要求”“防静电产品生产企业标准体系构建”“兵器工业静电危害与控制”“静电防护工程学与标准化”“科学高效掌握 ESD 控制关键技术 充分合理选择 ESD 控制项目”“电子元器件 ESD 损伤分析”“选择包装静电敏感元件器件材料的标准规范——屏蔽袋、屏蔽防潮袋”等多个领域、多个方面的静电防护与标准化问题介绍了最新的研究进展与观点。

同时，来自贵州师范大学电子信息工程系的阮方鸣教授、上海航天电子有限公司的张明、广州市特种机电设备检测研究院的蒋漳河、北京东方计量测试研究所的袁亚飞和冯文武分别就“多因素影响静电放电参数变化特性实验研究”“长效型防静电材料的研究与开发应用”“输油管道静电危害及放电能量检测方法研究”“自动化设备及带电器件模型的静电防护问题”“基于能量法屏蔽包装袋测试技术研究”进行交流。

中美专家与国内航天、航空、石油、化工、兵器、电子、通信、矿产、纺织等多个行业从事静电防护工作的代表共聚一起，共同交流探讨静电防护标准化问题，探索解决方案，进一步推动了我国静电防护标准化工作的发展。

此届会议由北京东方计量测试研究所、上海防静电工业协会、中国电子仪器行业协会防静电装备分会、苏州市静电防护协会、苏州天华超净科技股份有限公司、北京市劳动保护科学研究所协办，承办单位为中国标准杂志社和江苏东方航天校准检测有限公司。

4.3.1.3　第三届会议——上海（2014 年）

2014 年 10 月 14 日（第 45 届世界标准日），第三届会议在上海浦东新区成功召开。来自中国、美国、日本、韩国静电防护领域的专家、学者和企业代表等共135人参加会议。会议同时举办展览会，12个单位展示了静电防护方面的新产品、新技术与测试仪器。

第三届会议主题是“智慧城市建设与静电防护”，得到上海市政府的支持，是上海市世界标准日宣传活动、上海市智慧城市体验周系列活动内容之一，上海市质量技术监督局标准化处处长陶粮民、上海市经济和信息化委员会综合规划处副处长张桂珠、美国国家标准协会（ANSI）副总裁约瑟夫·特里特勒（Joseph Tretler）出席会议并致辞，上海市浦东新区市场监督管理局、浦东新区科协等部门领导也出席了会议。中外17位专家围绕国际静电防护新标准、智慧城市标准、智慧城市建设与静电防护等做了专题演讲。会议分别由中国标准化研究院公共安全标准化研究所副所长郭德华、中国空间技术研究院514所总工程师刘民、上海防静电工业协会理事长黄建华主持。

围绕智慧城市建设与静电防护，中国标准化研究院公共安全所副所长郭德华介绍了中国城市可持续发展及静电防护标准化进展；中软公司云计算实验室主任冯宇彦介绍了中国智慧城市建设现状与发展态势；中国民主促进会上海市委员会秘书长黄山明介绍了在上海市政协提出的“重视智慧城市建设及城市运行安全中的静电隐患”提案情况（第0192号提案），此提案由上海市质量技术监督局、上海市经济和信息化委员会具体承办；上海防静电工业协会理事长黄建华以实际调研数据为基础，分析了智慧城市建设中电子类产品静电防护现状、问题及对策。在静电防护新技术、新材料与标准研究方面，来自美国静电放电协会（ESDA）的约翰·肯尼尔、特里·威尔斯、内森尼尔·皮奇、分别以“ANSI/ESD S20.20的更新及与IEC 61340－5－1的关系”“美国异常敏感设备的静电放电控制技术”“新版ANSI/JEDEC/ESDA JS－002CDM标准”为题全面介绍了美国静电防护技术与标准化的最新进展及将美国ANSI/ESD S20.20标准推进为IEC国际标准的进展、内容差异及计划进度；电磁环境效应国家级重点实验室的原青云博士针对卫星充放电效应问题，介绍了航天器充放电效应评价与表面带电防护技术的研究现状与发展设想；三创包装总工程师毕戈雄介绍了本征静电耗散材料的应用对集成电路封装所用包材的重要意义；日本防静电学会委员松尾义辉介绍了日本防静电工作服和防静电标准进展；韩国防静电协会总裁Joshua Yoo介绍了韩国静电标准及产业发展情况。在静电防护技术与标准的应用实施方面，中国空间技术研究院514所总工程师刘民、信息产业防静电产品质量监督检验中心总工程师廖志坚、工业和信息化部电子第五研究所研究员来萍、上海佰洁静电检测技术中心主任徐明、美国密苏里大学电磁兼容实验室客座教授黄久生、上海航天电子有限公司张明分别就“中国航天系统静电防护体系认证的试点经验”“防静电工作区检验标准使用中的几个问题、微波器件和电路ESD损伤案例分析”“环境湿度对防静电产品静电性能的影响”“TLP测试与静电放电敏感度 HBM、MM、CDM 测试对比分析”“EOS/ESD 传导引发失效的控制”等工程实践应用中遇到的静电防护问题，介绍了相关技术及标准的应用经验与解决方案。

第三届会议集会议与展览为一体，为参会代表提供了充分的交流与展示平台，会场内，专家与代表进行积极的互动交流，为代表进行现场答疑解惑；会场外，参展企业展示了最新的产品与技术，现场试验、示范、交流活动气氛热烈。与会代表获得丰富的知识与现场体验，收获颇丰。

此届会议由上海防静电工业协会具体承办；其他协办、承办单位包括北京东方计量测试研究所、中国电子仪器行业协会防静电装备分会、中国标准化杂志社等；支持单位包括上海市经济和信息化委员会、上海市质量技术监督局、上海浦东新区科技发展基金会；支持媒体包括中国纺织报、洁净室、半导体科技、SMT 表面组装技术。

4.3.1.4　第四届会议——天津（2015 年）

2015 年 11 月 6 日，第四届会议在天津滨海高新区成功召开。中国标准化研究院副院长汤万金、天津市市场和质量监督管理委员会标准化处处长刘爽、美国国家标准协会（ANSI）中国首席代表许方、美国静电放电协会（ESDA）运行部主任丽莎·平皮内拉（Lisa Pimpinella）等出席会议并致辞，来自中美两国的 10 余位专家针对不同主题做了专题报告，会议分别由中国标准化研究院公共安全标准化研究所郭德华研究员、中国空间技术研究院 514 所刘民研究员主持。

本届会议的中心议题是：“创新、超越、融入未来”——物联网时代静电防护技术在智能制造过程中的重要作用和实际应用。当今社会物联网以其具有的巨大战略增长潜能，已成为各个国家构建社会新模式和重塑国家长期竞争力的先导力。智能硬件是支撑物联网发展的重要组成部分，智能硬件产品种类繁多、技术多样化，标准不统一，因而智能硬件产品对静电防护的要求从创新设计，生产制造，质量检测各方面都提出了新的技术和适用标准要求。

中国标准化研究院副院长汤万金研究员和美国静电放电协会（ESDA）主席特里·威尔斯博士分别以“多角度审视中国标准化发展”“物联网和静电放电”为题做了精彩的主旨报告。汤院长从国际视角、国家视角、政府视角阐述了国外标准化的管理和现状、我国政府与市场在标准化中的定位、我国国家标准体制以及整合优化强制性标准体系、改进推荐性标准管理、团体标准、企业产品标准自我声明制度等中国标准化改革发展中的关键问题。特里博士从思考物联网的变革可能对静电防护所产生的影响出发，阐述了全球标准化组织应开展的工作、智能工厂或工业 4.0 中涉及 ESD/EMI 设备灵敏度，以及设备和系统的协同设计、防静电/浪涌保护装置的部署、设备和系统级标准的混乱、对设备先进封装技术的影响等物联网中存在的静电放电/电磁干扰的具体问题。

德国大陆汽车系统（中国）有限公司质量部经理和ESD高级工程师张雪、美国静电放电协会标准业务部经理内森尼尔·皮奇博士分别就大陆汽车（天津）静电控制系统、集成芯片上和板上的ESD（静电放电）保护分享了静电防护的实战案例和解决方案；中国空间技术研究院静电防护管理体系认证中心高级审核员刘民、美国静电放电协会设施认证主席和IBM高级工程师约翰·肯尼尔、空间电子信息技术研究院资产管理与保障部长高级工程师蔡阿宁、威讯联合半导体（北京）有限公司资深主任工程师张亚龙、北京东方计量测试研究所高级工程师袁亚飞分别以航天电子工业静电防护现场审核经验，符合ANSI/ESD S20.20究竟意味着什么、体系化建设提升产品制造过程静电防护能力、优化自己的ESD管理系统——参考ANSI S20.20、静电防护材料和用品的标准和选择指南为题介绍了国内外静电防护管理体系、标准的发展和实际应用实践；天津开发区实力技术工程有限公司总经理周旭晶利用互联网技术搭建静电防护资源共享平台主题分享了互联网时代有效提升静电防护技术、市场和应用水平提升的做法和经验。

本届会议特别开设了微信互动问答平台和静电防护现场体验区，来自国内半导体器件、微电子、智能电路、智能电器、检测机构、研究机构的参会代表积极踊跃，通过会议微信互动问答平台提出100多个问题，演讲专家就静电防护团体标准地方试点、静电防护管理体系标准、静电防护产品检测等方面的具体问题进行现场解答与交流；在会场外的静电防护现场体验区，参会代表进行实际体验，相关专家进行现场示范，会场内外交流与互动气氛热烈。

本届会议得到天津市市场和质量监督管理委员会、天津市质量技术监督信息研究所的支持，中国电子仪器行业协会防静电装备分会、上海防静电工业协会、北京东方计量测试研究所、中国标准化杂志社给予协助，天津开发区实力技术工程有限公司具体承办了此次会议，新华网、人民网、《科技日报》《中国经济导报》《经济日报》、新浪网、北方网、天津高新区、洁净室、半导体科技等媒体给予相关报道，形成广泛影响力。

4.3.1.5 第五届会议——西安（2016年）

2016年11月17日，第五届会议在西安国家民用航天产业基地召开。来自中美两国静电防护领域的专家、学者和企业代表等200余人参加会议。电磁环境效应国家级重点实验室中国工程院院士刘尚合、中国标准化研究院副院长汤万金、中国空间技术研究院514所所长徐思伟、美国贸易开发署东亚区项目管理主任史蒂芬·温凯时（Steven Winkates）、美国静电放电协会（ESDA）运行部主任丽莎·平皮内拉、中国空间技术研究院西安分院副院长沈大海、陕西科工局办公室总工程师杨玉萍、西安国家民用航天产业基地管委会副主任李岩等出席会议并致辞，来自中美两国的 11 位专家针对不同主题做了专题报告，会议分别由中国标准化研究院公共安全标准化研究所郭德华研究员、中国空间技术研究院 514 所马志毅研究员和刘民研究员、国防科技工业火炸药一级站张皋总工程师主持。

中国工程院院士刘尚合、中国标准化研究院副院长汤万金研究员分别以“静电危害及防护”“标准化作用的再认识”为题做了精彩的主旨报告。刘尚合院士从静电放电特点及静电危害、静电危害防护、静电测试与评价中应注意的问题等方面进行了由理论、实验到应用的深入阐述。汤万金院长指出，在传统大规模工业化生产中，是先有产品后有标准，而今天，在战略性新兴产业是“产品未动，标准先行”。同时，标准化工作已经从产品技术标准领域拓展到社会、文化和政府管理等领域。

来自美国静电放电协会（ESDA）的 3 位专家约翰·肯尼尔、特里·威尔斯、莱茵霍尔德·高德纳分别就“静电放电控制过程评估”“如何面对超敏感静电产品的静电防护”“自动化生产线中的设备受到 CDM 作用的情况分析”做了报告，分享了国外静电防护技术与经验。浙江大学董树荣教授、贵州师范大学阮方鸣教授分别从“纳米集成电路静电冲击防护”“静电放电的电极移动速度效应研究和非接触静电放电标准问题”方面介绍了最新的科研成果和应用案例。工信部电子第五研究所来萍研究员、北京东方计量测试研究所刘民研究员就“ESD 防护标准与中国电子制造企业的防护工程实际”“航天电子产品静电防护要求”分享了标准应用的经验及问题建议。上海防静电工业协会黄建华理事长介绍了其团体标准“电子工业用防静电服 通用技术规范”。中国石化安全工程研究院李义鹏高级工程师从粉体和油品两方面介绍了“石化企业静电风险及防护”典型案例和解决方案。

本届会议进一步将航空航天、工业通信、电子测量、纺织品、石油石化、计算机、电子元件、橡胶工业、弹药等领域的教育、科研和产业界人员吸引到这一全国静电防护领域唯一的学术、技术与标准方面的交流互动平台。

本届会议得到中国电子仪器行业协会防静电装备分会、上海防静电工业协会、北京电子仪器行业协会、国防科技工业火炸药一级计量站、四川航天计量测试研究所、山东电盾科技股份有限公司、上海佰斯特电子工程有限公司、一远静电科技有限公司、北京谱脉技术有限责任公司、山东中电陶瓷有限公司的协助，北京东方计量测试研究所、中国标准化杂志社、西安空间无线电技术研究所具体承办了此次会议。

4.3.1.6　第六届会议——贵阳（2017 年）

2017 年 11 月 10 日，第六届会议在贵阳市贵州师范大学田家炳书院召开，来自中美两国静电防护领域的专家、学者、工程技术人员、企业代表以及高校师生 100 多人参加本届会议。本届会议聚焦“推动静电防护工程学科建设，促进静电防护技术提升与产业发展”主题，深入研讨静电防护与标准化的理论研究和技术创新成果以及重点发展方向，旨在共同推进我国工业化生产静电防护技术的标准化和可持续性发展。电磁环境效应国家级重点实验室刘尚合院士参加会议并致辞，刘尚合院士指出：“空间装备静电防护技术”正在成为新的、非常重要的研究方向，也给静电防护技术和标准化带来新的挑战。

作为持续得到美国贸易开发署（USTDA）中国—美国标准与合格评定合作项目（SCCP）支持的全国静电防护领域唯一的学术、技术与标准的交流互动平台，美国贸易开发署东亚区项目管理主任温凯时先生到会并致辞，对会议的组织给予高度肯定，美国贸易开发署等相关机构一直以来对静电防护及标准化工作非常重视，希望继续开展后续合作与交流。中国空间技术研究院 514 所苏新光副所长、贵阳市工业和信息化委汪长春总工程师、贵州师范大学赵守盈副校长出席会议并致辞。

来自中美两国的 8 位专家针对静电防护与标准化涉及的若干方面和问题做了精彩的大会报告，内容包括中国标准化研究院公共安全所郭德华研究员《中国标准化发展助力静电防护产品质量提升》、中国空间技术研究院 514 所季启政部长《我国静电防护技术架构分析与展望》、美国静电放电协会（ESDA）标准业务部经理皮奇先生《标准存在的问题：接地和系统水平测试》、贵州师范大学阮方鸣教授《非接触静电放电多因素效应与测试标准探讨》、Intel 公司的 ESDA 董事会成员布莱德·卡恩（Brett Carn）先生《设备合格性测试面临的挑战》、电磁环境效应国家级重点实验室原青云博士《空间装备静电起电/放电模拟及防护技术研究》、中国科学院电子学研究所夏善红研究员《微型电场传感器技术及应用》、南京信息工程大学万发雨教授《静电放电与二次放电湿度效应研究》。会议期间，专家与代表互动交流热烈，刘尚合院士精彩点评，与会代表收获颇丰。

本届会议得到北京东方计量测试研究所、中国电子仪器行业协会防静电装备分会、上海防静电工业协会、高电压技术杂志社的协助，贵州师范大学、《中国标准化》杂志社具体承办此次会议，为会议的顺利召开做出重要贡献。

4.3.2 标准化会议论文

为促进静电防护标准化科研工作的开展与学术交流，“静电防护与标准化国际研讨会”年度会议在第一届（2012 年）、第二届（2013 年）和第五届（2016 年）组织了论文征集出版和会议交流，展现了我国静电防护与标准化的科研成果，促进了成果的推广应用与实施。

4.3.2.1 第一届会议论文集（2012 年）

第一届会议（2012 年）论文集共收录论文 33 篇。其中 3 篇研究静电防护标准，涉及中国、国外静电标准的现状、问题等内容；6 篇与静电防护管理相关，包括航空领域、PDCA 模式等条件下的探究；7 篇是对静电的基础理论、现象等的研究，例如，静电放电模式、影响因素、电位测量、电学计量等；5 篇与防静电产品相关，研究保护罩、特殊面料、货柜、仪器、电子产品等的防静电特性；2 篇研究静电防护中的包装；3 篇研究接地技术、检测和要求；3 篇研究不同环境下（工作场所、加油站、电气环境）的静电相关影响。

马胜男、季启政的《我国 ESD 标准研究进展、问题分析及对策建议》对国内 ESD 领域国际标准、军用标准、行业标准的发展现状进行了全面调研，分析了表征研究对象类标准化活跃程度的标准数量和平均标龄两个主要因子。通过对比国外标准发展现状，发现我国 ESD 标准发展存在主题类型不全面，标准体系不完善，管理体系标准适用面窄、时效性差，测试模型标准缺失四方面的重要问题，提出从“产品—检测—认证—管理”4 个层次上尽快对接国外先进标准，建设国家静电防护标准体系的建议。

朱世清的《静电防护管理体系建设初探》通过对静电防护管理体系及各要素的概括分析，结合工作实际，对静电防护管理体系建设进行初步探索，证明静电防护管理体系是一种有效的静电防护管理手段。其吸收国际静电防护标准和质量管理等体系的优秀思想，在科学防护的基础上，以闭环管理为着陆点，通过持续改进，能够不断提升企业和科研院所的静电防护水平，为电子产品的质量和可靠性提供了有力保障。

阮方鸣、徐永兵、杨晓宏的《静电放电中电极移动与间隙变化下两种放电模式的研究》对不同放电间隙情况下用静电放电发生器进行了实证，证实真实静电放电过程中存在两种放电模式。实验测试了用静电放电发生器在不同放电间隙向靶运动放电结果，分析了空气放电和接触放电对整个放电过程的作用影响。

蔡阿宁、王栋的《浅析防静电立体货柜对 ESD 器件的静电防护》中阐述了防静电立体货柜的静电防护功能，对实际工作中静电敏感电子元器件在存储、检索、发放、转运等过程中的静电防护进行分析和对比，提出了敏感元器件在存储、发放、转运等处置环节静电防护的要求和建议，分析了防静电立体货柜的使用注意事项，为规范敏感元器件库房存储管理提供了借鉴。

王南光、张书锋的《EPA 接地技术分析》分析了常用的防静电接地技术，提到 EPA 及防静电器材设施接地的任何缺陷都可能影响人身安全和静电防护效果，正确理解静电防护接地概念和原理十分重要，采用正确的接地方式，才能降低敏感产品失效风险，提高静电防护效果。

李义鹏、刘全桢、孙立富、孟鹤的《加油站静电危险因素研究》中对影响加油站静电的因素进行研究。油品静电测试表明，油品一般不会产生危险电位，引发静电放电。人体静电测试表明，人体在天气干燥时很容易产生危险电位，必须采取相应的防静电措施。同时，防静电器具测试表明，必须加强防静电用品的监管。此文的研究对降低加油站的静电隐患具有十分重要的意义。2012 年论文集条目如表 4－7 所示。

表 4－7　2012 年论文集条目

序号	论文名称	作　者
1	静电放电中电极移动与间隙变化下两种放电模式的研究	阮方鸣，徐永兵，杨晓宏
2	航空煤油静电防护及对策	蒋耀庭，潘丽娜
3	环境因素对空气式静电放电的影响研究	朱利，原青云，周为平
4	国外静电安全标准进展	马胜男，郭德华
5	静电放电电流靶－衰减器－传输线链（系统）校准方法	李春萍，黄久生，罗贵福
6	从防静电鞋标准的修订谈我国防静电标准的三个发展阶段	李春萍，黄久生
7	防静电保护罩研究	冯文武
8	静电检测技术的研究现状及发展趋势	于娜，刘志远，赵佳龙
9	带电器件模型（CDM）的测试与防护	袁亚飞，刘民，佟雷
10	我国 ESD 标准研究进展、问题分析及对策建议	马胜男，季启政
11	基于 PDCA 模式的静电防护管理	季启政，刘志宏，张书锋
12	易燃易爆品静电防护技术研究	卫水爱
13	静电放电防护的接地要求	张书锋，王南光
14	职业工作场所的电磁辐射及防护	郝利君，张彤，李春萍
15	静电防护中的电学计量	潘攀，谭钧戈
16	加油站静电危险因素研究	李义鹏，刘全桢，孙立富
17	考虑寄生参量的 ESD 电流解析式	屠治国，高金伟
18	赛尔肤特种防静电冬装面料的开发与研究	蒋姗姗
19	静电耗散材料电阻的测试方法与影响因素	佟雷，袁亚飞，郝慧萍
20	计量测试中的危害与防护	郝婷婷
21	永久性防静电材料在电子产品薄膜类包材中的应用	毕戈雄
22	防静电屏蔽包装袋感应能量法数学模型分析	冯文武，焦海妮
23	浅析防静电立体货柜对 ESDS 器件的静电防护	蔡阿宁，王栋
24	静电接地连续监测设备的误报警分析	张书锋，冯文武，王志勇

续表

序号	论文名称	作　者
25	工作环境中电磁干扰的解决方案	张明
26	EPA 接地技术分析	王南光，张书锋
27	仪器设备静电防护管理	刘金生
28	基于航天静电防护物资的品牌建设探讨	郝慧萍，张明志，季启政
29	基于 ANSI/ESD - S20.20 静电防护管理与质量、职业健康安全管理体系管理整合的研究	贾增祥，徐东宇，夏维娜
30	空间电子产品的静电防护设计	成刚
31	静电防护管理体系建设初探	朱世清
32	航天电子企业如何开展静电防护工作	张明
33	防静电地坪漆的材料特性及检测方法研究	吴秉仓

4.3.2.2　第二届会议论文集（2013 年）

第二届会议（2013 年）论文集共收录文章 17 篇。1 篇研究中国的静电标准体系；3 篇研究各种设备、仪器的静电防护；3 篇研究静电防护设计方法、措施；2 篇研究防静电工作区的湿度控制；其余研究内容较分散，分别为：多因素影响静电放电参数变化、航天电子元器件静电放电敏感度研究、防静电材料研究、输油管道静电危害、防静电工作服等。

季启政、马胜男、郭德华、袁亚飞、高志良的《构建我国静电防护标准化体系的探讨》在比较国内外 ESD 防护标准的发展趋势与现状的基础上，充分结合我国 ESD 防护需求和特点，尝试提出了我国 ESD 防护标准化体系框架构建建议，以期为我国 ESD 防护及其标准化发展提供借鉴。

郝婷婷、潘攀、高金伟的《计量校准装置研制过程中的静电防护探讨》通过实例对计量校准装置研制过程中的静电防护方式展开介绍。通过试验表明，带有静电防护保护措施的计量校准装置增强电路抗静电能力，其准确度和稳定性均能够较好地达到预期的技术指标要求。

李树明、冯文武、潘建立、崔玉姝的《静电防护设计方法》分析了静电的产生机制，放电造成的危害，并总结工作中的经验，根据实际需要进行机箱和 PCB 电路的优化设计。同时为静电敏感器件、设备提供输入/输出保护网络，尽量使用低敏感度器件，通过反复测试试验验证，才能找到最佳的 ESD 防护方案，满足产品要求。

王南光的《防静电工作区的湿度控制》中提到湿度影响静电产生，但对 ESD 控制不应扮演重要角色。本文叙述国内外静电防护对环境湿度控制的不同策略，提出改进中国静电防护理念，即应树立新的概念，不以湿度控制来限制EPA物品静电的发生，而从体系上采取技术、管理的全面控制措施，防止发生静电放电事件，确保敏感器件的处置安全。这样，不仅有效提高静电防护能力，而且可以大幅降低EPA的运行成本。

高志良、张絮洁、谭钧戈、董怿博的《航天电子元器件静电放电敏感度等级确定与失效研究》介绍了电子元器件静电放电敏感度的标准等级划分，结合元器件HBM敏感度技术标准，通过可靠性试验方式确定静电放电敏感度等级，利用静电放电测试与失效分析的方法定位静电损伤，为后续航天电子元器件的测试和使用提供有益的参考。2013年论文集条目如表4-8所示。

表4-8　2013年论文集条目

序号	论文题目	作　者
1	多因素影响静电放电参数变化特性试验研究	阮方鸣，徐永兵，徐平友，肖文军，丁安，陈蒲
2	构建我国静电防护标准化体系的探讨	季启政，马胜男，郭德华，袁亚飞，高志良
3	浅析电子装联仪器设备使用中的人体静电防护	蔡阿宁，王栋
4	航天电子元器件静电放电敏感度等级确定与失效研究	高志良，张絮洁，谭钧戈，董怿博
5	基于能量法屏蔽包装袋测试技术研究	冯文武，潘建立，崔玉妹，程考
6	计量校准装置研制过程中的静电防护探讨	郝婷婷，潘攀，高金伟
7	基于静电防护基本原则的防护措施参考	袁亚飞，汤浩军，马姗姗，刘民
8	静电防护设计方法	李树明，冯文武，潘建立，崔玉妹
9	静电放电保护的接地方式探讨	袁亚飞，张絮洁，马姗姗，刘民
10	长效型防静电材料的研究与开发应用	张明，方国忠
11	输油管道静电危害及放电能量检测方法研究	蒋漳河，王新华，陈国华，范小猛
12	自动化操作设备的静电防护初探	袁亚飞，马姗姗，刘民
13	防静电工作服的分类及性能要求	黄建华
14	管理与技术结合的ESD控制方案从元件到整机的静电防护设计	李春萍，徐玉香，黄久生，罗贵福，陈斌，赵程军
15	防静电工作区的湿度控制	王南光
16	直流残余电压无偏离离子风机的设计	王荣刚，孙玉荣，成玉磊，赵雷
17	防静电工作区湿度控制	张书锋，王南光

4.3.2.3　第三届会议论文集（2016 年）

第三届会议（2016 年）论文集共收录文章 43 篇。10 篇关于不同领域、产品的静电防护的技术应用；3 篇有关静电防护管理；2 篇有关材料的试验测试研究；5 篇有关静电放电特性测量试验；7 篇有关各种产品、仪器、设备防静电研究；3 篇为静电、电磁辐射的危害等。

胡小峰、樊高辉、魏明和王雷的《500kV 超高压输电线放电辐射信号测试与分析》为准确评估超高输电线路电磁环境效应，对 500kV 变电站和 500kV 交流输电线路的高频电磁环境进行实测与分析，获得放电辐射信号频谱。

蔡阿宁、王栋的《航天电子产品静电防护管理体系运行绩效初探》介绍了中国空间技术研究院西安分院静电防护管理体系建设的基本情况，对体系运行过程的重点和难点问题进行分析，提出“技术 + 管理”两手抓的改进措施，总结了体系运行六年来取得的实际效果。

冯婉琳、徐晓英、郭瑶、叶宇辉的《高分子纳米复合材料 ESD 抑制器抑制特性测试研究》针对石墨烯填料的新型膜状高分子聚合物阻膜包线 ESD 抑制器，基于 IEC 61000 -4 -2 标准，建立测试系统，测试并研究其抑制特性。

李伟、杨继深的《复合材料无人机电磁兼容与静电防护技术研究》分析了复合材料无人机结构对电磁兼容和静电防护设计上的影响，提出复合材料无人机在电磁兼容设计和静电防护设计中设备安装、地设计和电缆网设计的相关注意事项。

周奎、阮方鸣、张景的《静电放电过程中环境温度对放电参数的影响分析》试图从微观角度，通过研究温度对气体分子电离过程和电子漂移运动的影响，结合 S Bonish 等提出的小间隙放电的双过程模型，以阐释其对放电电流峰值的影响。

党琳、刘琨、汝楠的《静电对火箭供配电系统的危害及防护》对火箭供配电系统静电产生和危害进行阐述，分析静电放电对其的影响，研究相关的防护技术和具体措施。2016 年论文集条目如表 4 -9 所示。

表 4 -9　2016 年论文集条目

序号	论文名称	作　者
1	500kV 超高压输电线放电辐射信号测试与分析	胡小锋，樊高辉，魏明，王雷
2	大功率 TLP 在功率器件电学闩锁测试中的应用	倪涛，曾传滨，张晴，孙佳星，罗家俊
3	基于 GaAsMMIC 功率放大芯片的 ESD 失效分析及其防护设计	胡涛，董树荣，李响，韩雁，张世峰

续表

序号	论文名称	作　者
4	基于 MEMS 电场传感器的非接触式静电测量装置	闻小龙，彭春荣，杨鹏飞，陈博，夏善红
5	元器件 ESD 失效分析中的关键技术及其应用	王有亮，梁晓思，来萍
6	二次电子发射对卫星表面电位影响的仿真研究	冯娜，李得天，杨生胜，赵呈选
7	电极移动速度对非接触静电放电参数的影响研究	黄俊，阮方鸣
8	空气隙设计——静电防护板级应用初探	张明
9	航天电子产品静电防护管理体系运行绩效初探	蔡阿宁，王栋
10	附加极化电荷静电场对 AlGaN/GaN HFET 载流子输运特性影响研究	杨铭，季启政，高志良，袁亚飞，宋博，梅高峰，翟东伟
11	静电放电屏蔽性能测试标准局限性研究	王书平，张希军，杨洁
12	高分子纳米复合材料 ESD 抑制器抑制特性测试研究	冯婉琳，徐晓英，郭瑶，叶宇辉
13	电缆组件静电放电特性的试验分析	路子威，季启政，朱正虎，高志良，宋博，王若珏
14	非接触静电放电的气压影响分析	伏钊，阮方鸣
15	一种卫星 AIT 过程静电防护设计与应用	谢华，魏强，魏振超，冯文武，张斯明，任立新，宋博
16	一种新型静电电荷分析仪校准方法	佟雷，温星曦，刘民，殷聪如
17	航天器 AIT 过程静电防护管理	周腊琴，吴大军，赵燕明
18	宇航红外焦平面探测器应用过程静电防护	戴立群，金占雷，孙启扬，徐丽娜，王智谋
19	微小间隙静电放电实验分析	姚舜理，阮方鸣
20	人体静电电位连续监测装置研制及测试方法研究	高志良，宋博，何积浩，马姗姗，吴嘉鹏，肖景博
21	传输线对静电放电防护器件性能测试的影响	张希军，张莉婷，王书平，杨洁
22	一种用于航天电子产品静电防护的新型防静电线缆设计	方化潮，王立伟，刘娇，常涛
23	静电敏感器件的静电损伤机理和模型分析及保护措施	杨林鹏，蒋方亮，贾增祥，季启政，高志良，董纯

续表

序号	论文名称	作　者
24	基于 VBO 的多媒体高速接口芯片的 ESD 失效分析及防护设计	李响，董树荣，胡涛，韩雁，张世峰
25	固体绝缘材料摩擦起电实验装置研究	罗捷，刘民，袁亚飞，熊国鸿，文焱
26	复合材料无人机电磁兼容与静电防护技术研究	李伟，杨继深
27	静电放电过程中环境温度对放电参数的影响分析	周奎，阮方鸣，张景
28	人体防静电综合测试仪研制	梅高峰，季启政，蔡阿宁，宋博，马姗姗
29	航天器组件力学试验静电防护过程控制	邵丽娟，李晔
30	电子工业静电防护的系统设计	袁亚飞
31	ESD 作用下晶闸管 dV/dt 触发导通规律研究	杨洁，王彪，张希军
32	静电对火箭供配电系统的危害及防护	党琳，刘琨，汝楠
33	自动调节控制的粉体静电消除装置设计	王英爽，李树明，宋海龙，王鹏，吴茜
34	降低工程机械电子产品电磁辐射限值的研究与验证	胡海燕，阮方鸣，王琪
35	基于静电除尘技术的室内空气污染综合治理系统	文焱，季启政，高志良，宋博，李高峰，翟东伟，张平平
36	浅谈航天电子产品静电防护管理	高莹，林丹
37	ESD 防护标准与中国电子制造企业的防护工程实际	邹金林，王友亮，来萍，梁晓思
38	基于静电除尘技术的室内 PM2.5 监测系统设计	翟东伟，季启政，高志良，路子威，薛仁愧，刘碧野，张平平
39	整体防静电工作台静电分布及释放技术的浅析	談平
40	科学实施静电防护标准流程探析	商繁，彭金云
41	防静电工作台的接地、测试与选购指南	朱雪梅
42	新型防（抗）静电粉末涂料应用特性	程学锋
43	物联网互连接口的系统防静电方案集	胡光亮

4.3.3　强制性标准的新变化

国务院《深化标准化工作改革方案》明确将强制性标准整合精简作为标准

化改革的重要任务，构建以强制性国家标准为主体的新型强制性标准体系。根据国务院办公厅《强制性标准整合精简工作方案》要求，自2016年年初，国家质量监督检验检疫总局、国家标准化管理委员会（以下简称国家标准委）会同39个国务院各有关部委和31个省级人民政府，按照统一的评估方法和进度要求，全面推进强制性国家、行业和地方标准的清理评估。经过逐项评估、归口协调、征求意见、社会公示等环节后，强制性标准整合精简工作全面完成，国家标准委于2017年1月发布了《关于印发强制性标准整合精简结论的通知》，在11224项强制性国家、行业和地方标准中：拟废止的强制性标准为2178项，占总数的19%；拟转化为推荐性标准为3657项，占总数的33%；拟将多项进行整合为一项的强制性标准为1196项，占总数的11%；拟修订的强制性标准为1464项，占总数的13%；2729项强制性继续有效，占总数的24%。下一步，国家标准委、国务院各有关行政主管部门、各省级人民政府将按照要求分别开展结论处理和标准的制修订工作，加快推动新型强制性国家标准体系建设。

在静电防护领域，强制性国家标准、行业标准也进行了整合精简，强制性国家标准整合精简情况见表4－10，强制性行业标准整合精简情况见表4－11。

表4－10　静电防护强制性国家标准整合精简

标准号	标准名称	整合精简结论
GB 12014—2009	防静电服	修订
GB 12158—2006	防止静电事故通用导则	与GB 13348—2009整合为强制性国家标准
GB 12367—2006	涂装作业安全规程　静电喷漆工艺安全	修订
GB 13348—2009	液体石油产品静电安全规程	与GB 12158—2006整合为强制性国家标准
GB 14773—2007	涂装作业安全规程　静电喷枪及其辅助装置安全技术条件	修订
GB 15607—2008	涂装作业安全规程　粉末静电喷涂工艺安全	
GB 26539—2011	防静电陶瓷砖	转化为推荐性标准
GB 4655—2003	橡胶工业静电安全规程	
GB 50515—2010	导（防）静电地面设计规范	
GB 50611—2010	电子工程防静电设计规范	
GB 50813—2012	石油化工粉体料仓防静电燃爆设计规范	
GB 50944—2013	防静电工程施工与质量验收规范	
GB 4385—1995	防静电鞋、导电鞋技术要求	废止

表 4-11　静电防护强制性行业标准整合精简

标准号	标准名称	整合精简结论
AQ 4115—2011	烟花爆竹防止静电通用导则	修订为强制性国家标准
GA 96—1995	铺地纺织品静电性能参数及测量方法	转化为推荐性标准
HG 2793—1996	工业用导电和抗静电橡胶板	转化为推荐性标准
JT 197—1995	油船静电安全技术要求	修订为强制性国家标准
JT 230—1995	汽车导静电橡胶拖地带	转化为推荐性标准
MT 113—1995	煤矿井下用聚合物制品阻燃抗静电性通用试验方法和判定规则	转化为推荐性标准
MT 379—1995	煤矿用电雷管静电感度测定方法	转化为推荐性标准
MT 449—1995	煤矿用钢丝绳牵引输送带阻燃抗静电性试验方法和判定规则	废止
MT 450—1995	煤矿用钢丝绳芯输送带阻燃抗静电性试验方法和判定规则	废止
MT 520—1995	煤矿雷管生产厂防静电安全规程	废止

4.3.4　团体标准开始涌现

中国新型标准体系为静电防护团体标准的发展带来活力和机遇，相关协会开始了静电防护团体标准制定与实施的实践。在全国团体标准信息平台检索发现，目前，共有 3 个协会发布了 3 项静电防护团体标准，详见表 4-12。

表 4-12　静电防护团体标准目录

序号	团体名称	标准编号	标准名称	公布日期
1	广东省薄膜及设备行业协会	T/GDEIA 02—2016	抗静电耐酸保护功能薄膜	2016-11-29
2	上海防静电工业协会	T/ESD 001—2016	电子工业用防静电服 通用技术规范	2017-04-24
3	中国电子仪器行业协会	T/CEIA ESD1001—2017	防静电施工资质评审标准	2017-08-02

可以预见，作为市场标准，静电防护团体标准将会继续发展，增加静电防护领域标准的供给。

4.4 我国静电防护标准化工作的对策建议

随着我国各领域静电防护标准化工作的开展，相关专家、学者和企业普遍感到我国静电防护标准化发展严重落后于国际水平。通过上述对国内外静电防护标准化的分析研究，我们认为我国应从以下几个方面推动静电防护标准化工作的发展。

4.4.1 积极推动静电防护标准化技术委员会的筹建

国际电工委员会（IEC）、美国静电放电协会（ESDA）、固态技术协会（JEDEC）等国际国外组织均开展了大量的静电防护标准化工作，相关标准具有广泛的影响力。美国ESDA成立初期不到100名会员，但以该组织为平台，不断吸纳各国专家，其静电防护标准化工作不断发展，标准不仅在美国应用，也逐渐推进到世界各国，并进而推进成为IEC国际标准。

我国静电防护及相关领域标准化发展严重落后于国际水平，目前还尚未成立静电防护标准化技术委员会，归口多头，过于分散，标龄较长，国际上认可程度高并直接作用于企业参与国际贸易竞争的重要标准未开展针对性研究，至少存在四方面的严重问题：一是缺少静电防护国家标准体系的系统引导，仍处于各行业针对行业内部静电防护问题自行研制标准的无序发展阶段，标准间易出现技术领域交叉重叠、技术要求不一致甚至矛盾的系统性缺陷。二是国家标准层面标准化覆盖范围不全面，当前技术条件下社会生产生活需要予以规范的重要静电防护领域尚未开展标准化工作，在静电防护控制程序、静电防护工作台、座椅、鞋类系统，静电放电敏感产品取放操作、标识等方面亟待尽快研制一批关键技术标准。三是现有标准适用面窄、时效性差，国军标、行业标准平均标龄均超过10年，国家标准近50%为纺织品静电性能和防静电服装、手套等相关标准。四是共性、基础性技术标准缺失，测试类标准是静电防护领域的重要组成部分，而测试模型标准是测试类标准的技术基础。国际上已于近年研制或应用了人体模型（HBM）、机器模型（MM）、带电器件模型（CDM）等测试模型标准，ESDA更进一步研制了套接设备模型（SDM）、瞬时闭锁设备模型（TLU）、传输线脉冲设备模型（TLP）、人体金属设备模型（HMM）等测试模型标准。但中国尚未在测试模型方面开展标准化研究，在技术基础标准上已经落后于人。

因此，从事静电防护相关研究和产品生产的专家学者、企业、行业协会等都发出了共同的呼声，希望由中国标准化研究院牵头，各单位积极配合，尽快筹建全国静电防护标准化技术委员会，在国家标准委的领导下，统筹协调静电防护标准化工作，对接国际和国外先进标准，建设静电防护国家标准体系，加快研制静电防护工作所急需的国家标准，推动我国静电防护标准化工作的发展和标准水平的提升。

中国标准化研究院于 2013 年 1 月向国家标准委提交筹建申请书。刘尚合院士等 10 名来自各个领域的中国专家共同签署了“关于筹建全国静电防护标准化技术委员会的建议书”，提出“由中国标准化研究院牵头，各单位积极配合，尽快筹建全国静电防护标准化技术委员会，统筹协调静电防护标准的建设、推广和实施，促进静电防护标准化工作的完善和发展。”目前，中国标准化研究院、中国空间技术研究院等单位和行业领域的专家、学者和企业仍在积极推动静电防护标准化技术委员会的筹建，共同探讨和统筹协调我国静电防护标准的建设、推广和实施，在不断加强我国静电防护标准制定和提高标准水平的基础上，促进标准互认和国际标准化工作的开展，为我国静电防护产业技术进步和持续发展服务。

4.4.2　从国际标准源头来跟踪研究国际标准

美国 ESDA 在 IEC 国际标准制定中发挥着积极的主导作用，在 IEC 已经发布的 21 项标准中，以 ESDA 标准为基础制定的 IEC 国际标准占 50% 以上，其中包括国际流行和权威的静电防护管理和认证标准 ANSI/ESD S20.20、IEC 61340－5－1。目前，IEC 61340－5－1 修订的项目负责仍由 ESDA 的专家担任。因此，在 IEC 静电防护国际标准的跟踪研究方面，应从 ESDA 这一重要源头来开展，通过以其的技术交流和研讨活动，更快、更直接地了解其标准制修订背景、技术内涵，为我国相关机构的静电防护标准化工作提供技术依据。

自 2012 年开始，中国标准化研究院联合中国空间技术研究院、电磁环境效应国家级重点实验室、美国贸易开发署、美国国家标准协会（ANSI）、美国静电放电协会（ESDA）每年举办“静电防护与标准化国际研讨会”，搭建中美静电防护标准化学术交流平台，使专家、学者、企业直接地与 ESDA 专家交流，获得 ESDA 标准的最新信息，研讨交流静电防护技术发展与标准化问题，为中国静电防护标准化工作的开展提供了有力支撑。中国标准化杂志社、中国电子仪器行业协会防静电装备分会、上海防静电工业协会等单位均积极参与到这一学术交流活动中。

4.4.3　积极参加 IEC/TC 101 国际标准化活动

在经济全球化背景条件下，以我国庞大的经济市场为依托，主动参与国际标准化组织，参加国际标准制定与谈判，深入研究制/修定国际标准的政策与做法，研究如何转化国际标准为我所用，是扩大我国静电防护标准影响力、提升静电防护水平的重要手段。

中国作为 IEC/TC 101 的 P 成员，与其他国家相比，现阶段在参与 IEC/TC 101 各类标准制修订活动中，我国还没有积极参与，标准原始创新能力较弱，几乎还没有实质性参与的案例。因此，加大企业自身技术积累与研发实力，建设专技术、懂规则的国际化静电防护标准化人才队伍，丰富国际化静电防护标准化工作组，形成政府、企业及社会各界共同参与国际化工作的新格局至关重要。

自 2017 年开始，我国再次派出代表团参加 IEC/TC 101 年会及工作组会议，会议是了解、把握国际先进静电标准发展与制修订趋势的平台，同时也提供了参与、影响国际静电标准编制，促进我国静电防护标准发展的机会。

4.4.4 充分利用国际标准快速制定程序加快推进国际标准的制定

CEN、CENELEC 等欧洲标准化组织与 ISO、IEC 分别签订了技术合作协议，实现了欧洲标准与 ISO、IEC 国际标准的同步制定，美国电子工业协会（EIA）等美国标准组织也通过成为 IEC 相应技术委员会的 A 类联络组织来利用国际标准快速制定程序加快推进其标准转化为 ISO、IEC 国际标准。ESDA 早期因不了解国际标准快速制定程序，所以在早期参与制定的 IEC 国际标准中采用了正常程序，在其获知快速程序后，因其还不是 A 类组织，所以利用在 IEC/TC 101 中的 P 成员资格来快速推进其标准转化为 IEC 标准。

中国目前的静电防护标准技术水平虽尚未达到国际标准制定快速程序的要求，但也应尽早了解这一政策，在努力开展好中国静电防护标准制定的基础上，争取早日实现从跟踪采用转为主导制定国际标准的转变。

第 5 章　我国静电防护标准体系构建

我国静电防护标准有了一定的发展，当前亟须加强整体策划、顶层策划、系统策划，构建科学合理的标准体系，才能推动我国的静电防护标准化发展再上新台阶。本章对静电防护标准体系的构建原则和架构进行系统分析和研究。

5.1　标准体系的特征

标准体系是指一定范围内的标准按其内在联系形成的科学的有机整体。其中，“一定范围”可以指国际、区域、国家、行业、地区、企业范围，也可以指产品、项目、技术、事务范围；“有机整体”是指标准体系是一个整体，标准体系内各项标准之间具有内在的有机联系。标准体系具有以下的特征。

5.1.1　结构性

标准体系内的标准按其内在联系分类排列，就形成标准体系的结构形式，标准体系的基本结构形式有层次结构和过程结构。

（1）层次结构

标准对象的层次结构决定了标准体系的层次结构。例如，机械、电器等产品通常由一些大的部件组成，各部件由许多元器件和零件组成，每一个零件由某一种或多种材料制成；其产品结构通常表现为产品、部件、零件、材料四个层次。企业标准体系也相应地分为四个层次，产品标准、部件标准、零件标准、材料标准。标准体系的层次结构通常反映标准对象的隶属或包含关系。层次较高的标准，较多地反映对象的抽象性和共性；层次较低的标准，较多地反映对象的具体性和个性。

（2）过程结构

标准对象的过程结构决定了标准体系的过程形式。如量体裁衣的过程：选择服装式样和布料，测量人体主要部位尺寸、裁剪、缝制、平整定形、顾客试穿、包装与交付。相应的，服装定制生产企业的标准体系通常由下列标准构成：服装式样标准、布料标准、人体尺寸测量方法标准、裁剪工艺标准、缝制工艺标准、平整定形工艺标准、顾客试穿服务标准、包装标准。标准体系的过程结构通常反映标准对象的活动过程和顺序关系。

5.1.2 协调性（相关性）

标准对象的内在联系决定了标准体系内各项标准的相关性。制定或修改其中任何一个标准，都必须考虑对其他各相关标准的影响，如公差配合、阻抗匹配、接口方式、结构尺寸、参数系列、产品系列、信息表示方法等，使所有相关标准协调，相互配合，避免相互矛盾。

5.1.3 整体性

按标准对象的内在联系形成的标准整体并非是个体标准的简单相加。对一个孤立的标准，人们往往关注该标准提出的具体要求是否合理。当把该标准置于标准体系中后，人们才能看出，要实现该标准规定的要求，需要其他一系列标准相配合，如果标准体系不完备，该标准所规定的要求最终将难以保证实现。

5.1.4 目的性

任何标准体系都有其明确的目的。一个产品标准体系是为保证产品质量服务的，一个项目标准体系是为保证项目成功服务的，一个企业标准体系是为保证企业生产经营活动正常进行服务的。标准体系的目的性决定了标准体系内各项标准应具备的内容和应达到的水平，从而能以较少的投入获得较理想的效应。

5.2 静电防护标准体系构建原则

我国静电防护标准体系建设应坚持自上而下与自下而上相结合的方式，而要保证这些策划、设计以及标准体系能够真正落实、执行，还必须要保证全过程坚持问题导向、系统性、协调性、开放性与符合实际的原则。

5.2.1 问题导向

自20世纪90年代开始，我国静电防护标准发展历经30年，已经形成数百项标准，初步形成我国静电防护标准体系，但仍然存在以下一些不足：

（1）缺少静电安全国家标准体系的系统引导，缺少ESD防护领域标准化技术委员会（TC）统筹协调，使各行业ESD防护标准处于内部自行研制的无序发展阶段，一些ESD防护标准虽为国家标准，但也分布在各自行业的TC，因此标准间极易出现技术领域交叉重叠、技术要求不一致甚至矛盾的系统性缺陷。

（2）国家标准层面标准化覆盖范围不全面，当前技术条件下社会生产生活需要予以规范的重要ESD防护领域尚未开展标准化工作，如在一些ESD控制程序、ESD防护工作面、鞋束系统，静电敏感（ESDS）产品操作、标识等方面亟待研制一批关键技术标准。

（3）现有标准适用面窄、时效性差、发展不平衡，国军标、行业标准平均标龄均超过 10 年，国家标准中近 50% 为纺织品的静电性能或防静电服装、手套等标准，而其他领域国家标准制定相对较少，或标龄很长。

（4）国外转化标准偏多，自主研发标准较少，进而导致同一标准不同行业转化采用不同国外标准，其标准内容、指标差异大。同时与自身实际使用要求也存在差异，进而造成标准难用或不能用，自身缺乏及时更新标准的能力，导致标准标龄越来越大。

（5）共性、基础性技术标准缺失。如前文所述，国际上已研制或应用了人体模型（HBM）、机器模型（MM）、带电器件模型（CDM）等测试模型标准，ESDA 更进一步研制了套接设备模型（SDM）、瞬时闭锁设备模型（TLU）、传输线脉冲设备模型（TLP）、人体金属设备模型（HMM）等测试模型标准，但我国在测试模型方面开展标准化研究较少。

（6）标准的执行缺少顶层设计，静电防护是一项技术与管理相结合的任务，但目前静电防护的标准几乎都是技术标准，没有相应管理标准或支持，只有少量顶层标准中涉及一点管理要素，管理没有被重视，导致大量技术标准未被有效执行。

要构建好中国的静电防护标准体系，不仅依靠各行业自主发展，也必须要适当根据发展中存在的问题加强顶层设计，确定好相应原则，才能有利于不断完善体系，有利于逐渐解决好发展过程中的不足，才能使我国的静电防护水平不断提高。

5.2.2　系统性

系统性主要是指从整体出发，系统、全面考虑静电防护标准体系建设，重点从以下几个方面考虑：

（1）需要覆盖可能遭受静电危害的所有应用领域的要求。当前静电防护在各领域的发展极不平衡，20 世纪末石油、化工、兵器领域对静电防护非常重视，21 世纪初电子领域对静电防护非常重视，2010 年以来航天领域对静电防护异常重视。无论哪个领域重视静电防护工作，都会从人做起，因此服装纺织都成为重要措施，纺织相关静电标准发展迅速。然而无论是电子还是安全，还有大量领域需要静电防护。同时，随着科技的发展，人民生活水平的提高，人体健康安全要求也越来越高，需要静电防护的领域也越来越多。因此，各领域的静电防护体系构建需统筹考虑。

（2）需要满足可能遭受静电危害产品的全链条防护要求。静电敏感产品的防护往往不仅仅是某一个特定环节，更多的情况是产品全生命周期的全链条防护，而很多行业所制定的静电防护标准可能只针对某特定环节，或顶层标准涵盖全链条，而执行标准却只涉及局部环节，造成静电防护链条无法形成，进而导致静电防护工作无法真正落实。因此，针对某类静电敏感产品的静电防护标准从顶层到具体落实的标准必须系统、全面。

（3）需要符合静电防护产业发展要求。静电防护产业得到真正发展，静电防护工作才能真正有效落实。虽然市场静电防护产品种类繁多，从事静电防护产业经营的单位也很多，但静电防护产品质量差异远高于其他行业，各类造假、以次充好的现象出现，这与静电防护产品标准、产品测试标准、产品认证标准、工程技术标准等不完善是分不开的，很多标准本身质量层次也存在问题，最重要的是仍然有大量产品没有产品标准，相应测试、认证等标准更是缺乏。因此，要保证静电防护产业真正能够长久并发挥作用，相应标准必须系统策划。

5.2.3 协调性

众多领域、行业，大量标准的汇集，需要统筹协调相关技术指标、管理要求和具体措施，不能相同对象、同一产品，在同一使用条件下出现多种指标要求，这既不利于静电防护工作的实施，更不利于静电防护工作的管理。具体需重点从以下几个方面进行考虑：

（1）协调不同领域的静电防护要求。诸如纺织、电子、安全、洁净等领域都编制了静电防护服装或相关纺织品的产品标准，所参考标准分别来自不同国家，产品的指标及相应的测试项目、测试方法、测试环境等均有不同程度差异，使得用户、制造商、测试单位都很难办。一些制造商只能尽可能满足全部标准要求，这将很大程度增加产品制造生产成本；而用户在提技术指标时很多时候无从下手，更多时候所提指标还是错误的，导致所采购的衣服实际达不到相应的静电防护要求；而测试单位面对不同标准，相应的测试环境多种多样，要保证能够满足每个行业要求，就要配备更多的测试环境，这也将很大程度提高测试单位成本。

（2）协调标准上下游的指标要求。特别是领域的体系标准和产品标准，容易出现类似问题。相应顶层标准与执行标准可能不是同一时间、同一单位、同一领域编制，甚至执行标准先出，后出顶层标准，还有执行标准之间也会存在制修订时间与编者不一样而导致的指标、要求、措施差异。诸如静电防护产品、产品要求、产品测试要求，以及各行业对该产品的技术要求，都要协调考虑。

（3）协调静电防护产品非电性能的标准要求。这其中涵盖两种情况，其一是一般产品中的静电防护要求，如普通服装众多性能参数中的静电防护的指标要求，由于一般为人体健康所考虑，尽管普通服装类型多样，其静电防护指标应该相对协调一致；其二是静电防护产品的非电指标，如防静电瓷砖，不仅防静电性能要求，还有大量瓷砖的机械、理化性能要求，这些要求与相应瓷砖领域相关性能必须匹配，否则，防静电瓷砖只有防静电性能而不能满足瓷砖性能要求。

5.2.4　开放性

静电防护体系构建与建设要实现系统性和协调性，必须坚持开放性，主要从以下几个方面考虑：

（1）行业要开放。不能玩垄断，不能只有一个单位或一个领域参与，而是鼓励不同领域更多人参与，或参与编写，或参与评审，或参与建议。特别鼓励研制方、生产方、使用方一起参与，特别鼓励产学研共同参与，特别鼓励不同行业共同参与，特别鼓励国际合作，进而保证标准的水平，保证标准的协调性和适宜性。

（2）编写要开放。现在标准的编制往往还是主要依靠标准化组织，建议更多专业背景更强的专家或机构组织编写。标准化修订也是应该有需求就应该修订，而不是等到标准老到要淘汰才去修订。还有标准修订也未必必须原作者或原单位，很多标准原作者都退休或离开相应岗位，还要占领标准修订权，这很不合适，而是应该有修订需求和修订能力的人员或机构承担，如此才能真正保证标准的活力。

5.2.5　符合实际

简单来说符合实际就是所制定的标准要易操作、能执行，与实际相符。目前，静电防护大量标准处于睡眠状态，编制发布以后，很少被使用，最主要的原因就是标准本身与实际使用存在距离，因此后期标准建设必须要坚持与实际相符。

采用国外标准时需要了解应用背景。静电防护很多标准是等同采用国外标准，然而国外标准都是针对其自身发展而制定的，对于国际标准可能考虑广泛一些，但对于一些如美国、日本等标准，确实具有一定先进性，国内很多基础与其不一样。因此要么是国外技术要求太高，要么是管理要求在国内无法落地，导致很多标准转化为国内标准后不能发挥作用。再如，美国静电防护顶层标准 S20.20，其标准本身技术要求具有先进性和适用性，但它的使用是建立在 ISO 9000 体系的基础上，而国内 GJB 3007及一些行业标准对该标准进行部分采用或整体转化，而并未关注其使用背景，且并未设计符合自身企业特点的管理，进而使得实践效果并不理想，虽然很多单位按照标准配备了相应指标的防护设施，但实际静电防护效果非常有限，甚至很多单位根本就没有正确使用所配备的静电防护措施。

基于国标编制企业或行业标准时，也要与自身特点紧密相连。国标往往是协调全国各行业的使用要求所确定的技术与管理要求，一般要求相对较低。而一些特定的行业为了满足自身行业的特定要求，编制标准时必须根据本行业或本企业技术要求和管理特点，否则要么编制的标准不能满足行业要求，要么标准无法执行。

另外，各行业、企业要加强标准的研究工作，目前转化、采纳的标准较多，即使这些标准短时间满足使用要求，但条件变化了，可能标准就面临淘汰了，如果能够及时修订，还能保持标准活力，但如果没有与行业和企业相适应的技术储备，可能原标准和修订后的标准都不能满足行业要求。因此，加强标准自主研发是提高静电防护水平的原动力，也只有真正自主编制，才能保证所编制标准符合实际。

5.3 静电防护标准体系框架

结合我国静电防护发展需求，制定符合我国工业发展实际且相互协调性好、操作性好、一致性好的静电防护标准，需要搭建静电防护标准化体系架构，以指导、规范我国的静电防护标准化建设。该体系应涵盖静电防护的原理、模型和方法，覆盖静电放电敏感器件的设计、制造、包装、存储、运输、使用等全过程，兼顾管理措施与防护技术落实。本章节对标国际静电防护标准，尝试构建了我国静电防护标准化体系架构，如图 5 –1 所示。

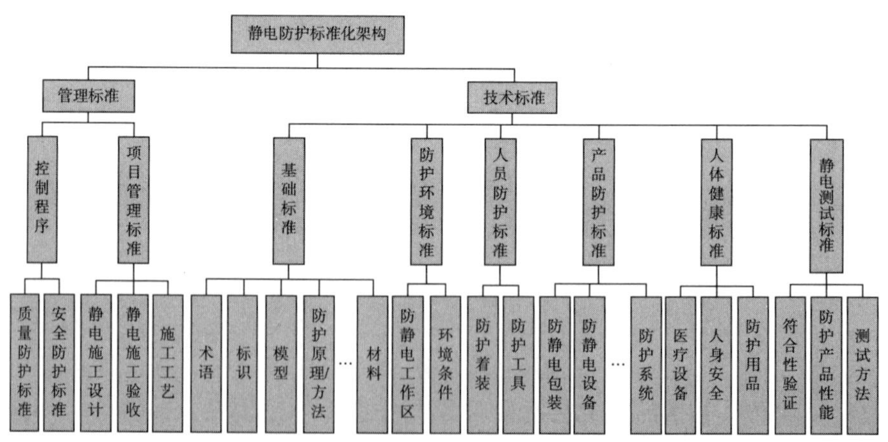

图 5 –1　静电防护标准体系框架

该架构第一层由静电防护管理标准和技术标准两大基本类组成，表明了我国从技术上和管理上同时开展静电防护的基本理念。第二层由技术标准和管理标准的二级分类的七个关键点组成，管理标准主要包括静电防护纲领性的控制程序和防静电工程的项目管理标准，技术标准主要包括基础要求、防护环境要求、人员防护要求、产品防护要求和静电防护测试标准，整体涵盖了静电防护理论基础、防控原则和具体防护手段。第三层由关键点拓扑后的分解标准组成，具体细化了每项关键要求的标准构成或架构。

5.3.1　控制程序

静电防护最终的目标是实现对防护对象的质量或安全控制，防护标准在管理方面要求质量或安全防护要求。由于防护对象特征差异性太大，很难使用一种控制方式或控制要求来约束全体防护对象，各行业均应针对自身特点制定相应的顶层控制要求和具体控制程序，见图 5－2。

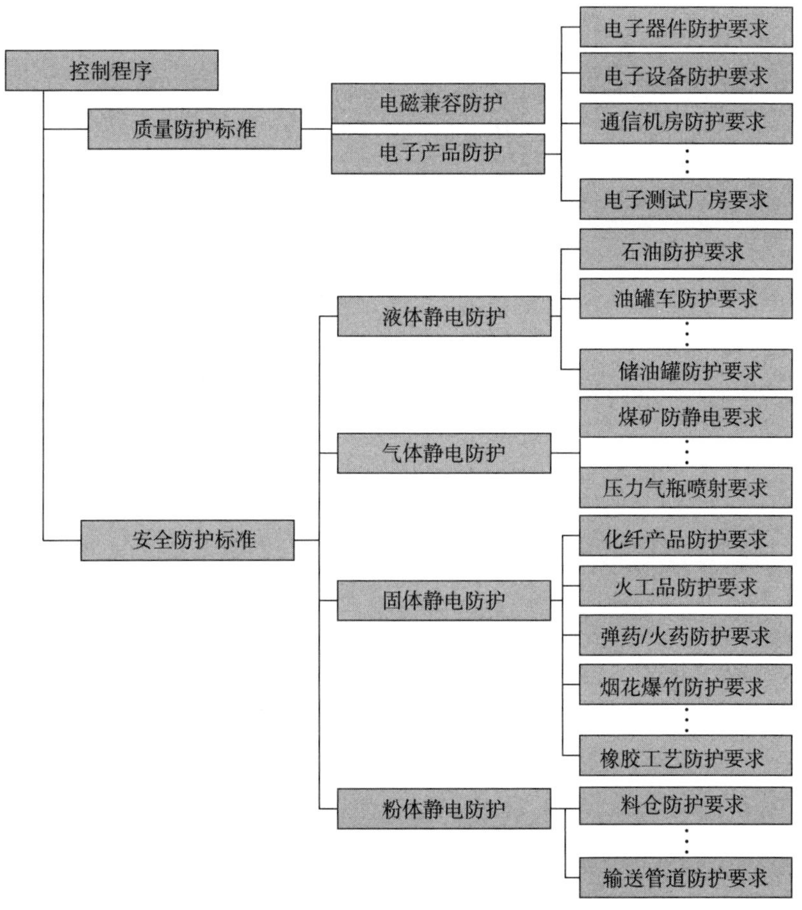

图 5－2　ESD 控制程序拓扑

质量相关静电防护包括对元器件、单机、部组件、整机电子产品、电子设备的设计、生产、试验、使用、储存、运输、维修等全过程的静电防护，也包括电路设计、产品设计等过程的电磁兼容考虑，还包括对处置这些静电放电敏感器件场所的静电防护要求等。这些方面的防护要求与防护重点均存在较大差异，因此一般要制定各自领域的顶层管理标准，既可以作为指导本领域开展静电防护的依据，也可以作为进行静电防护效果评价（或认证）的依据。

安全相关静电防护是对静电引发火灾或爆炸等安全事故的控制，这些控制主要针对爆炸物或处置爆炸物的环境。目前，大家已形成防护共识的主要有火药、石油、矿井等。本章节将这些易燃易爆物质按固体、液体和气体三态及易爆粉体进行分类并分别编制防护标准。另外，近年来人们对静电伤害人体的现象也越来越关注，无论从职业健康还是从医疗健康角度，均应将人体健康防护纳入静电防护控制范畴，并对防护方法与产品进行规范。

5.3.2 项目管理标准

防静电工作区地面、台面等静电防护设施的质量性能直接影响静电防护效果，而静电防护设施的质量与其工程设计、施工工艺及验收等关系密切。由于我国实施静电防护较晚，目前还没有相应的工程技术规范和管理要求，甚至没有从事静电防护工程施工的从业资格要求，而更多情况是施工或验收人员凭借个人经验进行，施工工艺无法保证统一有效，防护工程质量参差不齐，静电防护效果受到严重影响，甚至出现工程质量劳动纠纷。

因此，迫切需要制定静电防护工程项目标准，见图 5－3，规范工程技术、质量、管理、工艺要求，促使电子产品、易燃易爆、人体防护等静电防护工程从设计环节开始关注各领域特定要求，确保施工工艺和验收满足防护工程的质量控制要求，提升静电防护工程水平。

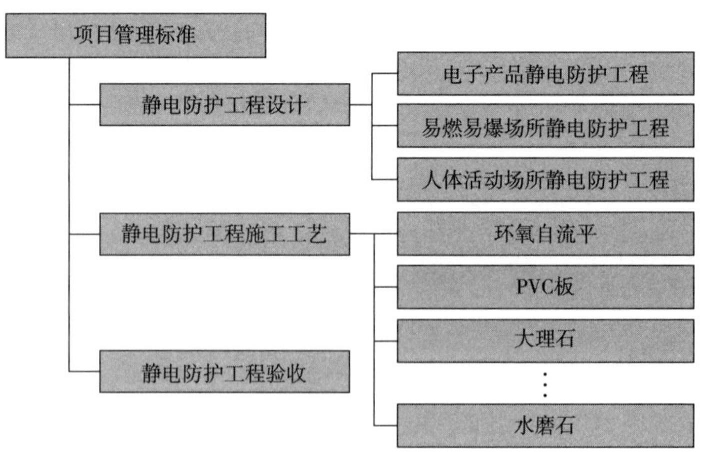

图 5－3　ESD 工程项目标准拓扑

5.3.3　基础标准

静电防护标准化体系将统一、通用的基础要求归纳到基础标准范畴。基础标准主要包含术语、标识、模型、防护原理/方法、材料等，见图 5－4。以这些技术基础标准为根本，才能建立并规范静电防护全过程的管理和技术活动。

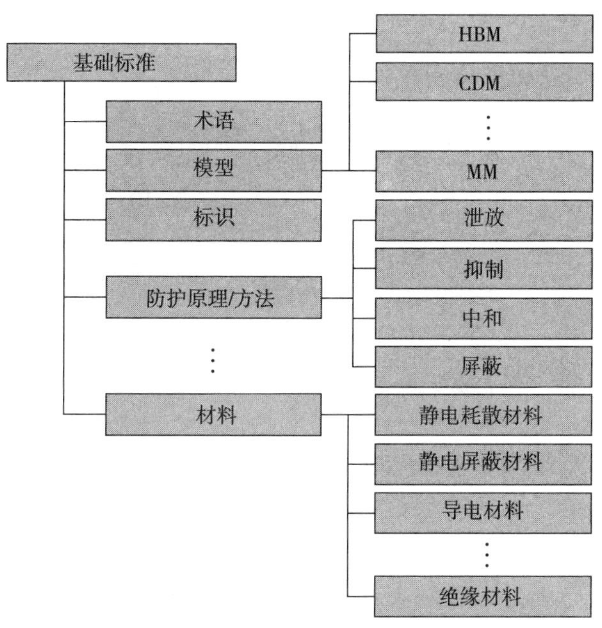

图 5－4　静电防护基础标准拓扑

术语是静电防护工作关于静电防护专业名词的规范，若出现不一致或不规范情况，容易导致静电防护管理混乱或防护不到位。标识是静电防护最重要的措施之一，需要针对目前不同对象、不同领域所使用的静电防护标识差异很大的情况，统一明确各种标识的用途和使用方法。模型是制定静电防护方法的一种理论依据，不同的静电防护模型对应不同的防护方法，如人体模型（HBM）主要是指人体放电对静电放电敏感器件的危害，相应防护措施主要围绕人的活动开展，而带电器件模型（CDM）是由静电敏感器件自身感应带电后放电对自身的一种伤害，相应防护围绕静电敏感产品自身开展等。因此，只有规定好静电防护模型，静电防护才能有的放矢。防护原理/方法是实施静电防护的实现根据，防护原理有泄放、中和、抑制和屏蔽四种，但具体实施过程效果差异性也很明显，需要针对不同的防护对象、放电模型，形成依据不同防护原理的防护措施。材料是保证静电防护效果的基础，静电防护领域一般将材料划分为导电、屏蔽、耗散和绝缘材料等，每一种特性都有着特定的作用，因此如何规范好这些材料性能尤为重要。

5.3.4 防护环境标准

由静电放电原理可知，静电防护与接触材料特性及环境湿度、洁净度等因素密切相关。因此，静电防护对处置静电放电敏感器件的环境非常重视，往往都会选用不易产生静电、利于静电泄放的耗散材料和环境条件，基于此建立EPA并配置相应的工作环境设备设施，见图5-5。

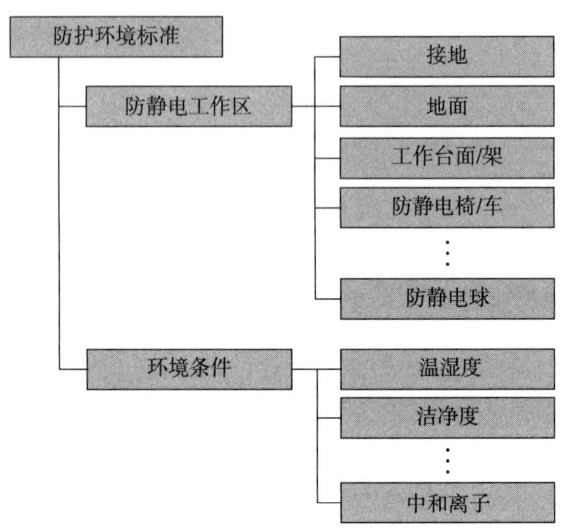

图5-5 ESD防护环境标准拓扑

5.3.5 人员防护标准

目前研究比较成熟、防护实施比较广泛的静电防护模式是HBM，如何更好地控制人员起电或如何通过人体泄放静电备受人们关注。国内外对人员防护的常用方式包括人员着装和使用防护工具等，那么这些防护工具与衣装性能质量也将直接影响ESD防护效果。图5-6给出了我国静电防护对人员防护的标准拓扑。

5.3.6 产品防护标准

对于静电放电敏感器件，除了防止人员操作与其他带电物质对其产生静电损伤，还要对静电放电敏感器件本身进行防护。如静电放电敏感器件存储时使用静电防护包装袋，小型产品转运使用防静电托盘，大型产品转运使用防静电运输盒。在防静电工作区内还会大量使用防静电设备，带电电子产品需要配置离子风机进行电性中和，同时也有对静电电位、腕带连续等进行监视的智能系统。图5-7给出了静电放电敏感器件防护标准的拓扑。

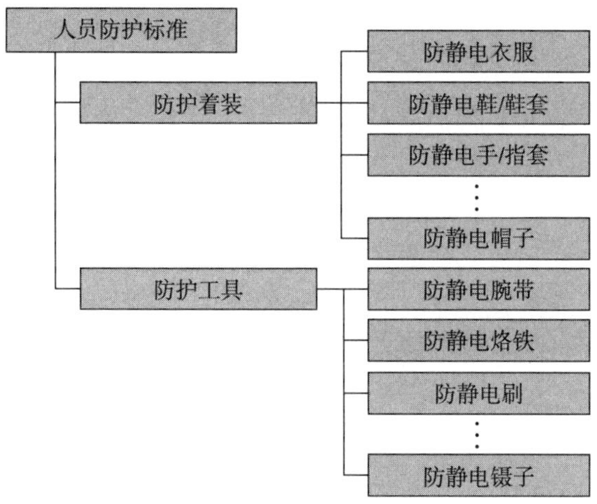

图 5－6　人员防护标准拓扑

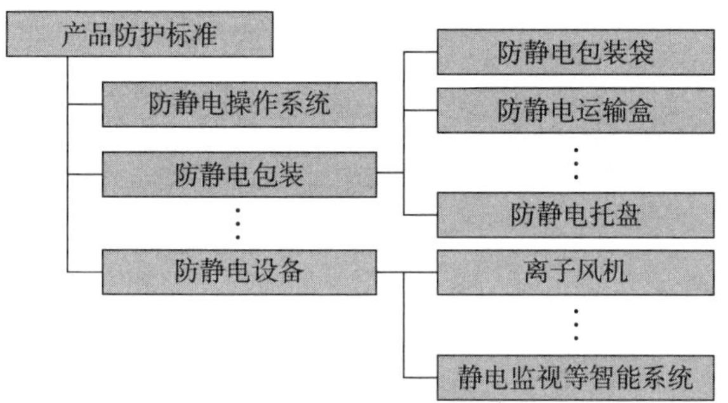

图 5－7　静电放电敏感器件防护标准拓扑

5.3.7　人体健康标准

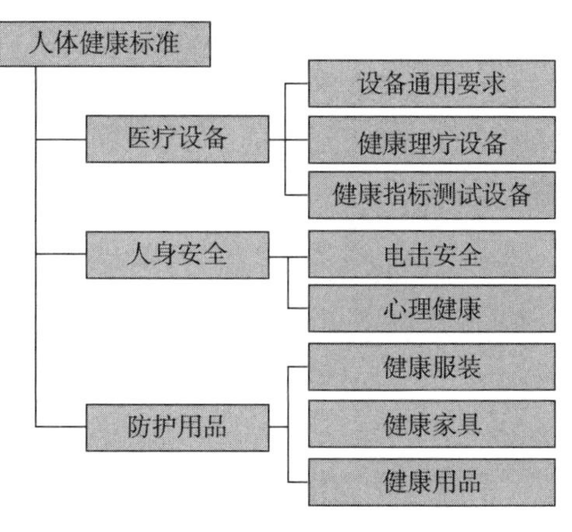

图 5－8　人体健康标准拓扑

静电对人体健康影响备受关注，将是静电防护未来发展又一重点方向。相应的，静电防护标准需求也将非常旺盛，主要包括用于判断静电对人体健康的影响或采用静电防护技术对人体健康进行治疗、理疗的设备所需的标准，静电防护对人体健康安全或引起人体指标或心理参数变化的一些量化确定，以及为保证人体健康免受或少受静电影响的一些防护用品、服装、家具材料的标准要求等。人体健康标准的拓扑，如图 5－8 所示。

5.3.8 静电测试标准

静电测试是保证静电防护质量的重要技术手段，主要包括定性评估和定量检测两种方法。为了保证测试方法准确、可靠、全面，本章节从三个方面构建静电测试标准体系，如图 5－9 所示。符合性验证主要是对一些无法通过直接测量的产品性能的定性评估；产品性能要求包括静电放电敏感器件和静电防护产品，明确性能指标或其他要求，为静电测试提供输入，同时作为静电测试结果的判标；测试方法是通过仪器设备直接测量产品性能参量的量化结果。

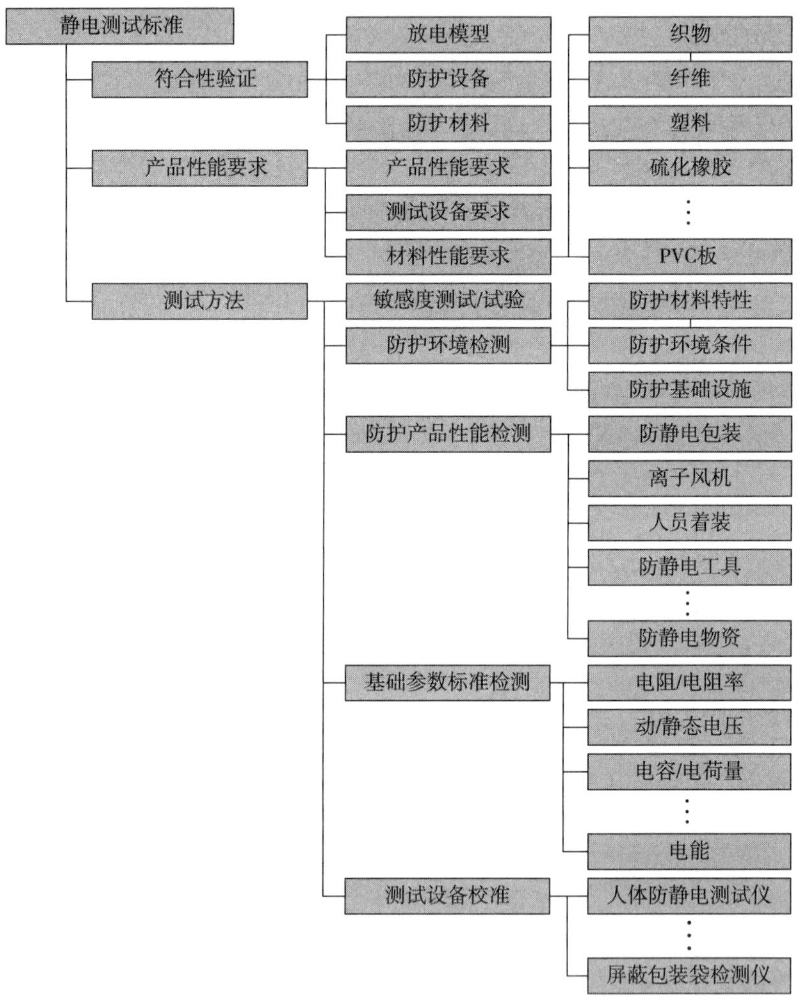

图 5－9　静电测试标准拓扑

第6章　典型静电防护标准解析

6.1　GB/T 32304—2015 解析

GB/T 32304—2015《航天电子产品静电防护要求》是我国航天电子产品领域一个顶层指导性的静电防护体系化管理标准，借鉴了 ANSI/ESD S20.20、IEC 61340-5-1 等国际先进静电防护标准，并对国内已有国家、行业标准等进行继承，在航天企业标准应用实践基础上总结形成。本章将对标准编制背景、标准内容进行介绍，并对具体条款进行解读与对比分析，最后给出标准实施建议。

6.1.1　编制背景

航天器型号工程是一个能够体现我国空间技术发展水平的系统性工程，以其独特的理论先进性与工程实践性成为国防军工系统较有特色的工程体系。在中国航天科技集团公司主导的航天器型号工程中，不仅要满足项目节点控制要求，即保证工程完成的及时性，还要对工程各个生产试验环节的工作质量进行有效的控制，从而确保最终满足星船在轨运行的各项指标要求。

随着电子技术的飞速发展，航天电子产品中大量使用静电放电敏感器件，在电子产品研制、生产、使用等过程中使用的工具和设备以及操作人员携带的静电荷可能造成静电敏感器件的损伤甚至失效，会给航天电子产品带来严重的质量隐患。静电防护已经成为影响航天型号成功率与质量稳定性的关键因素之一。为了杜绝由于静电放电造成的航天电子产品质量事故，我国对航天电子产品的静电防护提出了明确的管理要求和技术要求，在参考 ANSI/ESD S20.20、IEC 61340-5-1 等国际先进静电防护标准基础上，结合现有静电防护管理和技术工作基础（尤其是中国航天科技集团公司标准 Q/QJA 118～120 在我国航天系统电子产品生产单位静电防护运行实施中得到了成功验证和应用），编制形成了 GB/T 32304—2015《航天电子产品静电防护要求》。GB/T 32304 是我国航天领域一个指导性的电子产品体系化管理标准，该标准对航天电子产品全寿命周期的静电防护具有重要的指导作用。

6.1.2　标准介绍

GB/T 32304 由中国航天科技集团公司提出，归口全国宇航技术及其应用标准化技术委员会（SAC/TC 425），由北京东方计量测试研究所、西安空间无线电技术研究所起草。作为标准的主要起草单位，北京东方计量测试研究所具有30多年航天电子产品静电防护技术研究与实践经验，是国家静电防护产品质量监督检验中心，也是中国航天科技集团公司静电防护技术中心，牵头开展国家、行业以及企业领域相关电子产品静电静电防护工作。

作为航天电子产品静电防护领域的国家级顶层标准，GB/T 32304 规定了航天电子产品静电防护的一般要求以及策划、培训、防静电工作区、包装、标识、采购和外包、监视和测量、审核、管理评审和改进等详细技术和管理要求。

GB/T 32304 适用于航天静电放电敏感电子产品的采购、生产、检验、测试、失效分析、包装、标识、维修、储存、分发和运输等科研、生产活动，也可作为对组织的静电防护管理体系进行评价或审核的依据。

6.1.3 条款解读

6.1.3.1 要素结构

GB/T 32304 主体内容借鉴了 ISO 9000 质量管理理念，共包括 12 个要素，分为组织、文件 2 个一般要求；策划、培训、防静电工作区、包装、标识、采购和外包、监视和测量、审核、管理评审和改进 10 个详细要求，建立了航天电子产品静电防护体系化管理架构，运用和实践了“PDCA”循环的管理模式，以确保静电防护的有效性和防护效果的持续改进，是指导静电防护管理手册编写和静电防护管理体系建设的主要依据文件。

航天电子产品静电防护管理体系充分借鉴了我国航天器研制生产单位的质量管理体系基础，明确了静电防护管理体系中的组织、文件、策划、人员培训、采购与外包、监视与测量、改进、审核、管理评审等管理要素；同时，结合航天器型号工程的管理特点，强化了对防静电工作区、包装、标识等方面的专业性较强的管理要素要求，进一步突出航天型号生产工作实际中的静电防护控制与管理效果落实。

与此同时，航天电子产品静电防护管理体系一方面注重型号电子产品工程质量控制，另一方面也充分考虑人员安全，提出了适合于航天器型号工程的静电防护技术要求。该技术要求对静电放电敏感电子产品（包括电子元器件、组件和设备）进行静电防护的接地/等电位连接系统、人员接地、工具和设备接地、防静电工作区、包装、标识和人身安全等方面提供了有效的防护配置指导和计量测试支持。

6.1.3.2 管理要求

静电防护管理要求通过“PDCA”循环在航天电子产品体系化管理中所起的

作用体现，策划、实施、检查、改进等流程在GB/T 32304管理要素中通过“一般要求”和“详细要求”表达。因该标准参考ISO 9000质量管理体系思想，管理要求条款解读中未明确解读的相关内容，参考该标准文本和质量管理体系相关内容进行理解即可，此处不再赘述。

GB/T 32304中静电防护管理的一般要求主要体现在“4 静电防护一般要求”中“4.1 组织”和“4.2 文件”。“4.1 组织”中“4.1.1 组织应按本标准的要求建立、实施和保持与其活动范围相适应的静电防护管理体系”，这是我国国家级标准首次明确提出“静电防护管理体系”，也是航天电子产品领域对于国际先进“技术+管理”静电防护理念的有效吸收再利用。

同时，静电防护管理体系的建立与运行，需要形成相关指导性文件，建立确保体系能够有效实施的组织机构，并对最高管理者、静电防护负责人、静电防护主管部门、其他相关部门和人员等静电防护职责进行明确。GB/T 32304尤其突出强调了最高管理者对体系的管理和授权，具体要求为“4.1.3 最高管理者是组织的最高行政领导，具体职责如下：a）指定静电防护负责人并授予相应的权力；b）确保静电防护方针和目标的实现；c）提供必要的资源。”以及“4.2.2.2 静电防护管理手册应由组织最高管理者签发。”这些明确了领导层高度重视的要求，从组织顶层角度有力保障了体系建设与运行。

“4.2 文件”中对体系文件、管理手册、文件控制、记录控制等管理要素进行了逐项规定。其中体系文件要求为顶层管理文件要求，“静电防护管理体系文件应包括：a）形成文件的静电防护方针和静电防护目标，静电防护方针应包括对满足要求和持续改进静电防护管理体系有效性的承诺；b）静电防护管理手册；c）本标准所要求的程序文件；d）组织为确保体系有效策划、运行和控制所需的文件；e）本标准所要求的记录。”结合管理手册、文件控制、记录控制等相关标准内容，这些管理要求与现行有效的质量管理体系要求基本一致。同时，通过“4.2.4.2 记录应能提供ESDS电子产品实现过程的完整静电防护证据，并能清楚地证明电子产品静电防护满足规定要求的程度”要求，突出体现航天电子产品全寿命周期静电防护管理和控制要求。

GB/T 32304中静电防护管理的详细要求主要体现在“5 静电防护详细要求”中“5.1 策划”“5.2 培训”以及“5.3 防静电工作区”中“5.3.1 总则”“5.3.2 防静电工作区划分”“5.3.3 防静电工作区配置”“5.3.7 防静电工作区管理”；还有“5.4 包装”“5.5 标识”“5.6 采购和外包”“5.7 监视和测量”“5.8 审核”“5.9 管理评审”“5.10 改进”等相关内容。

详细要求对静电防护管理体系的具体要素进行细化规定。考虑到静电放电敏感电子产品特点，开展ESDS电子产品静电防护之前必须做到有效的识别。GB/T 32304中“5.1.2.1 组织应识别所处置的电子产品的静电敏感度、静电抗扰度或静电防护要求”以及“5.1.2.2 组织应识别有静电防护要求的过程、区域、人员等”，对ESDS电子产品识别的参数内容（如静电敏感度、静电放电抗扰度）进行了明确，并且从静电防护控制实际情况出发，给出了更为具体的ESDS电子产品处置相关的过程、区域、人员的识别要求，既全面覆盖又操作性强。

在防静电工作区划分过程中，考虑到航天电子产品生产制造实际情况，GB/T 32304要求“在非固定场所或临时场所处置未经防护的ESDS电子产品，也应建立一个临时EPA”，契合了很多因提高场地工作效率产生的租赁、借用、搭建等科研生产临时EPA管理需求，临时EPA是对固定式EPA的有效补充，但在日常管理过程中应严格按照EPA要求进行。

在标识管理方面，GB/T 32304中“5.3.7.1 EPA标识”和“5.4 包装”对EPA标识、静电敏感警示标识、静电防护标识进行了具体要求，包括标识符号式样、种类和用途等。该标准中采用的标识式样与IEC、ESDA等标准组织使用的国际通用静电防护相关标识保持一致。

在防静电工作区分类方面，结合我国航天电子产品科研生产现场实际工作情况，GB/T 32304中“5.3.7.5 EPA分类要求”中：“根据EPA的实际工作情况，将EPA分为以下两类：Ⅰ类：直接或间接接触、处置ESDS元器件、组件（电路板等）的区域，如库房，元器件筛选、老化和测试，电装，电路板调试、维修、检验和清洗，单机调试，与ESDS单机直接相连的电缆所处区域等。Ⅱ类：处置ESDS单机设备（ESDS元器件、组件已经做了一定的防护）的区域，如单机环境试验，单机老化，有静电敏感要求的产品部装、总装，单机库房等。”目前，我国部分静电标准对防静电工作区按照静电控制电压进行分级，例如，GB 50611—2010《电子工程防静电设计规范》、DGJ 08—83—2000《防静电工程技术规程》等标准，说明防静电工作区设计标准应分为三级：一级标准应为室内控制静电电位绝对值不大于100V；二级标准应为室内控制静电电位绝对值不大于200V；三级标准应为室内控制静电电位绝对值不大于1000V。GB/T 32304是国家级标准首次按照ESDS电子产品实际处置情况，将EPA分为两类，即Ⅰ类EPA和Ⅱ类EPA，而且在“5.3.7.6 EPA配置要求”中给出“不同类型的EPA有不同的配置方案”，相比目前部分静电标准按照控制电压分类的方法更加简易实用，十分利于标准应用单位有效理解防静电工作区划分并具体实施静电防护配置。

在监视测量管理方面，GB/T 32304中“5.7 监视和测量”明确要求“初次选择或新换批次的防静电器材应由具有相应检测能力和资质的第三方检测机构进行产品认证检测”以及“表3EPA内防静电用品、设备、设施的技术要求”中“产品认证要求”，正式提出“产品认证”理念，这是对现有静电防护管理体系运行与发展的有效补充与发展促进。目前，国内静电防护产品检测技术明显落后于产品技术，而且具备静电防护产品全性能检测的综合性检测机构较少，还未能形成更加公正、有效的静电防护产品全性能质量评价机制；航天电子产品领域因质量与可靠性要求较高，静电防护产品检测率明显高于其他行业，产品检测已经逐步成为航天领域拒绝假冒伪劣或者不合格产品进入航天领域的重要手段，而产品认证是在产品检测基础上对静电防护产品生产企业进行更加全面细化的考核，目前我国正在大力推广第三方评价的自愿性产品认证方式，这将极大推动静电防护产品质量提升与市场良性发展，更能够有力推动航天电子产品静电防护管理体系发展。

在审核、管理评审和改进方面，为强化静电防护管理体系的适用性，并进一步具体说明与质量管理体系的关系，GB/T 32304 中“5.9 管理评审”指出静电防护管理体系的管理评审“可与质量管理体系等其他体系的管理评审合并进行，但应有独立的管理评审报告”，这既阐述了静电防护体系与质量管理体系的“管理评审合并”关系，也为标准应用单位进行“双体系”合并运行提供了管理思路。

GB/T 32304 中静电防护管理要求参考了当时国际最先进静电防护系统标准 ANSI/ESD S20.20：2014 和 IEC 61340－5－1：2007，（注：IEC 61340－5－1 最新版本更新到 2016 年），体现了国际上静电防护的“技术＋管理”最新理念，提出了我国国家级别航天电子产品静电防护管理体系标准。同时，GB/T 32304 也充分借鉴航天器研制生产单位的质量管理体系基础，结合我国国情和航天电子产品静电防护工作的实际，具有较强的适应性和可操作性。

6.1.3.3　技术要求

GB/T 32304 中静电防护技术要求主要体现在“5 静电防护详细要求”中“5.3 防静电工作区”的“5.3.4 接地/等电位连接系统”“5.3.5 人员接地”“5.3.6 工具和设备接地”“5.3.7.3 绝缘物控制”及“5.7 监视和测量”等相关内容。

在接地/等电位连接系统技术要求方面，GB/T 32304 中“5.3.4 接地/等电位连接系统”给出了保护接地、功能接地、等电位连接的选择顺序，要求等电位连接电阻小于 $1\times10^{9}\Omega$，但在对保护接地、功能接地的要求限制为“符合电源供电的安全要求”，并未给出具体数值，这是充分考虑我国航天领域相关电子产品生产制造组织执行的国家、行业、地方等相关标准差异，又结合人员安全要求给出的技术要求。

同时，“5.3.4.4 组织应对可能接触电子产品 ESDS 部位的孤立导体进行控制，不能接地或等电位连接的导体，如两端空置的电缆线，必须保证孤立导体和 ESDS 部位之间的电压应不大于 35V”，对 EPA 内可能引起静电放电事故的孤立导体进行了最新技术要求，与国际最新静电防护标准成果一致，有效提高了静电防护系统标准对航天工程实际应用的指导价值。

在人员接地技术要求方面，“5.3.5 人员接地”要求“当移动工作、佩戴腕带不方便的情况下，应穿防静电鞋、防静电鞋套或脚跟带等，通过地板－鞋束系统接地，接地电阻满足 $1\times10^5\Omega\sim1\times10^9\Omega$，人体电压应小于 100V”，正式将人体电压技术要求作为 EPA 现场监视和测量参数之一。

在绝缘物控制技术要求方面，“5.3.7.3 绝缘物控制”在以往绝缘物与 ESDS 产品距离小于 30cm 且场强超过 2000V/2.5cm 时处置的要求外，增加“当绝缘物品的表面电场强度可能大于 5kV/m（125V/2.5cm）时，应使绝缘物与 ESDS 电子产品相隔 2.5cm 以上”的补充要求，与国际最新静电防护标准成果一致。

在温湿度控制技术要求方面，“5.3.7.4 温湿度控制”中规定“室内相对湿度一般不超出 30%～70%”。这是参照美国 NASA－STD 8739.7、QJ 2846—96、QJ 165B 等标准对防静电环境条件要求的基础上，考虑到我国地域辽阔、南北气候差异较大，以及 30% RH～70% RH 的湿度控制范围已经在众多航天电子产品单位的广泛应用验证且实施较好，因此在国家顶层航天电子产品静电防护要求中酌情采用了 30% RH～70% RH。同时，GB/T 32304 补充说明“对于有不同要求的 EPA，温湿度应符合专用技术文件的要求”，30% RH～70% RH 作为标准推荐湿度控制范围，不强制所有情况一律执行，也可以采取选用多个标准重合区间的控制范围。

在监视和测量技术要求方面，“5.7 监视和测量”中“表 3　EPA 内防静电用品、设备、设施的技术要求”规定：“限值适合于对静电敏感度在人体模型 HBM 100V 及以上、带电器件模型 CDM 200V 及以上和孤立导体 ±35V 及以上的 ESDS 产品的静电防护技术要求”，不仅对防静电用品、设备、设施的技术指标进一步细化要求，同时在人体模型 HBM 基础上扩展了带电器件模型 CDM、孤立导体两种情况，与国际最新静电防护标准成果一致。同时，GB/T 32304 修改了离子风机残余电压限值，由原来国内标准一般要求的不大于 50V 调整为不大于 35V，强化了离子化静电消除器产品性能的似乎指标控制要求。

6.1.3.4　对比分析

（1）发展历程对比。目前，国际静电防护标准基本以 ANSI/ESD 标准为导向，形成了较为系统的控制方案、测试方法、体系认证等标准体系，代表了国际静电防护水平前沿，是国际范围应用最为广泛的静电防护标准，是国际其他组织（如 IEC）、国家（包括中国）参考编制系统标准的主要依据。我国静电防护系统标准（包括 GB/T 32304）就是不断学习借鉴国际先进标准并进行本土适宜性改造研制出来的（与美国标准对比见图 6－1，与 IEC 标准对比见图 6－2）。

（2）内容要素对比。GB/T 32304 参考 GJB 1649 的内容和要求，兼顾考虑了与 GJB 3007A 的继承性和一致性。同时，GB/T 32304 参照国外 ANSI/ESD S20.20—2014、IEC 61340－5－1：2007 等先进标准的主要内容，并且增加了大量

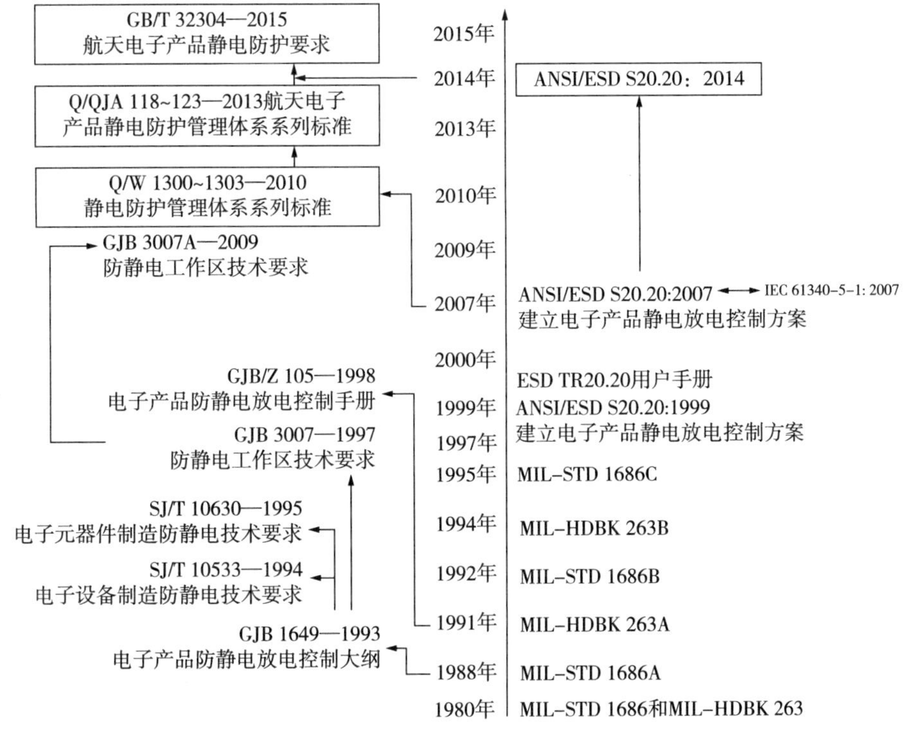

图 6-1　我国与美国静电防护系统标准发展对比

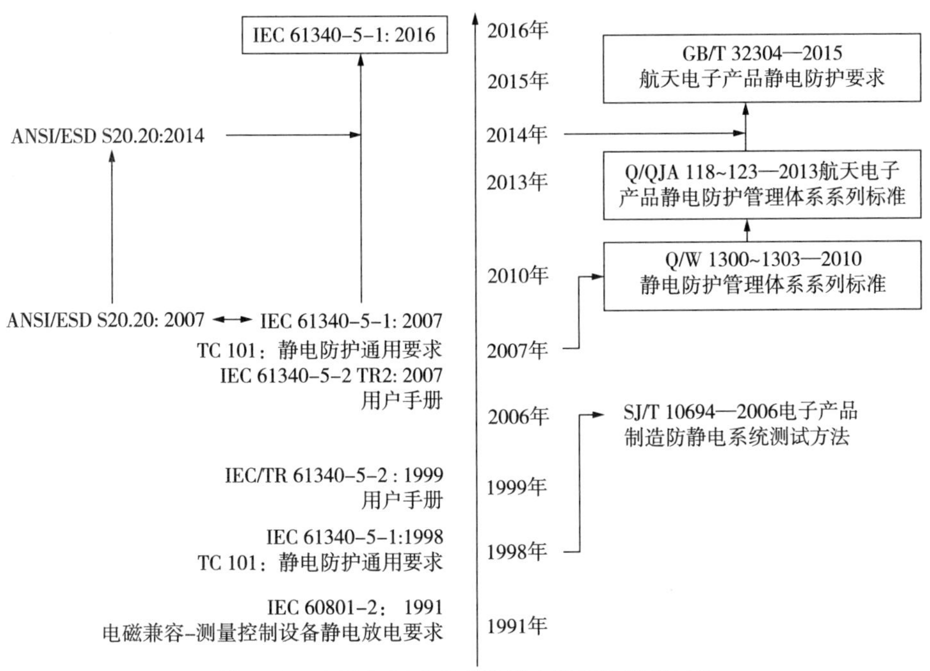

图 6-2　中国与 IEC 静电防护系统标准发展对比

适用于我国航天电子产品和静电防护实际工作的内容，增加的内容与 S20. 20 和 IEC 61340－5－1 等国外标准不矛盾。因此，GB/T 32304 在一定程度上比国外同类标准的水平相当，部分内容和理念甚至比国外同类静电防护系统标准更加先进（见表 6－1）。对于 IEC 61340－5－1：2016 版本，是在 2007 版基础上结合 S20. 20—2014 新要求的更新，本文不再进行额外对比。

表 6－1　GB/T 32304 与 S20. 20、IEC 61340－5－1 标准内容对比

序号	内容/要素	GB/T 32304	ANSI/ESD S20. 20—2014	IEC 61340－5－1：2007
1	组织机构职责	有，内容详尽	有，但内容少，仅在 6.2 条款中规定了单位应指派一个负责核实静电放电方案实施情况的专案经理或协调员	有，但内容少，仅在 5.1.2 条款中规定了单位应有 ESD coordinator
2	文件	有，与质量管理体系等基本一致	有，但内容少	有，但内容少
3	策划	有，包含静电防护目标和识别两个层次内容	仅要求将所处理的物体的最高静电放电敏感度记录下来	有，但对于比 HBM 100V 更加敏感的产品需要通过 IEC 60749－26 测试
4	培训	有	有	有
5	防静电工作区	有	有	有
6	接地系统/等电位连接	有，一致	有	有
7	孤立导体	有	有	无
8	人员接地	有，一致	有	有
9	工具和设备接地	有	有	无
10	包装	有，一致	有	有
11	标识	有，一致	有	有
12	采购和外包	有	无	无
13	监视和测量	有，一致	有	有
14	审核	有	无	无

续表

序号	内容/要素	GB/T 32304	ANSI/ESD S20.20—2014	IEC 61340-5-1：2007
15	管理评审	有	无	无
16	改进	有	无	无
17	人身安全	有，多个电阻范围加入下限，保证人体避免触电危险	有	有

6.1.4　标准实施建议

GB/T 32304 是统领我国航天电子产品静电防护工作的顶层标准，在我国国家标准层面对航天电子产品静电防护体系化管理相关的管理要求和技术要求进行制定，在很大程度上为后续开展静电防护管理体系建设的实施与落实奠定了基础：需要具有一定公信力的统一的静电防护体系化管理效果的实行与衡量依据（如技术标准），明确体系运行管理机制并明确职责，组织开展与静电防护工作推行相适应的人员培训与交流活动，在体系建设过程中强调技术评测的基础判断作用，通过内部审核、管理评审和外部审核等体系认证审核制度强化体系运行适应性、充分性和有效性的考核，确保静电防护管理体系在运行中得到持续改进。

（1）GB/T 32304 在我国航天电子产品质量控制领域具有十分重要的应用价值。自 2010 年开始，我国便逐步推动航天型号研制单位及主要外协单位的静电防护管理体系建设与认证工作，人员静电防护意识明显增强，静电防护精细化、规范化、系统化闭环管理稳步推进，静电防护链条在航天电子产品上下游行业逐渐形成，有效提升了航天电子产品质量控制水平，减少了因静电放电造成的产品质量事故。静电防护管理体系已经成为一种航天器研制试验不可或缺的型号质量控制手段，宇航产品全链条的静电防护体系化管理工作为航天型号成功提供了积极高效的技术保障，正在为载人航天工程、探月工程等国家重大项目的实施提供着有效助力。因此，GB/T 32304 在国防军工、社会民用等电子产品生产制造领域均有十分广阔的应用前景，有助于提升航天型号电子产品的质量与可靠性以及“中国制造 2025”在军用、民用电子产品的行业生产制造水平。

（2）GB/T 32304 为开展静电防护产品认证提供了切实可行的标准依据。自愿性产品认证区别于强制性产品认证，是我国目前开展的产品认证活动之一，是促进产品创新、产业升级、推动结构改革，助力“中国制造 2025”的必要举措。我国目前已经基本根据国家自愿性产品认证管理要求，逐步建立静电防护产品认证体系，以 GB/T 32304 为产品认证基础要求，结合静电防护产品标准制定产品认证实施规则，航天等国防军工、军队、社会民用等领域逐步开展产品认证与推广，进一步确保静电防护产品质量与用户企业利益，不断提升国家静电防护产品质量控制和技术评价能力。

（3）GB/T 32304 是我国后续编研静电防护系统标准和产品标准的重要参考。当前管理创新和技术革新高速发展，一般在标龄到达 5 ~6 年时便着手组织修订标准。我国国防军工系统内纲领性静电防护系统标准 GJB 1649 和 GJB/Z 105 以及 GJB/Z 86—1997《防静电包装手册》静电防护产品标准，亟须学习借鉴国际先进和国内实践效果良好的标准进行修订或替换；QJ 2245 和 QJ 2846 同样因年久而面临修订或替换；航天企业级标准（如 Q/W 1300、Q/QJA 118）也随着国际、国内相关标准更新而需要修订；目前，我国静电防护标准体系还不完善，缺少顶层设计，电子产品静电防护系统解决方案水平亟待提升。GB/T 32304 以其国际先进性和国情适应性，将作为重要技术依据有效引领并推动国家静电防护系统标准体系建设进程。

（4）GB/T 32304 将成为我国航天电子产品领域的第一个正式出口英文版标准。为进一步推动中国航天标准“走出去”，有力支撑航天强国建设和“一带一路”发展战略，全国宇航技术及其应用标准化技术委员会于 2016 年开展了第二批航天国家标准英文版编制工作，GB/T 32304 是其中之一，目前已经报批。我国正在通过每年一届“静电防护与标准化国际研讨会”，加强与 ANSI、ESDA 在静电防护领域的深入交流与标准研讨；同时，中国是 IEC/TC 101（静电学标准化技术委员会）参加成员（P - Member），每年均委派代表参加 TC 101 年会并参与 IEC 静电标准草案研讨、评议和表决工作。因此，GB/T 32304 英文版标准将成为我国加强与 ESDA、IEC 等组织交流静电防护标准的国家级标准依据，也为后续卫星出口等国际化航天业务开展打下良好的基础。

6.2 GB 12158—2006 解析

GB 12158—2006《防止静电事故通用导则》详细规定了固、液、气三类物料的静电防护措施以及静电事故的分析与确定，为生产、管理部门起到很好的指导和参考作用。

6.2.1 编制背景

GB 12158—1990《防止静电事故通用导则》在实施过程中对生产企业、工业设计部门、政府职能部门起到了很好的指导及参考作用。但作为基础性标准，需不断融入新的内容，加入最新的科研成果，才能更好地为我国快速发展的工业生产而服务。根据国家安全生产监督管理总局政策司下达的修订任务，北京市劳动保护科学研究所完成了对 GB 12158—1996 的修订任务，参考了 PD CLC/TR 50404：2003《机械安全 避免静电危害的指南和推荐规范》、ANSI/ESD S20. 20—1999《建立一个静电放电控制大纲》以及 IEC 79 - 20 1996 - 10《爆炸性气体的静电点燃危害性》，形成了 GB 12158—2006《防止静电事故通用导则》。标准于 2006 年 6 月 22 日发布，2006 年 12 月 1 日起开始实施，现行有效。

6. 2. 2　标准适用范围

GB 12158 描述了静电放电与引燃，规定了静电防护措施、静电危害的安全界限及静电事故的分析和确定。该标准适用于存在静电易燃（爆）等静电危害场所的设计和管理。其他的静电危害（如静电干扰、静电损坏电子元件）可以参考本标准的有关条款。本标准不适用于火炸药、点火工品的静电危害规范。

6. 2. 3　标准内容概述

GB 12158—2006 以防止静电放电着火引爆为主线，兼顾其他静电危害方式的防治，增加静电防护管理措施，完善了标准管理方面的内容，使得该标准从理论基础、管理措施、事故分析和参考资料形成了体系，该标准的章节框架可如表 6 - 2 所示。

表 6 - 2　GB 12158—2006 章节架构

章节	内容	简要说明
1	范围	标准主题内容与适用范围
2	规范性引用文件	引用、参照的标准文件
3	术语和定义	本标准所使用的术语、概念、定义及英文翻译
4	放电与引燃	静电放电与引燃能力之间的一般关系
5	静电防护管理措施	静电危害场所应采取的管理上的要求 包括：静电危害控制方案、人员、检查、标志与记录
6	静电防护技术措施	根据环境、生产工艺与设备、物件特性以及可能发生静电危害的程度对各类防护措施进行研究选用 包括：基本防护措施、液态物料防护措施、气态粉态物料防护措施、人体静电的防护措施
7	静电危害的安全界限	对静电危害发生的相关参数进行明确规定 包括：静电放电点燃界限、静电带电安全管理界限、引起人体电击的静电电位
8	静电事故的分析和确定	对疑为静电引燃事故的调查分析进行了规定

第四章“放电和引燃”属于统一思想的内容，对电晕放电、刷形放电、火花放电以及传播型刷形放电的发生条件以及引燃性进行了详细分析，并对特定环境与普通环境进行对比。

第六章“静电防护技术措施”遵循以下三个原则：①减少静电的产生，即静电的抑制；②使产生的静电荷尽快地流向大地，即静电的泄漏；③中和已产生的静电，即静电的消除，规定了固体物料、液态物料、气态粉态物料及人体静电的防护措施。

第八章“静电事故的分析和确定”对于凡疑为静电引燃的事故，除按常规进行调查分析外还应按照下列规定进行分析和确认：①检查分析是否存在发生静电放电引燃的必要条件；②对于较复杂的情况，则应按照实际的需求和可能，选取部分或全部内容，做进一步的测试，并通过综合分析后，做出相应的结论。

6.2.4 标准分析解读

GB 12158—2006 对标准结构进行了调整，增加了第三章术语和定义、第五章静电防护管理措施，调整了静电防护技术措施的内容，更加注重按层次论述与集中论述的结合。下面将对 GB 12158—1990 与 GB 12158—2006 进行详细的比较分析（见表 6 –3），为该导则的实施和发展提出一定的指导意见。

表 6 –3 GB 12158 的 1990 版与 2006 版比较对照

1990 版		2006 版	
章节号	内容	章节号	内容
1	主要内容和使用范围	1	范围
			修订，增加“静电危害（静电干扰、静电损害电子元件）”“不适用火炸药、点火工品的静电危害防范”
2	引用标准	2	规范性引用文件
			修订，引用 GB/T 15463
—	—	3	术语和定义
			增加“术语和定义”
3	放电和引燃	4	放电与引燃
			修订，4.3 增加湿度较低
—	—	5	静电防护管理措施
			增加“静电防护管理措施”

续表

1990 版		2006 版	
章节号	内容	章节号	内容
4	静电防护措施	6	静电防护技术措施
			修改条款 6.1.2 “泄漏” 改用 “消散”； 修改条款 6.1.2　增加 “增湿可以防止静电危害的发生，但这种方法不得用在气体爆炸危险场所 0 区”； 修改原标准 4.1.3 及静电消除器的章节为 6.1.11 作为基本措施集中论述，取消了原标准对类型的描述； 修改条款 6.2.2； 修改 6.3.1 细化了界线，增加了灌装位置、管的长度因素对灌装的影响； 修改条款 6.3.8 明确电导率提高至 250pS/m 以上； 修改条款 6.5.2 为 “静电危险场所的工作人员，外露穿着物（包括鞋、衣物）应具防静电或导电功能，各部分穿着物应存在电气连续性，地面应配用到点地面”； 修改条款 6.5.3 增加 “应避免剧烈的身体运动的要求”； 增加条款 6.1.6、6.1.7、6.1.8、6.1.9、6.2.3、6.3.7、6.3.11、6.5.4、6.5.5
5	静电危害的安全界限	7	静电危害的安全界限
			未修订
6	静电事故的分析和确定	8	静电事故的分析和确定
			未修订
附录			附录进行了较大的增加，引用资料来源于 IEC 79－20 1996－10。其中同 GB 12158—89 重复的物质的相关数据采用 IEC 79－20 1996－10，IEC 79－20 1996－10 中没有的物质仍沿用 GB 12158—89 的数据

随着电子技术的飞速发展，在电子产品研制、生产、使用等过程中使用的工具和设备及操作人员携带的静电和造成静电敏感器件的损伤甚至失效。因此，相比于原标准 GB 12158—1990 在编制过程中，未考虑电子行业的要求，而 GB 12158—2006 把电子行业的静电危害作为一个方面考虑，虽然目前针对静电在电子行业危害某一方面的标准很多，但综合的还没有，加入相关的内容，可填补部分空白，相应的内容主要体现在基本防护措施条款。

我国以往的静电防护工作中存在重技术要求、轻管理要求的现象。美国目前把管理的要求提高到可针对每一个要素的程度，技术要求已成为防静电危害的一个重要方面。因此，GB 12158—2006 参考 ANSI/ESD S20.20—1999 增加管理方面的要求。综上所述，GB 12158—2006 将国内相关的技术指标与理念进一步与世界接轨，使防止静电事故通用导则保持先进性、科学性和可操作性。

下面将对标准 GB 12158—2006 中的部分关键条款进行详细解读。

（1）环境增湿

1990 版 GB 12158 4.1.2d 规定：增加局部环境的响度湿度到至少 50% 以上，以降低某些物料的表面电阻率，其具体增湿程度，由主管领导根据现场实际物料条件决定。2006 版条款 6.1.2 修改为：增加局部环境的响度湿度到至少 50% 以上，增湿可以防止静电危害的发生，但这种方法不得用在气体爆炸危险场所 0 区。增加环境的湿度是泄漏静电的途径之一，随着环境中湿度的增加，绝缘体（水的湿润体）表面上形成厚度约为 10^{-5}cm 的水膜，水膜中含有杂质和溶解物质，有较好的导电性，使得物体的表面电阻大大降低，从而使静电得以泄漏掉。研究表明，当湿度升至 50% 时，玻璃的表面电阻率开始有明显的降低，棉织物也是一样，因此，导则中对于相对湿度的参数至少 50%。但实际生产经验表明，当湿度低于 65% 以上时，增加环境湿度仍不是最为最有效防止静电事故的手段。PD CLC/TR 50404：2003 中 4.4.6 条款中也论述到：假如相对湿度保持在 65% 以上时，一些非传导性的固体材料的表面电阻率可以减少到静电耗散材料的水平。因此，从彻底消除静电灾害的角度考虑，应保证环境的相对湿度在 70% 以上，这也是未来该标准可继续探讨的关注点之一。

增湿对于水的湿润绝缘体，如纯涤纶，聚四氟乙烯、聚氯乙烯等是无效的。而且 PD CLC/TR 50404：2003 中明确说到增加相对湿度不是适合在所有场合，它不应该被当作基本保护措施，尤其不在区域 0 中。增湿在一定场合是一种廉价的静电防护措施。

（2）软管及绳索的使用

较长的软管及绳缆在使用上存在一定的相似处，静电的来源一方面是液体流经管内时产生；另一方面是移动过程同地面产生摩擦或剥离产生，放电形式为刷形放电，现场确实存在较大的危险。因此，2006 版 GB 12158 中增加 6.1.8 条款：在静电危险场所使用的软管及绳索的单位长度电阻值应在 $1\times10^{3}\Omega/m$ ~ $1\times10^{6}\Omega/m$ 之间。国内交通部发布了油船防静电缆绳技术条件（JT/T 407—1999）标准，其中规定了系泊防静电缆绳单位长度电阻 $1\times10^{3}\Omega/m$ ~ $1\times10^{6}\Omega/m$；在 PD CLC/TR 50404：2003 中 5.5 条款也有近似描述，5.5.5 中分别对静电导体、静电不完全导体、静电非导体材料制造的软管规定了界限具体不大于 $10^{3}\Omega/m$；静电不完全导体介于 $1\times10^{3}\Omega/m$ ~ $1\times10^{6}\Omega/m$；静电非导体不推荐使用。综合考虑软管及绳索的单位长度电阻值应在 $1\times10^{3}\Omega/m$ ~ $1\times10^{6}\Omega/m$ 之间。

(3) 避免发生点燃

当静电无法避免产生，又能在物体上累积到一定程度时，最先应该防止发生放电的措施，如降低带电体对地电位、利用静电屏蔽、消除放电条件等。即使采用各类措施，静电放电仍存在发生的可能性，那么易燃易爆环境中需要避免静电放电引燃。因此，2006版增加条款6.3.13”贮存可燃液体的容器在清洗过程中应该避免可燃的环境条件，并且在清洗后静置一定时间才可使用”，该思路也在BS5958：第1部分：1991 4.2.2条款中有所体现。在6.3.7“烃类液体的检尺、测温和采样”中，增加“在可燃的环境条件下灌装、检尺、测温、清洗操作时，应避免可能发生雷暴等危害安全的恶劣天气，同样强烈的阳光照射可使低能量的静电放电造成引燃或引爆”，参考了PD CLC/TR 50404：2003中5.4.9条款。增加的条款给出了一种解决静电危害的思路，即如果静电积聚不可避免，那么采取其他方法使燃烧的必要条件不足，从而达到避免引燃的目的。

6.2.5 标准评价

GB 12158—2006《防止静电事故通用导则》作为静电防护类的重要标准之一，从静电防护管理措施、静电防护技术措施、静电危害的安全界限及静电事故分析和确定四个方面系统的对工业生产所涉及静电事件进行全流程把控，特别提出静电防护管理是防静电危害作为首要的要素之一，把管理提高到可针对每一要素的程度。同时，该标准在静电事故的分析与确定起到顶层标准作用。GB 12158—2006虽然对各形态的物料的防护措施进行了详细的规定，但它并不适用于火炸药、电火工品的静电危害防范，具有一定局限性。在某些具体参数（如湿度、绳索电导率等）的设置上参照国外标准，和我国国内实际生产可能存在一定的差距。因此，在准则实施过程中还需与实际生产相结合，也为以后的标准修改给予一定的指导。

6.3 GJB 1649—1993解析

GJB 1649—1993《电子产品防静电放电控制大纲》是我国针对静电敏感电子产品静电安全防护的顶层军用标准，借鉴了美军标MIL-STD 1686A—1988。标准适用于ESDS电子元器件、组件、设备的制造、加工、组装、安装、包装、标识、服务、测试、检验、运输或其他处置活动；不适用于电气引爆装置、易燃易爆液体/气体/粉体的静电防护。该版本现行有效，新版本正在修订中。本章将对标准内容进行介绍，并结合汇集了解到的修订信息及现今军工电子行业静电安全防护实践情况，对军工静电放电敏感电子产品静电防护工作要求进行解读。

6.3.1 编制背景

自20世纪五六十年代以来，电子工业的高速发展以及高分子材料的迅速推广应用，使静电危害问题越来越严重，特别是在电子元器件和产品的研制生产使用过程中，该问题更为突出。军工领域对电子产品可靠性、稳定性的要求更为严格，军工电子产品在设计、生产、检查和试验、贮存和运输、安装、维护和修理等各环节中均面临着静电危害及防护问题。国外同样遇到军工电子产品静电防护问题，例如，20世纪80年代，美国国防部先后颁布了MIL－STD 1686《静电放电控制大纲》及其修订版本MIL－STD 1686A—1988。

为规范相关机构、承制方、转承制方在军工电子产品科研生产过程中的静电防护问题，规定静电敏感电子产品的静电放电控制要素以及质量保证规定、资料要求、检查及评审等内容。借鉴美国国防部MIL－STD 1686A—1988《静电放电控制大纲》标准，由中国电子工业总公司提出，由机械电子部标准化研究所归口，由机械电子部标准化研究所、电子基础产品装备公司起草了GJB 1649—1993《电子产品防静电放电控制大纲》。

6.3.2 标准适用范围

GJB 1649—1993《电子产品防静电放电控制大纲》是我国针对静电敏感电子产品静电安全防护的顶层军用标准，发布于1993年9月30日，自1994年6月1日起实施。截至著稿日，该版标准现行有效，新版尚处于修订建议阶段。

该标准规定了静电敏感电子产品的静电放电控制要素，还规定了质量保证规定、检查以及评审等内容。标准适用于从事表6－4所列功能的机构、承制方、转承制方。标准的某些部分不适用于所有的订购方或使用方，订购方应按本标准规定出相应的要求。标准不适用于电触发引爆装置，也不适用元器件的设计要求。

在标准应用指南中，该标准内容可以根据实际需求剪裁，承制方应为订购方选定表6－4中合适的控制大纲功能和要素，并经过订购方指明产品是重点工程中的关键件时，其ESD控制大纲还应包括3级静电放电敏感元器件、组件和设备；对承制方没有执行ESD控制大纲的元器件、组件和设备，订购方可以拒收或另行采购。

表 6－4　GJB 1649—1993《电子产品防静电放电控制大纲》要求要素

要素 功能	ESD 控制大纲计划	分级	设计保护	保护区	操作程序	保护罩	训练	硬件标记	文件	包装	质量保证规定检查和评审	失效分析
设计	√	√	√	√	√	√	√	√		√	√	√
生产	√	—	—	√	√	√	√	√	√	√	√	√
检查和试验	√	—	—	√	√	√	√	√	√	√	√	√
贮存和运输	√	—	—	√	√	√	√	√	√	√	√	—
安装	√	—	—	√	√	√	√	√	√	√	√	—
维护和修理	√	—	—	√	√	√	√	√	√	√	√	√

注：“√”表示考虑、“—”表示不考虑。

6.3.3　标准内容概述

GJB 1649—1993 共含有五个章节、三份附录，具体章节架构与简要说明如表 6－5 所示。

表 6－5　GJB 1649—1993《电子产品防静电放电控制大纲》标准结构

章节号	内　容	简要说明
1	范围	标准的主题内容、适用范围与应用指南
2	引用文件	引用、参照的标准文件
3	定义	静电类术语与常用缩写
4	一般要求	ESD 控制大纲的制定和应用
5	详细要求	静电敏感电子产品静电安全防护具体方法、措施与指标要求
5.1	ESD 控制大纲计划	ESD 控制大纲的制定方
5.2	ESDS 元器件、组件和设备的分级	敏感度与元器件分级方式
5.3	设计保护	针对敏感器件的组件与设备设计要求
5.4	保护区	静电安全工作区的设置
5.5	操作程序	ESD 保护的操作程序

续表

章节号	内　容	简要说明
5.6	保护罩	静电敏感元器件的封装
5.7	训练	人员训练要求
5.8	硬件的标志	静电敏感元器件、组件、设备的标志要求
5.9	文件	静电安全防护的文件要求
5.10	包装和标志	静电敏感产品的包装和标志方法
5.11	质量保证规定	质量记录与质量报告
5.12	评审和检查	评审相关要求
5.13	失效分析	失效分析的项目内容
附录 A	**静电放电敏感度分级试验**	**静电放电敏感度分级试验的准则和程序**
附录 B	**ESDS 元器件**	**静电敏感元器件的类型与分级**
附录 C	**静电敏感符号的颜色和比例尺寸**	**静电敏感符号的颜色使用与比例尺寸设置**

标准第一章是对主题内容、适用范围以及应用指南的描述，从事静电敏感电子产品相关工艺、流程（见表 6－3）的机构、承制方、转承制方均应参照本标准的适应章节、条款进行静电安全防护相关行为。具体内容见 6.4.2 小节。

第二章是本标准的引用文件，包含两个我国军用标准：GJB 450—1988《装备研制与生产的可靠性通用大纲》与 GJB 597—1988《微电路总规范》。

第三章对标准范围内的静电类术语及常用缩写进行介绍和解释。如 ESDS：静电放电敏感；下文将统一采用这种缩写形式。

第四章“一般要求”中对 ESD 控制大纲的制定和应用做出规范，由承制方按标准制定、执行和提供 ESD 控制大纲，满足表 6－3 所述要素的转承制方和其他有关机构适用 ESD 控制大纲。此大纲将作为 ESDS 元器件、组件和设备静电安全防护工作的制度性文件。

第五章“详细要求”是本标准规范的主要内容，从表 6－4 中列出的 13 个小节对静电安全防护的具体措施、方法和要求进行详细介绍。

补充件附录 A 给出了静电放电敏感度分级试验的准则和程序，适用于微电子器件静电放电敏感度分级试验，其他静电敏感元器件的分级测试也可参照使用。

参考件附录 B 列出了适用本标准的 ESDS 元器件类型及其敏感度分级。

补充件附录 C 则规范了静电敏感符号的颜色使用与比例尺寸设置，并给出图示。

6.3.4　标准分析解读

如前所述，GJB 1649—1993 是在借鉴美军标 MIL - STD 1686A—1988 的基础上制定的，部分内容相对老旧，静电安全防护措施与内容的覆盖面有限，同时也存在部分条款表述与如今电子行业实际情况有所脱节的情况，目前正在对该标准进行修订。鉴于此，本节将基于但不限于 GJB 1649—1993 标准内容，结合笔者汇集了解到的修订信息及现今军工电子行业静电安全防护实践情况，对 ESDS 电子产品静电防护工作要求进行解读。

首先，对于标准范围的原表述偏于晦涩，可以理解和修订为对 ESDS 电子产品静电防护各环节技术和管理的规定要求，适用于 ESDS 电子元器件、组件、设备的制造、加工、组装、安装、包装、标识、服务、测试、检验、运输或其他处置活动；不适用于电气引爆装置、易燃易爆液体/气体/粉体的静电防护。对于本标准或标准的部分条款不适用的应用，根据具体应用的实用性进行评估、修正并记录，但应经过订购方认可后方可实施。

在一般要求中，可以从组织与文件两方面来规范 ESDS 电子产品的静电防护管理体系。在组织上，首先建立与活动范围相适应的静电防护管理体系或静电防护控制大纲，将静电防护制度化并执行、传达；确定静电防护负责人来落实静电防护策略，明确静电防护主管部门来负责静电防护的日常监督、管理和审核对各级负责人与主管部门授予相应权力并规定具体职责。在文件上，则应将静电防护管理体系落实为制度性文件，明确静电防护方针、目标、程序以及必要的记录；同时编制静电防护管理手册作为实行静电防护、认证静电防护能力的主要控制文件；建立并保持清晰、易于识别和检索的文件记录。

在静电防护的详细要求中则主要从策划、培训、工作区现场静电防护措施、包装和标识五个方面来保证 ESDS 电子产品的静电防护效果，下面将对这五方面的内容逐一解读。

（1）策划

其首要任务是从职能和层次上建立具体、量化、可考核的静电防护目标，并与静电防护策略保持一致；同时对处置电子产品的静电敏感等级（或静电抗扰度）、场所/过程/人员/设施的静电防护需求、客户/用户的静电防护需要进行识别与确认。针对电子产品的静电敏感级别，原附录 B 的 ESDS 元器件类型及其等级划分，对于目前的电子行业发展状态实用性欠佳：一方面如今的 ESDS 元器件类型成千上万，逐一列出并不现实；另一方面，即使同一类别的元器件，工艺、设计、结构、制作方法、或使用等级不同，其对于静电的敏感性也将有巨大差异，不能简单地将元器件静电敏感度与其类型直接关联。合理的方法是采用 HBM、CDM 或 MM 静电模型实测其静电敏感度并进行分级。

（2）培训

对静电防护管理人员、处置或可能接近 ESDS 电子产品的人员进行初始和周期性培训，培训对象包括管理人员、处置人员以及保洁、维修、来访人员。培训的内容和考核方法可根据组织从事的活动实情自行确定，但原则是保证静电及其防护知识、岗位知识的普及与静电防护意识的建立。

（3）工作区现场静电防护措施

具体内容涵盖区域划分、用品/装备配置与要求、连接系统/人员/工具/设备接地要求、工作区管理等，具体内容与 GB/T 32304 相似。从静电防护技术角度来解读，包含：a. 静电源控制，如孤立导体/绝缘物控制、人员控制、静电电位监控；b. 静电泄漏，包括防静电材料/制品的使用及其性能要求、连接系统/人员/工具/设备接地要求、温湿度控制；c. 静电消电，如离子风机的使用；d. 静电敏感物控制，即根据 ESDS 电子产品的静电敏感等级配置到对应的处置场所。

（4）包装

对 EPA 内 ESDS 电子产品的静电防护包装作出规定并执行，从路径上阻断静电放电的发生。

（5）标识

规范 ESDS 电子产品、静电防护包装和其他相关物品的标识方法和要求，并在合同、订单、图样、文件中明示。

6.3.5 标准评价

首先需要肯定的是，GJB 1649—1993 是我军引入美军标后形成的首部电子产品静电防护类军标，具有从无到有的开创性意义，也体现了军工电子行业对静电问题与静电安全防护的重视。在当时国内电子行业并不十分发达的背景下，该标准起到了规范 ESDS 电子产品静电防护要素、保障产品生产安全与质量的实际作用。

但应对今日电子行业高度发达、工艺流程极大发展的实际情况，GJB 1649—1993 的要求与表述已显得有些陈旧，对军工电子行业的实际指导性与实用性明显下降，相关表述与条款要求已不能很好地满足现代化军工电子行业的静电安全防护需求。在正在进行的修订中，标准内容将出现较大地改动，新版标准将立足于现代化军工电子行业需求，提供适用、可靠、有效的静电安全防护工作指导。

6.4 GJB 2527—1995 解析

GJB 2527—1995《弹药防静电要求》是我国现行的弹药静电安全防护顶层军用标准，对弹药防静电危害的主要技术要求、静电安全管理及静电检测项目和方法进行了规定，适用于弹药的生产、储存、运输和技术处理。本章将从标准背景、适用范围、内容概述、条款解读四方面展开解析。在此基础上，针对标准适用领域出现的一些静电新问题、静电防护新需求给出一些思考，对标准内容进行细化与补充。

6.4.1　编制背景

弹药革新升级是我国武器装备现代化建设的重要内容。在此过程中，静电敏感药粉药剂、电火工品在武器弹药系统中受到广泛使用，随之而来的静电问题也日益严重。在 GJB 2527—1995《弹药防静电要求》中，弹药处置过程可能由于静电原因造成危害和事故的物质有以下五类：

（1）火炸药及其制品，包括起爆药、黑火药、烟火药、发射药、推进剂、炸药等；

（2）电火工品，包括电雷管、电点火具等；

（3）点火电极外露的火箭弹和导弹等；

（4）达到爆炸浓度极限的易燃气体或蒸汽；

（5）达到爆炸浓度极限的火炸药粉尘。静电对弹药行业的危害，根本原因在于这些弹药组成物的静电敏感性。

在弹药处置的诸多工艺过程中，既存在人体静电、器具静电、药剂药粉带电等繁杂的潜在静电源，又存在大量的静电可燃可爆品，发生静电问题的风险是非常高的；同时由于弹药原料、制品的自身活性，发生静电事故的后果也将是十分严重的。在 1981 年我国某弹药装配厂因人体静电引爆雷管，两人重伤；在清点现场时，同样由于人体静电再次造成爆炸事故，死亡一人，重伤三人，多人轻伤。在 20 世纪 60 年代末至 80 年代初，仅电火工品生产行业就出现了至少 11 起静电燃烧爆炸事故，损失惨重。而在弹药处置现场的静电实验测试中，人体静电电位很容易就达到千伏量级，搬运机具静电电位在百伏量级，包装材料也可具备上千伏的静电电位。正是鉴于如此严峻的弹药行业静电问题，GJB 2527《弹药防静电要求》应运而生。

6.4.2　标准适用范围

GJB 2527—1995《弹药防静电要求》是我国对于弹药静电安全防护的顶层军用标准。该标准于 1995 年 10 月 16 日发布，于 1996 年 6 月 1 日实施，至著稿日现行有效。这一标准对弹药防静电危害的主要技术要求，静电安全管理及静电检测项目和方法进行了规定，其中弹药的定义包括火药、炸药、火工品和引信等；适用于弹药的生产、储存、运输和技术处理。本标准对军工弹药类物品处置各环节的静电安全防护起着指导作用。

6.4.3 标准内容概述

GJB 2527—1995《弹药防静电要求》由范围、引用文件、定义、一般要求、详细要求共五章组成，标准架构如表 6 –6 所示。

第一章规定了本标准的范围，包含主题内容与适用范围，如 6.4.2 节所述。

第二章列出了本标准的引用文件：参考 GB/T 15463—1995《静电安全术语》进行静电类术语和概念的定义，现已修订至 GB/T 15463—2008；防静电措施的指标与检测要求中，引用参照 GB 4385—1984《防静电胶底鞋、导电胶底鞋安全技术条件》、GB 4386—1984《防静电胶底鞋、导电胶底鞋电阻值测量方法》及 GB 12014—1989《防静电工作服》，现阶段防静电胶底鞋/导电胶底鞋的两项标准已废止，由 GB 21146—2007《个体防护装备 职业鞋》、GB 20991《个体防护装备 鞋的测试方法》替代，防静电工作服的标准则修订至 GB 12014—2009。

表 6 –6 GJB 2527—1995《弹药防静电要求》标准结构

章节号	内　容	简要说明
1	范围	标准主题内容与适用范围
2	引用文件	引用、参照的标准文件
3	定义	静电类术语、概念、定义及其英文翻译
4	一般要求	弹药类场所静电防护安全的一般性要求
4.1	静电危险场所防静电危害技术要求	静电接地、起电率/静电电位控制、环境增湿、消电、粉尘浓度控制等
4.2	静电安全管理	弹药生产、储存、运输、技术处理过程的静电防护管理要求
4.3	静电检测项目及方法	静电防护性能与指标的检测内容与方法
5	详细要求	根据静电危险场所的不同等级规定静电防护安全措施与技术指标要求
5.1	Ⅰ类静电危险场所防静电危害技术要求	Ⅰ类静电危险场所的静电防护安全措施与技术指标要求
5.2	Ⅱ类静电危险场所防静电危害技术要求	Ⅱ类静电危险场所的静电防护安全措施与技术指标要求
5.3	Ⅲ类静电危险场所防静电危害技术要求	Ⅲ类静电危险场所的静电防护安全措施与技术指标要求
附录 A	静电可燃可爆物质及其最小点火能等级	弹药生产、储存、运输和技术处理场所的静电可燃可爆物质及其最小点火能等级

第三章内容则是对标准涉及的静电类术语、概念、定义及其英文表述的介

绍。其中最为重要的是，静电危险场所根据静电可燃可爆物最小点火能等级划分为三级并给出具体数值范围，在静电安全防护实践中将根据等级采取不同的防护措施；这部分内容将在下一节标准解读中作具体介绍。

第四、第五两章是标准的核心内容。在第四章中，标准对弹药生产、储存、运输和技术处理环节静电安全防护的一般要求做出规范，主要内容既包含静电接地、起电率/静电电位控制、环境增湿、消电、粉尘浓度控制等静电防护一般性的技术要求，也对弹药静电防护的管理做出基本规定，同时也给出了弹药类场所静电检测内容与方法的规范性表述。标准第五章则根据弹药原料、制品的静电敏感程度划分等级，制定了不同等级静电危险场所的静电防护具体措施、方案与指标。这两章内容中有特色的部分条款将作为重点在下一节中展开解读。

标准最后给出补充件附录 A，主要给出了弹药生产、储存、运输和技术处理场所的主要静电可燃可爆物质，并列出其最小点火能等级。

6.4.4　标准分析解读

6.4.4.1　接地要求

标准在第四章第一节中对弹药防静电场所的接地要求做出了一般性的规范，要求场所内“应设静电直接接地系统，或使用防感应雷接地、电气保护接地、防杂散电流接地或电磁屏蔽接地系统，但禁止将接地系统与接零系统共用”。对于场所内的金属设备，应进行牢固、可靠的静电直接接地；管道、法兰、接头等连接处应进行金属线跨接并接地；活动的金属设备可进行静电间接接地；从而实现整个场所的静电安全防护接地。

在接地效果的评价上，标准采用静电直接接地电阻值来进行评判，其定义为被接地物体的接地点与大地之间的总电阻。标准要求“静电直接接地一般应小于 $1.0\times10^{2}\Omega$，在土壤电阻率较高的地区，组织不应大于 $1.0\times10^{3}\Omega$。”该条款的规定是出于对弹药场所特殊性的考虑。因为一般的弹药生产、储存及技术处理场所，往往设置在远离密集人口的区域，而这些区域的土质往往成分复杂，不能保证较低的土壤电阻率。例如，兵工厂、军火库等弹药相关场所，根据安全性、保密性以及部队实际使用需求，更多地设置在山区或野外，整个接地环境中的山石成分将使土壤电阻率偏高；再如，河、海边的一些军工类场所也出现过土壤电阻率偏高的案例，其原因在于尽管这一区域湿度较高，但土质构成存在大量鹅卵石等，也会造成接地电阻的偏大。弹药类场所的自身特性所限，往往不能自由选择场所位置，因而静电直接接地要求有所放宽。这一点在 GB 12158《防止静电事故通用导则》对存在静电引燃（爆）等静电危害场所的要求中也有相似体现，这一指标要求相比电子行业标准要求有所放宽。

6.4.4.2 静电安全管理

GJB 2527—1995 中对于静电安全管理要求的表述非常简练，其内容主要体现为三个方面：管理机构与职责、技术措施管理以及静电事故的分析和确定。

在管理机构的设置上，该标准也采用了总抓—分管的管理方式，与其他静电安全防护标准中的要求是基本一致的。标准 4.2.1.1 条款要求“弹药生产、储存、运输、技术处理单位的有关部门负责静电安全管理，并在下属各级设置专职或兼职的静电安全管理人员”，但并未明确具体由哪一部门承担静电安全管理主管工作。在职责分工上，主管部门负责制定和监督执行《弹药防静电规则实施细则》；静电安全管理人员负责具体实行。根据标准要求，该《细则》将作为结合弹药单位具体情况的静电安全防护制度大纲来指导具体工作的展开，执行内容应涵盖静电安全措施检查、检测、静电事故分析、静电安全知识教育等。

在技术管理措施方面，标准主要从四方面做出强调。①必要能力：主管部门应具备必要的仪器设备和检测手段，这就要求部门应能够正确配置和使用仪器设备，并形成基本的检测能力；②检查：形成定期检查制度并建立档案，即要求建立检查机制，进行周期性检查，并形成记录文件；③判明：主管部门应根据结果判明环节流程中的静电安全性、静电消除效果、改进防护措施等；④计量校准：检测仪器设备定期进行较量校准。

静电事故的分析和确定，则根据 GB 12158《防止静电事故通用导则》执行，该标准已作解读，此处不再赘述。

6.4.4.3 危险等级划分与详细要求

根据弹药原料和制品的静电最小点火能进行静电防护区域等级划分并细化场所详细要求，也是 GJB 2527—1995 的一大特点。以下将对等级划分及各区域详细技术要求进行解读。

首先，GJB 2527—1995 将弹药生产、储存、运输及技术处理中需要进行静电防护的区域称作“静电危险场所”，具体定义为“加工、处理或操作静电可燃可爆物质的场所，或空间存在达到爆炸浓度极限的可燃气体或蒸汽、火炸药粉尘的场所”，可以类比为电子行业中的“防静电工作区（EPA）”。

弹药行业涉及的静电可燃可爆物质种类繁多、静电敏感性差异大，为保证标准规范的可靠性、适用性，标准对静电危险场所采取分级管理方法，依据静电可燃可爆物质的最小点火能划分为三个等级：静电可燃可爆物质的最小点火能小于或等于 1mJ 的场所为Ⅰ类静电危险场所，静电防护级别应最高；静电可燃可爆物质的最小点火能大于 1mJ 且小于或等于 200mJ 的场所为Ⅱ类静电危险场所；静电可燃可爆物质的最小点火能大于 200mJ 的场所为Ⅲ类静电危险场所。

几种典型的弹药行业静电可燃可爆品静电最小点火能分级如表6－7所示。

表6－7　典型的弹药行业静电可燃可爆品静电最小点火能

最小点火能	静电可燃可爆物
0.1mJ以下	火炸药：部分起爆药（斯蒂芬酸铅、叠氮化铅、D.S共沉淀起爆药、二硝基间苯酚铅等） 电火工品：引信用薄膜式、火化式、导电药式电雷管和电点火具 易燃气体与空气混合物
0.1～1.0mJ	火炸药：部分起爆药（雷汞、特屈拉辛、二硝基重氮酚、黑火药粉、部分烟火药粉等） 电火工品：导电药式电底火、引信用桥丝式电雷管和电点火具 易燃溶剂蒸汽与空气的混合物 硝化棉粉尘与空气的混合物
1.0～10.0mJ	火炸药：部分烟火药粉、粉状黑药、发射药粉、炸药粉 电火工品：部分火箭弹发动机用桥丝式电点火具 火炸药粉尘（黑药、发射药、部分炸药粉尘等）与空气的混合物
10.0～200mJ	火炸药：黑火药制品、部分烟火药制品、小粒发射药 电火工品：部分火箭弹发动机用桥丝式电点火具、炮弹用桥丝式电底火 火炸药粉尘（部分炸药粉尘等）与空气的混合物
200mJ以上	火炸药：部分烟火药制品、大尺寸发射药、推进剂、炸药制品等 电火工品：钝感电火工品

Ⅰ类静电危险场所涉及的静电可燃可爆物最小点火能很小，其静电危险性最大，因而标准要求该类场所应建立导电的操作环境：地面、工作台面应使用导电材料或导电制品；人员穿导电鞋、防静电服，在操作较敏感的电火工品时再佩戴防静电腕带或脚带，并在必要时佩戴防静电手套；采用符合阻值要求的工装器具。这些静电安全防护措施的静电泄漏电阻、静电间接接地电阻及人体综合电阻的阻值均应小于$1.0\times10^{6}\Omega$，环境相对湿度70%以上（生产工艺和火炸药性质有特殊要求除外）。Ⅱ类静电危险场所则采用防静电地面、工作台，人员穿着符合GB 4385—1984（已由GB 21146—2007替代）要求的防静电鞋；整个操作环境的静电间接接地电阻、静电泄漏电阻阻值应控制在$1.0\times10^{8}\Omega$以内，环境相对湿度60%以上（特殊要求除外）。Ⅲ类静电危险场所的静电间接接地电阻值则应小于$1.0\times10^{9}\Omega$，环境相对湿度50%以上（特殊要求除外）。

6.4.5　标准评价

总体来说，GJB 2527—1995对军工弹药行业静电安全防护起到指导作用，为弹药安全提供了至关重要的保障作用。但由于制定实施较早，随着行业的发展与新材料、新工艺的涌现，标准的一些条款内容不能完全覆盖现今弹药行业的静电安全防护需求。在这里，我们对该标准的细化与补充给出自己的一些思考。

首先，GJB 2527 在静电防护管理上的规范化要求比较简练，管理的项目、内容、方法和要求不够具体，可以参考 GB/T 32304—2015《航天电子产品静电防护要求》、GJB 1649《电子产品防静电放电控制大纲》的静电安全防护管理体系，细化管理条款内容。静电安全管理要求可按以下要素进行细化。

（1）组织管理。从事弹药的单位、组织在自身安全体系中建立、实施和保持适合的静电安全防护体系。在此基础上，对静电安全防护管理者、负责人、主管部门、管理人员及其职责作出细化要求，建议增加明确条款：组织的最高行政领导担任弹药静电安全防护的最高管理者，总管静电安全防护工作、确保静电安全防护方针和目标的实现以及资源的提供；部门最高管理层成员出任静电防护负责人，负责静电安全防护体系的建立、实施、效果汇报、改进以及提升静电安全防护意识；组织内安全管理部门定位弹药静电安全防护主管部门，负责日常的监督、实施；各级静电安全管理人员负责静电安全防护的日常开展、执行。

（2）文件要求。明确静电安全防护制度文件的相关要求，具体包括以下几个方面：静电安全防护制度、计划、记录、程序文件的建立、实施和改进；制定弹药静电安全防护管理手册或方案作为防护行为主要文件，应涵盖静电安全防护全部要素与各个环节；制度文件的传达；弹药静电安全防护日常记录及其要求；编制程序文件，规范静电防护管理、措施的流程。

（3）人员培训。GJB 2527—1995 中涉及人员培训的条款主要是 4. 2. 1. 3 条款“对工作人员进行静电安全知识教育”，4. 2. 2 技术措施管理中“应具备必要的仪器设备和检测手段”其中也暗含了通过培训的方式实现上述能力。但我们希望标准能够在这方面增加细致性和系统性的规范，建议如下：建立人员培训制度，明确培训类型、周期、考核方法与记录相关要求；明确培训内容，应以提高静电安全防护意识、形成静电安全防护能力为目的，内容应覆盖静电安全防护标准与法规、静电放电危害、静电安全管理以及岗位专业知识；明确培训对象，对象应涵盖静电安全防护管理人员、工作人员以及可能接近、接触弹药产品的所有人员（如保洁人员等）；短期进入人员（如维修、巡视、来访人员等）应采取必要的告知的方法使其具备相应的静电安全防护意识和观念。

（4）识别，即标准 4. 2. 2 中的“判明”要求。弹药行业组织、单位在履行标准中可以从以下五个要素进行细化、落实：识别静电危害源，包括最小点火能、危害形式及后果；识别静电危害作业，能够识别存在静电危害或危险的作业或作业流程；识别静电危害场所，确认危害作业场所、环境及其等级；识别静电安全相关人员，做到人员控制，具备静电安全防护资格、资质、能力的相关人员进入对应的静电安全防护场所；识别静电安全相关方，包括对外协方、施工方、供货方、服务对象相关能力的识别。

（5）配置。以弹药原料、制品最小点火能为依据，配置不同等级的静电危险场所，配置待处置原料或制品到对应的场所区域，根据静电危险场所等级配置作业人员、作业工具、作业设备及静电安全防护措施。

（6）标识。GJB 2527—1995 中未对标识作出明确要求，但实际上在静电安全防护工作中是十分重要的。首先是对静电危险场所、静电敏感弹药、静电敏感原料、静电防护包装及其他静电安全防护措施相关物品设立明确的标识图案与规定要求，并予以明示。设定的标识图案应清晰、明确，无污损遮挡，并明确反应静电危险等级。标识的张贴、标注位置应涵盖静电危险场所的入口或明显位置、边界等，静电危害场所的接地点，以及使用的防静电包装、物品、用品、器材、设备及运动限制也应设置相应标识。

（7）检测与监测。标准中对检测项目与方法进行了集中的规范，但从静电安全防护管理体系角度，也应作出详细要求。①应根据实情制定定期静电检测的机制，确定合理的检测周期、内容、指标；②在检测的实际执行上，组织应具备必要的静电检测仪器设备和检测手段，或委托具有相应检测能力、资质的检测机构执行周期性静电检测要求。此外，对于新施工验收、初次选择或新换批次采购外包的静电防护场所、工具、设施、器材等应由具有相应检测能力和资质的第三方检测机构进行产品认证检测。

（8）检查与审核。对于静电安全防护措施、技术、管理等实际成效与可能存在的问题，应进行检查与审核：制定内部审核制度，明确标准与制度依据，形成并保存审核记录文件；审核人员应通过相关培训并具有相应资格，应独立于被审核的活动；检查审核发的不符合项应立即整改、跟踪落实、持续改进，依照 GB 12158 执行静电事故的分析和确定。

其次，在静电安全技术的一般要求中，应针对新出现静电问题的特点，应对弹药行业静电安全需求的发展，对静电防护技术方案与措施上进行补充，完善标准要求。其一是对静电危险场所内的绝缘物与孤立导体作出明确要求。这些物体可以通过使用、摩擦等过程携带静电，对于静电可燃可爆弹药来说是非常危险的静电源，必须加以约束：应禁止将与工作无关的绝缘物品（如纸制品、塑料制品等）带入静电危险场所；静电危险场所内不应有与工作无关的孤立导体。在生产工艺中必须使用某种孤立导体时，其电容量应不大于 3pF（这一指标借鉴 WJ 1695、WJ 1911、WJ 1912、WJ 2389、WJ 2390 等具有相似性的易燃易爆场所静电防护要求）；对静电危险场所内的绝缘物和孤立导体的静电电位具备监测、判断。其二是对进入静电危险场所的人员实现控制，具体包括：经过相应培训并获得岗位资格的人员才允许进入对应的静电危险场所进行生产、处置工作；进入静电危险场所的人员应根据静电危险场所等级要求穿戴防静电或导电服装鞋帽，进行静电泄放，并接收人体综合电阻测试，测试合格后方可进入场所；外来人员进入静电危险场所期间应全程由具备上岗资格的人员陪同；非岗位人员不得无故靠近处置中的静电敏感物及正在操作的人员。

在标准要求的静电检测项目及方法部分，应再注重两点。首先是静电可燃可爆物质的最小点火能测试，该项性质是 GJB 2527—1995 开展静电安全防护工作的数据依据，可参照 GJB 736.11《火工品试验方法 电火工品静电感度试验》规定的测试方法进行。其次应对检测设备仪器的计量做出明文规定：组织用于静电检测的仪器应定期进行计量校准并注明期限，应建立并保持检测结果记录文件与整改记录文档。定期对检测仪器设备进行计量校准是对测试结果可靠性及以此为依据制定静电安全防护措施有效性的保障。

最后，在不同等级静电危险场所的详细要求中，应对一些新的静电防护措施、用具的性能、指标和使用方法作出要求上的补充。如Ⅰ类静电危险场所中的椅凳、储存放置未经防护的弹药类产品/原料的储存架/柜及转运小车也应为导电材料或导电制品，静电泄漏电阻值应小于 $1.0\times10^{6}\Omega$，与其他静电防护措施性能指标相同；体电阻率值大于 $1.0\times10^{10}\Omega\cdot m$ 火炸药的防静电包装器具，也应满足内表面静电泄漏电阻值应大于 $1.0\times10^{6}\Omega$，且小于 $1.0\times10^{8}\Omega$，外表面静电泄漏电阻应小于 $1.0\times10^{8}\Omega$ 的要求。Ⅱ类静电危险场所中的椅凳、储存架/柜、转运小车等则需采用防静电材料或防静电制品，性能指标应符合该场所的整体静电防护要求。在Ⅲ类静电危险场所中也应采用各类防静电材料或防静电制品，静电泄漏电阻指标可设置为小于 $1.0\times10^{9}\Omega$。

6.5 IEC 61340-5-1：2016 解析

6.5.1 标准简介

IEC 61340-5-1《电子器件的静电防护——基本要求》规定了电子产品静电防护的基本要求，由 IEC/TC101 负责组织制/修订，最初以技术报告（IEC TR 61340-5-1：1998《电子器件的静电防护——基本要求》）形式呈现，以解决指导电子行业使用静电防护标准的迫切需求；2007 年，IEC/TC101 完成了对技术报告的修订，IEC 61340-5-1：2007《电子器件的静电防护——基本要求》成为指导国际电子行业静电防护的国际标准，尤其在欧洲、亚洲国家影响深远，与 1998 版技术报告相比，2007 版体现了建设静电防护管理体系，加强静电防护控制管理的要求，其基本内容与美国静电放电协会（ESDA）发布实施的 ANSI/ESD S20.20：2007 保持一致。

2016 年 5 月，在首版国际标准 IEC 61340－5－1：2007 运行近 9 年之后，IEC 发布实施了 IEC 61340－5－1：2016《电子器件的静电防护——基本要求》，规定了静电防护管理体系的一般要求，并对组织建立的 ESD 控制方案的总要求、管理要求和技术要求都做了明确规定，目的在于为建立、执行及维护静电放电控制方案（包括培训计划、产品认可符合性验证、接地/等电位连接系统人员接地、EPA 要求、包装要求、标示等方面）。2016 年修订版适用于处置静电放电敏感电压不低于人体模型（HBM）100V、CDM 模型 200V 和孤立导体 35V 的电子产品（电子元器件、组件、设备）的制造、加工、组装、装联、包装、标识、服务、测试、检验、运输等科研生产活动。

新版标准内容结构明晰，共分 5 个章节，篇幅不大，考虑了组织的具体实际情况，允许组织根据自身情况采取合适有效的防控措施，同时更强调静电防护效果。其具体内容结构如表 6－8 所示。

表 6－8　IEC 61340－5－1：2016 标准具体内容结构

IEC 61340－5－1：2016			
章节号	内容	参考译文	简要说明
1	Scope	范围	标准编制目的与适用范围
2	Normative references	规范性引用文件	引用、参照的标准文件
3	Terms and definitions	术语与定义	术语、概念、定义
4	Personnel safety	人员安全	人身安全情况说明与注意事项
5	ESD control program	ESD 控制方案	ESD 控制方案各项要求
5.1	General	总则	ESD 控制方案总体要求
5.1.1	ESD control program requirements	ESD 控制方案要求	
5.1.2	ESD coordinator	ESD 协调员	
5.1.3	Tailoring	修正	
5.2	ESD control program administrative requirements	ESD 控制方案之管理要求	ESD 控制方案管理要求
5.2.1	ESD control program plan	ESD 控制方案	
5.2.2	Training plan	培训计划	
5.2.3	Product qualification	产品认证	
5.2.4	Compliance verification plan	符合性验证计划	

续表

IEC 61340－5－1：2016			
章节号	内容	参考译文	简要说明
5. 3	ESD control program plan technical requirements	ESD 控制方案之技术要求	ESD 控制方案技术要求
5. 3. 1	General	总则	
5. 3. 2	Grounding/equipotential bonding systems	接地/等电位连接系统	
5. 3. 3	Personnel grounding	人员接地	
5. 3. 4	ESD protected areas（EPA）	EPA 保护区（EPA）	
5. 3. 5	Packaging	包装	
5. 3. 6	Marking	标识	

6. 5. 2　标准分析解读

与 IEC 61340－5－1：2007 相比，IEC 61340－5－1：2016 扩大了标准适用范围，更加完善了静电放电控制方案，增加了静电防护产品认证要求，对部分技术指标也有了调整。本节将着重对新标准的几处变化作简要分析。

6. 5. 2. 1　强调建立静电放电控制方案

新版标准进一步明确了建立静电放电控制方案的具体内容，建立静电放电控制方案的目的在于持续改进、提升静电防护效果。现阶段，电子元件、集成电路、半导体等电子产品生产工艺更加精细，微小化、轻薄化成为主流趋势，静电放电敏感产品的种类和数量越来越多，电子产品静电防护日益严峻的形势对静电防护控制提出了更加苛刻的要求，设立静电放电保护区，建立静电防护控制方案，加强静电防护管理已经成为电子产品制造加工企业未来进一步发展的必要条件。

新版标准规定的静电放电控制方案涉及电子产品的制造、加工、组装、装联、包装、标识、服务、测试、检验、运输等科研生产活动，包括 ESD 协调员、静电放电控制方案、培训计划、产品认证、符合性验证、接地/等电位连接系统、人员接地、防静电工作区、包装、标识 10 项管理和技术要求，为建立、实施、持续改进电子产品静电防护管理方案提供了基础性指导。

静电防护管理工作最重要的是让静电防护技术要求与管理要求在必要的环节和场所得到全面贯彻和落实。新版标准管理性的要求主要体现在控制方案、培训、产品认证和符合性验证计划等方面，其目的是在提高全员 ESD 防护意识的基础上，帮助组织建立一套能够自我发展，持续改进的机制。同时也明确了管理方面的验证要求，体现在制定计划、方案实施、文件和记录管控等方面。另一方面，对接地/等电位连接系统、人员接地及EPA保护区（EPA）相关技术要求、对应的测试方法与测试限值要求也作了规定，同时要求静电防护包装和标识应符合客户合同、采购订单、图纸或其他文件的规定。

依据IEC 61340－5－1标准建立静电防护控制方案，系统性地进行静电防护管理，可以减少因静电造成的产品损伤，提高电子产品生产企业品质控制水平，促进产品质量和合格率的提升；国际标准为企业制定、完善静电放电控制管理方案提供了科学性、系统性的技术防护和管理控制指导，减少分歧，增加客户的信任度与满意度；利于形成统一、公认的评价考核方法，减少或避免不同客户对静电防护要求的的重复考核，降低企业成本。

6.5.2.2　调整标准适用范围

2007版标准“适用于处置静电放电敏感电压不低于人体模型（HBM）100V的电子产品（电子元器件、组件、设备）的制造、加工、组装、装联、包装、标识、服务、测试、检验、运输等科研生产活动。”2016版标准“适用于处置静电放电敏感电压不低于人体模型（HBM）100V、CDM模型200V和孤立导体模型35V的电子产品（电子元器件、组件、设备）的制造、加工、组装、装联、包装、标识、服务、测试、检验、运输等科研生产活动。”新版标准适用范围囊括了敏感电压不低于人体模型（HBM）100V、带电器件模型（CDM）模型200V和孤立导体35V的电子产品，范围进一步扩大。

人体模型是导致静电放电损伤最为常见的方式，现阶段随着工业制动化能力水平的提升，CDM模型、孤立导体的影响也越来越大。新版标准结合CDM模型、孤立导体模型静电损伤试验数据与案例情况，提出了静电防护管理控制要求，对提升电子产品静电防护水平具有重大意义。

6.5.2.3　新增静电防护产品认证要求

新版标准对静电防护产品认证提出了明确要求，新增加的5.2.3小节规定了“组织应对静电放电控制方案中的所有静电放电控制项目进行产品认证”，同时对产品认证试验方法、每个ESD控制项目的相关限值和其他相关规定要求进行了明确，旨在源头上保障静电放电控制项目的高质量，进一步优化了静电放电控制方案的管理要求，更好地发挥防静电作用。标准明确提出产品认证的可靠性证据包括：

（1）ESD控制项目制造商发布的产品数据表：

①数据表应参考该项目的IEC测试方法。

②数据表限值至少应与ESD控制项目的限值一致。

（2）独立实验室的测试报告：测试报告应参考适用的 IEC 测试方法，数值应符合本标准中规定的该项的限值。

（3）组织提供的内部测试报告：测试报告应参考适用的 IEC 测试方法，数值应符合该项目的限值。

（4）对于在采用本标准之前由组织安装的 ESD 控制项目，持续的符合性验证记录可用作产品认证的依据。

标准中未列出但被认为是 ESD 控制项目，组织应在使用前对其进行认证。用于产品认证的测试方法和每个项目的用户定义的接受限值应记录在 ESD 控制方案中。

对静电防护产品进行科学公正的质量监督检验认证，是持续提升静电放电控制效果的有效补充和重要技术支撑，是建立健全静电防护产品的质量控制与评价机制的有效手段，有助于电子产品生产制造现场整体静电防护水平提升。

6. 5. 2. 4　EPA 技术要求的变化

EPA 技术要求是 2016 版标准修订的核心与关键，在参考 ANSI/ESD S20. 20：2014 及相关军用和民用实践经验基础上，新版标准针对 EPA 技术要求作了具体划分，在标准 5. 3. 4 章节中用 4 个小节具体规定了进入 EPA 处置 ESDS 产品的条件要求、绝缘体的静电防护要求、孤立导体的静电防护要求、其他强制要求的静电放电控制项目技术要求。

（1）与 2007 版相比，绝缘体静电防护要求更加具体，ESDS 工作区静电场电压由不应超过 10000V/m 调整至不超过 5000V/m，增加了“若必要的绝缘体表面静电场电位超过 125V，此绝缘体与 ESDS 间距应保持在 2. 5cm 以上”。同时也增加了测试绝缘体表面电位测试的环境湿度要求、测试频率、测试人员条件与测试设备要求，体现了 EPA 内绝缘体处置时的静电防护严格化、规范性要求。

（2）新标准增加了孤立导体的静电防护要求，明确“制定 ESD 控制方案时，如果与 ESDS 接触的导体不能接地或不能进行等电位连接，则应确保导体与 ESDS 触点间的电位差小于 35V。电位差可以通过使用非接触式静电电压表或高阻接触式静电电压表测量 ESDS 和导体来实现”。

（3）2016 版明确要求“EPA 界限清晰可见”，界限可以明确区分 EPA 和非 EPA，使标准操作性、适用性更强。

（4）调整静电防护技术要求与系统测试要求。2016 版标准要求的技术指标限值要求与国际通用标准接轨。对于重要的防护措施增加了技术要求，如腕带系统，符合性验证时要求对地电阻值 $Rg < 5 \times 10^{6}\ \Omega$；EPA 内凳椅、防静电服与可接地防静服的产品认证测试阻值和符合性验证阻值上限都作了调整，这些调整进一步增强了标准的科学性、适用性。EPA 技术指标要求如表 6 - 9 所示。

表6-9 EPA 技术指标要求

ESD 控制项目	产品认可[a]		符合性验证[b]	
	测试方法	限值[c]	测试方法	限值[c]
工作台、储物架及手推车[g]	IEC 61340-2-3	$R_{gp}<1\times10^{9}\,\Omega$ $R_{p-p}<1\times10^{9}\,\Omega$[f]	IEC 61340-2-3	$R_{g}<1\times10^{9}\,\Omega$
腕带连接点				$R_{g}<5\times10^{6}\,\Omega$
地板	IEC 61340-4-1[d,e]	$R_{gp}<1\times10^{9}\,\Omega$	IEC 61340-4-1	$R_{g}<1\times10^{9}\,\Omega$
电离器	IEC 61340-4-7	衰减期(1 000 V 到 100 V 和 -1 000 V 到 -100 V)<20 s；残余电压<±35 V	IEC 61340-4-7	衰减期(1 000 V 到 100 V 和 -1 000 V 到 -100 V)<20 s 或用户自定义残余电压
凳椅	IEC 61340-2-3(可接地点电阻值测量方法)	$R_{gp}<1\times10^{9}\,\Omega$	IEC 61340-2-3(对地阻值测量方法)	$R_{g}<1\times10^{9}\,\Omega$
防静电服	IEC 61340-4-9 或者用户自定义	$R_{p-p}<1\times10^{11}\,\Omega$ 或者用户自定义	IEC 61340-4-9 或者用户自定义	$R_{p-p}<1\times10^{11}\,\Omega$ 或者用户自定义
可接地防静电服	IEC 61340-4-9	$R_{gp}<1\times10^{9}\,\Omega$	IEC 61340-4-9	$R_{gp}<1\times10^{9}\,\Omega$

[a] 产品认可时的温湿度要求:(12±3)% RH、23℃±2℃。若 IEC 标准未做具体说明,产品认可时环境要求时间至少为 48 小时。

[b] 符合性验证栏中的测试方法仅是基本的测试方法,不局限于按照此处列出的测试方法进行测试。

[c] R_{p-p}指点对点电阻;R_g 指对地电阻;R_{gp}指对接地点电阻。

[d] ESD 控制方案规定的防静电地面最大电压应符合本标准要求,最大电压为 100 V。

[e] 若 ESDS 处置人员通过防静电地面接地,参考标准 IEC 61340-5-1:2016 要求。

[f] 考虑到 CDM 模型损坏的情况,点对点最小阻值应为 $1\times10^{4}\,\Omega$。

[g] 工作台面是指处置未经防护的 ESDS 的台面。

6.5.2.5 规范性引用文件的变化

统一引用 IEC 相关系列标准是新版标准的重大变化之一，新版标准统一归口引用 IEC 61340 系列测试方法（静电腕带、防静电服和离子风机的测试方法），具体变化如表 6 – 10 所示。

表 6 – 10 规范性引用文件变化

序号	2007 版规范性引用文件	2016 版规范性引用文件
1	ANSI/ESD S1.1，Standard Test Method for the protection of electrostatic charge susceptible items – WristStraps	IEC 61340 – 4 – 6，Electrostatics – Part 4 – 6：Standard test methods for specific applications – Wriststraps
2	ANSI/ESD STM2.1，Standard Test Method for the protection of electrostatic discharge susceptible items – Garments	IEC 61340 – 4 – 9，Electrostatics – Part 4 – 9：Standard test methods for specific applications – Garments
3	ANSI/ESD STM3.1，Standard Test Method for the electrostatic discharge susceptible items – Ionization	IEC 61340 – 4 – 7，Electrostatics – Part 4 – 7：Standard test methods for specific applications – Ionization
4	ANSI/ESD STM11.31，Standard Test Method for dischargeshielding materials – Bags	—

3.1.2 节已经说明 IEC 静电防护类标准基本编号是 61340，共分 6 个类别。其中第 4 类是特定应用的标准测试方法，共 13 项，包括地面覆盖物和安装地板、服装、鞋、柔性集装袋、腕带、包装袋等。近些年，在吸收 ANSI/ESD 等国外相关静电防护先进测试标准基础上，IEC 已完成了相应标准的编制、更新与替换。相关防护设备测试标准统一引用 61340 系列标准，取代了 ANSI/ESD 相关测试标准，可以体现 IEC/TC101 组织的规范性、标准的时效性。

6.5.3 标准评价

IEC61340 – 5 – 1：2016 新标准为企业自身静电防护控制管理提供了较为科学的指导，虽然除静电防护标识和包装要求外，未对上下游企业静电防护作出其他管理性要求和技术性要求，但仍然具有重要的使用价值。

细化了静电放电控制方案管理要求和技术要求，明确了人员的管理职责与持续提升方案效果的路径方式，调整了部分静电防护技术指标，强化了技术评测的基础判断作用，是在 2007 版基础上结合 S20.20：2014 的新要求进行的更新修订，体现了较为先进的国际静电防护理念，在电子产品生产制造领域有广阔的应用前景和重要的使用价值，已成为欧洲、亚洲韩国、日本等国静电防护工作的主要依据。

新标准将产品认证纳入静电放电控制方案的管理要求，规定了产品认证的管理要求，明确了组织应在使用前对静电防护产品进行认证，静电防护产品制造商提供的产品数据表、第三方机构的检测报告、组织内部测试报告、产品的符合性验证记录都可以成为产品认证的证据，为开展静电防护产品认证提供了切实可行的标准依据。未来，在静电防护产品生产制造领域开展产品认证，可以进一步确保静电防护产品质量，维护静电防护产品使用组织利益，不断提升静电防护产品行业整体水平。

6.6　ANSI/ESD S20.20：2014 解析

ANSI/ESD S20.20《静电放电控制方案》是由美国静电放电协会（ESDA）牵头编制的电子产品静电防护顶层标准，不仅可以指导电子产品研制生产企业开展静电防护活动，也可以作为第三方开展静电防护效果评价或体系认证审核的依据。该套标准自 1999 年诞生以来，迅速获得国际电工委员会（IEC）、欧盟（EN）、美国航空航天局（NASA）、韩国、日本等国际组织或国家认可，并被广泛应用、推广或转化，全球大型电子制造商几乎都在直接或间接使用该套标准。我国航天领域 2008 年引入了该套标准，近年来国内使用该套标准的企业越来越多。

6.6.1　编制背景

静电放电危害被人们认识较晚，电子领域在 20 世纪七八十年代才开始认识并重视静电防护。国外静电防护标准研究较早，1980 年，美国国防部颁布了 MIL－STD 1686《静电放电控制大纲》，但是随着电子元器件水平的提高和静电防护技术的进步，这套标准逐渐不能满足要求并不断被修订，先后颁布了 MIL－STD 1686A：1988、1686B：1992 和 1686C：1995 三个修订版。与此同时，为配合标准的实施，先后颁布了 MIL－HDBK 263：1980 和修订版 263A：1991、263B：1994《静电放电控制手册》，着重从技术上强调静电放电的防护控制。

经过长期的实践，美国国防部认识到，仅从技术上进行防控是不够的，只有从技术、管理两方面进行静电防护控制，才能收到实效。于是美国国防部要求 ESDA 帮助制定一个全面的静电放电控制方案，1995 年 4 月 ESDA 成立工作组制定新标准，这就是美国国家标准 ANSI/ESD S20.20。

标准最初版本为 ANSI/ESD S20.20：1999，批准发布于 1999 年 8 月 4 日，ANSI/ESD S20.20：2007 是 ANSI/ESD S20.20：1999 的修订版，批准发布于 2007 年 2 月 11 日，ANSI/ESD S20.20：2014 是 ANSI/ESD S20.20：2007 的修订版，

批准发布于2014年6月11日。新修订的标准更加简洁，适用性、可操作性更强。

6.6.2 标准介绍

ANSI/ESD S20.20标准基于军方和商业组织的实践经验，其制定是为建立一套静电放电控制方案，系统化地采取防护措施，保护静电敏感电子电气零件、装置和设备（不包括电动引爆装置），减少静电放电对静电敏感件的损害。

标准范围涵盖了静电放电控制程序的设计、建立、实施和维持所必要的要求，控制程序适用于静电放电敏感度大于等于人体模型100V和带电器件模型200V的电气或电子零件、装置和设备等的制造、处理、组装、安装、包装、标签、服务、测试、检验或其他处理活动。同时，标准给出了带电器件模型限值，定义了孤立导体的要求。参考文献包括静电放电协会、美国军方和美国国家标准局批准的关于材料特性标准和测试方法。

标准中规定的静电放电控制基本原理包括：①环境内所有导体（包括人体）应该连结或电气连接在一起并与已知接地或人造接地（如船或飞机）相连。这个连接将所有物体和人体之间建立了一个等电位平衡，只要系统中所有物体都处在同一个电位上，就可以在高出地电位“零伏特”时仍然可以维持静电保护效果。②环境内必要的非导体（如处理过程需要的绝缘体）因为不能通过接地方式进行放电，所以电离化中和是为这些非导体（例如电路板材料以及器件的封装）消除静电的最佳方式。为了保证实施措施的合理性，应该对工作场所中必要的非导体可能产生的静电放电危害做出评估。③在静电保护区外运送静电放电敏感件时，应使用静电防护材料密封起来，选择静电防护材料的种类依赖于具体的情形和目的。在静电保护区内，低带电并耗散静电的材料就能提供适当防护，而在静电保护区外，推荐使用低带电且是静电放电屏蔽的材料。

6.6.3 标准分析解读

2014年7月，美国批准实施最新标准ANSI/ESD S20.20，新标准增加了控制CDM/MM的量化指标要求，增加了人体静电电压测试要求及绝缘体静电电场控制的要求等，比2007版标准更加合理和完善。本节从2007版与2014版相对比的角度，对ANSI/ESD S20.20标准主要条款进行解读。

2007版ANSI/ESD S20.20标准结构如表6-11所示，2014版整体基本延用2007版结构，其中第7节中增加了7.3“产品认证计划”，8.3节分解成了8.3.1“绝缘体”和8.3.2“孤立导体”两个小节，其他从结构上未进行调整。内容上，2014版标准根据2007版标准七年的实践验证、使用企业的应用反馈、电子产品的技术发展以及静电防护技术研究成果，重点对2007版标准的适用范围、人员接地方式、静电防护工作区（EPA）内绝缘体和孤立导体、包装等方面进行了修订，同时增加了静电防护产品认证要求，还对一些重要技术指标进行了修订，使 ANSI/ESD S20.20 保持其先进性、科学性和可操作性。

表 6－11　ANSI/ESD S20.20 的 2007 版与 2014 版比较对照

序号	2007 版	2014 版
1.0	目的	未修订
2.0	范围	修订，适用范围由 HBM 模型扩展为 HBM、CDM 模型及孤立导体
3.0	参考出版物	增加 1 项电焊/拆焊手持工具的参考标准
4.0	定义	未修订
5.0	工作人员安全	修订，增加了对人员所处环境安全性判定的限制
6.0	静电防护控制方案	未修订
6.1	总体要求	修订，对静电敏感（ESDS）产品处置记录要求进行了调整
6.2	专案经理或协调员	未修订
6.3	裁剪要求	未修订
7.0	管理要求	未修订
7.1	方案计划	修订，增加了静电防护产品认证的要求
7.2	培训计划	未修订
7.3	认证检验计划	变为 7.4，增加 7.3“产品认证计划”小节
8.0	技术要求	修订，见 8.2、8.3
8.1	接地/等电位系统	修订，原“任何导体”增加限定语，改为“任何与 ESDS 可能接触的导体”
8.2	人员接地	修订，将服装接地正式纳入条款。对地板/鞋束系统接地方式限制进行了统一，表 2 取消地板/鞋束系统方法一，原方法二增加了“同时满足”的限定；增加注释 5：“之前已经使用的地板/鞋束系统，后续的符合性验证记录可作为产品认证的证据”；增加注释 6：“限值 $1\times10^{9}\Omega$ 是指‘最大’允许值，标准使用者必须使用在产品认证时的那个阻值作为符合验证限值，在产品认证确认人体走动电压小于 100V 时，所使用的鞋和地板阻值必须有文件说明。”
8.3	EPA	修订，分成 8.3.1“绝缘体”和 8.3.2“孤立导体”，并对相应表格内容进行调整
8.4	包装	修订，增加了使用防静电包装袋作为防静电垫使用的使用要求
8.5	标记	未修订

6.6.3.1 标准适用范围的变化

2007 版标准适用于“制造、处理、组装、安装、包装、标签、服务、测试、检验、运输等活动中，处理电气、电子零件、装置和设备中，对静电敏感度超过或等于人体（HBM）模型 100V 的情况。对于敏感度小于人体模型 100V 的情况，需要更多的控制项目和更严格的控制限定”。2014 版标准适用于“静电放电敏感度大于等于 HBM 模型 100V 和带电器件模型（CDM）200V 以及孤立导体 35V 的电气或电子器件、装置、设备等的制造、处理、组装、安装、包装、标签、服务、测试、检验、运输及其他相关的活动。对于处理静电放电敏感度小于标准所提到电压的情况时，标准中所设计的程序仍然适用，但可能需要附加控制要素，并且需要对技术要求的限值进行调整”。因此，2014 版标准对于标准适用活动没有变化，但对适用的静电放电危害的模型上，范围进一步拓宽。

生产制造企业的静电损伤模型主要包括 HBM、MM、CDM 等，其中人体放电最为直接和常见。随着智能制造行业自动化、智能化的发展，以及智能机器人的引入，CDM、MM 模型的影响越来越大，很多场合的静电损伤同时包含上述三种模型。2007 版标准更新时编写组已经考虑到这一点，但由于缺少 MM、CDM 模型的实验数据，且当时电子产品生产企业的自动化、智能化程度相对较低，因此 2007 版没有相应要求。2014 版增加了 CDM 和孤立导体静电放电危害模型的适用性（其中孤立导体就是 MM 模型的典型代表），因此 2014 版针对 HBM、CDM、MM 模型所提出了控制方法和措施，对整体提升电子产品静电防护效果意义重大。可以预见，2014 版 ANSI/ESD S20.20 标准将极大提升电子产品静电防护水平。

6.6.3.2 增加了对静电防护产品认证的要求

在标准中“Product Qualification”是指产品质量认证，静电防护产品初次选用前进行的样品检测，对产品认证的技术要求主要由产品供应商来保证，产品认证报告是用户选择合格供应商的依据。产品认证的技术难度很大，如对于电阻指标检测，均需要在 12% RH 和 50% RH 两个相对湿度环境下存放 48 小时后进行测试，目前能完成产品认证的第三方检测机构不多。标准中“Compliance Verification”是指符合性检测，静电防护用品及固定安装的工程设备均已经在使用中，检测的温湿度环境只能是现场条件下的实际状态。

新标准增加了 7.3 节“产品认证计划”，明确了“产品认可计划是为了保证 ESD 控制所需的产品能满足计划中的要求而建立。测试方法和限制要求在标准的表 2 和表 3 中认证栏中给出。一般来说，产品认证在选择静电防护产品的初期来管理，可以使用产品指标复查、独立实验室评估或内部实验室评估等方法来实现。在组织执行本标准之前所安装的静电防护产品，持续的符合性验证记录可以作为产品认证的证据”。此条要求，具有非常重要的意义和作用：①有利于提升静电防护效果。产品认证是对产品质量和有效性的把控，必将减少由于防护产品本身的问题而导致的静电事件。2007 版标准只对静电防护产品进行日常监测，更多的是企业内部监测（很多企业甚至忽视监测），导致防静电产品质量不满足要求仍被使用，直接影响静电防护效果。②有利于提升静电防护产品质量。静电防护产品是近些年新发展的小众产品，并未引起监管部门注意，相应产品质量缺少第三方依据，因此静电防护产品质量良莠不齐，以次充好的现象大量存在。产品认证将为静电防护产品提供质量评估方法和质量符合性证明，能够进一步提升静电防护产品质量。③有利于保证使用企业利益。使用企业实施静电防护除关注防护效果外，最为关注的就是成本。由于市场提供的静电防护产品缺少质量指导，企业选购静电防护产品时面临诸多困难，容易出现选择的静电防护产品质量不过关、使用不久后性能急剧下降或失效等问题，企业只能重新购买或增加维护成本，给企业带来很大损失。

6.6.3.3　人员接地方式的调整

2007 版规定所有处理静电放电物体的人员都要与接地系统或等电位连接系统实现电气连接。人员的接地方法可以选择：①当工作人员坐在防静电工作台前时，必须通过腕带系统与接地或等电位系统相连，系统阻值小于 $3.5\times10^7\Omega$。②对于站立的人员，必须通过腕带系统或地板/鞋束系统来实现接地。使用腕带系统接地其系统阻值要求满足中指标要求；使用地板/鞋束系统接地时，人体通过鞋和地板 - 接地的系统总电阻应小于 $3.5\times10^7\Omega$，若大于 $3.5\times10^7\Omega$，小于 $1\times10^9\Omega$ 时，需满足人体电压小于 100V 的要求。

2007 版标准没有将服装作为正式接地方式，而是作为一种参考方法，若使用须在静电放电控制方案计划上注明，同时要求服装的一个袖子到另一个袖子必须是导电的，相关阻值必须满足标准要求。

2014 版标准人员接地的修订主要体现在两个方面：①将服装接地作为人员接地的一种方式方法，技术指标要求与 2007 版要求一致。②使用地板/鞋束系统接地时的技术指标要求有调整，需同时满足系统阻值上限为 $1\times10^9\Omega$，人体电压上限为 100V，更加强调产品认证，上限电阻 $1\times10^9\Omega$ 仅仅是可允许的“最大”限值，不一定是日常检测的限值，实际使用的限值要根据产品认证的数据来确定。标准规定产品认证所得到的电阻值要用文件保存，在产品认证时为保证人体电压小于 100V 所使用的地板对地电阻值和防静电鞋内到鞋底电阻值作为日常符合性检测的上限。

6.6.3.4 EPA要求的修订

EPA是ANSI/ESD S20.20技术要求的核心，也是2014版标准修订的重点内容，主要增加和强化了对CDM、MM模型静电放电损伤的防护要求，同时增强了标准的可操作性。具体修订内容归纳为：

（1）EPA标识要求进行了调整。2007版标准要求EPA的提醒标识应贴在人员进入区域内之前能清晰看到的地方，2014版则调整为EPA应该有可以清晰识别的边界，即将进入EPA的提醒由标识改为警示边界，使标准更具可操作性。因为当EPA是一个单独的工作台或独立区域时，仅用标识进行提示有一定难度；而区域边界则可以更明确地划分出EPA和非EPA。

（2）增加了EPA管理和配置要求。2007版仅给出了表3的技术要求，没有强调EPA管理和配置的要求。2014版强调“所有对ESDS的处置均必须在EPA中进行”的管理要求，目前，一些用户把正在研发中的非正式产品放在非EPA中进行，是违反这条管理要求的。在配置方面，虽然有许多不同的方法可以建立一个EPA，但是用户如果选用表3中的防护产品和技术限值作为ESD控制程序，则所选用的防护产品、测试方法和限值均为强制性条款。

（3）绝缘物控制的修订。此条主要针对CDM模型的静电危害控制。2007版也进行了相应要求，如所有不必要的绝缘体（例如咖啡杯、食物包装纸和个人物品等）都应移出防静电区，静电放电控制方案应包括对控制程序中所必要的绝缘材料的处理计划，如果场强超过2000V/inch，应将绝缘体与敏感器件分开30cm或使用离子风机或其他电荷消除技术将电荷中和。在2014版中则分别按照绝缘物与ESDS产品距离小于30cm且场强超过2000V/inch以及距离小于2.5cm且场强超过125V/inch时的处置要求。

（4）增加了对孤立导体的控制。此条主要针对MM模型的静电危害控制。在建立ESD控制计划时，如果一个不能接地或不能实现等电位连接的导体（如悬空的电缆、金属工具等）接触ESDS器件时，这个过程必须保证导体和静电敏感器件间的电压小于35V。当孤立导体不能接地时，在外电场作用下，电子则与电场方向逆向运动，导致导体的端点出现不同电荷，产生静电感应，进而产生静电放电。若电压过大，则会产生损伤事件。导体和静电敏感器件间的电压测量可以通过非接触式静电电压表或高阻抗接触式静电电压表来完成。

（5）相关技术指标的调整。依据近期试验数据和2007版标准的实践反馈，2014版对标准的表3进行了调整。所调整的指标主要集中在静电防护产品认证的技术要求，对于符合性检测技术要求并未进行过多调整，相应的测试方法标准也未进行调整。2014版标准的技术要求较之于2007版更加细化，进一步明确了指标的属性，如规定的阻值要求均明确了是点对点还是点对地的要求。新标准增加了对手动电焊/拆焊工具的焊头电压小于 20mV、焊头泄漏电流小于 10mA、新焊头对地电阻小于 2Ω 的指标要求，符合性检测时焊头对地电阻由 20Ω 改为 10Ω；工作表面、地板表面及可移动设备的工作表面在产品认证技术要求中除了 2007 版要求的点对地电阻外，2014 版增加了点对点电阻限值，明确了工作表面的定义是所有放置 ESDS 的表面，当考虑到 CDM 模型失效时，要增加工作表面点对点和点对地电阻的下限值，比如，$1 \times 10^6 \Omega$ 或者再低一些的阻值；货架要求增加了“当存放未作防护的 ESDS”的适用条件；新增加了腕带扣对地的阻值小于 2Ω 的要求，去除了对腕带弯折寿命的检测要求；修改了离子风残余电压限值，由原来的 ±50V 调整为 ±35V。这些调整进一步增强了 ANSI/ESD S20. 20 标准的可操作性和适用性。

6. 6. 4　标准评价

ANSI/ESD S20. 20《静电放电控制方案》全面、简明，军民通用，可操作性强。1999 年首版标准制定后，美国国防部即宣布以 ANSI/ESD S20. 20：1999 正式取代 MIL – STD 1686C：1995，NASA 也于 2004 年宣布废除 NASA STD 8739. 7：1997《静电放电控制》技术标准，改为采用 ANSI/ESD S20. 20 美国国家标准。IEC 发布的 IEC 61340 – 5 – 1：2007 在主要技术和管理内容上与 ANSI/ESD S20. 20：2007 协调一致，欧洲也将 IEC 标准转化为欧洲标准 EN 61340 – 5 – 1：2007。

6. 6. 4. 1　标准对我国静电防护标准的影响

我国的静电防护工作也是从军工开始起步，ANSI/ESD S20. 20 与我国静电防护标准的发展对照如图 6 – 3 所示。1993 年，GJB 1649—1993《电子产品防静电放电控制大纲》直接转化了美国标准 MIL – STD 1686A：1988，GJB/Z 105—1998《电子产品防静电放电控制手册》作为配套标准也是转化了美国标准的配套手册 MIL – HDBK 263A：1991。其后，美国静电防护军用标准经过了多次修订、更新，我国的静电防护标准均未及时更新，直到 ANSI/ESD S20. 20：2007 发布后，我国航天领域静电防护才再次与国际静电防护接轨，由中国空间技术研究院编制的 Q/W 1165《电子产品静电防护通用要求》及相应实施手册在 2008 年发布。实践表明，依赖于 ISO 9001《质量管理体系》的 ANSI/ESD S20. 20 标准在我国军工企业应用效果并不十分理想，因此，2010 年，中国空间技术研究院借鉴 ISO 9001 体系管理思想，结合我国航天领域实际，编制发布了一套基于 PDCA 管理思想的 Q/W 1300—2010《静电防护管理体系要求》标准，融合了 ANSI/ESD S20. 20 标准和 ISO 9001 标准，既可以结合质量管理体系应用，又可以独立运行，且适合于第三方认证，兼顾技术与管理要求，便于推广应用。

2013 年，该套标准在成功使用积累了三年实践经验后转化为中国航天科技集团公司标准 Q/QJA 118—2013《航天电子产品静电防护管理体系要求》，在航天科技领域得到推广应用。我国其他领域，例如，电子器件、产品制造、静电防护产品生产销售企业很多直接应用 ANSI/ESD S20. 20 或 IEC 61340 -5 -1，因此 ANSI/ESD S20. 20 的修订，对我国电子行业、航天领域的产品质量、静电防护效果都产生一定影响。

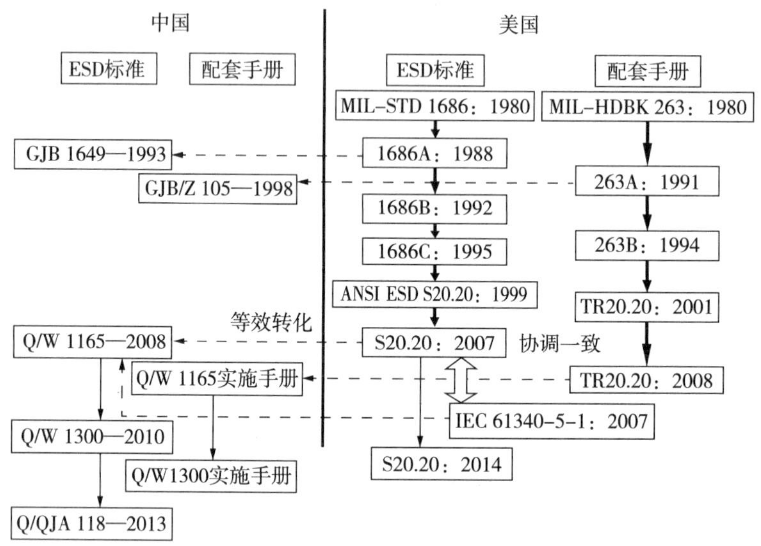

图 6 -3　ANSI/ESD S20. 20 与我国静电防护标准的发展对照

6. 6. 4. 2　标准的局限性

ANSI/ESD S20. 20 标准对电子元器件生产过程中的静电防护更加完善、科学、合理、充分，但是新标准适用范围仅局限于 HBM 不小于 100V 的静电防护场合。随着集成电路规模越来越大，密度越来越高，运行速度越来越快，元件器对静电越来越敏感，目前已有小于 HBM 100V 的元器件大量应用，因此如何准确适用于敏感度更高的电子元器件是该标准的局限性之一。

此外，新标准仅是针对电子元件或组件在 EPA 中的静电放电控制要求，而电子产品最终要在没有静电保护的环境中使用，因此要求整机电子产品能承受使用环境过程中遇到的各种静电放电。例如，生产的手机最后要交给使用者，而使用者在使用手机时不可能戴上防静电手腕带，所以要求手机能承受足够高的静电放电，对于一般的商业电子产品，至少要求能耐几千伏到上万伏的静电放电（IEC 61000 -4 -2），对于涉及人身安全的电子产品如汽车电子产品，医疗电子产品，要求能承受更高的静电放电。而对于武器及航天器的电子产品，要求能承受几万伏到几十万伏的静电放电（MIL－STD－331GJB 573A），才能保证设备的安全运行，所以如何应对整机电子产品能承受使用环境过程中遇到的各种静电放电将是对标准新的又一挑战。

6.7　NASA－HDBK－4002A 解析

静电问题不仅仅是地面环境中的一种主要现象和问题，随着空间事业的发展，人们逐步认识到在宇宙某些特定环境条件下，航天器自身也会产生静电现象。在20世纪60年代初，随着地球同步轨道卫星运行时出现了一系列异常现象，严重干扰了卫星的正常工作，起初这种异常一直得不到合理的解释，直到美国在实验室复现此过程，证明是空间静电积累现象引发的结果。

空间静电起电/放电效应，是指航天器在轨运行时，与空间等离子体、高能电子、太阳辐射等环境相互作用而发生的静电电荷积累及泄放过程，又称作航天器带电效应，航天器静电放电的主要来源为星体辐射带、太阳宇宙射线、银河宇宙射线、空间等离子体、太阳电磁辐射等。

空间静电放电效应对于航天事业带来的影响与损失比地面可能更加强烈。由空间等离子体和高能电子等环境诱发的静电放电将会击穿功能材料和元器件，并产生电磁脉冲干扰，造成电路工作异常，导致结构电位漂移，影响测控系统，严重威胁航天器在轨安全运行。2007年NASA统计表明，在国外发生的326起空间环境引发的卫星故障中，起电放电效应占54.2%（见图6－4），2012年日本发现在298起航天器异常中充放电效应为161起，占比54%。

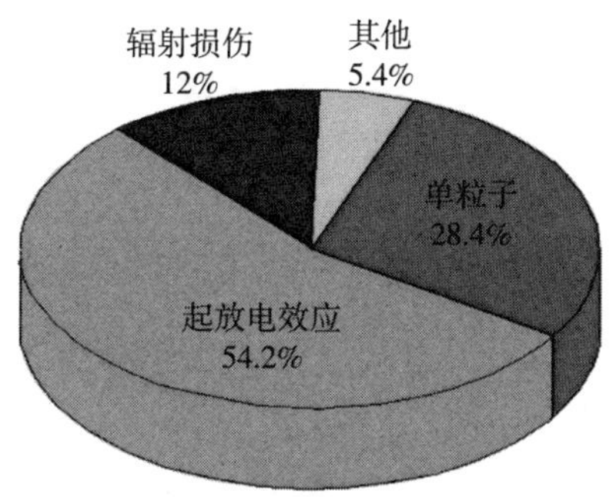

图6－4　NASA空间环境故障比例

为提高航天器的在轨可靠性和寿命周期，在航天器的设计、指导、试验、飞行及返回过程中，需要充分考虑静电放电效应对航天器的影响，而这一切则需要相关的准则给予规范，也就是需要依据一定的标准来进行。国外的航天大国，尤其是以美国、俄罗斯为代表的航天高科技强国，非常重视静电放电试验标准与规范在航天器研制过程中的重要作用。其中，比较知名是美国 NASA 的相关规范和欧洲的 ECSS 标准，用于指导航天器的设计和地面试验。NASA – HDBK – 4002A《减缓空间带电效应指南 A》（Mitigating In – Space Charging Effects – A Guideline）作为国内外接受程度最高、使用最为广泛的航天器静电放电设计标准，在我国尚未建立航天器静电放电的试验方法和设计规范的基础上，基本以 NASA – HDBK – 4002A 为参考指导航天器静电放电防护技术工作。

6.7.1 编制背景

美国 NASA 1984 年发布的 NASA – TP – 2361《航天器带电效应评估与控制设计指南》（Design Guidelines for Assessing and Controlling Spacecraft Charging Effects）主要针对航天器表面带电控制与防护设计，而 1999 年发布的 NASA – HDBK – 4002《航天器内带电效应防护手册》（Avoiding Problems Caused by Spacecraft On – Orbit Internal Charging Effects）主要为避免航天器在轨内带电效应引起的问题。2003 年，美国 Frederickson 博士发起对卫星带电设计指南的修订，2005 年提出了指南草案，由卫星带电协会对草案进行评审，对表面带电进行修订，2006 年后对内容又有所增加。2011 年 3 月 3 日，正式发布了最新修订版 NASA – HDBK – 4002A，新的卫星带电设计指南融合了 NASA – TP – 2361 和 NASA – HDBK – 4002 指南的基础上进行的，并且吸收了实验室和在轨获得的数据。

6.7.2 标准适用范围

NASA – HDBK – 4002A 主要适用于地球同步轨道航天器，包括中高地球轨道（Medium Earth orbit，MEO）、低地球轨道（Low Earth orbit，LEO）、同步静止轨道（Geostationary orbit，GEO）、地球极轨道（Polar orbit，PEO），以及穿越其他高能等离子体环境的航天器，例如木星、图形以及行星际太阳风充电环境。本标准不适用于极区的小倾角 LEO 轨道航天器的充电效应。

6.7.3 标准内容概述

NASA – HDBK – 4002A 指南全文分为 8 个章节，11 个附录。

其中 8 个章节分别为：范围（Scope）、应用文件（Applicable documents）、缩略语、缩写和定义（Acronyms abbreviations and definitions）、带电和放电的物理介绍（Introduction to physics of charging and discharging）、航天器设计规范（Spacecraft design guidelines）、航天器试验技术（Spacecraft test techniques）、控制和监测技术（Control and monitoring techniques）、材料说明和表格（Material notes and tables）。11 个附录为：空间环境（The Space Environment），环境、电子传输、航天器带电计算代码（Environment，Electron Transport and Spacecraft

Charging Computer Codes），内带电分析（Internal Charging Analyses），试验方法（Test Methods），Voyager SEMCAP 分析（Voyager SEMCAP Analysis），简单近似：航天器表面带电方程（Simple Approximations：Spacecraft Surface Charging Equations），开路面板限制规则（Derivation of Rule Limiting Open Circuit Board Area），最劣地球同步轨道环境描述（Expanded Worst - Case Geosynchronous Earth Environments Descriptions），参考文献与参考书目（References and Bibliography），致谢（Acknowledgements），联系信息（Contact Information）。

在带电和放电的物理介绍中，首先对一些物理概念进行了介绍，如等离子体、穿透、电荷沉积、传导和接地、击穿电压、介电常数、防护密度、电子击穿注量，其次是对电子环境进行了阐述，包括地磁亚暴环境种类、航天器带电模型、表面带电物理、介质带电物理、放电特征、耦合模型等。

第五部分航天器带电设计则是整个指南中的核心，包括设计的步骤介绍，如设计、分析、试验和测试、检查等，设计指南包括静电放电设计指南总体规则、表面静电放电设计指南、内带电设计指南、太阳阵静电放电设计指南、一些特殊情况静电放电设计指南。在航天器试验技术一节中，对试验设备和试验方法进行了阐述。在控制和监测技术一节中，则对主动电位控制技术和环境与放电事件监测技术进行了简要介绍。

6.7.4　标准分析解读

NASA - HDBK - 4002A 指南以 NASA - TP - 2361 和 NASA - HDBK - 4002 为基础，对一些特定的设计规则进行了重新组织、修改和升级、增加了太阳能电池阵的设计规则，对附录表面带电方程进行了增加，对环境描述和方程式进行了增加。表 6 - 12 对 NASA - TP - 2361、NASA - HDBK - 4002 及 NASA - HDBK - 4002A 的主要内容进行对比。

在 NASA - HDBK - 4002A 内容中对内带电效应物理机理、内带电防护设计指南、内带电效应试验方法、材料本征介电性能参数测量方法、辐射诱导电导率测量方法等给出了全方位的指导。内带电效应作为导致航天器在轨运行故障和失效的重要因素之一，在标准 ECSS - E - 20 - 06 中，也给出了内带电效应的物理机制与效应的详细阐述，内带电防护设计规范，内带电专业领域的情报文献等。相比而言，NASA - HDBK - 4002A 中对于介质材料内部与表面充电进行详细的区别与分析，内部充电是由高能带电粒子引起的，这些带电粒子可穿透航天器舱体并沉积在受害目标附近，而表面带电发生在可见的航天器外表面。表面放电由于发生在航天器外面，放电能量需要经过传导耦合，而非直接作用于航天器内部的受害目标，放电的能量会因此减弱，故而对内部电子设备产生的影响较小。相对而言，如果电荷沉积在电路板、导电绝缘皮或连接器绝缘材料上，可能引发对插针或芯线的放电，即内部放电，其放电的能量几乎是没有损失的。因此，NASA－HDBK－4002A 对内带电分析和试验方法进行重点关注和分析，也是国内外航天器内带电防护设计的主要参考标准。

表 6－12　NASA－TP－2361、NASA－HDBK－400 及 NASA－HDBK－4002A 的对比

标准	章节	附录
NASA－TP－2361	共五章 包括：绪论、航天器建模技术、航天器设计指南、航天器测试技术、控制与监测技术	共三个 包括：地球同步轨道等离子体环境描述、NASCAP 技术描述、Voyager 系统的电磁兼容性分析程序
NASA－HDBK－4002	共六章 包括：范围、应用文件、缩略词、航天器等离子体带电的背景和介绍、过程和设计规则、注释	共七个 包括：环境和电子传输计算代码、GEO 轨道电子环境、其他地球等离子环境、带电分析、试验方法、数据源、引用与参考书目
NASA－HDBK－4002A	共八章 包括：范围、应用文件、缩略语、缩写和定义、带电和放电的物理介绍、航天器设计规范、航天器试验技术、控制和监测技术、材料说明和表格	共十一个 包括：空间环境、环境、电子传输、航天器带电计算代码、内带电分析、试验方法、Voyager SEMCAP 分析、简单近似：航天器表面带电方程、开路面板限制规则、最劣地球同步轨道环境描述、参考文献与参考书目、致谢、联系信息

航天器在不同轨道运行时可能还面临着其他类型的静电放电，如电离层等离子体、地磁亚暴等离子体和极光等离子体等引起的航天器表面带电。除去 NASA－HDBK－4002A 外，国外主要航天器带电方法和标准还包括：

（1）NASA STD－4005 低地球轨道航天器带电设计标准（Low Earth Orbit Spacecraft Charging Design Standard）

（2）NASA－HDBK－4006 低地球轨道航天器带电设计手册（Low Earth Orbit Spacecraft Charging Design Handbook）

（3）NASA TP－2361 航天器带电效应评估与控制设计规则（Design Guidelines for Assessing and Controlling Spacecraft Charging Effects）

（4）ECSS－E－20－06S 航天器带电标准：航天系统静电行为的环境诱效应（Standard on spacecraft charging: environment－induced effects on the electrostatic behaviour of space systems）

（5）ESCC 23800 空间静电放电敏感度试验方法（Electrostatic Discharge Sensitivity Test Method）

NASA STD－4005 提供了在低地球等离子体环境中必须使用的高压空间能源系统（>55V）设计标准。NASA－HDBK－4006 则对低地球轨道航天器的带电给出了详细的设计方案，为标准 NASA－STD－4005 提供设计指导。ECSS－E－20－06 标准给出 GEO、MEO、LEO 轨道大范围等离子体环境效应合适评估和减缓，包括由表面等离子体作用引起的航天器带电、太阳阵的二次电弧、源自表面等离子体的高压电流收集、由高能电子、静电系绳和电推进引起的航天器材料内带电。NASA TP－2361 主要针对由低能带电粒子（约小于 50kev）的空间环境引起的航天器绝对带电和不等量带电的控制指南，但不包括更高能量粒子引起的深层带电。对比看出 NASA－HDBK－4002A 未涉及的极区的小倾角 LEO 轨道航天器的充电效应包含在 NASA STD－4005 和 NASA－HDBK－4006 中。

6.7.5　NASA－HDBK－4002A 的评价

NASA－HDBK－4002A 中包含了详细的地球同步轨道航天器静电防护设计的建设要求，以及减小航天器充电和静电放电效应威胁的流程，可作为一本详细独立的建议指南。该标准中包含大量的附录和参考资料，如在轨所测得空间环境参数，为航天工程师、系统设计师以及项目管理者各类人士均可提供参考意见。在静电放电试验方面，国外目前用 NASA－HDBK－4002A 来指导航天器材料的表面充放电效应和内带电效应的试验。但随着航天新材料的不断改进，其关键设计参数有待进一步的验证。而我国通常借鉴国外的标准与规范，但其中的关键标准的适应性有待研究。目前，我国在表面充放电效应和内带电效应标准与规范方面，尚缺乏国家标准（GB）、国家军用标准（GJB）和航天行业标准（QJ），只有部分企业相关标准。随着近年来我国航天事业的飞速发展，需继续加快研制适合我国国情的表面充放电效应和内带电效应的相关标准和规范才能与之相适应。

第7章 静电防护标准化在我国航天电子产品领域的示范应用

7.1 航天电子产品领域静电防护标准化需求来源

随着电子工艺集成技术的发展，在质量和可靠性要求极高的航天领域，静电放电已经引发众多国际航天工程项目的故障和灾难，造成重大损失。静电损伤已经成为影响航天电子产品质量和可靠性的重要因素之一，静电放电的危害也越来越受到航天电子产品领域的重视。而且，电子产品静电放电（ESD）损伤的90%属于隐性损伤，很难通过检测手段发现，而这些已经受到静电放电潜在性损伤的产品将可能对在轨卫星、飞船带来重大的故障和事故隐患。

近年来，我国航天和空间科技不断发展，载人航天、探月工程、深空探测等国家重点航天重大项目实施，航天科研型号任务急剧增加，产品的研制进度越来越紧凑，规模及复杂度不断提高，以技术或管理为单一主要控制手段的静电防护措施无法满足型号科研生产对航天电子产品静电防护的需要。而且，当时国内航天器生产制造工作存在静电防护标准薄弱环节，国内电子产品静电防护标准较为落后，与国际上已经形成的静电防护标准之间还存在一定差异，在我国航天器生产制造企业应用推广性较差；航天企业内部形成的众多静电防护现场管理办法和技术标准，未能形成较为科学系统的技术防护和管理控制指导；静电防护效果的考核评价方法不统一，未能形成航天电子产品生产制造合作单位、协作单位之间的相互资质评审，同时存在不同主管部门对所属企业考核的一致性尺度等问题。

结合以上情况，航天电子产品生产制造产业上下游需要采用静电防护体系化管理理念，必须以标准化方法确立并实施统一协调的静电防护控制方法，确保在航天电子产品生产制造中质量和可靠性全链条内形成体系化管理的防护链，在技术和管理两个角度形成较为规范的高质量的电子产品生产制造静电防护能力和评价方法，全面提升全过程航天电子产品静电防护技术和管理能力。

因此，中国航天科技集团有限公司（以下简称“航天科技集团”）结合航天电子产品生产实际情况，在2013年发布实施了航天科技集团标准Q/QJA 118—2103《航天电子产品静电防护管理体系要求》，在航天科技集团及其重点外协单位推广实施静电防护管理体系；2015年发布实施了GB/T 32304—2015《航天电子产品静电防护要求》，确立了国家级航天电子产品静电防护管理体系理念，契合了我国航天电子产品质量控制工作对静电防护的主旨要求，这两项航天电子产品静电防护管理体系标准在以航天科技集团为代表的宇航电子产品生产制造全过程中获得了广泛应用，收到了良好的示范效果。

7.2 航天电子产品静电防护管理体系标准应用

7.2.1 对照体系标准，调研落实要求

为有效加强航天电子产品静电控制，结合航天型号质量与工艺控制要求，航天科技集团在发布Q/QJA 118系列标准以前，对所属宇航型号电子产品生产单位的静电防护情况进行了大量调研与现场检查，对照国际先进静电防护体系标准以及NASA、ESA等国际航天同行采用的航天电子产品静电防护标准，发现航天科技集团还存在没有组织管理，缺少管理规章和要求，缺少专门航天电子产品静电防护标准；除部分电装场所外，其他生产制造测试等环节几乎未开展静电防护；大部分单位静电防护意识淡薄，人员静电防护意识十分欠缺等问题，航天电子产品静电防护总体水平仍需快速提升。2013年，Q/QJA 118系列标准发布实施后，航天科技集团所属各院及部、厂、所等宇航电子产品生产制造单位，根据自身科研生产工作需要，对照Q/QJA 118系列标准再次开展对标工作，发现航天电子产品静电防护工作取得了阶段性进展但仍没有实质改善，主要原因总结分析为防护系统性不够、领导重视程度不够、人员防护意识不够、监督力度不够、未建立有效监督和持续改进机制等。各单位组织制定了《×××科研生产现场防静电管理办法》《×××科研生产现场防静电工作区配置管理办法》《×××静电敏感器件清单》《×××静电敏感器件使用准则》等静电防护管理规章制度与操作规范，进一步加强航天电子产品静电防护控制要求落实，不断提高航天型号科研生产现场静电防护水平。

2015年，GB/T 32304标准发布实施后，航天科技集团结合Q/QJA 118标准应用实际情况对标GB/T 32304，并将国家顶层标准中引用的国际最新静电防护标准理念在集团内进行贯彻执行，如技术要求指标采用国家标准新增内容、推行静电防护产品认证完善体系认证、开展集团范围内静电防护现场调研等，积极落实Q/QJA 118、GB/T 32304航天电子产品静电防护管理体系标准要求，稳步推进覆盖航天电子产品生产制造各个环节的体系建设工作。

航天科技集团经过Q/QJA 118、GB/T 32304标准实施经验总结，逐步建立了航天电子产品静电防护管理体系理念，将静电控制的技术原理和质量管理的

基础思想结合起来，融合现有生产组织管理的静电管理和技术条件，形成了一个符合航天器科研试验静电防护控制基本原则的框架，即航天电子产品静电防护体系化管理架构（见图7－1），然后通过实施细则和检查监督机制来保障庞杂的技术要求落到每一个细处，而体系化管理实施的基础就是 Q/QJA 118 标准，形成较为统一规范的静电防护做法和评价方法。

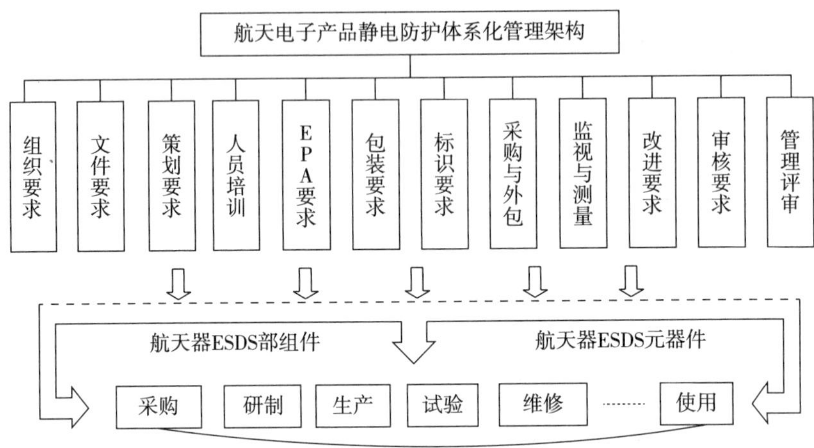

图7－1　航天电子产品静电防护体系化管理架构

7.2.2　建立管理机构，组织标准宣贯

随着航天电子产品静电防护管理体系标准 GB/T 32304、Q/QJA 118 发布，航天科技集团对宇航型号科研现场的静电防护工作越来越重视，组织起草完成静电防护体系认证工作策划与认证实施方案，全面启动宇航产品研制生产单位及其外协单位进行静电防护体系化管理的建设与认证工作，组建了较以前更加统一、专门、有效的静电防护工作推进管理组织机构。

该机构作为第三方认证机构，对航天科技集团及外协单位的静电防护管理体系建设与运行效果进行评价，主要工作职责包括：①负责组织静电防护体系认证审核；②成立静电防护体系认证专家组和审核组；③组织静电体系相关人员培训与交流；④编制静电体系认证管理规章制度；⑤协调解决静电防护体系认证工作中出现的问题；⑥跟踪国际先进静电防护技术与标准等。

静电防护管理体系的审核专家组是静电防护技术研究和体系建设审核的主要力量，通过专业培训考核培养方式进行认证审核人员队伍扩充，全部归属于静电防护工作推进管理组织机构统一管理，具体负责静电防护体系认证审核、培训人员与教材编写、静电体系建设指导、静电标准制修订等工作。

根据航天科技集团在所属航天型号科研生产单位推广实施静电体系的具体

要求，结合航天电子产品承制单位生产特点和体系建设，在参考质量等体系外审工作的基础上，航天科技集团逐步明确了航天电子产品静电防护管理体系建设工作步骤，主要包括启动/策划、人员培训、识别、EPA划分与配置、文件编制、运行与测量、内审、管理评审、认证申请、认证审核等十个阶段，如图7－2所示。

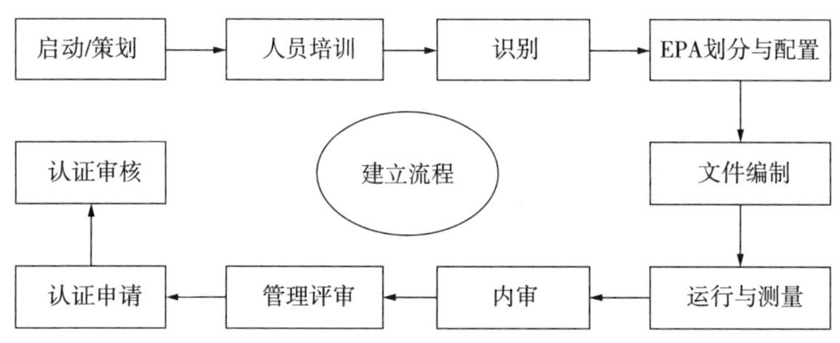

图7－2　静电防护管理体系建设工作流程

同时，航天科技集团参考较为成熟的质量管理体系、实验室管理体系及环境/职业健康安全管理体系建设与认证流程，制定了航天电子产品静电防护管理体系认证审核工作流程，主要从接收认证申请开始，通过组织实施认证、文审/现场审核、上报认证结果、结果审定等步骤完成对建设单位静电防护管理体系的文件审核、技术测评和现场审核，并出具审核报告和整改材料，经初步审定、最终审定后给予是否通过体系认证审核的结论。

在GB/T 32304、Q/QJA 118正式发布实施之后，航天科技集团根据航天电子产品静电防护管理体系建设、审核、认证等工作需要，有针对性地对体系审核人员、体系建设单位管理和内审人员、体系建设单位监视和测量人员等开展持续培训和考核，培训内容包括静电防护系列标准、体系内审和外审的知识与技巧、认证审核规章制度、静电防护监视与测量技术、静电基础知识与防护技术原理等。对于考核通过的静电防护人员颁发外审员、内审员、监视测量人员、管理人员等资质证书，作为开展航天电子产品静电防护管理体系认证审核、体系内部审核和管理评审、体系运行过程监视与测量等工作开展的有效资质凭证。

7.2.3　开展体系建设，完善薄弱环节

航天企业内部开展电子产品静电防护管理体系建设，与其他现有较为成熟的管理体系原理相近，基于PDCA循环思想并通过策划与计划、建设与运行、监视与测量、完善与改进四大环节，构建基于PDCA模式的航天电子产品静电防护管理体系架构（见图7－3），将静电防护技术与管理要求落实到静电敏感电子产品的采购、研制、生产、试验、运输、维修及使用的全过程，同时在文件

审核、现场审核前增加了技术测评环节，对静电体系建设的技术应用和效果进行合理评估，有效结合了我国国防军工企业的静电防护工作实际特点，弥补了S20.20体系在静电防护技术确认方面的不足，弥补了传统管理模式难以实现对静电危害的系统、适时、动态、高效控制等方面的不足。

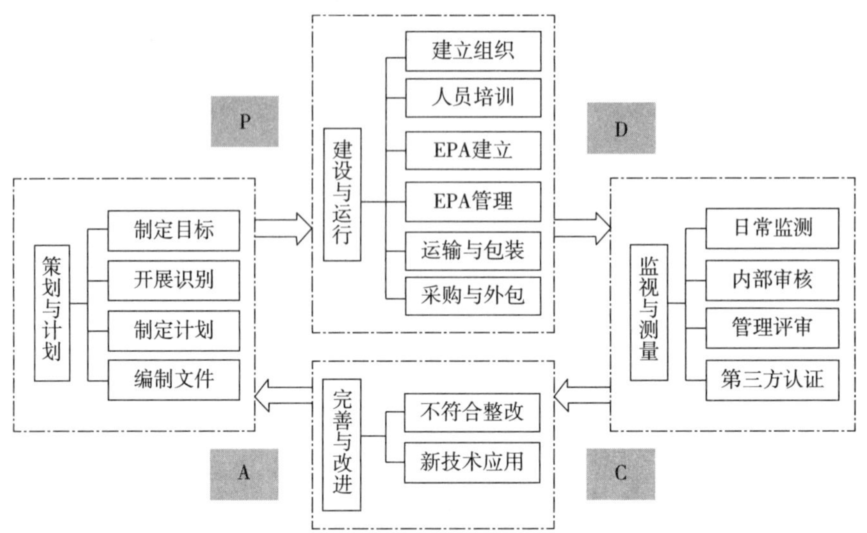

图7－3　基于PDCA的航天电子产品静电防护管理体系架构

根据静电防护管理体系建设工作步骤和管理体系架构，建设单位按阶段开展策划与计划、建设与运行、监视与测量、完善与改进等静电防护体系化管理工作。建设单位的策划与计划内容包括制定切实可行的ESD防护目标、开展ESD防护需求识别、制定ESD防护管理与实施计划、编制ESD防护体系建设管理文件或控制大纲等；建设与运行内容包括建立管理与实施组织、配置EPA、人员管理等；监视与测量内容包括监视内部因素和外部环境状况、合理引入第三方技术监督；完善与改进内容包括不符合项整改和新静电防护技术应用等。

在开展静电防护管理体系建设与运行过程中，依据标准进行技术要求和管理要求落实，能够有效弥补企业以往静电防护薄弱环节的不足。如静电防护管理体系运用体系化管理的系统工程方法实施静电防护，有效解决防护系统性不够的问题；由企业最高领导者直接授权静电体系管理者代表，形成较为规范的专门管理人员队伍，加强体系管理组织和领导重视程度；组织企业内部全体静电防护相关人员培训，确保培训到位有效，不间断提高人员静电防护意识；在强调有效识别基础上，建立航天电子产品全生命周期静电防护理念，覆盖产品生产制造的全过程；实施科研生产现场防静电对标专项检查和第三方认证监督审核等方式，强化体系运行监督和持续改进的工作力度等。

在静电体系建设单位的准备认证的过程中，认证中心结合各个体系建设单位的静电防护专门需要和实际工程特点，多次派遣静电体系审核专家到达现场进行技术指导：防静电接地、防静电地面、测试仪器设备等计量检测工作要点；防静电工作区内仪器设备配置安装需求及其如何与实际生产工作结合；根据本所计量检测工作积累的试验数据，对在工程建设的整个过程中使用的材料、设备、设施等技术指标符合性情况提供极具价值的参考意见。静电体系审核专家的技术支持，为确保静电防护工程建设的指标能够符合静电体系标准的要求提供了有力的辅导和支持，为建设单位降低了静电防护技术应用难度，也在一定程度上避免了重复施工整改带来的额外费用支出。

航天电子产品静电防护管理体系建设单位根据体系运行要求，每年度开展体系的内审和管理评审，通过内审员的审核工作发现不符合项并完成整改，以促进体系建设单位内部的体系运行监督和提升；通过年度管理评审来评价静电体系改进的机会和变更的需要，以确保体系持续的适宜性、充分性和有效性。在建设单位进行首次认证、监督审核、再认证等体系审核活动前，都应该在完成建设单位的静电体系内部审核和管理审核，审核报告和不符合项情况将作为组织第三方认证审核工作的一项重要审核输入，不断提高体系建设企业内部静电防护能力。

7.2.4　加强内外监督，不断持续改进

在开展航天电子产品静电防护管理体系的构建与实施研究过程中，航天科技集团组织对以 ANSI/ESD S20.20、IEC 61340 -5 -1 等标准为代表的静电防护体系的效果评价模式进行研究，分析我国现行较为流行的以质量管理体系认证、实验室认可、安全生产标准化达标等为代表的管理效果评价模式，根据静电防护管理体系的技术性与管理性特点，对静电防护管理体系的硬件符合性、文件合规性、运行有效性开展针对性研究，提出一套兼顾技术与管理要求的航天电子产品静电防护管理体系运行效果评价模式，创造性地形成了基于技术测评、文件审核、现场审核三级联动审核评价方法（见图 7 -4）。

基于技术测评、文件审核、现场审核的三层次联动评价模式，是对传统质量管理体系和现有航天器静电防护管理效果评价模式的创新。它在借鉴 S20.20 体系认证管理方法基础上，进一步强化了现场技术测评工作对静电防护技术管理措施落实的作用，能够独立开展、互为依据、相互支撑，评价方式系统、全面、有效、可行。

技术测评主要负责对体系建设单位静电防护技术有效性落实情况进行针对性考核，通过有资质的第三方计量技术机构开展防静电系统测试，并结合静电防护管理体系标准对环境条件、设备状态、EPA 划分、EPA 设置、硬件状态、人员配置等管理要求落实情况进行初步审核，实现静电防护技术指标把关、现

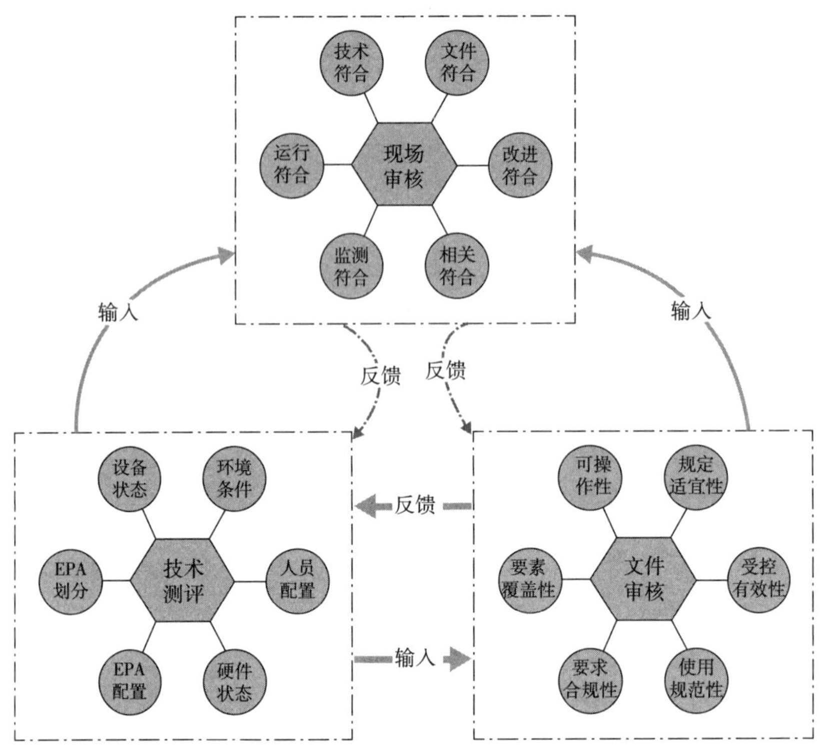

图7-4　静电防护管理体系的三层次审核评价方法

场技术咨询指导、检测合格贴牌等目标，不仅实现以往各个单独的接地电阻、人体防静电测试仪、离子风机等静电防护检测项目的科学整合，还将其与静电防护管理的效果评价进行有效结合。技术测评是静电防护管理体系三层次审核评价模式的基础性审核，专门针对以往仅对静电防护技术要求落实情况进行测试而不结合管理要求进行系统性评价的问题，为静电体系后续的文件审核、现场审核提供了必要的输入条件。技术测评以防静电工作区为基本静电控制单元，对配备的各种静电防护装备、设施和设置接地/等电位连接系统，并且能够对限制静电电位、确定边界和专门标记等情况进行确认，涵盖了静电防护基本环节。

航天电子产品静电防护管理体系认证分为首次认证、监督审核、复评审（再认证）。一般通过首次认证后颁发认证证书，在证书有效期内需要进行一次监督审核，在证书有效期满前申请复评审，通过审核后换发新的认证证书。认证监督工作主要负责体系三层次联动评价中的文件审核和现场审核，文件审核主要是对建设单位的质量手册、程序文件和其他三层次文件进行考核，包括规定适宜性、可操作性、要素覆盖性、要求合规性、使用规范性和受控有效性；现场审核主要是在现场进行体系文件和EPA静电放电控制措施有效性考核，包括文件符合、技术符合、运行符合、监测符合、相关符合和改进符合。

静电防护工作推进管理组织机构受理建设单位的体系认证申请后，组织审核专家成立审核组，首先开展建设单位的静电体系文件审核，了解申请单位的基本信息，确定审核计划和现场审核要点，识别任何引起关注的、在现场审核中可能被判定为不符合的问题等；文件审核通过后，审核组到申请单位开展现场审核，对与静电防护管理体系标准及适用的其他规范性文件所有要求的符合性情况及证据、申请单位过程的运行控制、监视和测量要求及其符合性要求的证据、内部审核和管理评审情况等进行审查，完成不符合项的确定和审核报告的编制。在申请单位完成不符合项整改后，将审核报告、整改验收材料、认证中心认定结果等上报审定，审定通过后颁发航天电子产品静电防护管理体系认证证书。

自航天电子产品静电防护管理体系建设启动以来，在技术测评、文件审核和现场审核过程暴露了大量以前并未发现的现场问题及体系运行管理方面的不符合问题，重点集中在管理、识别、人员培训、接地、标识、绝缘物控制、设备设施检测等方面，通过静电防护技术分析和不符合项整改验收等一系列工作，开创了航天电子产品领域专项质量控制的静电防护管理体系认证的先河，提高了全体体系建设和运行管理人员的意识，为促进航天电子静电防护管理体系的持续改进提供了有效途径。

7.2.5　推进相关方要求，延展防护链条

航天科技集团作为国内重要的卫星飞船研制生产单位，在静电放电敏感电子产品研制试验的全过程均要注重产品质量控制。航天电子产品静电防护管理体系构建具有双层含义，第一层是静电防护控制工作需要通过体系化管理方式实现技术和管理的融合实施与综合评价，第二层是从宇航产品系统级生产过程角度实现航天产品整个产业化链条的体系化静电防护管理。

航天科技集团高度重视航天电子产品静电防护体系化管理实施，逐步加强关注航天器电子产品相关方的静电防护管理工作落实。在航天科技集团 Q/QJA 118 静电防护管理体系标准的管理要求中明确说明，在采购和外包工作中应要求相关方开展必要的静电防护工作；而且，集团所属部分单位对宇航型号产品生产单位的重点外协单位，明确增加了静电放电敏感电子产品处置过程应建立静电防护管理体系的规定，这就逐步改变了以往航天系统单位单独开展航天电子产品静电防护管理体系建设的局面，实现宇航产品系统级电子产品生产供应链条中静电防护一致性工作要求的落实。

截至目前，航天电子产品静电防护管理体系已经走出航天科技集团，走进航天科工集团、中电科集团、中科院、高校、战略支援部队及民用电子产品生产企业等航天用电子产品的生产组织，有效确保了航天器产品上游供应单位的

静电防护控制措施符合航天型号质量控制要求，航天电子产品静电体系逐步在国防军工系统扩大影响，并在宇航产品产业布局方面促进了整个行业的静电防护水平提升，构建宇航产品生产全过程的不间断静电防护链。

航天科技集团为外协单位的静电防护管理体系建设工作组织提供了全方位技术支持：根据外协单位各自宇航产品防静电需求的多样化特点，为建设单位提供防静电工作区域系统解决方案，在具体防静电设备、设施、物资产品等采购、安装、调试、检测、日常使用等工作中给予充分的指导和帮助，确保硬件配置条件能够符合静电体系标准要求，实现对静电防护管理体系建设的防静电工作区策划、安装、调试到培训使用服务的一站式技术支持。

同时，航天科技集团派遣静电技术与审核专家，对外协单位的体系文件编制、静电放电敏感元件识别、防护现场技术条件等方面开展业务咨询，提高体系建设效率；专家也会对外协单位的管理人员、内审员、监视测量人员、静电放电敏感产品处置人员等开展针对性的培训，确保人员静电防护意识到位；在外协单位选择静电防护相关产品时，为外协单位提供认证产品信息，并可以协助完成所需静电防护产品采购与配置工作；这种工作方式，既能够考虑到外协单位与五院所属单位的宇航产品生产分工的不同，又实现在宇航产品全流程生产组织管理过程中的静电防护工作和要求的一致性。

7.3 航天电子产品静电防护管理体系标准应用效果

7.3.1 提升静电控制水平，提高航天电子产品质量

航天电子产品静电防护管理体系标准应用借鉴国际先进的静电防护理念，结合了航天电子产品质量控制特点，将静电防护技术和管理要求贯穿在产品质量控制的各个环节，开展航天电子产品静电防护管理体系建设与认证工作，真正做到科学规划、有序部署、运行良好、确保有效、持续改进，各个体系建设单位对静电防护重视程度明显提高，人员静电防护意识明显增强，硬件设备设施配置越发完善，人员操作作业越来越规范，相关方静电防护意识不断提升，引导整个航天电子产品行业形成越来越有效的静电防护链条，提升了电子产品质量控制水平，减少了因静电放电造成的产品质量事故。

经过多年的静电防护管理体系的建设和运行，通过建设单位内部审核及认证中心组织的认证与监督，不断发现问题和整改落实，在静电防护管理和技术方面不断实现新的跨越，宇航型号产品的静电防护链条不断巩固、完善，各单位体系运行越发成熟、有效，静电防护效果显著提升，整个宇航产品生产链条的综合静电防护能力明显提高，实现了静电防护精细化、规范化、系统化闭环

管理，各单位因静电发生的质量问题逐年下降。

因此，航天电子产品静电防护管理体系为航天型号产品质量与可靠性提供了全方位有效防护，已经成为航天器研制试验不可或缺的一种产品质量控制手段，推动航天电子产品质量迈上了一个新台阶；宇航产品全链条的静电防护体系化管理为航天型号质量稳定性和成功率提供了高效技术保障，正在积极助力载人航天工程、探月工程等国家重大项目的实施。

7.3.2　构建静电防护链条，提升航天电子行业竞争力

航天科技集团型号研制单位及主要外协单位都建立了航天电子产品静电防护管理体系并通过认证，在宇航产品系统构建了航天电子产品静电防护管理体系模式：一方面是航天电子产品研制、生产、试验、维修任务的单位，在电子产品的采购、制造、加工、组装、装联、包装、标识、维修、失效分析、测试、检验、贮存和运输等科研生产活动中，提高了静电防护管理和技术水平；另一方面是以航天科技集团为主体、以主要外协单位为依托，初步形成了航天器研制生产全流程的静电防护管理控制，实现了静电防护工作精细化、规范化、系统化的闭环管理，并且具备了体系自我完善、自我提高能力。

自航天电子产品静电防护管理体系推行以来，运行效果十分显著。航天科技集团及重点外协单位约30家宇航产品生产单位全部完成了体系认证，在航天科技集团、航天科工集团、中电科集团、中科院、战略支援部队等国防和社会单位得到广泛推广，得到了体系建设应用单位的高度重视和一致认可。因此，无论是从航天电子产品静电防护工作本身，还是从宇航产品全流程质量控制，该成果构建的静电防护体系化管理模式是适宜的、充分的、有效的。

静电控制是现代电子产品生产品质控制的一个标志性技术，静电放电已经成为影响我国基础工业电子产品质量的重要因素。在航天工业电子产品品牌建设的过程中，静电防护管理体系的构建与实施使得电子产品上下游之间静电防护要求逐步统一，防护方法和评价方式趋于一致；牵引静电防护用品质量普遍提升，有效遏制低劣用品影响航天电子产品静电防护效果；静电防护管理体系认证结果被广泛接受，已作为航天科技集团选择合格供应商的重要依据之一。这些对预防、减少、消除航天电子产品静电损伤提供了科学高效的途径，提高了“中国制造”航天产品的民族工业基础水平，大幅提升了航天电子产品的行业竞争力。

7.3.3　牵引静电防护标准化，助力我国静电防护水平提高

国家标准GB/T 32304—2015《航天电子产品静电防护要求》于2015年发布，订立国家级顶层航天电子产品静电防护标准；航天科技集团编制了静电防

护系列标准 Q/QJA 118～123—2013（共6本），为集团各个航天型号研制生产单位提供技术支持，也为集团所属及外协单位的静电体系审核提供标准依据；GJB 1649 等一系列标准正在修订，逐步引进体系化管理理念，逐步实现我国国家静电标准与国际标准接轨。

同时，截至 2017 年，成功组织举办了六届“静电防护与标准化学术交流会”，多次与美国国家标准学会 ANSI、美国静电放电协会 ESDA、IEC 等国际知名静电标准组织专家进行技术交流，向来自全国各地区的航空航天、石油化工、电子工业等多个行业的研究所、企业、高校等单位，推荐了航天电子产品静电体系化管理的质量控制理念与实施效果，得到了与会专家学者的高度认可。

航天科技集团静电专家以航天电子产品静电防护体系化建设管理思想为依托，带动了关键静电放电技术和管理方法研究工作，申请并完成了多项国防、总装等技术基础课题，解决了静电放电试验装置校准、电装过程人员静电接地连续监测、能量法检测防静电屏蔽包装袋、低轨道航天器对接放电等技术难题，为载人航天、探月工程等国家重大项目实施提供了强有力的静电防护技术保障。

而且，航天电子产品静电防护体系创造性地以航天电子产品静电防护为主要需求依托，完成了在我国整个电子行业适用并可以推广应用的静电防护管理体系模式的构建，并通过国家级静电防护标准制修订等工作，促进国防军工和民用电子产业的静电防护水平提升，有助于电子产品生产制造企业乃至行业上下游企业彼此之间构建成不间断静电防护链条，积极助推我国现阶段工业现代化基础水平的提升和以“中国制造”为代表的民族工业产业振兴。航天电子产品静电防护管理体系的构建与实施成果获得 2014 年度国防科技工业企业管理创新成果二等奖、第二十一届企业管理现代化创新成果二等奖，具有十分重大的军民融合推广价值。

附录 1　国外标准目录

1. 国际标准

序号	文献号	中文题名	英文题名	国际标准分类号	中国标准分类号	采用关系
ISO 标准						
1	ISO 10605：2008	公路车辆　静电放电干扰试验方法	Road vehicles–Test methods for electrical disturbances from electrostatic discharge	43.040.10	T36；L06	BS ISO 10605：2008，IDT
2	ISO 11221：2011	航天系统　太阳能电池池板　航天器充电感应静电放电试验方法	Space systems–Space solar panels–Spacecraft charging induced electrostatic discharge test methods	49.14	F12	BS ISO 11221：2011，IDT
3	ISO 17475：2005	金属和合金的腐蚀　电化学试验方法静电位和动电位偏振测量导则	Corrosion of metals and alloys–Electrochemical test methods–Guidelines for conducting potentiostatic and potentiodynamic polarization measurements	77.06	A29	DIN EN ISO 17475：2008，IDT；DIN EN ISO 17475：2007，IDT；BS EN ISO 17475：2006，IDT；GB/T 24196—2009，IDT；EN ISO 17475：2008，IDT；prEN ISO 17475：2007，IDT；NF A05–403：2008，IDT；A05–403PR，IDT；SN EN ISO 17475：2008，IDT；OENORM EN ISO 17475：2008，IDT；OENORM EN ISO 17475：2007，IDT；PN–EN ISO 17475：2008，IDT；PN–EN ISO 17475：2010，IDT；UNE–EN ISO 17475：2009，IDT

续表

序号	文献号	中文题名	英文题名	国际标准分类号	中国标准分类号	采用关系
4	ISO 17864：2005	金属和合金的腐蚀性　静电位控制下的临界点蚀温度的测定	Corrosion of metals and alloys–Determination of the critical pitting temperature under potientiostatic control	77.06	H04	DIN EN ISO 17864：2008，IDT；DIN EN ISO 17864：2007，IDT；BS EN ISO 17864：2006，IDT；EN ISO 17864：2008，IDT；prEN ISO 17864：2007，IDT；NF A05–119：2008，IDT；A05–119PR，IDT；SN EN ISO 17864：2008，IDT；OENORM EN ISO 17864：2008，IDT；OENORM EN ISO 17864：2007，IDT；PN–EN ISO 17864：2008，IDT；PN–EN ISO 17864：2010，IDT；UNE–EN ISO 17864：2009，IDT
5	ISO 18080–1：2015	纺织品　评估织物静电性能的试验方法　第1部分：采用电晕充电的试验方法	Textiles–Test methods for evaluating the electrostatic propensity of fabrics—Part 1: Test method using corona charging	59.080.30		
6	ISO 18080–2：2015	纺织品　评估织物静电性能的试验方法　第2部分：采用旋转机械摩擦的试验方法	Textiles–Test methods for evaluating the electrostatic propensity of fabrics—Part 2: Test method using rotary mechanical friction	59.080.30		NEN–ISO 18080–2：2015，IDT

续表

序号	文献号	中文题名	英文题名	国际标准分类号	中国标准分类号	采用关系
7	ISO 18080-3：2015	纺织品　评估织物静电性能的试验方法　第3部分：采用手工摩擦的试验方法	Textiles-Test methods for evaluating the electrostatic propensity of fabrics-Part 3: Test method using manual friction	59.080.30		
8	ISO 18080-4：2015	纺织品　评估织物静电性能的试验方法　第4部分：采用水平机械摩擦的试验方法	Textiles-Test methods for evaluating the electrostatic propensity of fabrics-Part 4: Test method using horizontal mechanical friction	59.080.30		
9	ISO 1813：2014	皮带传动　包括宽截面带及六角带的多楔带、有接头三角皮带、三角皮带、抗静电带的导电特性：特性和试验方法	Belt drives-V-ribbed belts, joined V-belts and V-belts including wide section belts and hexagonal belts-Electrical conductivity of antistatic belts: Characteristics and methods of test	21.220.10	J18	BS ISO 1813：2014，IDT；NF E24-202：2014，IDT
10	ISO 21179：2013	轻型输送带　轻型输送带运行中产生的静电场的测试	Light conveyor belts-Determination of the electrostatic field generated by a running light conveyor belt	53.040.20	J81	EN ISO 21179：2013，IDT
11	ISO 2878：2011	硫化或热塑性橡胶　抗静电和导电制品　电阻的测试	Rubber，vulcanized or thermoplastic-Antistatic and conductive products-Determination of electrical resistance	83.06	G34	BS ISO 2878：2011，IDT；NF T47-132：2011，IDT

续表

序号	文献号	中文题名	英文题名	国际标准分类号	中国标准分类号	采用关系
12	ISO 6356：2012	铺地织物　静电特性评定　行走试验	Textile and laminate floor coverings–Assessment of static electrical propensity–Walking test	59.080.60	W56	BS ISO 6356：2012，IDT
13	ISO 9563：2015	皮带传动　抗静电传送带的电导率　特性及试验方法	Belt drives–Electrical conductivity of antistatic endless synchronous belts–Characteristics and test method	21.220.10	J18	BS ISO 9563：2015，IDT
IEC 标准						
1	IEC 60050–561：2014	国际电工词汇　第 561 部分：压电、介电和静电器件及相关材料的频率控制、选择和检测	International electrotechnical vocabulary—Part 561: Piezoelectric，dielectric and electrostatic devices and associated materials for frequency control，selection and detection	01.040.29; 01.040.31; 29.020; 31.140	L21	IEV 561：2015，IDT；CSN IEC 60050–561：2015，IDT；NEN–IEC 60050–561：2014 en–2014，IDT

续表

序号	文献号	中文题名	英文题名	国际标准分类号	中国标准分类号	采用关系
2	IEC 60079-32-2：2015	易爆环境　第32-2部分：静电危害　试验	Explosive atmospheres—Part 32-2: Electrostatics hazards-Tests	29.260.20	K35	DIN EN 60079-32-2：2015，IDT；BS EN 60079-32-2：2015，IDT；EN 60079-32-2：2015，IDT；NF C23-579-32-2：2015，IDT；OEVE/OENORM EN 60079-32-2：2016，IDT；PN-EN 60079-32-2：2015，IDT；STN EN 60079-32-2：2015，IDT；CSN EN 60079-32-2：2015，IDT；DS/EN 60079-32-2：2015，IDT；NEN-EN-IEC 60079-32-2：2015 en-2015，IDT
3	IEC 60236：1974	阴极射线管静电偏转电极的设计方法	Methods for the designation of electrostatic deflecting electrodes of cathode-ray tubes	31.12	L39；L35	NEN 10236：1975，IDT
4	IEC 60749-26：2013	半导体器件　机械和环境试验方法　第26部分：静电放电（ESD）敏感度测试　人体模型（HBM）	Semiconductor devices-Mechanical and climatic test methods—Part 26: Electrostatic discharge（ESD）sensitivity testing-Human body model（HBM）	31.080.01	L40	ANSI/ESDA/JEDEC J-STD-001：2010，NEQ
5	IEC 60749-27 AMD 1：2012	半导体器件　机械和环境试验方法　第27部分：静电放电（ESD）敏感度测试　机器模型（MM）　修改版1	Semiconductor devices-Mechanical and climatic test methods—Part 27: Electrostatic discharge（ESD）sensitivity testing-Machine model（MM）；Amendment 1	31.080.01	L40	EN 60749-27/A1：2012，IDT

续表

序号	文献号	中文题名	英文题名	国际标准分类号	中国标准分类号	采用关系
6	IEC 60749–27：2006	半导体器件　机械和环境试验方法　第27部分：静电放电（ESD）敏感度测试　机器模型（MM）	Semiconductor devices–Mechanical and climatic test methods—Part 27: Electrostatic discharge（ESD）sensitivity testing–Machine model（MM）	31.080.01	L40	DIN EN 60749–27：2007，IDT；BS EN 60749–27：2006，IDT；EN 60749–27：2006，IDT；NF C96–022–27：2006，IDT；OEVE/OENORM EN 60749–27：2007，IDT；PN–EN 60749–27：2006，IDT；PN–EN 60749–27：2008，IDT
7	IEC 61000–4–2：2008	电磁兼容性（EMC）　第4–2部分：试验和测量技术　静电放电抗扰度试验	Electromagnetic compatibility（EMC）—Part 4–2: Testing and measuring techniques–Electrostatic discharge immunity test	33.100.20	L06	DIN EN 61000–4–2：2009，IDT；BS EN 61000–4–2：2009，IDT；EN 61000–4–2：2009，IDT；NF C91–004–2：2009，IDT；OEVE/OENORM EN 61000–4–2：2010，IDT；PN–EN 61000–4–2：2009，IDT
8	IEC 61340–2–1：2015	静电　第2–1部分：测试方法　材料和产品的静电荷耗散能力	Electrostatics—Part 2–1: Measurement methods–Ability of materials and products to dissipate static electric charge	17.220.20; 17.220.99; 29.020	A42	BS EN 61340–2–1：2015，IDT；EN 61340–2–1：2015，IDT；NF C20–790–2–1：2016，IDT；DS/EN 61340–2–1：2015，IDT；NEN–EN–IEC 61340–2–1：2015 en–2015，IDT
9	IEC 61340–2–3：2016	静电　第2–3部分：抗静电电荷积累的固态材料的电阻和电阻率的测试方法	Electrostatics—Part 2–3: Methods of test for determining the resistance and resistivity of solid materials used to avoid electrostatic charge accumulation	17.220.20	A42	

续表

序号	文献号	中文题名	英文题名	国际标准分类号	中国标准分类号	采用关系
10	IEC 61340-3-1：2006	静电　第3-1部分：静电放电模型　人体模型（HBM）　静电放电试验波形	Electrostatics—Part 3-1: Methods for simulation of electrostatic effects-Human body model（HBM）electrostatic discharge test waveforms	17.220.99; 29.020; 31.020	A42; K04; L04	DIN EN 61340-3-1：2008，IDT; BS EN 61340-3-1：2007，IDT; EN 61340-3-1：2007，IDT; NF C20-790-3-1：2007，IDT; JIS C 61340-3-1：2010，IDT; OEVE/OENORM EN 61340-3-1：2008，IDT; PN-EN 61340-3-1：2007，IDT; UNE-EN 61340-3-1：2008，IDT
11	IEC 61340-3-2：2006	静电　第3-2部分：静电放电模型　机械模型（MM）　静电放电试验波	Electrostatics—Part 3-2: Methods for simulation of electrostatic effects-Machine model（MM）electrostatic discharge test waveforms	17.220.99	L04; A42; K04	DIN EN 61340-3-2：2007，IDT; BS EN 61340-3-2：2007，IDT; EN 61340-3-2：2007，IDT; NF C20-790-3-2：2007，IDT; OEVE/OENORM EN 61340-3-2：2008，IDT; PN-EN 61340-3-2：2007，IDT; UNE-EN 61340-3-2：2007，IDT
12	IEC 61340-4-1 AMD 1：2015	静电　第4-1部分：专用品的标准试验方法　地板覆盖物和已装修地板的电阻 修改版1	Electrostatics—Part 4-1: Standard test methods for specific applications-Electrical resistance of floor coverings and installed floors	17.220.20; 17.220.99; 59.080.60; 97.150	K04	EN 61340-4-1/A1：2015，IDT; NF C20-790-4-1/A1：2015，IDT; CSN EN 61340-4-1：2004，IDT; DS/EN 61340-4-1：2015，IDT; NEN-EN-IEC 61340-4-1：2004/A1：2015 en-2015，IDT

续表

序号	文献号	中文题名	英文题名	国际标准分类号	中国标准分类号	采用关系
13	IEC 61340-4-1：2003	静电　第4-1部分：专用品的标准试验方法　地板覆盖物和已装修地板的抗电性	Electrostatics—Part 4-1: Standard test methods for specific applications-Electrical resistance of floor coverings and installed floors	17.220.20; 59.080.60; 97.150	W56	DIN EN 61340-4-1：2004，IDT；BS EN 61340-4-1：2004，IDT；EN 61340-4-1：2004，IDT；NF C20-790-4-1：2004，IDT；JIS C 61340-4-1：2008，IDT；OEVE/OENORM EN 61340-4-1：2005，IDT；PN-EN 61340-4-1：2006，IDT；UNE-EN 61340-4-1：2005，IDT
14	IEC 61340-4-3：2017	静电　第4-3部分：专用品的标准试验方法　鞋袜	Electrostatics—Part 4-3: Standard test methods for specific applications; Footwear	17.220.20; 61.060	A42	
15	IEC 61340-4-4：2018	静电　第4-4部分：专用品的标准试验方法　柔性集装袋（FIBC）的静电分类	Electrostatics—Part 4-4: Standard test methods for specific applications-Electrostatic classification of flexible intermediate bulk containers（FIBC）	17.220.20; 17.220.99; 29.020; 55.080; 55.180.99	A85；A42	

续表

序号	文献号	中文题名	英文题名	国际标准分类号	中国标准分类号	采用关系
16	IEC 61340-4-5：2018	静电　第4-5部分：专用品的标准试验方法　与人配合的鞋靴和地板材料静电防护的表征方法	Electrostatics—Part 4-5: Standard test methods for specific applications-Methods for characterizing the electrostatic protection of footwear and flooring in combination with a person	17.220.20; 59.080.60; 61.060; 97.150	A42	
17	IEC 61340-4-6：2015	静电　第4-6部分：专用品的标准试验方法　防静电腕带	Electrostatics—Part 4-6: Standard test methods for specific applications-Wrist straps	17.220.20; 17.220.99; 29.020; 29.120.50	K04	BS EN 61340-4-6：2015，IDT；EN 61340-4-6：2015，IDT
18	IEC 61340-4-7：2017	静电　第4-7部分：专用品的标准试验方法　电离作用	Electrostatics—Part 4-7: Standard test methods for specific applications-Ionization	17.200.99; 17.220.20; 29.020	K04	
19	IEC 61340-4-8：2014	静电学　第4-8部分：专用品的标准试验方法　静电放电屏蔽　包装袋	Electrostatics—Part 4-8: Standard test methods for specific applications-Electrostatic discharge shielding-Bags	17.220.20	K04	DIN EN 61340-4-8：2015，IDT；BS EN 61340-4-8：2015，IDT；EN 61340-4-8：2015，IDT；NF C20-790-4-8：2015，IDT；OEVE/OENORM EN 61340-4-8：2015，IDT；PN-EN 61340-4-8：2015，IDT；STN EN 61340-4-8：2015，IDT；CSN EN 61340-4-8：2015，IDT；NEN-EN-IEC 61340-4-8：2015 en-2015，IDT

续表

序号	文献号	中文题名	英文题名	国际标准分类号	中国标准分类号	采用关系
20	IEC 61340–4–9：2016	静电　第 4–9 部分：专用品的标准试验方法　服装	Electrostatics—Part 4–9: Standard test methods for specific applications–Garments	13.340.10; 17.220.20; 17.220.99; 29.020	K04	
21	IEC 61340–5–1：2016	静电　第 5–1 部分：电子设备的静电防护　一般要求	Electrostatics–Part 5–1: Protection of electronic devices from electrostatic phenomena–General requirements	17.220.20; 17.220.99; 29.020; 31.020	L04	
22	IEC 61340–5–3：2015	静电　第 5–3 部分：电子设备的静电防护　静电放电敏感设备的封装要求和分类	Electrostatics–Part 5–3: Protection of electronic devices from electrostatic phenomena–Properties and requirements classification for packaging intended for electrostatic discharge sensitive devices	17.220.20; 29.020; 31.020; 55.020	L04	BS EN 61340–5–3：2015，IDT；EN 61340–5–3：2015，IDT；NF C20–790–5–3：2015，IDT；DS/EN 61340–5–3：2015，IDT；NEN–EN–IEC 61340–5–3：2015 en；fr–2015，IDT
23	IEC 62615：2010	静电放电敏感性测试　传输线脉冲（TLP）　组件级	Electrostatic discharge sensitivity testing–Transmission line pulse（TLP）–Component level	17.220.99; 31.080	A55	ANSI/ESD STM 5.5.1：2008，MOD
24	IEC/TR 61340–1 CORR 1：2013	静电　第 1 部分：静电现象　原理和测量	Electrostatics–Part 1: Electrostatic phenomena–Principles and measurements; Corrigendum 1	17.220.20; 29.020	A42	DIN IEC/TR 61340–1：2014，IDT；NPR–IEC/TR 61340–1：2012/C1：2013 en–2013，IDT

续表

序号	文献号	中文题名	英文题名	国际标准分类号	中国标准分类号	采用关系
25	IEC/TR 61340-1：2012	静电　第1部分：静电现象　原理和测量	Electrostatics–Part 1: Electrostatic phenomena–Principles and measurements	17.200.99; 17.220.20; 29.020	A42	DIN IEC/TR 61340-1：2014，IDT；PD IEC/TR 61340-1：2013，IDT；GOST R 53734.1：2014，IDT；CSN IEC/TR 61340-1：2013，IDT；NPR-IEC/TR 61340-1：2012 en-2012，IDT
26	IEC/TR 61340-5-2：2018	静电　第5-2部分：电子设备的静电防护　用户指南	Electrostatics–Part 5-2: Protection of electronic devices from electrostatic phenomena–User guide	17.220.20; 31.020	L04	
27	IEC/TS 60079-32-1：2013	易爆环境　第32-1部分：静电危害　导则	Explosive atmospheres–Part 32-1: Electrostatic hazards–Guidance	29.260.20; 35.240.50	K35	CLC/FprTR 60079-32-1：2014，IDT
28	IEC/TS 61340-4-2：2013	静电　第4-2部分：专用品的标准试验方法　服装静电性能的评价试验方法	Electrostatics—Part 4-2: Standard test methods for specific applications–Test methods for evaluating the electrostatic properties of garments	17.220.20; 17.220.99; 29.020; 61.020	L04	DIN IEC/TS 61340-4-2：2016，IDT；PD IEC/TS 61340-4-2：2013，IDT；GOST R 53734.4.2：2015，IDT；NPR-IEC/TS 61340-4-2：2013 en-2013，IDT

续表

序号	文献号	中文题名	英文题名	国际标准分类号	中国标准分类号	采用关系
29	IEC/TS 61994-2：2011	压电、介电和静电设备及相关材料的频率控制、选择和检测 术语 第2部分：压电和介电滤波器	Piezoelectric, dielectric and electrostatic devices and associated materials for frequency control, selection and detection–Glossary–Part 2: Piezoelectric and dielectric filters	01.040.31; 31.140	L18	BS DD IEC/TS 61994-2：2011，IDT
30	IEC/TS 61994-3：2011	压电、介电和静电设备及相关材料的频率控制、选择和检测 术语 第3部分：压电和介质振荡器	Piezoelectric, dielectric and electrostatic devices and associated materials for frequency control, selection and detection–Glossary–Part 3: Piezoelectric and dielectric materials–Piezoelectric and dielectric oscillators	01.040.31; 31.140	L21	BS DD IEC/TS 61994-3：2011，IDT
31	IEC/TS 61994-4-2：2011	压电、介电和静电设备及相关材料的频率控制、选择和检测 术语汇编 第4-2部分：压电和介电材料 压电陶瓷	Piezoelectric, dielectric and electrostatic devices and associated materials for frequency control, selection and detection–Glossary—Part 4-2: Piezoelectric and dielectric materials–Piezoelectric ceramics	01.040.31; 31.140	L21	BS DD IEC/TS 61994-4-2：2011，IDT

续表

序号	文献号	中文题名	英文题名	国际标准分类号	中国标准分类号	采用关系
32	IEC/TS 62370：2004	电声学　声强测量仪器　电磁和静电兼容性要求和试验程序	Electroacoustics–Instruments for the measurement of sound intensity–Electromagnetic and electrostatic compatibility requirements and test procedures	17.140.50; 33.100.10; 33.100.20	N65	DIN IEC/TS 62370：2004，IDT；BS DD IEC TS 62370：2004，IDT
33	IEC/TR 61340–2–2：2000	静电　第2–2部分：测量方法　充电率的测量	Electrostatics–Part 2–2: Measurement methods–Measurement of chargeability			
国际无线电干扰特别委员会						
1	CISPR/G（Central Office）10：1991	ITE豁免出版物草案第2部分：静电放电要求	Draft of the publication on the immunity of ITE. Part 2: electrostatic discharge requirements	2460		

2. 区域标准

序号	文献号	中文题名	英文题名	国际标准分类号	中国标准分类号	采用关系
EN 标准						
1	EN 1149–1：2006	防护服　静电性能　第1部分：表面电阻率的测试方法	Protective clothing–Electrostatic properties–Part 1: Test method for measurement of surface resistivity	13.340.01		DIN EN 1149–1：2006，IDT；BS EN 1149–1：2006，IDT；GB/T 22042–2008，IDT；NF S74–532–1：2007，IDT；SN EN 1149–1：2006，IDT；OENORM EN 1149–1：2006，IDT；PN–EN 1149–1：2006，IDT；PN–EN 1149–1：2008，IDT；SS–EN 1149–1：2006，IDT；UNE–EN 1149–1：2007，IDT；UNI EN 1149–1：2006–2006，IDT；STN EN 1149–1：2006，IDT；CSN EN 1149–1：2007，IDT；DS/EN 1149–1：2006，IDT；NEN–EN 1149–1：2006 en–2006，IDT；SFS–EN 1149–1：en–2006，IDT
2	EN 1149–2：1997	防护服　静电性能　第2部分：材料的体电阻率的试验方法	Protective clothing–Electrostatic properties–Part 2: Test method for measurement of the electrical resistance through a material（vertical resistance）	13.340.10		DIN EN 1149–2：1997，IDT；BS EN 1149–2：1997，IDT；GB/T 22043–2008，IDT；NF S74–532–2：1997，IDT；SN EN 1149–2：1998，IDT；OENORM EN 1149–2：1997，IDT；PN–EN 1149–2：1999，IDT；SS–EN 1149–2：1997，IDT；UNE–EN 1149–2：1998，IDT；TS EN 1149–2：2000，IDT；UNI EN 1149–2：1999–1999，IDT；STN EN 1149–2：2000，IDT；CSN EN 1149–2：1998，IDT；DS/EN 1149–2：1998，IDT；NEN–EN 1149–2：1997 en–1997，IDT；SFS–EN 1149–2：1998，IDT；SFS–EN 1149–2：en–2012，IDT

续表

序号	文献号	中文题名	英文题名	国际标准分类号	中国标准分类号	采用关系
3	EN 1149–3：2004	防护服　静电性能　第3部分：电荷衰减的测试方法	Protective clothing–Electrostatic properties–Part 3: Test method for measurement of charge decay	13.340.10		DIN EN 1149–3：2004，IDT；BS EN 1149–3：2004，IDT；NF S74–532–3：2004，IDT；SN EN 1149–3：2004，IDT；OENORM EN 1149–3：2004，IDT；PN–EN 1149–3：2005，IDT；PN–EN 1149–3：2007，IDT；SS–EN 1149–3：2004，IDT；UNE–EN 1149–3：2004，IDT；UNI EN 1149–3：2005–2005，IDT；STN EN 1149–3：2004，IDT；STN EN 1149–3：2005，IDT；CSN EN 1149–3：2004，IDT；DS/EN 1149–3：2004，IDT；NEN–EN 1149–3:2004 en：2004，IDT；SFS–EN 1149–3：en–2004，IDT
4	EN 1149–5：2008	防护服　静电性能　第5部分：材料性能和设计要求	Protective clothing–Electrostatic properties–Part 5: Material performance and design requirements	13.340.10		DIN EN 1149–5：2008，IDT；BS EN 1149–5：2008，IDT；NF S74–532–5：2008，IDT；SN EN 1149–5：2008，IDT；OENORM EN 1149–5：2008，IDT；PN–EN 1149–5：2008，IDT；PN–EN 1149–5：2009，IDT；SS–EN 1149–5：2008，IDT；UNE–EN 1149–5：2008，IDT；UNI EN 1149–5：2008–2008，IDT；STN EN 1149–5：2008，IDT；CSN EN 1149–5：2008，IDT；DS/EN 1149–5：2008，IDT；NEN–EN 1149–5:2008 en–2008，IDT；SFS–EN 1149–5：2008，IDT；SFS–EN 1149–5：en–2008，IDT

续表

序号	文献号	中文题名	英文题名	国际标准分类号	中国标准分类号	采用关系
5	EN 13763-13：2004	民用爆炸物、雷管和继电器　第13部分：电雷管抗静电放电特性性的测量	Explosives for civil uses-Detonators and relays-Part 13: Determination of resistance of electric detonators to electrostatic discharge	71.100.30		DIN EN 13763-13：2004，IDT；BS EN 13763-13：2004，IDT；NF T70-763-13：2004，IDT；SN EN 13763-13：2004，IDT；OENORM EN 13763-13：2004，IDT；PN-EN 13763-13：2004，IDT；PN-EN 13763-13：2007，IDT；SS-EN 13763-13：2004，IDT；UNE-EN 13763-13：2004，IDT；SANS 53763-13：2006，IDT；TS EN 13763-13：2007，IDT；UNI EN 13763-13：2004：2004，IDT；STN EN 13763-13：2004，IDT；STN EN 13763-13：2005，IDT；SANS 53763-13：2006，IDT；SANS 53763-13：2006-2006，IDT；CSN EN 13763-13：2004，IDT；DS/EN 13763-13：2004，IDT；NEN-EN 13763-13：2004 en-2004，IDT；SANS 53763-13：2006-2006，IDT；SFS-EN 13763-13：en-2004，IDT

续表

序号	文献号	中文题名	英文题名	国际标准分类号	中国标准分类号	采用关系
6	EN 13938-2：2004	民用爆炸物　推进剂和火箭推进剂　第2部分：抗静电性能的测试	Explosives for civil uses-Propellants and rocket propellants-Part 2: Determination of resistance to electrostatic energy	71.100.30		DIN EN 13938-2：2005，IDT；BS EN 13938-2：2004，IDT；NF T70-938-2：2005，IDT；SN EN 13938-2：2005，IDT；OENORM EN 13938-2：2005，IDT；PN-EN 13938-2：2006，IDT；SS-EN 13938-2：2004，IDT；UNE-EN 13938-2：2005，IDT；TS EN 13938-2：2008，IDT；UNI EN 13938-2：2005-2005，IDT；STN EN 13938-2：2005，IDT；STN EN 13938-2：2005，IDT；CSN EN 13938-2：2005，IDT；DS/EN 13938-2：2004，IDT；NEN-EN 13938-2：2004 en-2004，IDT；SFS-EN 13938-2：en-2005，IDT
7	EN 16350：2014	防护手套　静电性能	Protective gloves-Electrostatic properties	13.340.40	C73	DIN EN 16350：2014，IDT；BS EN 16350：2014，IDT；NF S75-528：2014，IDT；SN EN 16350：2014，IDT；OENORM EN 16350：2014，IDT；PN-EN 16350：2014，IDT；SS-EN 16350：2014，IDT；UNE-EN 16350：2014，IDT；TS EN 16350-2015，IDT；UNI EN 16350：2014-2014，IDT；STN EN 16350：2014，IDT；STN EN 16350：2015，IDT；CSN EN 16350：2014，IDT；DS/EN 16350：2014，IDT；NEN-EN 16350：2014 en-2014，IDT；SFS-EN 16350：2014，IDT；SFS-EN 16350：en-2014，IDT

续表

序号	文献号	中文题名	英文题名	国际标准分类号	中国标准分类号	采用关系
8	EN 1815：1997	弹性地板和地毯织物　静电性能评估	Resilient and Textile Floor Coverings–Assessment of Static Electrical Propensity	59.080.60；97.150		
9	EN 50050：2006	易爆环境中的电气设备　静电手持喷涂设备	Electrical Apparatus for Potentially Explosive Atmospheres–Electrostatic Hand–Held Spraying Equipment			
10	EN 50059：1990	采用不易燃材料喷漆和抛光的静电手持喷雾设备规范	Specification for Electrostatic Hand–Held Spraying Equipment for Non–Flammable Material for Painting and Finishing	25.140.20		
11	EN 50176：2009	采用易燃材料的静电喷漆设备规范　安全要求	Stationary electrostatic application equipment for ignitable liquid coating material–Safety requirements	13.230；87.100		
12	EN 50177：2009	采用易燃涂层粉末的固定式静电喷涂设备　安全要求	Stationary electrostatic application equipment for ignitable coating powders–Safety requirements（Incorporates Amendment A1: 2012）	87.100		
13	EN 50223：2010	采用易燃棉质材料的固定式静电应用设备　安全要求	Stationary electrostatic application equipment for ignitable flock material–Safety requirements	87.100		

续表

序号	文献号	中文题名	英文题名	国际标准分类号	中国标准分类号	采用关系
14	EN 50348：2001	采用不易燃液体喷射材料的自动静电喷射器	Automatic Electrostatic Spraying Equipment for Non-Flammable Liquid Spraying Material	87.100		
15	EN 50348：2010	采用非易燃液体涂料的固定式静电喷涂设备　安全要求	Stationary electrostatic application equipment for non-ignitable liquid coating material-Safety requirements	87.100		
16	EN 60079-32-2：2015	易爆环境　第32-2部分：静电危害　测试	Explosive atmospheres-Part 32-2: Electrostatics hazards-Tests	29.260.20		
17	EN 60255-22-2：2008	测量继电器和保护设备　第22-2部分：静电放电干扰试验　静电放电试验	Measuring relays and protection equipment-Part 22-2: Electrical disturbance tests-Electrostatic discharge tests			
18	EN 60749-26：2014	半导体器件　机械和环境测试方法　第26部分：静电放电（ESD）敏感度测试－人体模型（HBM）	Semiconductor devices-Mechanical and climatic test methods-Part 26: Electrostatic discharge（ESD）sensitivity testing-Human body model（HBM）	31.080.01		
19	EN 60749-27：2006	半导体器件　机械和环境试验方法.第27部分：静电放电（ESD）敏感度测试　机器模型（MM）IEC 60749-27-2006	Semiconductor devices-Mechanical and climatic test methods Part 27: Electrostatic discharge（ESD）sensitivity testing-Machine model（MM）（Incorporates Amendment A1: 2012）	31.080.01		

续表

序号	文献号	中文题名	英文题名	国际标准分类号	中国标准分类号	采用关系
20	EN 60801–2：1993	工业用测试和控制设备的电磁兼容性　第2部分：静电放电要求（IEC 8012:1991）［替代:CENELEC HD 481.2］	Electromagnetic Compatibility for Industrial–Process Measurement and Control Equipment Part 2: Electrostatic Discharge Requirements	33.100.20		
21	EN 61000–4–2：2009	电磁兼容　第4–2部分：试验和测试技术　静电放电抗扰度试验	Electromagnetic compatibility（EMC）—Part 4–2: Testing and measurement techniques–Electrostatic discharge immunity test	33.100.20		
22	EN 61094–6：2005	测量传声器　第6部分：静电传动装置频率响应测试 IEC 61094–6:2004	Measurement microphones Part 6: Electrostatic actuators for determination of frequency response	17.140.50；33.160.50		
23	EN 61340–2–1：2002	静电　第2–1部分：测量方法　材料和产品的静电荷消除能力 IEC 61340–2–1:2002	Electrostatics Part 2–1: Measurement methods Ability of materials and products to dissipate static electric charge			
24	EN 61340–2–3：2000	静电　第2–3部分：防静电电荷积累的固态平面材料的电阻和电阻率测定的试验方法 IEC 61340–2–3:2000	Electrostatics–Part 2–3: Methods of Test for Determining the Resistance and Resistivity of Solid Planar Materials Used to Avoid Electrostatic Charge Accumulation	29.02		

续表

序号	文献号	中文题名	英文题名	国际标准分类号	中国标准分类号	采用关系
25	EN 61340-3-1：2007	静电 第3-1部分：静电感应模拟器 人体模型（HBM） 静电放电试验波形	Electrostatics-Part 3-1: Methods for simulation of electrostatic effects-Human body model（HBM）electrostatic discharge test waveforms	17.220.20；29.020		
26	EN 61340-3-2：2007	静电 第3-2部分：静电感应模拟器 机器模型（MM） 静电放电试验波形	Electrostatics-Part 3-2: Methods for simulation of electrostatic effects-Machine model（MM）electrostatic discharge test waveforms	17.220.99		
27	EN 61340-4-1：2004	静电 第4-1部分：专用品的标准试验方法 地板覆盖物和已装修地板的电阻 IEC 61340-4-1:2003	Electrostatics Part 4-1: Standard test methods for specific applications Electrical resistance of floor coverings and installed floors	17.220.20；59.080.60；97.150		
28	EN 61340-4-3：2001	静电 第4-3部分：专用品的标准试验方法 鞋类 IEC 61340-4-3:2001	Electrostatics Part 4-3: Standard Test Methods for Specific Applications-Footwear			
29	EN 61340-4-4：2012	静电 第4-4部分：专用品的标准测试方法 柔性包装（FIBC）的静电分类（公司修订 A1：2015）	Electrostatics—Part 4-4: Standard test methods for specific applications-Electrostatic classification of flexible interme-diate bulk containers（FIBC）（Incorporates Amendment A1: 2015）	17.220.20；55.180.99		

续表

序号	文献号	中文题名	英文题名	国际标准分类号	中国标准分类号	采用关系
30	EN 61340-4-5：2004	静电　第4-5部分：专用品的标准试验方法　鞋靴和地板与人之间静电防护的表征方法 IEC 61340-4-5:2004	Part 4-5: Standard test methods for specific applications　Methods for characterizing the electrostatic protection of footwear and flooring in combination with a person	17.220.20；59.080.60；61.060；97.150		
31	EN 61340-4-8：2015	静电　第4-8部分：专用品的标准测试方法　静电放电屏蔽袋	Electrostatics—Part 4-8: Standard test methods for specific applications-Electrostatic discharge shielding-Bags	17.220.99；29.020		
32	EN 61340-5-1：2007	静电　第5-1部分：电子设备静电防护的一般要求[替代：CENELEC EN 100015-1]	Electrostatics-Part 5-1: Protection of electronic devices from electrostatic phenomena-General requirements			
33	EN 61340-5-3：2010	静电学　第5-3部分：电子器件的静电防护　静电放电敏感器件包装的特性和要求分类	Electrostatics-Part 5-3: Protection of electronic devices from electrostatic phenomena-Properties and requirements classifications for packaging intended for electrostatic discharge sensitive devices	17.220.20；31.020；55.020		

续表

序号	文献号	中文题名	英文题名	国际标准分类号	中国标准分类号	采用关系
34	EN ISO 17864：2008	金属和合金的腐蚀　静电位控制下临界点蚀温度的测定	Corrosion of metals and alloys–Determination of the critical pitting temperature under potientiostatic control（ISO 17864:2005）	77.06		DIN EN ISO 17864：2008，IDT；BS EN ISO 17864：2006，IDT；NF A05–119：2008，IDT；ISO 17864：2005，IDT；SN EN ISO 17864：2008，IDT；OENORM EN ISO 17864：2008，IDT；PN–EN ISO 17864：2008，IDT；PN–EN ISO 17864：2010，IDT；SS–EN ISO 17864：2008，IDT；UNE–EN ISO 17864：2009，IDT；UNI EN ISO 17864：2008–2008，IDT；STN EN ISO 17864：2008，IDT；CSN EN ISO 17864：2009，IDT；DS/EN ISO 17864：2008，IDT；NEN–EN–ISO 17864：2008 en–2008，IDT；SFS–EN ISO 17864：en–2008，IDT
35	EN ISO 21179：2013	轻型输送带　轻型输送带运行中产生的静电场（ISO 21179：2013）	Light conveyor belts–Determination of the electrostatic field generated by a running light conveyor belt（ISO 21179:2013）	53.040.20		DIN EN ISO 21179：2013，IDT；BS EN ISO 21179：2013，IDT；NF T47–157：2013，IDT；ISO 21179：2013，IDT；SN EN ISO 21179：2013，IDT；OENORM EN ISO 21179：2013，IDT；PN–EN ISO 21179：2013，IDT；SS–EN ISO 21179：2013，IDT；UNI EN ISO 21179：2013–2013，IDT；STN EN ISO 21179：2013，IDT；CSN EN ISO 21179：2013，IDT；DS/EN ISO 21179：2013，IDT；NEN–EN–ISO 21179：2013 en–2013，IDT；SFS–EN ISO 21179：en–2013，IDT

续表

序号	文献号	中文题名	英文题名	国际标准分类号	中国标准分类号	采用关系
36	CEN/TR 16832：2015	个人防护装备的选择、使用、保养和维护　防止危险区域的静电危害（爆炸危险）	Selection，use，care and maintenance of personal protective equipment for preventing electro-static risks in hazardous areas（explosion risks）			
欧洲电子元器件委员会标准						
1	CECC EN 100 015-2：1993	基本规范：静电敏感器件的防护　第2部分：低湿度环境的要求（英）	Basic Specification: Protection of Electrostatic Sensitive Devices; Part 2: Requirements for Low Humidity Conditions（En）			
2	CECC EN 100 015-3：1993	基本规范：静电敏感器件的防护　第3部分：无菌室区域的要求（英）	Basic Specification: Protection of Electrostatic Sensitive Devices Part 3: Requirements for Clean Room Areas（En）			
3	CECC EN 100 015-4：1993	基本规范：静电敏感器件的防护　第4部分：高压环境的要求（英）	Basic Specification: Protection of Electrostatic Sensitive Devices Part 4: Requirements for High Voltage Environments（En）			
4	CECC EN 100015-1：1992	基本规范：静电敏感器件的防护　第1部分：一般要求（英）	Basic Specification: Protection of Electrostatic Sensitive Devices Part 1: General Requirements（En）			
5	CECC PREN 100 015-2：1992	基本规范：静电敏感器件的防护　第2部分：低湿度条件的要求（英）	Basic Specification: Protection of Electrostatic Sensitive Devices Part 2: Requirements for Low Humidity Conditions（En）			

续表

序号	文献号	中文题名	英文题名	国际标准分类号	中国标准分类号	采用关系
6	CECC PREN 100 015–3：1993	基本规范：静电敏感器件的防护　第 3 部分：无菌室的要求（英）	Basic Specification: Protection of Electrostatic Sensitive Devices. Part 3: Requirements for Clean Rooms（En）			
7	CECC PREN 100 015–4：1992	静电敏感器件的防护　第 4 部分：高压环境的要求（英）	Protection of Electrostatic Sensitive Devices Part 4: Requirements for High Voltage Environments（En）			
欧洲电信标准化协会						
1	ETSI ETR 127：1994	设备工程（EE）公共电信网（PTN）的静电环境和减轻措施	Equipment Engineering（EE）; Electrostatic Environment and Mitigation Measures for Public Telecommunications Network（PTN）		M04	
北约标准协议						
1	STANAG 3682：1995	接地传输和飞机燃料 / 除气过程中的航空燃料处理和液体燃料装载 / 卸载操作的静电安全连接程序	ELECTROSTATIC SAFETY CONNECTION PROCEDURES FOR AVIATION FUEL HANDLING AND LIQUID FUEL LOADING/UNLOADING OPERATIONS DURING GROUND TRANSFER AND AIRCRAFT FUELLING/DEFUELLING	95.02		

续表

序号	文献号	中文题名	英文题名	国际标准分类号	中国标准分类号	采用关系
2	STANAG 3856：1999	飞机起重机和子系统飞行中抗静电能力 - AEP-29	PROTECTION OF AIRCRAFT, CREW AND SUB-SYSTEMS IN FLIGHT AGAINST ELECTROSTATIC CHARGES-AEP-29	95.02		
3	STANAG 4434：2007	对于可能因静电放电损坏的材料包装 -AEPP-2	NATO STANDARD PACK-AGING FOR MATERIEL SU-SCEPTIBLE TO DAMAGE BY ELECTROSTATIC DISCHARGE-AEPP-2	55.02		
4	STANAG 4490：2001	爆炸　静电放电灵敏度试验（S）	EXPLOSIVES，ELECTRO-STATIC DISCHARGE SENSI-TIVITY TEST（S）	95.02		

3. 国家标准

序号	文献号	中文题名	英文题名	国际标准分类号	中国标准分类号	采用关系
巴西技术标准协会						
1	ABNT NBR 10603：2010	用于飞机和导弹外部塑料部件的耐腐蚀涂料的抗静电性能 - 明细	Erosion-resistant coatings with antistatic characteristics or not，to be used in external plastic parts of aircraft and missiles-Specification	49.04		
2	ABNT NBR 14163：1998	静电放电 - 术语	Eletrostatic discharge-Terminology	01.020；29.020；29.130.99		

续表

序号	文献号	中文题名	英文题名	国际标准分类号	中国标准分类号	采用关系
3	ABNT NBR 14164：1998	静电放电用图形符号	Graphic symbols used in eletrostatic discharge	01.080.99；29.020		
4	ABNT NBR 9539：1986	飞机上使用的地毯 / 地毯 – 静电电荷测量 – 测试方法	Rugs / carpets for use in aircraft–Measurement of electrostatic charge–Test method	59.080.60		
5	ABNT NBR IEC 60749–26：2011	半导体设备 – 机械和环境试验方法第 26 部分 – 静电放电（ESD）敏感性测试 – 人体模型（HBM）	Semiconductor devices–Mechanical and climatic test methods Part 26–Electrostatic discharge（ESD）sensitivity testing–Human body model（HBM）	31.080.01		IEC 60749–26：2006，IDT
6	ABNT NBR IEC 60749–27：2011	半导体设备 – 机械和环境试验方法第 27- 静电放电（ESD）敏感性测试 – 机器模型（MM）	Semiconductor devices–Mechanical and climatic test methods Part 27–Electrostatic discharge（ESD）sensitivity testing–Machine Model（MM）	31.080.01		IEC 60749–27：2006，IDT
美国国家标准协会						
1	ANSI ATIS0600308：2008	中央办公室设备　静电放电抗干扰要求	Central Office Equipment–Electrostatic Discharge Immunity Requirements	33.040.01	L06	
2	ANSI/ASTM D4470：1997	静电起电的试验方法（10.02）	Test Method for Static Electrification（10.02）	17.220.01	A42	ASTM D 4470：1997，IDT

续表

序号	文献号	中文题名	英文题名	国际标准分类号	中国标准分类号	采用关系
3	ANSI/ASTM D4865：2009	石油燃料系统中静电的产生和耗散指南	Guide For Generation And Dissipation Of Static Electricity In Petroleum Fuel Systems	23.020.10	E31	ASTM D 4865：2009，IDT
4	ANSI/EIA 471：1995	静电敏感装置的符号和标签	Symbol and Label for Electrostatic Sensitive Devices	01.080.40；31.020	L15	
5	ANSI/EIA 625：1994	静电放电敏感装置的搬运要求	Requirements for Handling Electrostatic-Discharge-Sensitive（ESDS）Devices	31.02	L15	EIA-625：1994，IDT
6	ANSI/ESD S1.1：2013	静电放电敏感物品防护的 ESD 协会标准　腕带	ESD Association Standard for the Protection of Electrostatic Discharge Susceptible Items-Wrist Straps	17.220.20	L04	
7	ANSI/ESD S11.4：2013	静电放电灵敏物防护品 ESD 协会标准　防静电包装	ESD Association Standard for the Protection of Electrostatic Discharge Susceptible Items-Static Control Bags	17.220.20	A42	
8	ANSI/ESD S13.1：2015	提供用于测量电流泄漏、尖端对地参考点电阻和尖端电压的电子焊接/拆焊手工工具测试方法	Provides electrical soldering/desoldering hand tool test methods for measuring current leakage，tip to ground reference point resistance，and tip voltage			
9	ANSI/ESD S20.20：2014	建立静电放电控制方案　电气和电子零件、装置和设备（不包括电动引爆装置）的保护	ESD Association Standard for the Development of an Electrostatic Discharge Control Program for Protection of Electrical and Electronic Parts，Assemblies and Equipment（Excluding Electrically Initiated Explosive Devices）	29.020；13.260	K31	

续表

序号	文献号	中文题名	英文题名	国际标准分类号	中国标准分类号	采用关系
10	ANSI/ESD S541：2008	静电放电敏感产品的防护　包装材料或 ESD 敏感件	ESD Association Standard for the Protection of Electrostatic Discharge Susceptible Items–Packaging Materials for ESD Sensitive Items	17.220.01	K15	IEC 101/295/FDIS–2009，MOD
11	ANSI/ESD S6.1：2014	静电放电敏感元器件的 ESD 协会防护标准　接地	ESD Association Standard for the Protection of Electrostatic Discharge Susceptible Items–Grounding	29.020；29.120.50	L15	
12	ANSI/ESD S8.1：2017	静电放电敏感产品防护的 ESD 协会操作标准　符号　ESD 意识	ESD Association Draft Standard for the Protection of Electrostatic Discharge Susceptible Items–Symbols–ESD Awareness	01.080.10；17.220.01	L17	
13	ANSI/ESD SP10.1：2016	静电放电敏感产品防护的 ESD 协会操作标准　自动化设备（AHE）	ESD Association Standard Practice for the Protection of Electrostatic Discharge Susceptible Items–Automated Handling Equipment（AHE）	53.040.01；19.040	C73	
14	ANSI/ESD SP14.5：2015	静电放电敏感度测试标准规范 – 近场抗扰度扫描 – 元件 / 模块 / PCB 级	ESD Association Standard Practice for Electrostatic Discharge Sensitivity Testing–Near Field Immunity Scanning–Component/Module/PCB Level			
15	ANSI/ESD SP15.1：2011	静电敏感产品的防护标准　使用中手套和指套的电阻标准测试方法	ESD Association Standard Practice for the Protection of Electrostatic Discharge Susceptible Items–In–Use Resistance Measurement of Gloves and Finger Cots	13.26	K31	

续表

序号	文献号	中文题名	英文题名	国际标准分类号	中国标准分类号	采用关系
16	ANSI/ESD SP3.3：2012	静电放电敏感产品 ESD 协会防护标准　离子发生器的周期检验	ESD Association Standard Practice for the Protection of Electrostatic Discharge Susceptible Items–Periodic Verification of Air Ionizers	13.040.99	C51	
17	ANSI/ESD SP3.4：2016	静电放电敏感产品防护的 ESD 协会操作标准　基于小型试验设备开展空气离子发生器的性能周期检验	ESD Association Standard Practice for the Protection of Electrostatic Discharge Susceptible Items–Periodic Verification of Air Ionizer Performance Using a Small Test Fixture	13.040.99	C51	
18	ANSI/ESD SP5.3.2：2013	静电放电敏感产品防护的 ESD 协会操作标准　灵敏度试验　套接设备模型（SDM）　元器件级	ESD Association Standard Practice for Electrostatic Discharge Sensitivity Testing–Socketed Device Model （SDM）–Component Level	31.2	L15	
19	ANSI/ESD SP5.6：2010	静电放电敏感产品防护的 ESD 协会操作标准　人体金属模型（HMM）　组件级	ESD Association Standard Practice for Electrostatic Discharge Sensitivity Testing–Human Metal Model（HMM）–Component Level	17.220.20	L15	
20	ANSI/ESD STM11.11：2015	静电放电敏感产品的防护　静态耗散平面材料表面电阻的测量	ESD Association Standard for Protection of Electrostatic Discharge Susceptible Items–Surface Resistance Measurement of Static Dissipative Planar Materials	19.08	K04	

续表

序号	文献号	中文题名	英文题名	国际标准分类号	中国标准分类号	采用关系
21	ANSI/ESD STM11.12：2015	静电放电敏感产品的防护试验方法　静态耗散平面材料的体电阻测量	ESD Association Standard Test Method for Protection of Electrostatic Discharge Susceptible Items–Volume Resistance Measurement of Static Dissipative Planar Materials	29.020；13.260	L04	
22	ANSI/ESD STM11.13：2015	静电放电敏感产品防护的ESD协会操作标准　两点电阻测量	ESD Association Standard Test Method for the Protection of Electrostatic Discharge Susceptible Items–Two–Point Resistance Measurement	29.045	L15	IEC 101/334/CDV–2011，IDT
23	ANSI/ESD STM11.31：2012	静电放电屏蔽材料性能评价包	ESD Association Standard Test Method for Evaluating the Performance of Electrostatic Discharge Shielding Materials–Bags	17.220.20	L04	IEC 101/269/CDV–2008，IDT；IEC 101/293/FDIS–2009，IDT
24	ANSI/ESD STM12.1：2013	静电放电敏感物品防护试验方法　座椅　电阻测量	ESD Association Standard Test Method for the Protection of Electrostatic Discharge Susceptible Items–Seating–Resistance Measurement	29.020；13.260	L04	
25	ANSI/ESD STM2.1：2013	静电放电敏感产品防护的ESD协会操作标准　服装　电阻表征	ESD Association Standard Test Method for the Protection of Electrostatic Discharge Susceptible Items–Garments–Resistive Characterization	17.220.01	L04	

续表

序号	文献号	中文题名	英文题名	国际标准分类号	中国标准分类号	采用关系
26	ANSI/ESD STM3.1：2015	静电放电敏感物品的防护 电离器	ESD Association Standard Test Method for the Protection of Electrostatic Discharge Susceptible Items–Ionization	17.220.20	L04	IEC 101/268/CDV–2008，IDT；IEC 101/292/FDIS–2009，IDT
27	ANSI/ESD STM4.2：2012	静电放电敏感物品试验方法 EDS防护工作台静电消散特性	ESD Association Standard Test Method for the Protection of Electrostatic Discharge Susceptible Items–ESD Protective Worksurfaces–Charge Dissipation Characteristics	29.020；13.260	L04	
28	ANSI/ESD STM5.2：2012	静电放电敏感度ESD协会标准试验方法 机器模型（MM） 组件级	ESD Association Standard Test Method for Electrostatic Discharge（ESD）Sensitivity Testing–Machine Model（MM）–Component Level	19.08	N20	
29	ANSI/ESD STM7.1：2013	静电放电敏感产品标准试验方法 地板 材料的抗静电性	ESD Association Standard Test Method for the Protection of Electrostatic Discharge Susceptible Items–Floor Materials—Resistive Characterization of Materials	97.150；59.080.60；29.020		
30	ANSI/ESD STM5.5.1：2016	传输线脉冲（TLP）静电放电灵敏度测试－组件级	ESD Association Standard Test Method for Electrostatic Discharge（ESD）Sensitivity Testing–Transmission Line Pulse（TLP）–Component	17.220.20		IEC 47/2006/CDV–2008，IDT；IEC 62615：2010，MOD

续表

序号	文献号	中文题名	英文题名	国际标准分类号	中国标准分类号	采用关系
31	ANSI/ESD STM9.1：2014	静电放电敏感产品防护试验方法：鞋靴　抗电性	ESD Association Standard Test Method for the Protection of Electrostatic Discharge Susceptible Items–Footwear–Resistive Characterization	29.020；13.340.50	Y78	
32	ANSI/ESD STM97.1：2015	静电放电敏感产品防护试验方法　结合人进行地板材料和鞋的电阻测量	ESD Association Standard Test Method for the Protection of Electrostatic Discharge Susceptible Items–Floor Materials and Footwear–Resistance Measurement in Combination with a Person	29.020；13.340.50；59.080.60	L04	
33	ANSI/ESD STM97.2：2016	静电放电敏感产品防护试验方法　结合人进行地板材料和鞋的电压测量	This document establishes test methods for the measurement of the voltage on a person in combination with floor materials and static control footwear, shoes or other devices	29.020；13.340.50；59.080.60	L04	
34	ANSI/ESDA/JEDEC JS–001：2017	静电放电灵敏度试验　人体模式（HBM）　组件级	ESDA/JEDEC Joint Standard for Electrostatic Discharge Sensitivity Testing–Human Body Model（HBM）–Component Level	31.080.01	L40	
35	ANSI/ESDA/JEDEC JS–002：2014	静电放电灵敏度试验 – 带电器件模型（CDM）– 器件级	ESDA/JEDEC Joint Standard for Electrostatic Discharge Sensitivity Testing–Charged Device Model（CDM）–Device Level	31.080.01		

续表

序号	文献号	中文题名	英文题名	国际标准分类号	中国标准分类号	采用关系
36	ANSI/IEEE C37.90.3：2001	继电器静电放电标准试验	Standard Electrostatic Discharge Tests for Protective Relays	29.120.70	K33	IEEE C 37.90.3：2001，IDT
37	ANSI/IEEE C63.16：1993	美国国家标准指南　电子设备静电放电试验方法与分类	American National Standard Guide for Electrostatic Discharge Test Methodologies and Criteria for Electronic Equipment	29.02	A55	
38	ANSI/NFPA 77：2013	静电学推荐实施规程	Recommended Practice on Static Electricity	13.26	C66	
39	ANSI/TIA/EIA 455-129：1996	人体模型静电放电应力在封装光电子器件中的应用	Procedure for Applying Human Body Model Electrostatic Discharge Stress to Packaged Optoelectronic Components	31.26	L50	TIA/EIA-455-129：1996，IDT
40	ANSI/UL 867：2013	静电式空气净化器安全标准	Standard for Safety for Electrostatic Air Cleaners	13.040.40	Q76	
澳大利亚国际标准公司						
1	AS 2268：1979	易爆环境的静电喷涂和粉末喷枪	Electrostatic paint and powder sprayguns for explosive atmospheres	13.230；87.100		
2	AS 3754：1990	静电喷涂粉末涂覆的安全使用	Safe application of powder coatings by electrostatic spraying	13.100；25.220.20		
3	AS 4155.6：1993	一般高架活动地板测试方法　地板抗静电控制实验	Test methods for general access floors–Test for floor resistance for electrostatic control	91.060.30		
4	AS 4169：2004	静电涂层　锡和锡合金	Electroplated coatings–Tin and tin alloys	25.220.40		ISO 2093：1986，MOD

续表

序号	文献号	中文题名	英文题名	国际标准分类号	中国标准分类号	采用关系
5	AS 4979：2008	易燃和可燃液体　油罐车在装载过程中的静电点火防护	Flammable and combustible liquids–Precautions against electrostatic ignition during tank vehicle loading	13.230；13.300		
6	AS/NZS 1020：1995	有害静电控制	The control of undesirable static electricity	13.26		
7	AS/NZS IEC 61000.4.2：2013	电磁兼容性（EMC）第4.2部分：测试和测量技术–静电放电抗扰度测试	Electromagnetic compatibility（EMC）Part 4.2: Testing and measurement techniques–Electrostatic discharge immunity test			
保加利						
1	BGC EN 61000–4–2+A1：2000	电磁兼容性（EMC）–第4部分：测试和测量技术–第2节：静电放电抗扰度测试–基本EMC出版	Electromagnetic compatibility（EMC）–Part 4: Testing and measurement techniques–Section 2: Electrostatic discharge immunity test–Basic EMC Publication	29.02		EN 61000–4–2：1995，IDT
英国标准协会						
1	BS 2000–130：1998	石油及石油产品的试验方法　石油产品　第130部分：蒸馏产品和脂肪族烯烃溴值测定　静电计法	Methods of test for petroleum and its products–Petroleum products–Determination of bromine number of distillates and aliphatic olefins–Electrometric method	71.080.10；75.080	E30	ASTM D 1159：1993，NEQ；ISO 3839：1996，IDT

续表

序号	文献号	中文题名	英文题名	国际标准分类号	中国标准分类号	采用关系
2	BS 2050：1978	软聚合材料导电和抗静电制品电阻规范	Specification for electrical resistance of conducting and antistatic products made from flexible polymeric material	83.06	G31	ISO 2878：1978，MOD；ISO 2882：1979，MOD；ISO 2883：1980，MOD
3	BS 5958–1：1992	有害静电控制惯例　第1部分：总则	Code of practice for control of undesirable static electricity–General considerations	13.260；29.020	K04	UTE C79–138U：1999，MOD
4	BS 5958–2：1992	控制静电干扰惯例　第2部分：特种工业推荐标准	Code of practice for control of undesirable static electricity–Recommendations for particular industrial situations	13.260；29.020	K04	
5	BS 7506–1：1995	静电测量方法　基本静电学指南	Methods for measurement in electrostatics–Guide to basic electrostatics	29.02	A42	
6	BS 7506–2：1996	静电测量方法　试验方法	Methods for measurement in electrostatics–Test methods	29.02	A42	
7	BS DD IEC TS 62370：2004	电声学　声强测量仪器　电磁和静电兼容性要求和试验规程	Electroacoustics–Instruments for the measurement of sound intensity–Electromagnetic and electrostatic compatability requirements and test procedures	17.140.50	L31	IEC/TS 62370：2004，IDT
8	BS DD IEC/TS 61994–2：2011	压电、介电和静电器件及相关材料的频率控制、选择和检测　专业术语　压电介质滤波器	Piezoelectric，dielectric and electrostatic devices and associated materials for frequency control，selection and detection. Glossary. Piezoelectric and dielectric filters	01.040.31；31.140	L21	IEC/TS 61994–2：2011，IDT

续表

序号	文献号	中文题名	英文题名	国际标准分类号	中国标准分类号	采用关系
9	BS DD IEC/TS 61994-3：2011	压电、介电和静电器件及相关材料的频率控制、选择和检测 专业术语 压电和介电振荡器	Piezoelectric，dielectric and electrostatic devices and associated materials for frequency control，selection and detection. Glossary. Piezoelectric and dielectric oscillators	01.040.31；31.140	L21	IEC/TS 61994-3：2011，IDT
10	BS EN 1149-1：2006	防护服 静电性能 表面电阻率的测量方法	Protective clothing–Electrostatic properties–Test method for measurement of surface resistivity	13.340.01	C73	EN 1149-1：2006，IDT
11	BS EN 1149-2：1997	防护服 静电特性 材料的体电阻的测量方法	Protective clothing–Electrostatic properties–Test method for measurement of the electrical resistance through a material（vertical resistance）	13.340.10	C73	EN 1149-2：1997，IDT
12	BS EN 1149-3：2004	防护服 静电性能 电荷衰减的测量方法	Protective clothing–Electrostatic properties–Test methods for measurement of charge decay	13.340.10	C73	EN 1149-3：2004，IDT
13	BS EN 1149-5：2008	防护服 静电性能 材料性能和设计要求	Protective clothing —Electrostatic properties —Part 5: Material performance and design requirements	13.340.10	C73	EN 1149-5：2008，IDT
14	BS EN 13763-13：2004	民用爆炸物 雷管和传爆管 电雷管耐静电放电性能的测试	Explosives for civil uses–Detonators and relays–Determination of resistance of electric detonators against electrostatic discharge	71.100.30	G89	EN 13763-13：2004，IDT

续表

序号	文献号	中文题名	英文题名	国际标准分类号	中国标准分类号	采用关系
15	BS EN 13938–2：2004	民用爆炸物　推进剂和火箭推进剂　抗静电性能的测试	Explosives for civil uses–Propellants and rocket propellants–Determination of resistance to electrostatic energy	71.100.30	G89	EN 13938–2：2004，IDT
16	BS EN 16350：2014	防护手套　静电性能	Protective gloves. Electrostatic properties	13.340.40	C73	EN 16350：2014，IDT
17	BS EN 1815：2016	弹性地板覆盖物和地毯织物静电性能评估	Resilient and laminate floor coverings. Assessment of static electrical propensity	59.080.60；97.150	W56	EN 1815：2016，IDT
18	BS EN 50050–1：2013	手持式静电喷涂设备　安全要求　手持式可燃性的液体涂料喷涂设备	Electrostatic hand–held spraying equipment. Safety requirements. Hand–held spraying equipment for ignitable liquid coating materials	29.260.20；87.100	A29	EN 50050–1：2013，IDT
19	BS EN 50050–2：2013	手持式静电喷涂设备　安全要求　手持式可燃性的粉末涂料喷涂设备	Electrostatic hand–held spraying equipment. Safety requirements. Hand–held spraying equipment for ignitable coating powder	29.260.20；87.100	A29	EN 50050–2：2013，IDT
20	BS EN 50050–3：2013	手持式静电喷涂设备　安全要求　手持式可燃性的植绒喷涂设备	Electrostatic hand–held spraying equipment. Safety requirements. Hand–held spraying equipment for ignitable flock	29.260.20；87.100	A29	EN 50050–3：2013，IDT
21	BS EN 50059：1991	涂漆及抛光用不易燃材料手持静电喷涂设备规范	Specification for electrostatic hand–held spraying equipment for non–flammable material for painting and finishing	87.1	K64	EN 50059：1990，IDT

续表

序号	文献号	中文题名	英文题名	国际标准分类号	中国标准分类号	采用关系
22	BS EN 50176：2009	易燃液态涂层材料的固定静电应用设备　安全性要求	Stationary electrostatic application equipment for ignitable liquid coating material. Safety requirements	13.230；87.100	A29；J60	EN 50176：2009，IDT
23	BS EN 50177-2009+A1：2012	可燃性涂覆粉末的固定静电应用　安全要求	Stationary electrostatic application equipment for ignitable coating powders. Safety requirements	87.1	G51	EN 50177：2009，IDT；EN 50177/A1：2012，NEQ
24	BS EN 50223：2015	可燃棉束材料的静电应用设备　安全性要求	Stationary electrostatic application equipment for ignitable flock material. Safety requirements	29.260.20；87.100	K31	EN 50223：2015，IDT
25	BS EN 50348：2010	非易燃性液体涂料材料用固定式静电应用设备　安全要求	Stationary electrostatic application equipment for non-ignitable liquid coating material. Safety requirements	25.220.20	A29；J04	EN 50348：2010，IDT
26	BS EN 60079：32-2-2015	易爆环境　静电危害　试验	Explosive atmospheres. Electrostatics hazards. Tests	29.260.20	K35	EN 60079-32-2：2015，IDT；IEC 60079-32-2：2015，IDT
27	BS EN 60749-26：2014	半导体器件　机械和环境试验方法　静电放电（ESD）敏感度测试　人体模型（HBM）	Semiconductor devices. Mechanical and climatic test methods. Electrostatic discharge（ESD）sensitivity testing. Human body model（HBM）	31.080.01	L40	EN 60749-26：2014，IDT；IEC 60749-26：2013，IDT

续表

序号	文献号	中文题名	英文题名	国际标准分类号	中国标准分类号	采用关系
28	BS EN 60749–27–2006+A1：2012	半导体器件　机械和环境试验方法　静电放电（ESD）敏感度测试　机器模型（MM）	Semiconductor devices. Mechanical and climatic test methods. Electrostatic discharge（ESD）sensitivity testing. Machine model（MM）	31.080.01	L40	EN 60749–27：2006，IDT；EN 60749–27/A1–2012，NEQ；IEC 60749–27：2006，IDT
29	BS EN 60801–2：1993	工业过程测量和控制设备的电磁兼容性　第 2 部分：静电放电要求	Electromagnetic compatibility for industrial–process measurement and control equipment–Electrostatic discharge requirements	33.100.20	L06；N10	EN 60801–2：1993，IDT；IEC 60801–2：1991，IDT
30	BS EN 61000–4–2：2009	电磁兼容性（EMC）　试验和测量技术　静电释放抗扰性试验	Electromagnetic compatibility（EMC）–Testing and measurement techniques–Electrostatic discharge immunity test	33.100.20	L06	EN 61000–4–2：2009，IDT；IEC 61000–4–2：2008，IDT
31	BS EN 61340–2–1：2015	静电学　测量方法　材料和产品消除静电放电的能力	Electrostatics. Measurement methods. Ability of materials and products to dissipate static electric charge	17.220.99；29.020	A42	EN 61340–2–1：2015，IDT；IEC 61340–2–1：2015，IDT
32	BS EN 61340–2–3：2000	静电学　防电荷沉积的固态平面材料的电阻和电阻率的试验方法　第 3 节：防电荷沉积的固体平面材料的电阻和电阻率的测定试验方法	Electrostatics. Methods of test for determining the resistance and resistivity of solid planar materials used to avoid electrostatic charge accumulation. Section 3: Methods of test for determining the resistance and resistivity of solid planar materials used to avoid electrostatic charging	29.02	K04	EN 61340–2–3：2000，IDT；IEC 61340–2–3：2000，IDT

续表

序号	文献号	中文题名	英文题名	国际标准分类号	中国标准分类号	采用关系
33	BS EN 61340-3-1：2007	静电学　静电效应模拟方法　人体模型（HBM）静电放电试验波形	Electrostatics-Methods for simulation of electrostatic effects-Human body model（HBM）electrostatic discharge test waveforms	17.220.20；29.020	K04	EN 61340-3-1：2007，IDT；IEC 61340-3-1：2006，IDT
34	BS EN 61340-3-2：2007	静电学　静电效应模拟方法　机械模型（MM）静电放电波型	Electrostatics-Methods for simulation of electrostatic effects-Machine model（MM）electrostatic discharge test waveforms	17.220.99	K04	EN 61340-3-2：2007，IDT；IEC 61340-3-2：2006，IDT
35	BS EN 61340-4-1：2004	静电学　专用品的标准试验方法　地板覆盖物和安装地板的抗电性	Electrostatics-Standard test methods for specific applications-Electrical resistance of floor coverings and installed floors	17.220.20；59.080.60；97.150	A42	EN 61340-4-1：2004，IDT；IEC 61340-4-1：2003，IDT
36	BS EN 61340-4-3：2002	静电学　专用品的标准试验方法　鞋靴	Electrostatics-Standard test methods for specific applications-Footwear	17.220.20；61.060	Y78	EN 61340-4-3：2001，IDT；IEC 61340-4-3：2001，IDT
37	BS EN 61340-4-4：2012	静电　专用品的标准试验方法　挠性中型散货集装箱（FIBC）的静电学分类	Electrostatics. Standard test methods for specific applications. Electrostatic classification of flexible intermediate bulk containers（FIBC）	17.220.20；55.180.99	A85	EN 61340-4-4：2012，IDT；IEC 61340-4-4：2012，IDT

续表

序号	文献号	中文题名	英文题名	国际标准分类号	中国标准分类号	采用关系
38	BS EN 61340-4-5：2004	静电　专用品的标准试验方法　鞋靴、地板与人之间静电防护方法	Electrostatics-Standard test methods for specific applications-Methods for characterizing the electrostatic protection of footwear and flooring in combination with a person	17.220.20；59.080.60；61.060；97.150	A42	EN 61340-4-5：2004，IDT；IEC 61340-4-5：2004，IDT
39	BS EN 61340-4-6：2015	静电学　专用品的标准试验方法　防静电手环	Electrostatics. Standard test methods for specific applications. Wrist straps	17.220.99；29.020	A42	EN 61340-4-6：2015，IDT；IEC 61340-4-6：2015，IDT
40	BS EN 61340-4-8：2015	静电学　专用品的标准试验方法　静电放电屏蔽包装袋	Electrostatics. Standard test methods for specific applications. Electrostatic discharge shielding. Bags	17.220.99；29.020	A42	EN 61340-4-8：2015，IDT；IEC 61340-4-8：2014，IDT
41	BS EN 61340-4-9：2016	静电　专用品的标准试验方法服装	Electrostatics. Standard test methods for specific applications. Garments	17.220.99；29.020		EN 61340-4-9：2016，IDT；IEC 61340-4-9：2016，IDT
42	BS EN 61340-5-1：2007	静电　电子设备静电防护设计　一般要求	Electrostatics—Part 5-1: Protection of electronic devices from electrostatic phenomena—General requirements	17.220.99；29.020；31.020	A42；L04	EN 61340-5-1：2007，IDT；IEC 61340-5-1：2007，IDT
43	BS EN 61340-5-3：2010	静电　电子设备静电防护设计　静电放电敏感设备的封装性能和要求分类	Electrostatics. Protection of electronic devices from electrostatic phenomena. Properties and requirements classifications for packaging intended for electrostatic discharge sensitive devices	17.220.20；31.020；55.020	A42；L04	EN 61340-5-3：2010，IDT；IEC 61340-5-3：2010，IDT

续表

序号	文献号	中文题名	英文题名	国际标准分类号	中国标准分类号	采用关系
44	BS EN 61340-5-3：2015	静电　电子设备静电防护设计　静电放电敏感设备的封装性能和要求分类	Electrostatics. Protection of electronic devices from electrostatic phenomena. Properties and requirements classification for packaging intended for electrostatic discharge sensitive devices	17.220.99；29.020	A42；L04	EN 61340-5-3：2015，IDT；IEC 61340-5-3：2015，IDT
45	BS EN ISO 17864：2006	金属和合金的腐蚀　静电位控制下的临界点蚀温度测定	Corrosion of metals and alloys-Determination of the critical pitting temperature under potientiostatic control	77.06	H25	EN ISO 17864：2008，IDT；ISO 17864：2005，IDT
46	BS EN ISO 21179：2013	轻型输送带　轻型输送带运行中产生的静电场的测定	Light conveyor belts. Determination of the electrostatic field generated by a running light conveyor belt	53.040.20	J81	EN ISO 21179：2013，IDT
47	BS IEC 61340-4-6：2010	静电　专用品的标准试验方法　防静电手环	Electrostatics. Standard test methods for specific applications. Wrist straps	17.220.20	A42	IEC 61340-4-6：2010，IDT
48	BS IEC 61340-5-1：1998	静电　专用品的标准试验方法　一般要求	Electrostatics. Protection of electronic devices from electrostatic phenomena. General requirements	31.02	L04	IEC 61340-5-1：1998，IDT
49	BS IEC 62615：2011	静电放电敏感度试验　传输线脉冲（TLP）　组件级	Electrostatic discharge sensitivity testing. Transmission line pulse（TLP）. Component level	17.220.20	A55	IEC 62615：2010，IDT
50	BS ISO 10605：2008	公路车辆　静电放电干扰试验方法	Road vehicles-Test methods for electrical disturbances from electrostatic discharge	43.040.10	T36	ISO 10605：2008，IDT

续表

序号	文献号	中文题名	英文题名	国际标准分类号	中国标准分类号	采用关系
51	BS ISO 11221：2011	空间系统　空间太阳能板　静电放电所引发的航天器充电试验方法	Space systems. Space solar panels. Spacecraft charging induced electrostatic discharge test methods	49.14	V71	ISO 11221：2011，IDT
52	BS ISO 17864：2006	金属和合金的腐蚀性　静电位控制下的临界点蚀温度测定	Corrosion of metals and alloys–Determination of the critical pitting temperature under potentiostatic control	77.06	H25	ISO 17864：2005，IDT
53	BS ISO 1813：2014	皮带传动　多楔带、联组 V 型带以及 V 型带　包括宽节带和六角带　抗静电带的导电性：试验特性和试验方法	Belt drives. V–ribbed belts，joined V–belts and V–belts including wide section belts and hexagonal belts. Electrical conductivity of antistatic belts: Characteristics and methods of test	21.220.10	J18	ISO 1813：2014，IDT
54	BS ISO 2878：2011	橡胶、硫化或热塑性塑料　抗静电和导电产品　电阻的测定	Rubber，vulcanized or thermoplastic. Antistatic and conductive products. Determination of electrical resistance	83.06	G34	ISO 2878：2011，IDT
55	BS ISO 6356：2012	地毯织物　静电特性评定　行走试验	Textile and laminate floor coverings. Assessment of static electrical propensity. Walking test	59.080.60	W56	ISO 6356：2012，IDT
56	BS ISO 9563：2015	皮带传动装置　抗静电　连续同步传动的皮带的电导率　特性和试验方法	Belt drives. Electrical conductivity of antistatic endless synchronous belts. Characteristics and test method	21.220.10		ISO 9563：2015，IDT

续表

序号	文献号	中文题名	英文题名	国际标准分类号	中国标准分类号	采用关系
57	BS PD CEN/TR 16832：2015	防止危险区域内静电风险（爆炸风险）的个人防护设备的选择、使用、保养和维护	Selection，use，care and maintenance of personal protective equipment for preventing electrostatic risks in hazardous areas（explosion risks）	13.340.01		CEN/TR 16832：2015，IDT
58	BS PD CLC/TR 61340-5-2：2008	静电　第5-2部分：电子设备的静电防护　用户指南	Electrostatics—Part 5-2: Protection of electronic devices from electrostatic phenomena-User guide	17.220.99；29.020；31.020	K04	IEC/TR 61340-5-2：2007，IDT
加拿大标准协会 / 国际电工委员会						
1	CAN/CSA-CEI/IEC 61000-4-2：2012	电磁兼容性（EMC）　第4-2部分：测试和测量技术　静电放电抗扰度测试（第2版）	Electromagnetic compatibility（EMC）—Part 4-2: Testing and measurement techniques-Electrostatic discharge immunity test（Second Edition）	33.100.20		
捷克标准局						
1	CSN 33 2030：2004	静电　防静电危险的操作规范	Electrostatics-Code of practice for avoidance of hazards due to static electricity	29.260.20；13.110		CLC/TR 50404：2003，IDT
2	CSN 34 1382：1988	材料和产品的静电性能检验	Examination of the electrostatic properties of materials and products	29.02		

续表

序号	文献号	中文题名	英文题名	国际标准分类号	中国标准分类号	采用关系
3	CSN CLC/TR 61340–5–2：2008	静电　第 5–2 部分：电子设备的静电防护　用户指南	Electrostatics–Part 5–2: Protection of electronic devices from electrostatic phenomena–User guide	17.220.99；29.020		IEC TR 61340–5–2：2007，IDT；CLC/TR 61340–5–2：2008，IDT；IEC/TR 61340–5–2 Cor. 1–2009，IDT
4	CSN EN 1149–1：2007	防护服　静电性能　第 1 部分：表面电阻率的测试方法	Protective clothing–Electrostatic properties–Part 1: Test method for measurement of surface resistivity	13.340.01		EN 1149–1：2006，IDT
5	CSN EN 1149–2：1998	防护服　静电特性　第 2 部分：材料体电阻的测试方法（垂直电阻）	Protective clothing–Electrostatic properties–Part 2: Test method for measurement of the electrical resistance through a material（vertical resistance）	13.340.10		EN 1149–2：1997，IDT
6	CSN EN 1149–3：2004	防护服　静电性能　第 3 部分：电荷衰减的测试方法	Protective clothing–Electrostatic properties–Part 3: Test methods for measurement of charge decay	13.340.10		EN 1149–3：2004，IDT
7	CSN EN 1149–5：2008	防护服　静电性能　第 5 部分：材料性能和设计要求	Protective clothing–Electrostatic properties–Part 5: Material performance and design requirements	13.340.10		EN 1149–5：2008，IDT
8	CSN EN 13763–13：2004	民用爆炸品　雷管和继电器　第 13 部分：电雷管抗静电能力	Explosives for civil uses–Detonators and relays–Part 13: Determination of resistance of electric detonators to electrostatic discharge	71.100.30		EN 13763–13：2004，IDT

续表

序号	文献号	中文题名	英文题名	国际标准分类号	中国标准分类号	采用关系
9	CSN EN 13938-2：2005	民用爆炸物　推进剂和火箭推进剂　第2部分：抗静电能力	Explosives for civil uses-Propellants and rocket propellants-Part 2: Determination of resistance to electrostatic energy	71.100.30		EN 13938-2：2004，IDT
10	CSN EN 50059：1994	不易燃喷漆的静电手持喷涂设备规范	Specification for electrostatic hand-held spraying equipment for nonflammable material for painting and finishing	87.100；25.140.20		EN 50059：1990，IDT
11	CSN EN 60255-22-2 ed. 2：2009	继电器和防护设备　第22-2部分：电气干扰测试　静电放电测试（IEC 60255-22-2：2008）	Measuring relays and protection equipment-Part 22-2: Electrical disturbance tests-Electrostatic discharge tests（IEC 60255-22-2:2008）	29.120.70		IEC 60255-22-2：2008，IDT；EN 60255-22-2：2008，IDT
12	CSN EN 60749-26：2007	半导体器件　机械和气候测试方法　第26部分：静电放电（ESD）灵敏度测试　人体模型（HBM）	Semiconductor devices-Mechanical and climatic test methods-Part 26: Electrostatic discharge（ESD）sensitivity testing-Human body model（HBM）	31.080.01		IEC 60749-26：2006，IDT；EN 60749-26：2006，IDT
13	CSN EN 60749-27：2007	半导体器件　机械和气候测试方法　第27部分：静电放电（ESD）灵敏度测试　机器型号（MM）	Semiconductor devices-Mechanical and climatic test methods-Part 27: Electrostatic discharge（ESD）sensitivity testing-Machine model（MM）	31.080.01		IEC 60749-27：2006，IDT；EN 60749-27：2006，IDT
14	CSN EN 61000-4-2 ed. 2：2009	电磁兼容性（EMC）　第4-2部分：测试和测量技术　静电放电抗扰度测试	Electromagnetic compatibility（EMC）—Part 4-2: Testing and measurement techniques-Electrostatic discharge immunity test	33.100.20		IEC 61000-4-2：2008，IDT；EN 61000-4-2：2009，IDT

续表

序号	文献号	中文题名	英文题名	国际标准分类号	中国标准分类号	采用关系
15	CSN EN 61094-6：2005	麦克风　第 6 部分：静电驱动器的频率响应测试方法	Measurement microphones–Part 6: Electrostatic actuators for determination of frequency response	17.140.50；33.160.50		EN 61094-6：2005，IDT；IEC 61094-6：2004，IDT
16	CSN EN 61340-2-1：2003	静电　第 2-1 部分：测量方法　材料和产品的静电荷消散能力	Electrostatics–Part 2-1: Measurement methods–Ability of materials and products to dissipate static electric charge	17.220.20；29.020		EN 61340-2-1：2002，IDT；IEC 61340-2-1：2002，IDT
17	CSN EN 61340-2-3：2001	静电学　第 2-3 部分：防静电荷积聚的固体平面材料的电阻和电阻率的测试方法	Electrostatics–Part 2-3: Methods of test for determining the resistance and resistivity of solid planar materials used to avoid electrostatic charge accumulation	17.220.99；29.020		EN 61340-2-3：2000，IDT；IEC 61340-2-3：2000，IDT
18	CSN EN 61340-3-1 ed. 2：2007	静电　第 3-1 部分：静电放电模拟器　人体模型（HBM）静电放电波形测试	Electrostatics–Part 3-1: Methods for simulation of electrostatic effects–Human body model（HBM）electrostatic discharge test waveforms	17.220.99；29.020		IEC 61340-3-1：2006，IDT；EN 61340-3-1：2007，IDT
19	CSN EN 61340-3-2 ed. 2：2007	静电　第 3-2 部分：静电放电模拟器　机器模型（MM）静电放电波形测试	Electrostatics–Part 3-2: Methods for simulation of electrostatic effects–Machine model（MM）electrostatic discharge test waveforms	17.220.99；29.020		IEC 61340-3-2：2006，IDT；EN 61340-3-2：2007，IDT
20	CSN EN 61340-4-1：2004	静电　第 4-1 部分：专用品的标准测试方法　地板和安装地板的电阻	Electrostatics—Part 4-1: Standard test methods for specific applications–Electrical resistance of floor coverings and installed floors	17.220.99；59.080.60；97.150		EN 61340-4-1：2004，IDT；IEC 61340-4-1：2003，IDT

续表

序号	文献号	中文题名	英文题名	国际标准分类号	中国标准分类号	采用关系
21	CSN EN 61340-4-3：2002	静电　第4-3部分：专用品的标准测试方法　鞋类	Electrostatics—Part 4-3: Standard test methods for specific applications-Footwear	17.220.99；29.020；61.060		EN 61340-4-3：2001，IDT；IEC 61340-4-3：2001，IDT
22	CSN EN 61340-4-4 ed. 2：2012	静电　第4-4部分：专用品的标准测试方法　柔性中间散装容器（FIBC）的静电分级	Electrostatics—Part 4-4: Standard test methods for specific applications-Electrostatic classification of flexible intermediate bulk containers（FIBC）	17.220.99；29.020；55.080		IEC 61340-4-4：2012，IDT；EN 61340-4-4：2012，IDT
23	CSN EN 61340-4-4：2006	静电　第4-4部分：专用品的标准测试方法　柔性中间散装容器（FIBC）的静电分级	Electrostatics—Part 4-4: Standard test methods for specific applications-Electrostatic classification of flexible intermediate bulk containers（FIBC）	17.220.99；55.080		EN 61340-4-4：2005，IDT；IEC 61340-4-4：2005，IDT
24	CSN EN 61340-4-5：2005	静电学　第4-5部分：专用品的标准测试方法　鞋、地板和人的静电防护方法	Electrostatics—Part 4-5: Standard test methods for specific applications-Methods for characterizing the electrostatic protection of footwear and flooring in combination with a person	17.220.99；59.080.60；97.150；61.060		EN 61340-4-5：2004，IDT；IEC 61340-4-5：2004，IDT
25	CSN EN 61340-5-1 ed. 2：2008	静电　第5-1部分：电子设备静电防护技术　一般要求	Electrostatics-Part 5-1: Protection of electronic devices from electrostatic phenomena-General requirements	17.220.99；29.020		IEC 61340-5-1：2007，IDT；EN 61340-5-1：2007，IDT

续表

序号	文献号	中文题名	英文题名	国际标准分类号	中国标准分类号	采用关系
26	CSN EN 61340-5-3：2010	静电　第5-3部分：电子设备静电防护技术　用于静电放电敏感设备的包装的性能和要求分类	Electrostatics-Part 5-3: Protection of electronic devices from electrostatic phenomena-Properties and requirements classifications for packaging intended for electrostatic discharge sensitive devices	17.220.99；29.020；55.020		IEC 61340-5-3：2010，IDT；EN 61340-5-3：2010，IDT
27	CSN EN ISO 21179：2013	轻型输送带　轻型输送带运行中产生的静电场	Light conveyor belts-Determination of the electrostatic field generated by a running light conveyor belt	53.040.20		ISO 21179：2013，IDT；EN ISO 21179：2013，IDT
28	CSN IEC/TR 61340-1：2013	静电　第1部分：静电现象　原理和测量	Electrostatics-Part 1: Electrostatic phenomena-Principles and measurements	17.200.99；29.020		IEC/TR 61340-1：2012，IDT
德国标准化协会						
1	DIN 50979：2008	金属镀层　无铬Cr（VI）处理的铁或钢表面锌和锌合金静电镀层	Metallic coatings-Electroplated coatings of zinc and zinc alloys on iron or steel with supplementary Cr（VI）-free treatment	25.220.40	A29	
2	DIN 54345-1：1992	纺织品的检测　静电性能　电阻值的测定	Testing of textiles；electrostatic behaviour；determination of electrical resistance	59.080.30	W04	SNV DIN 54345-1：1992，IDT
3	DIN 54345-3：1985	纺织品的检测　静电性能　第3部分：用机器法对织物地毯静电荷的测定	Testing of textiles；electrostatic behaviour；determination of electrostatic charge of textile floor coverings by machine	59.080.60	W56；W04	

续表

序号	文献号	中文题名	英文题名	国际标准分类号	中国标准分类号	采用关系
4	DIN 54345-4：1985	纺织品的检测　静电性能　第4部分：平面织物静电荷的测定	Testing of textiles；electrostatic behaviour；determination of electrostatic charge of textile fabrics	59.080.30	W04	SNV DIN 54345-4：1985，IDT
5	DIN 54345-5：1985	纺织品的检测　静电性能　在织物条上测定电阻值	Testing of textiles；electrostatic behaviour；determination of electrical restistance of strips of textile fabrics	59.080.30	W04	SNV DIN 54345-5：1985，IDT
6	DIN EN 1149-1：2006	防护服　静电性能　第1部分：表面电阻测量试验方法	Protective clothing-Electrostatic properties-Part 1: Test method for measurement of surface resistivity English version of DIN EN 1149-1:2006-09	13.340.10	C73	EN 1149-1：2006，IDT
7	DIN EN 1149-2：1997	防护服　静电特性　第2部分：材料电阻的试验方法（回路电阻）	Protective clothing-Electrostatic properties-Part 2: Test method for measurement of the electrical resistance through a material（vertical resistance）；German version EN 1149-2:1997	13.340.10	C73	EN 1149-2：1997，IDT；SN EN 1149-2：1998，IDT
8	DIN EN 1149-3：2004	防护服　静电性能　第3部分：电荷衰减的试验方法	Protective clothing-Electrostatic properties-Part 3: Test methods for measurement of charge decay；German version EN 1149-3:2004	13.340.10	C73	EN 1149-3：2004，IDT
9	DIN EN 1149-5：2008	防护服　静电性能　第5部分：材料性能和设计要求	Protective clothing-Electrostatic properties-Part 5: Material performance and design requirements；English version of DIN EN 1149-5:2008-04	13.340.10	C73	EN 1149-5：2008，IDT

续表

序号	文献号	中文题名	英文题名	国际标准分类号	中国标准分类号	采用关系
10	DIN EN 13763-13：2004	民用爆炸物　雷管和传爆管　第13部分：电雷管耐静电放电性的测定	Explosives for civil uses-Detonators and relays-Part 13: Determination of resistance of electric detonators to electrostatic discharge； German version EN 13763-13:2004	71.100.30	G89	EN 13763-13：2004，IDT
11	DIN EN 13938-2：2005	民用爆炸物　推进剂和火箭推进剂　第2部分：耐静电能量的测定	Explosives for civil uses-Propellants and rocket propellants-Part 2: Determination of resistance to electrostatic energy; German version EN 13938-2:2004	71.100.30	G89	EN 13938-2：2004，IDT
12	DIN EN 16350: 2014	防护手套　静电性能　德文版本 EN 16350-2014	Protective gloves-Electrostatic properties; German version EN 16350:2014	13.340.40	C73	EN 16350：2014，IDT
13	DIN EN 1815：1998	地板和地毯织物　静电特性评定	Resilient and textile floor coverings-Assessment of static electrical propensity; German version EN 1815:1997	59.080.60；97.150	W56	EN 1815：1997，IDT；SN EN 1815：1997，IDT
14	DIN EN 50050-1：2014	手持式静电喷涂设备　安全要求　第1部分：易燃液体涂层材料用手持式喷涂设备　德文版本 EN 50050-1-2013	Electrostatic hand-held spraying equipment-Safety requirements-Part 1: Hand-held spraying equipment for ignitable liquid coating materials; German version EN 50050-1:2013	29.260.20；87.100	K64	EN 50050-1：2013，IDT

续表

序号	文献号	中文题名	英文题名	国际标准分类号	中国标准分类号	采用关系
15	DIN EN 50050-2：2014	手持式静电喷涂设备　安全性要求　第2部分：手持可燃性的粉末涂料喷涂设备　德文版本 EN 50050-2-2013	Electrostatic hand-held spraying equipment-Safety requirements-Part 2: Hand-held spraying equipment for ignitable coating powder；German version EN 50050-2:2013	29.260.20；87.100	K64	EN 50050-2：2013，IDT
16	DIN EN 50050-3：2014	手持式静电喷涂设备　安全性要求　第3部分：手持可燃性的植绒喷涂设备　德文版本 EN 50050-3-2013	Electrostatic hand-held spraying equipment-Safety requirements-Part 3: Hand-held spraying equipment for ignitable flock；German version EN 50050-3:2013	29.260.20；87.100	K64	EN 50050-3：2013，IDT
17	DIN EN 50176：2010	易燃液体涂料用固定静电喷涂设备　安全要求	Stationary electrostatic application equipment for ignitable liquid coating material-Safety requirements；German version EN 50176:2009	87.1	J70	EN 50176：2009，IDT
18	DIN EN 50177/A1：2013	可燃性的涂层粉末用固定静电应用装置　安全性要求　德文版本 EN 50177-2009/A1-2012	Stationary electrostatic application equipment for ignitable coating powders. Safety requirements；German version EN 50177:2009/A1:2012	87.1	A29	EN 50177/A1-2012，IDT
19	DIN EN 50177：2010	易燃涂层粉末的固定式静电喷涂设备　安全要求　德文版本 EN 50177-2009	Stationary electrostatic application equipment for ignitable coating powders-Safety requirements；German version EN 50177:2009	87.1	A29	EN 50177：2009，IDT

续表

序号	文献号	中文题名	英文题名	国际标准分类号	中国标准分类号	采用关系
20	DIN EN 50223：2015	可燃性棉束材料的静电应用设备　安全性要求　德文版本 EN 50223-2015	Stationary electrostatic application equipment for ignitable flock material-Safety requirements；German version EN 50223:2015	29.260.20；87.100	K35	EN 50223：2015，IDT
21	DIN EN 50348：2010	耐燃液体涂覆材料的固定静电应用设备　安全性要求　德文版本 EN 50348-2010 + Cor.-2010	Stationary electrostatic application equipment for non-ignitable liquid coating material-Safety requirements；German version EN 50348:2010 + Cor. :2010	87.1	J47；K64	EN 50348：2010，IDT；EN 50348 Corrigendum-2010，IDT
22	DIN EN 60079-32-2：2015	爆炸性环境　第 32-2 部分：机电危害　试验（IEC 60079-32-2-2015）；德文版本 EN 60079-32-2-2015	Explosive atmospheres-Part 32-2: Electrostatics hazards-Tests（IEC 60079-32-2:2015）；German version EN 60079-32-2:2015	29.260.20		EN 60079-32-2：2015，IDT；IEC 60079-32-2：2015，IDT
23	DIN EN 60749-26：2014	半导体器件　机械和环境试验方法　第 26 部分：静电放电（ESD）敏感度试验　人体模型（HBM）（IEC 60749-26-2013）　德文版本 EN 60749-26-2014	Semiconductor devices-Mechanical and climatic test methods-Part 26: Electrostatic discharge（ESD）sensitivity testing-Human body model（HBM）（IEC 60749-26:2013）；German version EN 60749-26:2014	31.080.01	L40	EN 60749-26：2014，IDT；IEC 60749-26：2013，IDT

续表

序号	文献号	中文题名	英文题名	国际标准分类号	中国标准分类号	采用关系
24	DIN EN 60749-27：2013	半导体器件　机械和环境试验方法　第27部分：静电放电（ESD）敏感度试验　机器模型（MM）　（IEC 60749-27-2006 + A1-2012）　德文版本EN 60749-27-2006 + A1-2012	Semiconductor devices–Mechanical and climatic test methods–Part 27: Electrostatic discharge（ESD）sensitivity testing–Machine model（MM）（IEC 60749-27:2006 + A1:2012）；German version EN 60749-27:2006 + A1:2012	31.080.01	L40	EN 60749-27：2006，IDT；EN 60749-27/A1-2012，IDT；IEC 60749-27：2006，IDT；IEC 60749-27 AMD 1-2012，IDT
25	DIN EN 61000-4-2：2009	电磁兼容性（EMC）　第4-2部分：试验和测量技术　静电放电抗扰试验（IEC 61000-4-2-2008）　德文版本EN 61000-4-2-2009	Electromagnetic compatibility（EMC）—Part 4-2: Testing and measurement techniques–Electrostatic discharge immunity test（IEC 61000-4-2:2008）；German version EN 61000-4-2:2009	33.100.20	L06	EN 61000-4-2：2009，IDT；IEC 61000-4-2：2008，IDT
26	DIN EN 61094-6：2005	测量传声器　第6部分：频率响应测定用静电传动装置（IEC 61094-6-2004）	Measurement microphones–Part 6: Electrostatic actuators for determination of frequency response（IEC 61094-6:2004）；German version EN 61094-6:2005	17.140.50；33.160.50	M72	EN 61094-6：2005，IDT；IEC 61094-6：2004，IDT
27	DIN EN 61340-2-1：2016	静电学　第2-1部分：材料和产品静电荷耗散能力测量方法（IEC 61340-2-1-2015）　德文版本EN 61340-2-1-2015	Electrostatics–Part 2-1: Measurement methods–Ability of materials and products to dissipate static electric charge（IEC 61340-2-1:2015）；German version EN 61340-2-1:2015	17.220.20	K04	EN 61340-2-1：2015，IDT；IEC 61340-2-1：2015，IDT

续表

序号	文献号	中文题名	英文题名	国际标准分类号	中国标准分类号	采用关系
28	DIN EN 61340-2-3：2000	静电　第 2-3 部分：防静电电荷积累的固态平面材料的电阻和电阻率测定的试验方法	Electrostatics-Part 2-3: Methods of test for determining the resistance and resistivity of solid planar materials used to avoid electrostatic charge accumulation（IEC 61340-2-3:2000）；German version EN 61340-2-3:2000	17.220.20；29.020	K04	EN 61340-2-3：2000，IDT；IEC 61340-2-3：2000，IDT
29	DIN EN 61340-3-1：2008	静电　第 3-1 部分：静电放电模拟器　人体模型（HBM）静电放电试验波形	Electrostatics-Part 3-1: Methods for simulation of electrostatic effects-Human body model（HBM）electrostatic discharge test waveforms（IEC 61340-3-1:2006）；German version EN 61340-3-1:2007	17.220.20；29.020	A42	EN 61340-3-1：2007，IDT；IEC 61340-3-1：2006，IDT
30	DIN EN 61340-3-2：2007	静电　第 3-2 部分：静电放电模拟器　机械模型（MM）静电放电试验波形	Electrostatics-Part 3-2: Methods for simulation of electrostatic effects-Machine model（MM）electrostatic discharge test waveforms（IEC 61340-3-2:2006）；German version EN 61340-3-2:2007	17.220.20；29.020；31.020	K04	EN 61340-3-2：2007，IDT；IEC 61340-3-2：2006，IDT

续表

序号	文献号	中文题名	英文题名	国际标准分类号	中国标准分类号	采用关系
31	DIN EN 61340-4-1：2016	静电　第4-1部分：专用标准试验方法　地毯织物和地板的电阻（IEC 61340-4-1-2003+A1-2015）　德文版本EN 61340-4-1-2004+A1-2015	Electrostatics—Part 4-1: Standard test methods for specific applications-Electrical resistance of floor coverings and installed floors（IEC 61340-4-1:2003 + A1:2015）；German version EN 61340-4-1:2004 + A1:2015	17.220.20；59.080.60；97.150	Q18	EN 61340-4-1：2004，IDT；EN 61340-4-1/A1-2015，IDT；IEC 61340-4-1：2003，IDT；IEC 61340-4-1 AMD 1-2015，IDT
32	DIN EN 61340-4-3：2002	静电学　第4-3部分：专用标准试验方法　鞋类（IEC 61340-4-3:2001）；德文版本EN 61340-4-3:2001	Electrostatics—Part 4-3: Standard test methods for specific applications；Footwear（IEC 61340-4-3:2001）；German version EN 61340-4-3:2001	17.220.20；61.060	K04	EN 61340-4-3：2001，IDT；IEC 61340-4-3：2001，IDT
33	DIN EN 61340-4-4：2015	静电　第4-4部分：专用标准试验方法　柔性中间散货集装箱（FIBC）的静电学分类（IEC 61340-4-4-2012+A1-2014）；德文版本EN 61340-4-4-2012+A1-2015	Electrostatics—Part 4-4: Standard test methods for specific applications-Electrostatic classification of flexible intermediate bulk containers（FIBC）（IEC 61340-4-4:2012 + A1:2014）；German version EN 61340-4-4:2012 + A1:2015	17.220.20；55.180.99	A85	EN 61340-4-4：2012，IDT；EN 61340-4-4/A1-2015，IDT；IEC 61340-4-4：2012，IDT；IEC 61340-4-4 AMD 1-2014，IDT
34	DIN EN 61340-4-5：2005	静电　第4-5部分：专用标准试验方法　对与人接触的鞋靴和地板的静电防护的表征方法	Electrostatics—Part 4-5: Standard test methods for specific applications-Methods for characterizing the electrostatic protection of footwear and flooring in combination with a person（IEC 61340-4-5:2004）；German version EN 61340-4-5:2004	17.220.20；59.080.60；61.060；97.150	K04	EN 61340-4-5：2004，IDT；IEC 61340-4-5：2004，IDT

续表

序号	文献号	中文题名	英文题名	国际标准分类号	中国标准分类号	采用关系
35	DIN EN 61340-4-6：2016	静电　第4-6部分：专用标准试验方法　防静电手环（IEC 61340-4-6-2015）　德文版本EN 61340-4-6-2015	Electrostatics—Part 4-6: Standard test methods for specific applications-Wrist straps（IEC 61340-4-6:2015）；German version EN 61340-4-6:2015	17.220.20；29.120.50	A42	EN 61340-4-6：2015，IDT；IEC 61340-4-6：2015，IDT
36	DIN EN 61340-4-8：2015	静电　第4-8部分：专用标准试验方法　静电放电屏障包装袋（IEC 61340-4-8-2014）　德文版本EN 61340-4-8-2015	Electrostatics—Part 4-8: Standard test methods for specific applications-Electrostatic discharge shielding-Bags（IEC 61340-4-8:2014）；German version EN 61340-4-8:2015	17.220.20		EN 61340-4-8：2015，IDT；IEC 61340-4-8：2014，IDT
37	DIN EN 61340-5-1 Bb.1 Berichtigung 1：2012	静电　第5-2部分：电子设备的静电放电防护　用户指南（IEC/TR 61340-5-2-2007）；德文版本CLC/TR 61340-5-2-2008，DIN EN 61340-5-1附页1的勘误表（VDE 0300-5-1附页1）-2009-09；（IEC-Cor.-2009至IEC 61340-5-2-2007）	Electrostatics-Part 5-2: Protection of electronic devices from electrostatic phenomena-User guide（IEC/TR 61340-5-2:2007）；German version CLC/TR 61340-5-2:2008，Corrigendum to DIN EN 61340-5-1 Beiblatt 1（VDE 0300-5-1 Beiblatt 1）:2009-09；（IEC-Cor.:2009 to IEC 61340-5-2:2007）	17.220.20；31.020	A42	IEC/TR 61340-5-2 Corrigendum 1-2009，IDT
38	DIN EN 61340-5-1 Bb.1：2009	静电　第5-2部分：电子设备的静电放电防护　用户指南（IEC/TR 61340-5-2-2007）　德文版本CLC/TR 61340-5-2-2008	Electrostatics-Part 5-2: Protection of electronic devices from electrostatic phenomena-User guide（IEC/TR 61340-5-2:2007）；German version CLC/TR 61340-5-2:2008	17.220.20；31.020	K04	CLC/TR 61340-5-2：2008，IDT；IEC/TR 61340-5-2：2007，IDT

续表

序号	文献号	中文题名	英文题名	国际标准分类号	中国标准分类号	采用关系
39	DIN EN 61340-5-1：2008	静电　第5-1部分：电子设备的静电放电防护　一般要求	Electrostatics-Part 5-1: Protection of electronic devices from electrostatic phenomena-General requirements（IEC 61340-5-1:2007）；German version EN 61340-5-1:2007	17.220.20; 31.020	K04	EN 61340-5-1：2007，IDT；IEC 61340-5-1：2007，IDT
40	DIN EN 61340-5-3：2016	静电　第5-3部分：电子设备的静电放电防护　静电放电敏感设备的封装用性能和要求分类（IEC 61340-5-3-2015）　德文版本EN 61340-5-3-2015	Electrostatics-Part 5-3: Protection of electronic devices from electrostatic phenomena-Properties and requirements classification for packaging intended for electrostatic discharge sensitive devices（IEC 61340-5-3:2015）；German version EN 61340-5-3:2015	17.220.20; 31.020; 55.020	K04	EN 61340-5-3：2015，IDT；IEC 61340-5-3：2015，IDT
41	DIN EN ISO 17475：2008	金属和合金的腐蚀　电化学试验方法　静电位和动电位的极化测试指南	Corrosion of metals and alloys-Electrochemical test methods-Guidelines for conducting potentiostatic and potentiodynamic polarization measurements（ISO 17475:2005+Cor. 1:2006）；English version of DIN EN ISO 17475:2008-07	77.06	H25	EN ISO 17475：2008，IDT；ISO 17475：2005，IDT；ISO 17475 Technical Corrigendum 1-2006，IDT
42	DIN EN ISO 17864：2008	金属和合金的腐蚀　静电位控制下临界点蚀温度的测定	Corrosion of metals and alloys-Determination of the critical pitting temperature under potientiostatic control（ISO 17864:2005）；English version of DIN EN ISO 17864:2008-07	77.06	H25	EN ISO 17864：2008，IDT；ISO 17864：2005，IDT

续表

序号	文献号	中文题名	英文题名	国际标准分类号	中国标准分类号	采用关系
43	DIN EN ISO 21179：2013	轻型输送带　轻型输送带运行中的静电场的测量（ISO 21179–2013）　德文版本 EN ISO 21179–2013	Light conveyor belts–Determination of the electrostatic field generated by a running light conveyor belt（ISO 21179:2013）；German version EN ISO 21179:2013	53.040.20	J81	EN ISO 21179：2013，IDT；ISO 21179：2013，IDT
44	DIN IEC/TR 61340–1：2014	静电　第 1 部分：静电现象　原理和测量（IEC/TR 61340–1–2012+Cor. –2013）	Electrostatics–Part 1: Electrostatic phenomena–Principles and measurements（IEC/TR 61340–1:2012 + Cor.:2013）	17.220.20；29.020	A42	IEC/TR 61340–1：2012，IDT；IEC/TR 61340–1 Corrigendum 1–2013，IDT
45	DIN IEC/TS 61340–4–2：2016	静电　第 4–2 部分：专用标准试验方法　服装静电性能	Electrostatics—Part 4–2: Standard test methods for specific applications–Electrostatic properties of garments（IEC/TS 61340–4–2:2013）	17.220.20；61.020	L04	IEC/TS 61340–4–2：2013，IDT
46	DIN IEC/TS 61994–2：2012	频率控制、压电、介电和静电设备及相关材料的选择和检测　术语　第 2 部分：压电和介电滤波器（IEC/TS 61994–2–2011）	Piezoelectric，dielectric and electrostatic devices and associated materials for frequency control，selection and detection–Glossary–Part 2: Piezoelectric and dielectric filters（IEC/TS 61994–2:2011）	01.040.31；31.140	L21	IEC/TS 61994–2：2011，IDT
47	DIN IEC/TS 61994–3：2012	频率控制、压电、介电和静电设备及相关材料的选择和检测　术语　第 3 部分：压电和介质振荡器（IEC/TS 61994–3–2011）	Piezoelectric，dielectric and electrostatic devices and associated materials for frequency control，selection and detection–Glossary–Part 3: Piezoelectric and dielectric oscillators（IEC/TS 61994–3:2011）	01.040.31；31.140	L21	IEC/TS 61994–3：2011，IDT

续表

序号	文献号	中文题名	英文题名	国际标准分类号	中国标准分类号	采用关系
48	DIN IEC/TS 61994-4-2：2012	频率控制、压电、介电和静电设备及相关材料的选择和检测词汇表　第4-2部分：压电和电介质材料　压电陶瓷（IEC/TS 61994-4-2-2011）	Piezoelectric，dielectric and electrostatic devices and associated materials for frequency control，selection and detection-Glossary—Part 4-2: Piezoelectric and dielectric materials-Piezoelectric ceramics（IEC/TS 61994-4-2:2011）	01.040.31；31.140	L21	IEC/TS 61994-4-2：2011，IDT
49	DIN IEC/TS 62370：2004	电声学　声音强度的测量仪器　电磁和静电兼容性要求和试验过程	Electroacoustics-Instruments for the measurement of sound intensity-Electromagnetic and electrostatic compatibility requirements and test procedures（IEC/TS 62370:2004）	17.140.50	N65	IEC/TS 62370：2004，IDT
50	DIN VDE 0303-8：1975	VDE 绝缘材料电气试验规范　静电性能评估	VDE-specifications for electrical tests of insulating materials；evaluation of the electrostatical behaviour	29.040.20	K15	
51	DIN VDE 0745-200：1992	非可燃材料涂漆的静电手持喷涂设备规范	Specification for electrostatic hand-held spraying equipment for non-flammable material for painting and finishing；german version EN 50059:1990	25.140.20	A29	EN 50059：1990，IDT
丹麦标准协会						
1	DS 2148.1：1987	防静电鞋　检查	Antistatic foorwear. Inspection	81		
2	DS/CLC/TR 50404：2012	静电　防静电危险的操作规范	Electrostatics-Code of practice for the avoidance of hazards due to static electricity	13.230；13.260		CLC/TR 50404：2003，IDT

续表

序号	文献号	中文题名	英文题名	国际标准分类号	中国标准分类号	采用关系
3	DS/CLC/TR 61340–5–2：2008	静电　第 5–2 部分：电子设备的静电放电防护　用户指南	Electrostatics–Part 5–2: Protection of electronic devices from electrostatic phenomena–User guide	31.02		IEC 61340–5–2 TR Ed. 2.0，IDT；CLC/TR 61340–5–2：2008，IDT
4	DS/EN 1149–1：2006	防护服　静电性能　第 1 部分：表面电阻率的测量方法	Protective clothing–Electrostatic properties–Part 1: Test method for measurement of surface resistivity	13.340.10		EN 1149–1：2006，IDT
5	DS/EN 1149–2：1998	防护服　静电特性　第 2 部分：体电阻率的测试方法（垂直电阻）	Protective clothing–Electrostatic properties–Part 2: Test method for measurement of the electrical resistance through a material（vertical resistance）	13.340.10		EN 1149–2：1997，IDT
6	DS/EN 1149–3：2004	防护服　静电性能　第 3 部分：静电电荷衰减的测试方法	Protective clothing–Electrostatic properties–Part 3: Test methods for measurement of charge decay	13.340.10		EN 1149–3：2004，IDT
7	DS/EN 1149–5：2008	防护服　静电性能　第 5 部分：材料性能和设计要求	Protective clothing–Electrostatic properties–Part 5: Material performance and design requirements	13.340.10		EN 1149–5：2008，IDT
8	DS/EN 13938：2–2004	民用爆炸物　推进剂和火箭推进剂　第 2 部分：抗静电能力	Explosives for civil uses–Propellants and rocket propellants–Part 2: Determination of resistance to electrostatic energy	71.100.30		EN 13938–2：2004，IDT
9	DS/EN 50059：1994	用非可燃材料涂漆的静电手持喷涂设备规范	Specification for electrostatic hand–held spraying equipment for non–flammable material for painting and finishing	87.1		EN 50059：1990，IDT

续表

序号	文献号	中文题名	英文题名	国际标准分类号	中国标准分类号	采用关系
10	DS/EN 60749-26：2006	半导体器件　机械和环境测试方法　第26部分：静电放电（ESD）面敢赌度测试　人体模型（HBM）	Semiconductor devices–Mechanical and climatic test methods–Part 26: Electrostatic discharge（ESD）sensitivity testing–Human body model（HBM）	31.080.01		IEC 60749–26 Ed. 2.0，IDT；EN 60749–26：2006，IDT
11	DS/EN 60749-27/A1：2013	半导体器件　机械和环境测试方法　第27部分：静电放电（ESD）敏感度测试　机器型号（MM）	Semiconductor devices–Mechanical and climatic test methods–Part 27: Electrostatic discharge（ESD）sensitivity testing–Machine model（MM）	31.080.01		IEC 60749–27 Amd.1 Ed. 2.0–2012，IDT；EN 60749–27–2006/A1–2012，IDT
12	DS/EN 60749-27：2006	半导体器件　机械和环境测试方法　第27部分：静电放电（ESD）敏感度测试　机器模型（MM）	Semiconductor devices–Mechanical and climatic test methods–Part 27: Electrostatic discharge（ESD）sensitivity testing–Machine model（MM）	31.080.01		IEC 60749–27 Ed. 2.0，IDT；EN 60749–27：2006，IDT
13	DS/EN 61000-4-2：2009	电磁兼容性（EMC）　第4-2部分：测试和测量技术　静电放电抗扰度测试	Electromagnetic compatibility（EMC）—Part 4-2: Testing and measurement techniques–Electrostatic discharge immunity test	33.100.20		IEC 61000–4–2 Ed. 2.0–2008，IDT；EN 61000–4–2：2009，IDT
14	DS/EN 61340-2-1：2003	静电　第2-1部分：测量方法　材料和产品的静电荷耗散能力	Electrostatics–Part 2-1: Measurement methods–Ability of materials and products to dissipate static electric charge	19.08		IEC 61340–2–1 Ed. 1.0–2002，IDT；EN 61340–2–1：2002，IDT
15	DS/EN 61340-2-3：2001	静电学　第2-3部分：防电荷积聚的固体平面材料的电阻和电阻率的测试方法	Electrostatics–Part 2-3: Methods of test for determining the resistance and resistivity of solid planar materials used to avoid electrostatic charge accumulation	19.08		IEC 61340–2–3 Ed. 1.0–2000，IDT；EN 61340–2–3：2000，IDT

续表

序号	文献号	中文题名	英文题名	国际标准分类号	中国标准分类号	采用关系
16	DS/EN 61340-3-1：2007	静电　第3-1部分：静电放电模拟器　人体模型（HBM）静电放电波形测试	Electrostatics-Part 3-1: Methods for simulation of electrostatic effects-Human body model（HBM）electrostatic discharge test waveforms	17.220.99		IEC 61340-3-1 Ed. 2.0-2006，IDT；EN 61340-3-1：2007，IDT
17	DS/EN 61340-3-2：2007	静电　第3-2部分：静电放电　机器模型（MM）静电放电波形测试	Electrostatics-Part 3-2: Methods for simulation of electrostatic effects-Machine model（MM）electrostatic discharge test waveforms	17.220.99		IEC 61340-3-2 Ed. 2.0-2006，IDT；EN 61340-3-2：2007，IDT
18	DS/EN 61340-4-1：2005	静电　第4-1部分：专用标准测试方法　地毯织物和安装地板的电阻	Electrostatics—Part 4-1: Standard test methods for specific applications-Electrical resistance of floor coverings and installed floors	17.220.99；59.080.60；97.150		IEC 61340-4-1 Ed. 2.0-2003，IDT；EN 61340-4-1：2004，IDT
19	DS/EN 61340-4-3：2003	静电　第4-3部分：专用标准测试方法　鞋类	Electrostatics—Part 4-3: Standard test methods for specific applications-Footwear	17.220.99；61.060		IEC 61340-4-3 Ed. 1.0-2001，IDT；EN 61340-4-3：2001，IDT
20	DS/EN 61340-4-4：2012	静电　第4-4部分：专用标准测试方法　柔性中间散装容器（FIBC）的静电分级	Electrostatics—Part 4-4: Standard test methods for specific applications-Electrostatic classification of flexible intermediate bulk containers（FIBC）	55.180.99		IEC 61340-4-4 Ed. 2.0-2012，IDT；EN 61340-4-4：2012，IDT
21	DS/EN 61340-4-5：2007	静电学　第4-5部分：专用标准测试方法　鞋、地板和人的静电防护方法	Electrostatics—Part 4-5: Standard test methods for specific applications-Methods for characterizing the electrostatic protection of footwear and flooring in combination with a person	17.220.99；59.080.60；61.060		IEC 61340-4-5 Ed. 1.0-2004，IDT；EN 61340-4-5：2004，IDT

续表

序号	文献号	中文题名	英文题名	国际标准分类号	中国标准分类号	采用关系
22	DS/EN 61340-5-1：2008	静电 第5-1部分：电子设备的静电放电防护 一般要求	Electrostatics-Part 5-1: Protection of electronic devices from electrostatic phenomena-General requirements	31.02		IEC 61340-5-1 Ed. 2.0，IDT；EN 61340-5-1：2007，IDT
23	DS/EN 61340-5-3：2010	静电 第5-3部分：电子设备的静电放电防护 用于静电放电敏感设备的包装的性能、要求和分类	Electrostatics-Part 5-3: Protection of electronic devices from electrostatic phenomena-Properties and requirements classifications for packaging intended for electrostatic discharge sensitive devices	31.02		IEC 61340-5-3 Ed. 1.0-2010，IDT；EN 61340-5-3：2010，IDT
24	DS/EN ISO 21179：2013	轻型输送带 轻型输送带运行中产生的静电场	Light conveyor belts-Determination of the electrostatic field generated by a running light conveyor belt	53.040.20		ISO 21179：2013，IDT；EN ISO 21179：2013，IDT
俄罗斯联邦标准化、计量和认证委员会						
1	GOST 12.1.018：1993	职业安全标准系统 静电的防火和防爆安全性 一般要求	Occupational safety standards system. Fire and explosion safety of static electricity. General requirements	13.100；13.220.01	C67	GOST R 52930：2008，IDT；GOST R 56991：2016，IDT
2	GOST 12.1.045：1984	职业安全标准体系 静电场 允许的辐射级及在工作场所对其的控制方法	Occupational safety standards system. Electrostatic fields. Tolerance levels and methods of control at working places	13.1		
3	GOST 12.4.124：1983	职业安全标准体系 静电保护装置 一般技术要求	Occupational safety standards system. Means of static electricity protection. General technical requirements	13.26		
4	GOST 16185：1982	塑料 静电性能的测试方法	Plastics. Method for determining of electrostatic properties	83.080.01		

续表

序号	文献号	中文题名	英文题名	国际标准分类号	中国标准分类号	采用关系
5	GOST 18707：1981	火箭及宇航用品的防静电线缆　技术条件	The jumpers for the provision or the rocket and rocket-space technology items protection from the static electricity. Specifications	29.120.99；49.045		
6	GOST 18714：1981	火箭及宇航用品的防静电接地导线　技术条件	The earthing wires for the provision of the rocket and rocket-space technology items protection from the static electricity. Specifications	29.060.10；49.045		
7	GOST 19005：1981	火箭及宇航用品的静电防护工具　金属化和接地的一般要求	The means of the provision of the rocket and rocket-space technology items protection from the static electricity. General requirements to the metallization and earthing	29.120.50；29.120.99；49.045		
8	GOST 25950：1983	添加抗静电剂的喷气发动机燃料　电导率的测定法	Jet aircraft fuel with antistatic additive. Method for determination of specific conductivity	75.160.20		
9	GOST 28721：1990	炼铁素体钢中频静电感应坩埚炉　用电量指标	Induction crucible furnances of medium frequency with static converter for smelting ferritic steel. Power consumption indices	25.180.10		
10	GOST 28904：1991	电滤器的控制系统　一般技术要求及试验方法	Control systems of electrostatic precipitators. General technical requirements and methods of tests	71.120.01		

续表

序号	文献号	中文题名	英文题名	国际标准分类号	中国标准分类号	采用关系
11	GOST 30378：1995	技术工具的电磁兼容性　静电荷干扰　技术要求及试验方法	Electromagnetic compatibility of technical means. Electrical equipment for vehicles. Electrical disturbance from electrostatic discharges. Technical requirements and tests methods	33.100.01；43.040.10；43.060.50		GOST R 50607：1993，IDT
12	GOST 30804.4.2：2013	技术设备的电磁兼容性　静电放电抗扰度　试验方法和要求	Electromagnetic compatibility of technical equipment. Immunity to electrostatic discharge. Requirements and test methods	33.100.20		IEC 61000–4–2：2008，IDT
13	GOST 31610.32–1：2015	爆炸性环境　第32–1部分　静电　危害　指南	Explosive atmospheres. Part 32–1. Electrostatic. Hazards. Guidance	29.260.20		IEC/TS 60079–32–1：2013，IDT
14	GOST 31613：2012	静电火花安全性　通用技术要求和试验方法	Static electricity spark safety. General technical requirements and test methods	29.260.20		
15	GOST 31830：2012	静电除尘器　测试方法和安全性要求	Electrostatic precipitators. Safety requirement and methods of testing	13.04		
16	GOST 9.403：1980	腐蚀和老化防护系统　油漆涂层　抗液体静电效应性试验法	Unified system of corrosion and ageing protection. Paint coatings. Test methods for resistance to liquid static effect	87.02		GB/T 1733–1993，NEQ
17	GOST R 50607：2012	设备的电磁兼容性　公路车辆　静电放电产生的电干扰的试验方法	Electromagnetic compatibility of technical equipment. Road vehicles. Test methods for electrical disturbances from electrostatic discharges	43.040.10		ISO 10605：2008，IDT

续表

序号	文献号	中文题名	英文题名	国际标准分类号	中国标准分类号	采用关系
18	GOST R 50799：1995	技术设备的电磁兼容性　无线电通讯设备对供电网中静电放电、脉冲扰动和动态电压变化的抗扰性　试验要求和方法	Electromagnetic compatibity of technical equipment. Immunity of radiocommunications equipment to electrostatic discharge，impulsive disturbances and dynamic voltage changes in supply networks. Requirements and test methods	33.100.20		
19	GOST R 51525：1999	工业设备电磁兼容性　测量继电器与保护设备的静电放电抗扰度　要求和测试方法	Electromagnetic compatibility of technical equipment. Immunity of measuring relays and protection equipment to electrostatic discharges. Requirement and test methods	29.120.70；33.100.20		IEC 60255–22–2：1996，IDT
20	GOST R 53734.1：2014	静电　第 1 部分．静电现象原则和测量	Electrostatics. Part 1. Electrostatic phenomena. Principles and measurements	17.220.20；29.020		IEC/TR 61340–1：2012，IDT
21	GOST R 53734.2.1：2012	静电　第 2.1 部分．试验方法材料和产品的电荷耗散能力	Electrostatics. Part 2.1. Test methods. Ability of materials and products to dissipate static electric charge	17.220.20		IEC 61340–2–1：2002，IDT
22	GOST R 53734.2.2：2012	静电　第 2.2 部分：试验方法　荷电率的测量	Electrostatics. Part 2.2. Test methods. Measurement of chargeability	17.220.20		IEC/TR 61340–2–2：2000，IDT
23	GOST R 53734.2.3：2010	静电　第 2.3 部分：抗静电累积的固体平面材料的电阻和电阻率的试验方法	Electrostatics. Part 2.3. Methods of test for determining the resistance and resistivity of solid planar materials used to avoid electrostatic charge accumulation	17.220.20		IEC 61340–2–3：2000，IDT

续表

序号	文献号	中文题名	英文题名	国际标准分类号	中国标准分类号	采用关系
24	GOST R 53734.3.1：2013	静电学　静电放电模拟器　人体模型　静电放电	Electrostatics. Methods for simulation of electrostatic effects. Human body model. Electrostatic discharge	17.220.99；29.020；31.020		IEC 61340-3-1：2006，IDT
25	GOST R 53734.3.2：2013	静电学　静电放电模拟器　机器模型	Electrostatics. Methods for simulation of electrostatic effects. Model of mechanical device electrostatic discharge	17.220.99		IEC 61340-3-2：2006，IDT
26	GOST R 53734.3.3：2016	静电放电敏感度及防护试验方法　带电器件模型（CDM）	Test Method for Protection of Electrostatic Discharge Susceptible Sensitivity Testing. Charged Device Model（CDM）	17.220.99		
27	GOST R 53734.4.10：2014	静电　第4-10部分：专用试验方法　点对点电阻测量	Electrostatics. Part 4-10. Test methods for specific application. Two-point resistance measurement	17.220.20		IEC 61340-4-10：2012，IDT
28	GOST R 53734.4.1：2010	静电　第4.1部分：专用试验方法　地毯和安装地板的电阻	Electrostatics. Part 4.1. Test methods for specific applications. Electrical resistance of floor covering and installed floors	17.220.20；59.080.60；97.150		IEC 61340-4-1：2003，IDT
29	GOST R 53734.4.2：2015	静电　第4-2部分：专用标准试验方法　服装的静电性能	Electrostatics. Part 4-2. Standard test methods for specific application. Electrostatic properties of garments	17.220.20；61.020		IEC/TS 61340-4-2：2013，IDT
30	GOST R 53734.4.3：2010	静电　第4.3部分：专用标准试验方法　鞋类	Electrostatics. Part 4-3. Test methods for specific applications. Footwear	17.220.20；61.060		IEC 61340-4-3：2001，IDT

续表

序号	文献号	中文题名	英文题名	国际标准分类号	中国标准分类号	采用关系
31	GOST R 53734.4.4：2015	静电学　第 4–4 部分：专用标准试验方法　柔性中间散货集装箱（FIBC）的静电分类	Electrostatics. Part 4–4. Standard test methods for specific application. Flexible intermediate bulk containers. Electrostatic classification	17.220.20；55.180.99		IEC 61340–4–4：2012，IDT
32	GOST R 53734.4.5：2010	静电　第 4–5 部分：专用标准试验方法　鞋类、地板和人之间静电防护性能测试	Electrostatics. Part 4–5. Standard test methods for specific applications. Methods for characterizing the electrostatic protection of footwear and flooring in combination with a person	17.220.20；59.080.60；61.060；97.150		IEC 61340–4–5：2004，IDT
33	GOST R 53734.4.6：2012	静电　第 4.6 部分：特定设备试验方法　防静电手环	Electrostatics. Part 4.6. Test methods for specific application. Wrist straps	17.220.20		IEC 61340–4–6：2010，IDT
34	GOST R 53734.4.7：2012	静电　第 4.7 部分：专用标准试验方法　电离作用	Electrostatics. Part 4.7. Standard test methods for specific application. Ionization	17.220.20		IEC 61340–4–7：2010，IDT
35	GOST R 53734.4.8：2012	静电　第 4.8 部分：专用标准试验方法　解除屏蔽包装袋及箱	Electrostatics. Part 4.8. Standard test methods for specific application. Discharge shielding. Bags	17.220.20		IEC 61340–4–8：2010，IDT
36	GOST R 53734.4.9：2012	静电　第 4.9 部分：特专用标准试验方法　服装	Electrostatics. Part 4.9. Standard test methods for specific applications. Garments	17.220.01		IEC 61340–4–9：2010，IDT
37	GOST R 53734.5.1：2009	静电　电子设备静电防护　一般要求	Electrostatics. Protection of electronic devices from electrostatics phenomena. General requirements	17.220.20；31.020		IEC 61340–5–1：2007，IDT

续表

序号	文献号	中文题名	英文题名	国际标准分类号	中国标准分类号	采用关系
38	GOST R 53734.5.2：2009	静电　电子设备静电防护　使用指南	Electroststics. Protection of electronic devices from electrostatics phenomena. User guides	17.220.20；31.020		IEC/TR 61340-5-2：2007，IDT
39	GOST R 53734.5.3：2013	静电　电子设备静电防护　用于静电放电敏感设备的包装要求	Electrostatics. Protection of electronic devices from electrostatic phenomena. Requirements for packaging for electrostatic discharge sensitive devices	17.220.20；31.020；55.020		IEC 61340-5-3：2010，IDT
40	GOST R 54070：2010	易爆环境用电气设备　手持式静电喷涂设备	Electrical apparatus for potentially explosive atmospheres. Electrostatic hand-held spraying equipment	29.260.20；87.100		
41	GOST R 56515：2015	航天器和航天器再轨支持系统　空间静电及静电防护技术的通用要求	Automatic spacecrafts and onboard support spacecraft systems. General requirements for protection and resistance to electrophysical space factors and static electricity	49.14		
42	GOST R 56528：2015	飞行条件下火箭和航天器静电防护技术　创建要求和操作流程	Methods and means of maintenance of protection of products of rocket and space-rocket technics from a static electricity in the flight conditions. Requirements for creation and operation processes	49.045		
43	GOST R EN 1149-3：2008	职业安全标准体系　防护服　静电特性　第3部分：电荷衰减测量方法	Occupational safety standards system. Protective clothing. Electrostatic properties. Part 3. Test methods for measurement of charge decay	13.340.10		

续表

序号	文献号	中文题名	英文题名	国际标准分类号	中国标准分类号	采用关系
44	GOST R EN 1149-5：2008	职业安全标准体系　特殊防护衣　静电特性　第5部分：通用规范	Occupational safety standards system. Special protective clothing. Electrostatic properties. Part 5. General specifications	13.340.10		
45	GOST R ISO 6356：2014	纺织品和地毯织物　静电特性的评定　行走试验	Textile and laminate floor coverings. Assessment of static electrical propensity. Walking test	59.080.60		ISO 6356：2012，IDT
哥伦比亚技术标准协会						
1	ICONTEC 1913：1984	机械产品　用于工业当中的防静电V字形皮带　电导率	Mechanic products Anti-static V-belts for industry use Conductivity			
日本工业标准调查会						
1	JIS A1455：2002	地板覆盖物和已安装地板的抗静电效果　测量和评价方法	Anti-static effect of floor coverings and installed floors—Methods of measurement and evaluation	13.260；17.220.20；91.060.30	Q17	
2	JIS C2170：2004	静电　用于防止静电电荷累积的固体平面材料的电阻和电阻率测定的试验方法	Electrostatics—Methods of test for determining the resistance and resistivity of solid planar materials used to avoid electrostatic charge accumulation	17.220.99；29.020	A42	IEC 61340-2-3：2000，IDT
3	JIS C61000-4-2：2012	电磁兼容性（EMC）　第4-2部分：试验和测量技术　静电放电抗扰度测试	Electromagnetic compatibility（EMC）—Part 4-2: Testing and measurement techniques—Electrostatic discharge immunity test	33.100.20	L06	IEC 61000-4-2：2008，IDT

续表

序号	文献号	中文题名	英文题名	国际标准分类号	中国标准分类号	采用关系
4	JIS C61340-2-1：2006	静电　第2-1部分：测量方法　材料和产品静电荷耗散的能力	Electrostatics—Part 2-1: Measurement methods—Ability of materials and products to dissipate static electric charge	17.220.99；29.020	K04	IEC 61340-2-1：2002，IDT
5	JIS C61340-2-2：2013	静电　第2-2部分：测量方法　充电率的测量	Electrostatics—Part 2-2: Measurement methods—Measurement of chargeability	17.220.99；29.020	K04	IEC/TR 61340-2-2：2000，MOD
6	JIS C61340-3-1：2010	静电　第3-1部分：静电放电模拟器　人体模型（HBM）　静电放电试验波形	Electrostatics—Part 3-1: Methods for simulation of electrostatic effects—Human body model (HBM) electrostatic discharge test waveforms	17.220.99；29.020	K04	IEC 61340-3-1：2006，IDT
7	JIS C61340-3-2：2011	静电　第3-2部分：静电放电模拟器　机械模型（MM）　静电放电试验波形	Electrostatics—Part 3-2: Methods for simulation of electrostatic effects—Machine model (MM) electrostatic discharge test waveforms	17.220.99；29.020	K04	IEC 61340-3-2：2006，IDT
8	JIS C61340-4-1：2008	静电　第4-1部分：特定应用的标准试验方法　地板覆盖物和已装修地板的抗电性	Electrostatics—Part 4-1: Standard test methods for specific applications—Electrical resistance of floor coverings and installed floors	59.080.60；17.220.99	K04；W56	IEC 61340-4-1：2003，IDT
9	JIS C61340-4-3：2009	静电　第4-3部分：特定应用的标准试验方法　鞋类	Electrostatics—Part 4-3: Standard test methods for specific applications—Footwear	17.220.99；29.020；61.060	A42	IEC 61340-4-3：2001，IDT

续表

序号	文献号	中文题名	英文题名	国际标准分类号	中国标准分类号	采用关系
10	JIS C61340-4-4：2015	静电　第4-4部分：特定应用的标准试验方法　柔性中间散装集装箱（FIBC）静电学分类	Electrostatics—Part 4-4: Standard test methods for specific applications—Electrostatic classification of flexible intermediate bulk containers（FIBC）	17.220.99；29.020；55.080	A42	IEC 61340-4-4：2012，MOD；IEC 61340-4-4 AMD 1-2014，MOD
11	JIS C61340-4-5：2007	静电　第4-5部分：特定应用的标准试验方法　鞋靴、地板与人之间的静电防护方法	Electrostatics—Part 4-5:Standard test methods for specific applications—Methods for characterizing the electrostatic protection of footwear and flooring in combination with a person	17.220.99；59.080.60	A42	IEC 61340-4-5：2004，IDT
12	JIS C61340-4-6：2016	静电　第4-6部分：特定应用的标准试验方法　防静电手环	Electrostatics—Part 4-6: Standard test methods for specific applications—Wrist straps	17.200.99；29.020	C66	IEC 61340-4-6：2015，IDT
13	JIS C61340-4-7：2011	静电　第4-7部分：电离率专用测试方法	Electrostatics—Part 4-7: Standard test methods for specific applications—Ionization	17.200.99；17.220.99；29.020	A42	IEC 61340-4-7：2010，MOD
14	JIS C61340-4-8：2014	静电　第4-8部分：特定应用的标准试验方法　静电屏蔽　包装袋	Electrostatics—Part 4-8: Standard test methods for specific applications—Discharge shielding—Bags	17.220.99；29.020	A42	IEC 61340-4-8：2010，MOD
15	JIS K6378-3：2013	轻型输送带　轻型输送带运行中产生的静电场的测量	Light conveyor belts—Determination of the electrostatic field generated by a running light conveyor belt	53.040.20	J81	ISO 21179：2013，MOD
16	JIS L1021-16：2007	地毯织物　第16部分：静电特性的测试　行走试验	Textile floor coverings—Part 16: Assessment of static electrical propensity—Walking test	59.080.60	W56	ISO 6356：2000，MOD

续表

序号	文献号	中文题名	英文题名	国际标准分类号	中国标准分类号	采用关系
17	JIS L1094：2014	机织品和针织品静电倾向的测试方法	Testing methods for electrostatic propensity of woven and knitted fabrics	59.080.30	W63	
18	JIS T8103：2010	防静电鞋靴	Anti-electrostatic footwear	13.340.50	C73	
19	JIS T8118：2001	静电危害防护工作服装	Working wears for preventing electrostatic hazards	13.340.10	C73	
牙买加标准局						
1	JS 1389：2000	地毯织物　静电性能评估	Textile floor coverings-Assessment of static electrical propensity	59.080.60		EN 1815：1998，IDT
2	JS 688：2005	鞋类　有衬里的抗静电橡胶靴　试验方法	Shoes-Lined antistatic rubber footwear-Test methods	13.340.50；19.020；61.060		ISO 2251：1991，NEQ
南斯拉夫联邦标准化协会						
1	JUS G.E0.045：1991	橡胶和塑料　工业用防静电和导电产品　电阻限值	Rubber and plastic.Antistatic and conductive products for industrial use. Electrical resistance limits			ISO 2883：1980，NEQ
2	JUS G.E0.046：1991	橡胶和塑料　医院用防静电和导电产品　电阻限值	Rubber and plastic. Antistatic and conductive products for hospital use. Electrical resistance limits			ISO 2882：1979，NEQ
3	JUS G.E0.049：1977	聚合物基上的产品　聚合材料制导电和防静电试件的电阻率的测量	Product on polymer bases. Measurement of resistivity on conducting and antistatic test pieces from polimeric materials			

续表

序号	文献号	中文题名	英文题名	国际标准分类号	中国标准分类号	采用关系
4	JUS G.E0.050：1977	聚合物基产品　防静电和导电产品　电阻的测量	Products on polymer bases. Antistatic and conductive products determination of electrical resistance			
5	JUS G.E0.054：1991	橡胶和塑料　防静电无接头三角皮带　导电性和检测方法	Rubber and plastic. Antistatic endless V–belts. Electrical conductivity and method of test			ISO 1813：1979，NEQ
6	JUS G.E0.055：1991	橡胶和塑料　抗静电无接头同步皮带的导电性　特性和检测方法	Rubers and plastic. Electrical conductivity of antistatic endless synchronous belts. Characteristics and test method			ISO 9563：1990，NEQ
7	JUS L.N4.208：1989	工业加工测量及控制　电磁能力　静电放电要求	Industrial–process measurement and control. Electromagnetic compatibillty. Electrostatic discharge requirements			
8	JUS N.R1.800：1980	静电感应装置　MOS 集成回路预警处理	Static sensitive devices. Handling preeautions for MOS integrated circuits			
9	JUS N.S8.920：1982	易爆气体环境用电气装置　手动静电喷枪及其关联设备	Electrical apparatus for explosive gas atmospheres. Elektrostatic hand–spraying guns and associated pparatus			
10	JUS N.S8.920：1991	易爆气体环境用电气装置　手动静电喷涂设备	Electrical apparatus for potentially explosive gas atmospheres. Electrostatic hand–held spraying equipment			

续表

序号	文献号	中文题名	英文题名	国际标准分类号	中国标准分类号	采用关系
11	JUS N.S8.921：1991	易爆气体环境用电气装置　易燃材料用静电喷漆机的选型、安装和使用要求	Electrical apparatus for potentially explosive gas atmospheres. Requirements for the selection，installation and use of electrostatic spray equipment for flammable materials			
12	JUS Z.N8.012：1980	间接读数型袖珍电容器照射量计和附属静电计	Indirea reading capacitor type pocket exposure meters and accessorv electrometers			
韩国标准局						
1	KS C IEC 60255-22-2：2012	继电器　第22部分：继电器和保护设备的抗扰度试验　第2节：静电放电试验	Measuring relays and protection equipment-Part 22-2:Electrical disturbance tests-Electrostatic discharge tests	29.120.70	L25	IEC 60255-22-2：2008，IDT
2	KS C IEC 61000-4-2：2010	电磁兼容性（EMC）　第4-2部分：试验和测量技术　静电放电抗扰试验	Electromagnetic compatibility（EMC）—Part 4-2:Testing and measurement techniques-Electrostatic discharge immunity test	33.100.20	L06	IEC 61000-4-2：2008，IDT
3	KS C IEC 61340-2-1：2007	静电　第2-1部分：静电电荷测量方法　材料和产品的电荷传导能力	Electrostatics-Part 2-1:Measurement methods-Ability of materials and products to dissipate static electric charge	29.020；17.220.99	F21	IEC 61340-2-1：2002，IDT
4	KS C IEC 61340-2-2：2014	静电　第2-2部分：测量方法　充电性能的测量	Electrostatics—Part 2-2: measurement methods—Measurement of chargeability	17.220.99；29.020		

续表

序号	文献号	中文题名	英文题名	国际标准分类号	中国标准分类号	采用关系
5	KS C IEC 61340–2–3: 2014	静电　第 2–3 部分：防静电积聚的固体刨床材料的电阻和电阻率的测试方法	Electrostatics–Part 2–3:Methods of test for determining the resistance and resistivity of solid planer materials used to avoid electrostatic charge accumulation	17.220.99; 29.020		
6	KS C IEC 61340–3–1: 2007	静电　第 3–1 部分：静电放电模拟　人体模型（HBM）　静电放电试验波形	Electrostatics–Part 3–1:Methods for simulation of electrostatic effects–Human body model（HBM）–Component testing	17.220.99; 29.020	A42; K04; L04	IEC 61340–3–1: 2002, IDT
7	KS C IEC 61340–3–2: 2007	静电　第 3–2 部分：静电放电模拟　机械模型（MM）　静电放电试验波	Electrostatics–Part 3–2:Methods for simulation of electrostatic effects–Machine model（MM）–Component testing	29.020; 17.220.99	L04; A42; K04	IEC 61340–3–2: 2002, IDT
8	KS C IEC 61340–4–1: 2007	静电　第 4 部分：专用标准试验方法　第 1 节：地板覆盖物和装修地板的静电特性	Electrostatics–Part 4:Standard test methods for specific application–Section 1:Electrostatic behaviour of floor coverings and installed floors	59.080.60; 17.220.99	K04	IEC 61340–4–1: 1995, IDT
9	KS C IEC 61340–4–3: 2007	静电　第 4–3 部分：专用标准试验方法　鞋类	Electrostatics—Part 4–3:Standard test methods for specific applications–Footwear	61.060; 17.220.99; 29.020	A42	IEC 61340–4–3: 2001, IDT
10	KS C IEC 61340–4–4: 2007	静电　第 4–4 部分：专用标准试验方法　工业包装材料（FIBC）的静电学分类	Electrostatics—Part 4–4:Standard test methods for specific applications–Electrostatic classification of flexible intermediate bulk containers（FIBC）	17.220.99; 29.020; 55.080	A85; A42	IEC 61340–4–4: 2005, IDT

续表

序号	文献号	中文题名	英文题名	国际标准分类号	中国标准分类号	采用关系
11	KS C IEC 61340-4-5：2007	静电 第4-5部分：专用标准试验方法 与人类接触的鞋类与地板材料的防静电技术	Electrostatics—Part 4-5:Standard test methods for specific applications-Methods for characterizing the electrostatic protection of footwear and flooring in combination with a person	59.080.60；17.220.99	A42	IEC 61340-4-5：2004，IDT
12	KS C IEC 61340-5-1：2005	静电 第5-1部分：电子设备的静电防护 通用要求	Electrostatics-Part 5-1:Protection of electronic devices from electrostatic phenomena-General requirements	17.220.99；29.020	L04	IEC 61340-5-1：1998，IDT
13	KS C IEC 61340-5-2：2005	静电学 第5-2部分：电子设备的静电防护 用户指南	Electrostatics-Part 5-2:Protection of electronic devices from electrostatic phenomena-User guide	31.020；17.220.99	L04	IEC 61340-5-2：1999，IDT
14	KS C IEC PAS 62162：2002	微电子器件静电放电耐受阈值场致荷电器件模型试验方法	Field-induced charged-device model test method for electrostatic discharge withstand thresholds of microelectronic components		L10	
15	KS D 8530：2012	锡 钴合金静电涂层试验法	Electroplated coatings of tin-cobalt alloy-Test method	25.220.40	H21	
16	KS K 0555：2015	机织物和针织物的静电倾向试验方法	Test method for electrostatic propensity of woven and knitted fabrics	59.080.10		
17	KS K 7807：2014	工作服，防止静电危害	Working wears for preventing electrostatic hazards	13.340.10		
18	KS M 13763-13：2014	电雷管的抗静电放电阻力测定	Determination of resistance of electric detonators to electrostatic discharge	71.100.30		

续表

序号	文献号	中文题名	英文题名	国际标准分类号	中国标准分类号	采用关系
19	KS M 6768：2004	硫化橡胶抗静电和导电制品电阻的测定	Rubber vulcanized–Antistatic and condctive products for hospital use–Electrical resistance limits	83.06	G31	
20	KS M ISO 2251：2007	加衬里的防静电橡胶靴规范	Lined antistatic rubber footwear–Specification	13.340.50	C73	ISO 2251：1991，IDT
21	KS M ISO 2252：2008	用于低温下的有衬里抗静电橡胶套鞋	Rubber footwear，lined industrial，for use at low temperatures	13.340.50	C73	ISO 2252：1983，IDT
22	KS M ISO 2878：2012	硫化橡胶　抗静电和导电的制品　电阻的测定	Rubber，vulcanized or thermoplastic–Antistatic and conductive products–Determination of electrical resistance	83.06	G40	ISO 2878：2011，IDT
23	KS M ISO 7232：2008	橡胶或塑料鞋靴　抗静电凉鞋和木底鞋	Rubber or plastics footwear–Antistatic sandals，sabots and clogs	61.06	Y78	ISO 7232：1986，IDT
立陶宛标准局						
1	LST EN 1149–1：2006	防护服　静电性能　第1部分：表面电阻率的测试方法	Protective clothing–Electrostatic properties–Part 1: Test method for measurement of surface resistivity	13.340.01		
2	LST EN 1149–2：2000	防护服　静电特性　第2部分：体电阻率的测试方法（垂直电阻）	Protective clothing–Electrostatic properties–Part 2: Test method for measurement of the electrical resistance through a material（vertical resistance）	13.340.10		
3	LST EN 1149–3：2004	防护服　静电性能　第3部分：电荷衰减率的测试方法	Protective clothing–Electrostatic properties–Part 3: Test methods for measurement of charge decay	13.340.10		

续表

序号	文献号	中文题名	英文题名	国际标准分类号	中国标准分类号	采用关系
4	LST EN 1149–5：2008	防护服　静电性能　第5部分：材料性能和设计要求	Protective clothing–Electrostatic properties–Part 5: Material performance and design requirements	13.340.10		
5	LST EN 13763–13：2004	民用爆炸品　雷管和继电器　第13部分：电雷管抗静电放电能力的测试	Explosives for civil uses–Detonators and relays–Part 13: Determination of resistance of electric detonators to electrostatic discharge	71.100.30		
6	LST EN 13938–2：2005	民用爆炸物　推进剂和火箭推进剂　第2部分：确定抗静电能力	Explosives for civil uses–Propellants and rocket propellants–Part 2: Determination of resistance to electrostatic energy	71.100.30		
7	LST EN 16350：2014	防护手套　静电特性	Protective gloves–Electrostatic properties	13.340.40		
8	LST EN 60079–32–2：2015	易爆环境　第32–2部分：静电危险　测试（IEC 60079–32–2：2015）	Explosive atmospheres–Part 32–2: Electrostatics hazards–Tests（IEC 60079–32–2:2015）	29.260.20		
9	LST EN 60749–26：2006	半导体器件　机械和环境测试方法　第26部分：静电放电（ESD）敏感度测试　人体模型（HBM）（IEC 60749–26：2006）	Semiconductor devices–Mechanical and climatic test methods–Part 26: Electrostatic discharge（ESD）sensitivity testing–Human body model（HBM）（IEC 60749–26:2006）	31.080.01		
10	LST EN 60749–26：2014	半导体器件　机械和环境测试方法　第26部分：静电放电（ESD）面擀度测试　人体模型（HBM）（IEC 60749–26：2013）	Semiconductor devices–Mechanical and climatic test methods–Part 26: Electrostatic discharge（ESD）sensitivity testing–Human body model（HBM）（IEC 60749–26:2013）	31.080.01		

续表

序号	文献号	中文题名	英文题名	国际标准分类号	中国标准分类号	采用关系
11	LST EN 60749-27：2006	半导体器件　机械和环境测试方法　第 27 部分：静电放电（ESD）敏感度测试　机器模型（MM）（IEC 60749-27：2006）	Semiconductor devices–Mechanical and climatic test methods–Part 27: Electrostatic discharge（ESD）sensitivity testing–Machine model（MM）（IEC 60749-27:2006）	31.080.01		
12	LST EN 60749-27-2006/A1：2013	半导体器件　机械和环境测试方法　第 27 部分：静电放电（ESD）敏感度测试　机器模型（MM）（IEC 60749-27：2006 / A1：2012）	Semiconductor devices–Mechanical and climatic test methods—Part 27: Electrostatic discharge（ESD）sensitivity testing–Machine model（MM）（IEC 60749-27:2006/A1:2012）	31.080.01		
13	LST EN 61000-4-2：2009	电磁兼容性（EMC）　第 4-2 部分：测试和测量技术　静电放电抗扰度测试（IEC 61000-4-2：2008）	Electromagnetic compatibility（EMC）—Part 4-2: Testing and measurement techniques–Electrostatic discharge immunity test（IEC 61000-4-2:2008）	33.100.20		
14	LST EN 61340-2-1：2003	静电　第 2-1 部分：测量方法　材料和产品电荷耗散的能力（IEC 61340-2-1：2002）	Electrostatics. Part 2-1: Measurement methods. Ability of materials and products to dissipate static electric charge（IEC 61340-2-1:2002）	29.020；17.220.99；17.220.20		
15	LST EN 61340-2-3：2002	静电　第 2-3 部分：防静电电荷累积的固体平面材料的电阻和电阻率的测试方法（IEC 61340-2-3：2000）	Electrostatics. Part 2-3: Methods of test for determining the resistance and resistivity of solid planar materials used to avoid electrostatic charge accumulation（IEC 61340-2-3:2000）	29.020；17.220.99		

续表

序号	文献号	中文题名	英文题名	国际标准分类号	中国标准分类号	采用关系
16	LST EN 61340-3-1：2007	静电 第3-1部分：静电放电模拟器 人体模型（HBM）静电放电测试波形（IEC 61340-3-1：2006）	Electrostatics–Part 3–1: Methods for simulation of electrostatic effects–Human body model（HBM）electrostatic discharge test waveforms（IEC 61340-3-1:2006）	29.020；17.220.99		
17	LST EN 61340-3-2：2007	静电 第3-2部分：静电放电模拟器 机器模型（MM）静电放电测试波形（IEC 61340-3-2：2006）	Electrostatics–Part 3–2: Methods for simulation of electrostatic effects–Machine model（MM）electrostatic discharge test waveforms（IEC 61340-3-2:2006）	29.020；17.220.99		
18	LST EN 61340-4-1：2004	静电 第4-1部分：专用标准测试方法 地板和安装地板的电阻（IEC 61340-4-1：2003）	Electrostatics. Part 4–1: Standard test methods for specific applications. Electrical resistance of floor coverings and installed floors（IEC 61340-4-1:2003）	59.080.60；17.220.99		
19	LST EN 61340-4-1-2004/A1：2015	静电 第4-1部分：专用的标准测试方法 地板和安装地板的电阻（IEC 61340-4-1：2003 / A1：2015）	Electrostatics—Part 4–1: Standard test methods for specific applications–Electrical resistance of floor coverings and installed floors（IEC 61340-4-1:2003/A1:2015）	59.080.60；17.220.99		
20	LST EN 61340-4-3：2002	静电 第4-3部分：专用标准测试方法 鞋类（IEC 61340-4-3：2001）	Electrostatics. Part 4–3: Standard test methods for specific applications. Footwear（IEC 61340-4-3:2001）	17.220.99；29.020；61.060		

续表

序号	文献号	中文题名	英文题名	国际标准分类号	中国标准分类号	采用关系
21	LST EN 61340–4–4：2012	静电　第 4–4 部分：专用标准测试方法　柔性中间散装容器（FIBC）的静电分类（IEC 61340–4–4：2012）	Electrostatics—Part 4–4: Standard test methods for specific applications–Electrostatic classification of flexible intermediate bulk containers（FIBC）（IEC 61340–4–4:2012）	55.080；29.020；17.220.99		
22	LST EN 61340–4–4–2012/A1：2015	静电　第 4–4 部分：专用标准测试方法　柔性中间散装容器（FIBC）的静电分类（IEC 61340–4–4：2012 / A1：2014）	Electrostatics—Part 4–4: Standard test methods for specific applications–Electrostatic classification of flexible intermediate bulk containers（FIBC）（IEC 61340–4–4:2012/A1:2014）	55.080；29.020；17.220.99		
23	LST EN 61340–4–5：2004	静电　第 4–5 部分：专用标准测试方法　结合人体表征鞋和地板的静电保护的方法（IEC 61340–4–5：2004）	Electrostatics—Part 4–5: Standard test methods for specific applications—Methods for characterizing the electrostatic protection of footwear and flooring in combination with a person（IEC 61340–4–5:2004）	59.080.60；17.220.99		
24	LST EN 61340–4–8：2015	静电　第 4–8 部分：专用标准测试方法　静电放电屏蔽　袋（IEC 61340–4–8：2014）	Electrostatics—Part 4–8: Standard test methods for specific applications–Electrostatic discharge shielding–Bags（IEC 61340–4–8:2014）	29.020；17.220.99		
25	LST EN 61340–5–1：2008	静电　第 5–1 部分：电子设备静电防护　一般要求（IEC 61340–5–1：2007）	Electrostatics–Part 5–1: Protection of electronic devices from electrostatic phenomena–General requirements（IEC 61340–5–1:2007）	29.020；17.220.99		

续表

序号	文献号	中文题名	英文题名	国际标准分类号	中国标准分类号	采用关系
26	LST EN 61340–5–3：2010	静电 第5–3部分：电子设备静电防护 用于静电放电敏感设备的包装的特性和要求分类（IEC 61340–5–3：2010）	Electrostatics–Part 5–3: Protection of electronic devices from electrostatic phenomena–Properties and requirements classifications for packaging intended for electrostatic discharge sensitive devices（IEC 61340–5–3:2010）	29.020；17.220.99		
27	LST EN ISO 21179：2013	轻型输送带 轻型输送带运行中产生的静电场（ISO 21179：2013）	Light conveyor belts–Determination of the electrostatic field generated by a running light conveyor belt（ISO 21179:2013）	53.040.10		
匈牙利标准局						
1	MSZ 18094/2：1983	土壤腐蚀检测 土壤防静电实验室检测				
2	MSZ 509：1983	测定静电概率和统计				
3	MSZ 6786/5：1970	木材静电测试				
4	MSZ MI 16040/2：1977	静电的一般测试标准				
比利时标准局						
1	NBN E 24：002	传送部件 循环抗静电梯形传动皮带 电传导性				
2	NBN E 24–002：1976	传送部件 传统循环抗静电梯形传动皮带 电传导性				

续表

序号	文献号	中文题名	英文题名	国际标准分类号	中国标准分类号	采用关系
3	NBN G 58–023：1993	纺织 纺织底保护层的静电荷堆积倾向的估计 步行者测试	Textile floor coverings–Assessment of static electrical propensity– “Walking test”			
4	NBN T 31–030：1988	硫化橡胶 抗静电和导电产品 电阻的测定	Rubber，vulcanized–Antistatic and conductive products–Determination of electrical resistance			
5	NBN T 52–137：1985	石油产品 航空和含有防静电添加剂的馏出燃料 电导率的测试	Petroleum products–Aviation and distillate fuels containing a static dissipator additive–Determination of electrical conductiviy			
6	NBN–EN 50053–2：1994	使用易燃材料的静电喷涂器的选择、安装和使用要求 第2部分：能量极限为5mJ的手持静电喷粉枪及有关装置	Requirements for the selection，installation and use of electrostatic spraying equipment for flammable materials Part 2:Hand–held electrostatic powder spray guns with an energy limit of 5 mJ and their associated apparatus			
7	NBN–EN 50053–3：1994	使用易燃材料的静电喷涂器的选择、安装和使用要求 第3部分：能量极限为0.24mJ或5mJ的手持静电纤维填料喷	Requirements for the selection，installation and use of electrostatic spraying equipment for flammable materials. Part 3:Hand–held electrostatic flock spray guns with an energy limit of 0，24 mJ or 5 mJ and their associated apparatus			

续表

序号	文献号	中文题名	英文题名	国际标准分类号	中国标准分类号	采用关系
8	NBN-EN 50059：1993	涂漆及抛光用不易燃材料手持静电喷涂设备规范	Specification for electrostatic hand-held spraying equipment for non-flammable material for painting and finishing		C23	
古巴国家标准局						
1	NC 94-15：1987	产品的静电负荷张力平衡测试方法　一般质量规格	Measuring Means Production Electronic Tensometric Balances for Static Loadings. General Quality Specifications			
法国标准化协会						
1	NF A05-119：2008	金属和合金的腐蚀　静电位控制下的临界点蚀温度测定	Corrosion of metals and alloys-Determination of the critical pitting temperature under potientiostatic control	77.06	H10	EN ISO 17864：2008，IDT； ISO 17864：2005，IDT
2	NF A92-050：1991	釉瓷和搪瓷　静电粉体的流动性	Vitreous and porcelain enamels-Fluidity of electrostatic powders	25.220.50	Q30	
3	NF C20-790-2-1：2003	静电　第2-1部分：测量方法　材料和产品消除静电荷的能力	Electrostatics-Part 2-1:measurement methods-Ability of materials and products to dissipate static electric charge	17.220.20；29.020	A42	EN 61340-2-1：2002，IDT；IEC 61340-2-1：2002，IDT
4	NF C20-790-2-1：2016	静电　第2-1部分：测量方法　材料和产品静电耗散的能力	Electrostatics-Part 2-1:measurement methods-Ability of materials and products to dissipate static electric charge	17.220.99；29.020	A42	EN 61340-2-1：2015，IDT；CEI 61340-2-1：2015，IDT

续表

序号	文献号	中文题名	英文题名	国际标准分类号	中国标准分类号	采用关系
5	NF C20-790-2-3：2001	静电　第 2-3 部分：防止静电荷累积用固体平面材料电阻和电阻率测定的试验方法	Electrostatics-Part 2-3:methods of test for determining the resistance and reisistivity of solid planar materials used to avoid electrostatic charge accumulation	29.02	K04	EN 61340-2-3：2000，IDT；IEC 61340-2-3：2000，IDT
6	NF C20-790-3-1：2004	静电　第 3-1 部分：静电放电模拟　人体模型　元部件测试	Electrostatics-Part 3-1:methods for simulation of electrostatic effects-Human body model（HBM）-Component testing	17.220.20	A42	EN 61340-3-1：2002，IDT；IEC 61340-3-1：2002，IDT
7	NF C20-790-3-1：2007	静电　第 3-1 部分：静电放电模拟　人体模型（HBM）　静电放电试验波形	Electrostatics-Part 3-1:methods for simulation of electrostatic effects-Human body model（HBM）electrostatic discharge test waveforms	17.220.20；29.020	K04	EN 61340-3-1：2007，IDT；IEC 61340-3-1：2006，IDT
8	NF C20-790-3-2：2004	静电　第 3-2 部分：静电放电模拟　机械模型　元部件测试	Electrostatics-Part 3-2:methods for simulation of electrostatic effects-Machine model（MM）-Component testing	17.220.20	A42	EN 61340-3-2：2002，IDT；IEC 61340-3-2：2002，IDT
9	NF C20-790-3-2：2007	静电　第 3-2 部分：静电放电模拟　机械模型（MM）　静电放电试验波形	Electrostatics-Part 3-2:methods for simulation of electrostatic effects-Machine model（MM）electrostatic discharge test waveforms	17.220.99；29.020	A42	EN 61340-3-2：2007，IDT；IEC 61340-3-2：2006，IDT
10	NF C20-790-4-1/A1：2015	静电　第 4-1 部分：专用标准试验方法　地板覆盖物和已装修地板的抗静电性能	Electrostatics—Part 4-1:standard test methods for specific applications-Electrical resistance of floor coverings and installed floors	17.220.99；59.080.60	A42	EN 61340-4-1/A1-2015，IDT；CEI 61340-4-1/A1-2015，IDT

续表

序号	文献号	中文题名	英文题名	国际标准分类号	中国标准分类号	采用关系
11	NF C20-790-4-1：2004	静电　第4-1部分：专用标准试验方法　地板覆盖物和已安装地板的耐静电性能	Electrostatics—Part 4-1:standard test methods for specific applications-Electrical resistance of floor coverings and installed floors	17.220.20；59.080.60；97.150	Q17	EN 61340-4-1：2004，IDT；IEC 61340-4-1：2003，IDT
12	NF C20-790-4-3：2002	静电　第4-3部分：专用标准试验方法　鞋类	Electrostatics—Part 4-3:standard test methods for specific applications-Footwear	17.220.20；61.060	Y78	EN 61340-4-3：2001，IDT；IEC 61340-4-3：2001，IDT
13	NF C20-790-4-4/A1：2015	静电　第4-4部分：特专用标准试验方法　挠性中型散货集装箱（FIBC）的静电学分类	Electrostatics—Part 4-4:standard test methods for specific applications-Electrostatic classification of flexible intermediate bulk containers（FIBC）	17.220.99；55.180.99	A42	EN 61340-4-4/A1-2015，IDT；CEI 61340-4-4/A1-2014，IDT
14	NF C20-790-4-4：2012	静电　第4-4部分：专用标准试验方法　柔性中间散货集装箱（FIBC）的静电学分类	Electrostatics—Part 4-4:standard test methods for specific applications-Electrostatic classification of flexible intermediate bulk containers（FIBC）	17.220.20；55.180.99	A85	EN 61340-4-4：2012，IDT；IEC 61340-4-4：2012，IDT
15	NF C20-790-4-5：2004	静电　第4-5部分：专用的标准试验方法　与人配合的鞋靴和地板材料静电防护的表征方法	Electrostatics—Part 4-5:standard test methods for specific applications-Methods for characterising the electrostatic protection of footwear and flooring in combination with a person	17.220.20；59.080.60；61.060；97.150	A42	EN 61340-4-5：2004，IDT；IEC 61340-4-5：2004，IDT
16	NF C20-790-4-6：2015	静电　第4-6部分：专用标准试验方法　防静电手环	Electrostatics—Part 4-6:standard test methods for specific applications-Wrist straps	17.220.99；29.020	K00；A55；A56	EN 61340-4-6：2015，IDT；CEI 61340-4-6：2015，IDT

续表

序号	文献号	中文题名	英文题名	国际标准分类号	中国标准分类号	采用关系
17	NF C20-790-4-8：2015	静电　第 4-8 部分：特专用标准试验方法　静电放电屏障袋	Electrostatics—Part 4-8:standard test methods for specific applications-Electrostatic discharge shielding-Bags	17.220.99；29.020	A42	EN 61340-4-8：2015，IDT；CEI 61340-4-8：2014，IDT
18	NF C20-790-5-1：2001	静电　第 5-1 部分：电子设备的静电防护　一般要求	Electrostatics-Part 5-1:protection of electronic devices from electrostatic phenomena-General requirements	17.220.20；29.020；31.020	L04	EN 61340-5-1：2001，IDT；IEC/TR2 61340-5-1：1998，IDT；IEC 61340-5-1：1998，IDT；IEC 61340-5-1 CORRIGENDUM-1999，IDT；IEC/TR2 61340-5-1 CORRIGENDUM 1-1999，IDT
19	NF C20-790-5-1：2008	静电　第 5-1 部分：电子设备的静电防护　一般要求	Electrostatics-Part 5-1:protection of electronic devices from electrostatic phenomena-General requirements	17.220.20；29.020	L04	EN 61340-5-1：2007，IDT；IEC 61340-5-1：2007，IDT
20	NF C20-790-5-3：2010	静电　第 5-3 部分：电子设备静电防护　静电放电灵敏型设备用特性和要求分类	Electrostatics-Part 5-3:protection of electronic devices from electrostatic phenomena-Properties and requirements classifications for packaging intended for electrostatic discharge sensitive devices	17.220.20；55.020	L05	EN 61340-5-3：2010，IDT；IEC 61340-5-3：2010，IDT
21	NF C20-790-5-3：2015	静电　第 5-3 部分：电子设备静电防护　静电放电灵敏型设备用特性和要求分类	Electrostatics-Part 5-3:protection of electronic devices from electrostatic phenomena-Properties and requirements classifications for packaging intended for electrostatic discharge sensitive devices	17.220.99；29.020	L05	EN 61340-5-3：2015，IDT；CEI 61340-5-3：2015，IDT

续表

序号	文献号	中文题名	英文题名	国际标准分类号	中国标准分类号	采用关系
22	NF C23-548：2010	非易燃性液体涂料材料用固定式静电应用设备　安全性要求	Stationary electrostatic application equipment for non-ignitable liquid coating material-Safety requirements	87.1	A29	EN 50348：2010，IDT；EN 50348/AC-2010，IDT
23	NF C23-550-1：2014	手持式静电喷涂设备　安全要求　第1部分：易燃液体涂层材料用手持式喷涂设备	Electrostatic hand-held spraying equipment-Safety requirements-Part 1:hand-held spraying equipment for ignitable liquid coating materials	87.1	K35；K64	EN 50050-1：2013，IDT
24	NF C23-550-2：2014	手持式静电喷涂设备　安全要求　第2部分：手持式可燃性的粉末涂料喷涂设备	Electrostatic hand-held spraying equipment-Safety requirements-Part 2:hand-held spraying equipment for ignitable coating powder	87.1	K35；K64	EN 50050-2：2013，IDT
25	NF C23-550-3：2014	手持式静电喷涂设备　安全要求　第3部分：手持式可燃性的植绒喷涂设备	Electrostatic hand-held spraying equipment-Safety requirements-Part 3:hand-held spraying equipment for ignitable flock	87.1	K35；K64	EN 50050-3：2013，IDT
26	NF C23-553-1：1987	可燃物品用静电喷涂设备的选择、安装及使用要求　第1部分：极限能量为0.24 mj的手持式静电喷漆枪及其相关装置	Requirements for the selection，installation and use of electrostatic spraying equipment for flammable materials. Part 1:hand-held electrostatic paint spray guns with an energy limit of 0，24 mj and their associated apparatus	87.1	K35	EN 50053-1：1987，IDT

续表

序号	文献号	中文题名	英文题名	国际标准分类号	中国标准分类号	采用关系
27	NF C23-553-2：1992	可燃物品静电喷涂设备的选择、安装和使用要求　第2部分：极限能量为5MJ的手持静电粉末喷枪及辅助设备	Requirements for the selection，installation and use of electrostatic spraying equipment for flammable materials. Part 2:hand-held electrostatic powder spray guns with an energy limit of 5 mj and their associated apparatus	87.1	K64	EN 50053-2：1989，IDT
28	NF C23-553-3：1992	可燃物品静电喷涂设备的选择、安装和使用要求　第3部分：极限能量为0.24MJ或5MJ的手持静电绒絮喷射枪及辅助设备	Requirements for the selection，installation and use of electrostatic spraying equipment for flammable materials. Part 3:hand-held electrostatic flock spry guns with an energy limit of 0，24 mj or 5 mj and their associated apparatus	87.1	K64	EN 50053-3：1989，IDT
29	NF C23-559：1993	喷漆和精整用不易燃材料手持式静电喷涂设备规范	Specification for electrostatic hand-held spraying equipment for non-flammable material for painting and finishing	87.1	K35	EN 50059：1990，IDT
30	NF C23-576：2009	易燃液体涂料用固定静电设施　安全要求	Stationary electrostatic application equipment for ignitable liquid coating material-Safety requirements	87.1	J47	EN 50176：2009，IDT
31	NF C23-577/A1：2013	可燃性的涂层粉末固定式静电应用设备　安全性要求	Stationary electrostatic application equipment for ignitable coating powders-Safety requirements	87.1	J60	EN 50177/A1：2012，IDT
32	NF C23-577：1998	易燃涂料粉用自动静电喷涂装置	Automatic electrostatic spraying installations for flammable coating powder	87.1	K35	EN 50177：1996，IDT

续表

序号	文献号	中文题名	英文题名	国际标准分类号	中国标准分类号	采用关系
33	NF C23-577：2009	可燃性涂层粉末用固定式静电应用设备　安全性要求	Stationary electrostatic application equipment for ignitable coating powder-Safety requirements	87.1	J70	EN 50177：2009，IDT
34	NF C23-578：2010	可燃棉束材料的自动静电应用设备　安全性要求	Stationary electrostatic application equipment for ignitable flock material-Safety requirements	87.1	K35	EN 50223：2010，IDT
35	NF C23-578：2015	可燃棉束材料的自动静电应用设备　安全性要求	Stationary electrostatic application equipment for ignitable flock material-Safety requirements	29.260.20；87.100	K35	EN 50223：2015，IDT
36	NF C91-004-2：2009	电磁兼容性（EMC）　第4-2部分：试验和测量技术　静电放电抗扰度试验	Electromagnetic compatibility（EMC）—Part 4-2:testing and measurement techniques-Electrostatic discharge immunity test	33.100.20	L06	EN 61000-4-2：2009，IDT；IEC 61000-4-2：2008，IDT
37	NF C96-022-26：2006	半导体装置　机械和环境试验方法　第26部分：静电放电（ESD）灵敏度测试　人体模型（HBM）	Semiconductor devices-Mechanical and climatic test methods-Part 26:electrostatic discharge（ESD）sensitivity testing-Human body model（HBM）	31.080.01	L40	EN 60749-26：2006，IDT；IEC 60749-26：2006，IDT
38	NF C96-022-27/A1：2013	半导体器件　机械和环境试验方法　第27部分：静电放电（ESD）敏感度检验　机器模型（MM）	Semiconductor devices-Mechanical and climatic test methods-Part 27: electrostatic discharge（ESD）sensivity testing-Machine model（MM）	31.080.01	L40	EN 60749-27/A1-2012，IDT；IEC 60749-27 AMD 1-2012，IDT

续表

序号	文献号	中文题名	英文题名	国际标准分类号	中国标准分类号	采用关系
39	NF C96-022-27：2006	半导体装置　机械和环境试验方法　第27部分：静电放电（ESD）灵敏度测试　机器模型（MM）	Semiconductor devices-Mechanical and climatic test methods-Part 27:electrostatic discharge（ESD）sensivity testing-Machine model（MM）	31.080.01	L40	EN 60749-27：2006，IDT；IEC 60749-27：2006，IDT
40	NF E24-202：2014	皮带传动　多楔带　联组V型带以及V型带，包括宽节带和六角带　抗静电带的导电性：试验特性和试验方法	Belt drives-V-ribbed belts，joined V-belts and V-belts including wide section belts and hexagonal belts-Electrical conductivity of antistatic belts:characteristics and methods of test	21.220.10	J18	ISO 1813：2014，IDT
41	NF E24-312：1991	皮带传动装置　抗静电、连续同步传动的皮带的电导率　特性和试验方法	Belt drives. Electrical conductivity of antistatic endless synchronous belts. Characteristics and test method	21.220.10	J18	ISO 9563：1990，IDT
42	NF H00-313：2014	防静电放电和电磁场的物品软包装　特性和试验方法	Flexible packaging for the protection of items against electrostatic discharges and against electromagnetic fields-Characteristics and test methods	55.04	A82	
43	NF P62-122：2016	弹性地板覆盖物和铺地织物　静电倾向的评定	Resilient and laminate floor coverings-Assessment of static electrical propensity	97.15	Q18	EN 1815：2016，IDT
44	NF Q13-003/AM1：1978	纸　静电电容器用纸的特性		85.06	Y32	
45	NF Q13-003：1968	纸　静电电容器纸特性	Paper. Characteristics of static capacitor papers	85.06	Y32	
46	NF S74-528：2014	防护手套　静电性能	Protective gloves-Electrostatic properties	13.340.40	C73	EN 16350：2014，IDT

续表

序号	文献号	中文题名	英文题名	国际标准分类号	中国标准分类号	采用关系
47	NF S74-532-1：2007	防护服　静电性能　第1部分：测量表面电阻的试验方法	Protective clothing–Electrostatic properties–Part 1:test method for measurement of surface resistivity	13.340.01	C73	EN 1149-1：2006，IDT
48	NF S74-532-2：1997	防护服　静电特性　第2部分：材料体电阻（垂直电阻）测量方法	Protective clothing. Electrostatic properties. Part 2:test method for measurement of the electrical resistance through a material（vertical resistance）	13.340.10	C73	EN 1149-2：1997，IDT
49	NF S74-532-3：2004	防护服　静电性能　第3部分：电荷衰变测量的试验方法	Protective clothing–Electrostatic properties–Part 3:test methods for measurement of charge decay	13.340.10	C73	EN 1149-3：2004，IDT
50	NF S74-532-5：2008	防护服装　静电性能　第5部分：材料性能和设计要求	Protective clothing–Electrostatic properties–Part 5:material performance and design requirements	13.340.10	C73	EN 1149-5：2008，IDT
51	NF T47-132：2011	硬化或热塑橡胶　抗静电和导电制品　电阻的测定	Rubber，vulcanized or thermoplastic–Antistatic and conductive products–Determination of electrical resistance	83.06	G34	ISO 2878：2011，IDT
52	NF T47-157：2013	轻型输送带　轻型输送带运行中产生的静电场的测定	Light conveyor belts–Determination of the electrostatic field generated by a running light conveyor belt	53.040.20；	J81	EN ISO 21179：2013，IDT；ISO 21179：2013，IDT
53	NF T70-527：2013	国防用高能材料　安全性、易损性　对静电放电的敏感性	Energetic materials for defense–Safety，vulnerability–Sensitivity to electrostatic discharges	71.100.30	G89	

续表

序号	文献号	中文题名	英文题名	国际标准分类号	中国标准分类号	采用关系
54	NF T70–539：2009	国防用高能材料　安全性、易损性　静电放电敏感性测试　GEMO 装置	Energetic materials for defence–Safety, vulnerability–Electrostatic discharges sensitivity test–GEMO apparatus	71.100.30	G89	
55	NF T70–540：2009	国防用高能材料　安全性、易损坏性　静电放电敏感性试验 SNPE 仪器	Energetic materials for defence–Safety, vulnerability–Electrostatic discharges sensitivity test SNPE apparatus	71.100.30	N25	
56	NF T70–763：13–2004	民用炸药　雷管和传爆管　第 13 部分：电雷管抗静电放电性测定	Explosives for civil uses–Detonators and relays–Part 13:determination of resistance of electric detonators to electrostatic discharge	71.100.30	G89	EN 13763–13：2004，IDT
57	NF T70–938–2：2005	民用爆炸物　推进剂和火箭推进剂　第 2 部分：耐静电能量的测定	Explosives for civil uses–Propellants and rocket propellants–Part 2:determination of resistance to electrostatic energy	71.100.30	G89	EN 13938–2：2004，IDT
58	E42–11：1969	国际电子词汇表第 11 组　静电转换器				
葡萄牙质量管理总局						
1	NP EN 1149–2：2002	防护服　相关的静电属性　第 2 部分：相关电阻的测量方法	Protective clothing Electrostatic properties Part 2:Test method for measurement of the electrical resistance through a materail（vertical resistane）	13.340.10		
2	NS–EN 1149–1：2006	防护服　静电性能　第 1 部分：表面电阻率的测量方法	Protective clothing–Electrostatic properties–Part 1: Test method for measurement of surface resistivity	13.340.01；13.340.10		

续表

序号	文献号	中文题名	英文题名	国际标准分类号	中国标准分类号	采用关系
3	NS–EN 1149–2：1997	防护服 静电特性 第2部分：材料体电阻的测试方法（垂直电阻）	Protective clothing–Electrostatic properties–Part 2: Test method for measurement of the electrical resistance through a material（vertical resistance）	13.340.10		
4	NS–EN 1149–3：2004	防护服 静电性能 第3部分：测量电荷衰减的测试方法	Protective clothing–Electrostatic properties–Part 3: Test methods for measurement of charge decay	13.340.10		
5	NS–EN 1149–5：2008	防护服 静电性能 第5部分：材料性能和设计要求	Protective clothing–Electrostatic properties–Part 5: Material performance and design requirements	13.340.10		
6	NS–EN 13763–13：2004	民用爆炸品 雷管和继电器 第13部分：确定电雷管对静电放电的抵抗力	Explosives for civil uses–Detonators and relays–Part 13: Determination of resistance of electric detonators to electrostatic discharge	71.100.30		
7	NS–EN 13938–2：2004	民用爆炸物 推进剂和火箭推进剂 第2部分：确定抗静电能力	Explosives for civil uses–Propellants and rocket propellants–Part 2: Determination of resistance to electrostatic energy	71.100.30		
8	NS–EN ISO 21179：2013	轻型输送带 确定由运行的轻型输送带产生的静电场	Light conveyor belts–Determination of the electrostatic field generated by a running light conveyor belt	53.040.10		
奥地利标准化协会						
1	OENORM B5213：1982	有机地板 静电性能的测试 步行测试	Organic floor coverings. Testing of the electrostatic properties. Walking test	7380		

续表

序号	文献号	中文题名	英文题名	国际标准分类号	中国标准分类号	采用关系
2	OENORM B5220：1989	有关电气和静电性能的地面覆盖物要求	Requirements to floor coverings regarding electrical and electrostatic properties	7380		
3	OENORM S1419 T.1：1982	纺织地板　静电性能的测试　电阻的测定	Textile floor coverings. Testing of the electrostatic properties. Determination of the electrical resistance	7380		
4	OENORM S1419 T.2：1978	纺织地板　静电性能的测试　步行测试	Textile floor coverings. Testing of the electrostatic properties. Walking test	7380		
5	OENORM S1419 T.3：1978	纺织地板　静电性能测试　静电电荷的测定	Textile floor coverings. Testing of electrostatic properties. Determination of the electrostatic charge	7380		
6	OENORM S1419 T.4：1977	纺织地板　静电性能的测试　评价	Textile floor coverings. Testing of the electrostatic properties. Evaluation	7380		
7	ONORM B 5213：1982	有机地板覆盖物　静电性能测试　行走测试	Organic floor coverings; testing of the electrostatic properties; Walking test			
8	ONORM B 5220：2001	地板覆盖物上电气和静电性能要求	Requirements on floor coverings regarding electrical and electrostatic properties	59.080.60；97.150		
9	ONORM S 1419 Teil.1：1982	纺织地板覆盖物　静电性能测试　电阻测定	Textile floor coverings; testing of the electrostatic properties; determination of the electrical resistance			
10	ONORM S 1419 Teil.2：1978	纺织地板覆盖物　静电性能测试　行走测试	Textile floor coverings; testing of the electrostatic properties; Walking fest			

续表

序号	文献号	中文题名	英文题名	国际标准分类号	中国标准分类号	采用关系
11	ONORM S 1419 Teil.3：1978	纺织地板覆盖物　静电性能测试　静电电荷的测定	Textile floor coverings; testing of the electrostatic properties; determination of the electrostatic Charge			
12	ONORM S 1419 Teil.4：1977	纺织地板覆盖物　静电性能测试　评价	Textile floor coverings; testing of the electrostatic properties; evaluation			
波兰标准化、计量与质量委员会						
1	PN C04199：1993	石油产品载有防静电添加剂的航空和馏出燃料电导率的测定	Petroleum products. Aviation and distillate fuels containing a static dissipator additive. Determination of electrical conductivity			
2	PN C04833-05：1986	家用化学产品清洗剂防静电能力测试	Household chemistry products Rinsing agents Methods of test Determination of anti-electrostatic power			
3	PN C94212：1991	手部防护　抗静电防油手套规格和试验方法	Hand protection. Antistatic-oilproof gloves. Specification and test methods	1069		
4	PN E05200：1992	静电防护术语	Protection against static electricity Terminology			
5	PN E05202：1992	静电防护　防止火灾和/或爆炸一般规定	Protection against static electricity Protection against fire and/or explosion General requirements			

续表

序号	文献号	中文题名	英文题名	国际标准分类号	中国标准分类号	采用关系
6	PN E05203：1992	静电防护　用于爆炸环境中的材料和产品　电阻率和抗漏电测试方法	Protection against static electricity. Materials and products for use in explosive atmospheres. Methods of tests for electrical resistivity and leakage resistance	607		
7	PN E88609：1992	电气继电器　测量继电器和保护设备的电气干扰试验　静电放电试验	Electrical relays. Electrical disturbance tests for measuring relays and protection equipment. Electrostatic discharge tests	672		
8	PN EN 10071：1992	铁原料化学分析　钢和铁当中的锰测定　静电计测量滴定法	Chemical analysis of ferrous materials Determination of manganese in steel and irons Electrometric titration method			
9	PN M52001 ArkusZ09：1974	干式除尘器　干式静电除尘器分类　术语和符号	Dry dust collectors Dry electrostatic precipitators Classification，terminology and symbols			
10	PN M52002 ArkusZ08：1974	除尘系统　集流器、静电式沉淀器术语　分类和符号	Dust colleotion systems. Wash collectors，Electrostatic precipitators.Terminology，classification and symbols			
11	PN M59118：1987	磨轮　可容许的静电不平衡	Grinding wheels Permissiblc static unbalance			
12	PN P04980：1990	纺织地板覆盖物　防静电步行过程模拟测定	Textile floor coverings Designation of the antielectrostatic of simulation method walk processes			

续表

序号	文献号	中文题名	英文题名	国际标准分类号	中国标准分类号	采用关系
南非国家标准局						
1	SANS 10123：2014	不良静电的控制	The control of undesirable static electricity	29.02	K04	
2	SANS 10254：2012	固定的静电存储水暖系统的安装、维护、替换和修理	The installation，maintenance，replacement and repair of fixed electric storage water heating systems	91.140.65	Y63	
3	SANS 2878：2011	橡胶　防静电及导电产品　电阻测定	Rubber–Antistatic and conductive products–Determination of electrical resistance	83.06	G34	ISO 2878：2005，IDT
4	SANS 53763-13：2006	民用爆炸物　雷管和传爆管　电雷管耐静电放电性的测定	Explosives for civil uses–Detonators and relays Part 13: Determination of resistance of electric detonators to electrostatic discharge	71.100.30	G89	EN 13763-13：2004，IDT
5	SANS 61000-4-2：2009	电磁兼容性（EMC）　第4-2部分：试验及测量技术　静电放电抗扰度试验	Electromagnetic compatibility（EMC）Part 4-2: Testing and measurement techniques–Electrostatic discharge immunity test	17.220.20；33.100.20	L06	IEC 61000-4-2：2008，IDT
6	SANS 6356：2004	织物地板铺设物　静电性能评定（模拟人体步行方法）	Textile floor coverings–Assessment of static electrical propensity–Walking test	59.080.60	W56	ISO 6356：2000，IDT
瑞典标准协会						
1	SIS 25 12 36：1973	纺织品　静电放电测定	Textiles–Determination of discharge of static electricity			

续表

序号	文献号	中文题名	英文题名	国际标准分类号	中国标准分类号	采用关系
2	SIS SS 16 22 27：1986	橡胶和热塑性弹性体　导电和抗静电材料　测量电阻	Rubber and thermoplastic elastomer-Conducting and antistatic materials-Measurement of resistivity			
3	SIS SS 433 07 88：1986	家用及类似用途电器的安全　高电压工作的灭蚊灯和静电空气净化器、喷雾装置及类似器具的特殊要求	Safety of household and similar electrical appliances-Particular requirements for insect killers and electrostatic air cleaners，ionization appliances and similar appliances working a t high voltage			
4	SIS SS 436 15 22：1984	工业和贸易中使用的电子设备　抗静电放电扰度　环境分类和试验	Electronic equipment used in industry and trade-Immunity to electrostatic discharges-Environmental classification and tests			
5	SIS SS 83 25 30：1982	纺织地板覆盖物　静电电荷的测定	Textile floor coverings-Determination of electrostatic charge			
6	SIS SS 83 25 34：1985	纺织地板覆盖物　静电倾向评估　行走测试	Textile floor coverings-Assessment of static electrical propensity -Walking test			
7	SIS SS 88 24 81：1985	防静电鞋　检查	Antistatic footwear—inspection			
8	SIS SS IEC 801-2：1988	工业过程测量和控制设备电磁适用性　静电放电要求	Electromagnetic compatibility for industrial-process measurement and control equipment—Electrostatic discharge requirements			

续表

序号	文献号	中文题名	英文题名	国际标准分类号	中国标准分类号	采用关系
9	SIS SS-EN 50 050：1990	防爆电气设备　静电手持喷涂设备	Electrical apparatus for potentially explosive atmospheres—Electrostatic hand-held spraying equipment			
10	SIS SS-EN 50 053-1：1990	易燃材料静电喷涂设备的选择、安装和使用要求　第1部分：能源限制为0.24兆焦耳的手持式静电喷漆枪及其相关仪器	Requirements for the selection, installation anduse of e/ectrostatic spraying equipment for flammable materials Part 1. Hand-held e/ectrostatic paint spray guns with an energy limit of 0, 24 MJ and their associated apparatus			
11	SIS SS-EN 50 053-2：1990	易燃材料静电喷涂设备的选择、安装和使用要求　第2部分：能源限制为5兆焦耳的手持式静电粉末喷枪及其相关仪器	Requirements for the selection, installation anduse of electrostatic spraying equipment for flammable materials Part 2. Hand-held electrostatic powderspray guns with an energy limit of 5 MJ and their associated apparatus			
12	SIS SS-EN 50 053-3：1990	易燃材料静电喷涂设备的选择、安装和使用要求　第3部分：能量限制为0.24兆焦耳或5兆焦耳的手提式静电喷枪及其相关仪器	Requirements for the selection, installation and use of electrostatic spraying equipment for flammable materials Part 3. Hand-held electrostatic flock spray guns with an engergy limit of 0，24 MJ or 5 MJ and their associatedapparatus			

续表

序号	文献号	中文题名	英文题名	国际标准分类号	中国标准分类号	采用关系
13	SIS SS–EN 50 059：1990	非易燃材料涂装静电手持喷涂设备的规格	Specification for electrostatic hand–held spraying equipment for non–flammable material forpainting and finishing			
14	SIS SS–ISO 7587：1988	锡铅合金静电涂层　规范和测试方法	Electroplated coatings of tin–lead alloys—Specification and test methods			
挪威标准组织						
1	SN 429 002：1989	通过金属涂层防腐　电解工艺	Electrostatic charging—Classification of deficiencies and systems			
2	SN ISO 60：1983	纺织玻璃　纤维织物厚度的测定	Textile glass—Woven fabrics–Determination of thickness	433		
瑞士标准化协会						
1	SEV–ASE 3626–2：1986	工业过程测量和控制设备的电磁兼容性　第 2 部分：静电放电要求	Electromagnetic compatibility for industrial–process measurement and control equipment. Part 2:Electrostatic discharge requirements	2315		
2	SNV DIN 51953：1975	有机地板覆盖物的测试　测试地板覆盖物在爆炸－混浊浪涌中散逸静电荷的能力	Testing of Organic Floor Coverings. Testing of the Ability of Floor Coverings in Explosion–hazared Roms to Dissipate Electrostatic Charges	7570		
3	SNV DIN 54345 T.1：1985	纺织品测试　静电行为　电阻的测定	Testing of textiles. Electrostatic behaviour. Determination of electrical resistance	6610		

续表

序号	文献号	中文题名	英文题名	国际标准分类号	中国标准分类号	采用关系
4	SNV DIN 54345 T.2：1976	纺织品测试 测试静电倾向、通过步行测试测试纺织品地板覆盖物	Testing of textiles. Testing of the electrostatic propensity，testing of textile floor coverings by the walk test	6610		
5	SNV DIN 54345 T.4：1985	纺织品测试 静电行为 纺织品静电荷的测定	Testing of textiles. Electrostatic behaviour. Determination of electrostatic charge of textile fabrics	6610		
罗马尼亚标准化研究院						
1	SR CEI 255-22-2：1989	继电器 第22部分：测量继电器和保护设备的电子干扰测试 第二章：静电放电试验	Electrical relays. Part 22:Electrical disturbance tests for measuring relays and protection equipment. Section two -Electrostatic discharge tests	29.120.70		
2	SR IEC 255-22-2：1994	电气继电器第22部分：测量电气和保护设备的电气干扰测试 第二部分静电	Electrical relays Part 22: Electrical disturbance tests for measuring relaus and protection equipment. Section two Electrostatic	29.120.70		IEC 255-22-2，IDT
3	STAS 10080：1975	橡胶防护鞋内衬抗静电橡胶鞋	Rubber protective footwear LINED ANTISTATIC RUBBER FOOTWEAR			
4	STAS 11004：1988	地毯 有爆炸危险的电离空间 静电荷的放电电阻和漏电阻的测定	FLOOH COVERINGS I-Oll SPACES WITH EXPLOSION DANGER Determination of discharge resistance and leakage resistance of electrostatic charges			
5	STAS 12479：1986	导电和抗静电橡胶	CONDUCTING AND ANTISTATIC RUBBERS			

续表

序号	文献号	中文题名	英文题名	国际标准分类号	中国标准分类号	采用关系
6	STAS 12480/1：1986	医疗设备用抗静电和导电硬橡胶产品　电阻测定	ANTISTATIC AND CONDUCTIVE VULCANISED RUBBER PRODUCTSFOR MEDICAL EQUIPMENT Determination of electrical resistance			
7	STAS 12480/2：1986	医疗设备的防静电和导电硬橡胶制品　电阻限制	ANTISTATIC AND CONDUC- TIVE VULCANISED RUBBER PRODUCTS FOR MEDICAL EQUIPMENT Electrical resistance limits			
8	STAS 12762：1989	防护鞋　抗静电鞋　电阻测定	Protective footwear ANTISTATIC FOOTWEAR Electric resistance determination			
9	STAS 2469：1991	防护设施　抗静电皮靴	Protective equipment. Antistatic leather boots		M56	
10	STAS 3502：1991	防护设施　抗静电皮鞋	Protective equipment. Antistatic leater shoes		M56	
11	STAS 9415：1973	防静电级 V 形带　导电性的测定	ANTIELECTROSTATIC CLASSIC V–BELTS Determination of electrcconductibility			
越南标准质量总局						
1	TCVN 6410：1998	有衬里抗静电橡胶鞋　规范	Lined antistatic rubber footwear. Specification			ISO 2251：1991，IDT

续表

序号	文献号	中文题名	英文题名	国际标准分类号	中国标准分类号	采用关系
2	TCVN 8241–4–2：2009	电磁兼容性（EMC） 第4–2部分：试验和测量方法 静电放电抗扰度	ElectroMagnetic Compatibility（EMC）. Part 4–2: Testing and measurement techniques.Electrostatic discharge immunity			IEC 61000–4–2：2001，IDT
泰国工业标准学会						
1	TIS 1452：2009	电磁兼容性（EMC） 第4部分：试验和测量技术 第2节：静电放电抗扰度试验	Electromagnetic compatibility（emc）. part 4: testing and measurement techniques.section 2: electrostatic discharge immunity test	33.100.20		IEC 61000–4–2：2001，IDT
土耳其标准学会						
1	TS 2215：1976	非直读式电容型袖珍曝光计和辅助静电计	INDIRECT READING CAPACITOR TYPE POCKET BXPOSUREMETEBS AND ACCESSORY ELECTROMETERS	17.24		
2	TS 2734：1977	导电和抗静电橡胶 电阻率的测定	Conducting and Antistatic Rubbers–Measurement Of Resistivity	83.06		
3	TS 3467：1980	在含静电逸散剂的航空燃料中的电传导性的测定	DETERMINATION OF ELECTRICAL CONDUCTIVITY IN AVIATION FUELS CONTAINING A STATIC ELECTRICAL BISSIPATOR ADDITIVE	75.160.20		
4	TS 3547：1981	有衬里的抗静电橡胶鞋	LINED ANTISTATIC REBBER FOOTWEAR	61.06		

续表

序号	文献号	中文题名	英文题名	国际标准分类号	中国标准分类号	采用关系
西班牙国家标准						
1	UNE 109-100：1990	易燃环境中的静电控制　操作实践过程				
2	UNE 109-104：1990	易燃环境中的静电控制　金属表面的腐蚀剂喷射处理				
3	UNE 109-110：1990	易燃环境中的静电控制　定义				
4	UNE 22-350：1981	关闭钻孔的塑料塞　静电试验				
5	UNE 40-486 Pt.1：1984	地板的纺织品覆盖　静电吸引的确定方法“散步”确定法				
6	UNE 40-486 Pt.4：1985	地板的纺织品覆盖　静电吸引的确定方法　抗鞋袜经典的测定方法				
7	UNE 53-605：1989	弹性体导体及抗静电弹性体的电阻性测定				
8	UNE 53-615：1989	医用弹性体防静电及导电材料的特性及电阻性				
意大利标准联盟						
1	UNI 10830：1999	静电除尘器　拖拽、使用、试验和维修的一般标准	Elettrostatic precipitators-General criteria for drafting，use，testing and maintenance	13.040.40	J88	

续表

序号	文献号	中文题名	英文题名	国际标准分类号	中国标准分类号	采用关系
2	UNI 11014：2002	釉瓷和搪瓷涂层　静电粉末搪瓷附着力的测定	Vitreous and porcelain enamels–Determination of electrostatic powder porcelain enamel adhesion	25.220.50	A29	
3	UNI 11213：2007	釉瓷和搪瓷涂层　静电粉末搪瓷电阻率的测定	Vitreous and porcelain enamels–Determination of electrostatic powder porcelain enamel resistivity	25.220.50	A29	
4	UNI 11254：2007	整体通风用主动充电式静电空气过滤器　过滤性能的测定	Electrostatic air filters with active charge for general ventilation–Determination of the filtration performance	91.140.30	J77	
5	UNI 7338：1974	含铁材料化学分析　铁－锰中的锰测定　静电法	Chemical analysis of ferroalloys. Determination of manganese in ferro–manganese. Electrometric method	77.1	H11	
6	UNI 7770：1977	铁合金化学分析　钒铁中的钒测定　静电法	Chemical analysis of ferroalloys. Determination of vanadium in ferrovanadium. Electrometric method	77.1	H11	
7	UNI 8014–12：1987	机织地板覆盖物　试验方法　静电习性评价法（行走试验）	Machine–made textile floor covering. Test methods. Assessmen of static electrical propensity（walking test）	59.080.60；91.180	W56	
8	UNI EN 1149–1：2006	防护头盔　静电性能　第1部分：表面电阻率的测量方法	Protective clothing–Electrostatic properties–Part 1: Test method for measurement of surface resistivity	13.340.01	C73	EN 1149–1：2006，IDT

续表

序号	文献号	中文题名	英文题名	国际标准分类号	中国标准分类号	采用关系
9	UNI EN 1149-2：1999	防护服　静电性能　测量材料电阻的试验方法（垂直阻力）	Protective clothing–Electrostatic properties–Test method for measurement of the electrical resistance through a material（vertical resistance）	13.340.10	C73	EN 1149-2：1997，IDT
10	UNI EN 1149-3：2005	防护头盔　静电性能　第 3 部分：电荷衰变测量的试验方法	Protective clothing–Electrostatic properties–Part 3: Test methods for measurement of charge decay	13.340.10	C73	EN 1149-3：2004，IDT
11	UNI EN 1149-5：2008	防护头盔　静电性能　第 5 部分：材料性能和设计要求	Protective clothing–Electrostatic properties–Part 5: Material performance and design requirements	13.340.10	C73	EN 1149-5：2008，IDT
12	UNI EN 13763-13：2004	民用爆炸物　雷管和传爆管　第 13 部分：电雷管耐静电放电性的测定	Explosives for civil uses–Detonators and relays–Part 13: Determination of resistance of electric detonators to electrostatic discharge	71.100.30	G89	EN 13763-13：2004，IDT
13	UNI EN 13938-2：2005	民用爆炸物　推进剂和火箭推进剂　第 2 部分：抗静电能的测定	Explosives for civil uses–Propellants and rocket propellants–Part 2: Determination of resistance to electrostatic energy	71.100.30	G89	EN 13938-2：2004，IDT
14	UNI EN 16350:2014	防护手套　静电性能	Protective gloves–Electrostatic properties	13.340.40	C73	EN 16350：2014，IDT
15	UNI EN 1815：1999	弹性和织物地板覆盖物　静电特性的评定	Resilient and textile floor coverings–Assessment of static electrical propensity	59.080.60；91.060.30；91.180；97.150	Q22；W56	EN 1815：1997，IDT

续表

序号	文献号	中文题名	英文题名	国际标准分类号	中国标准分类号	采用关系
16	UNI EN ISO 17864：2008	金属和合金的腐蚀　静电位控制下的临界点蚀温度的测定	Corrosion of metals and alloys–Determination of the critical pitting temperature under potientiostatic control	77.06	H25	ISO 17864：2005，IDT；EN ISO 17864：2008，IDT
17	UNI EN ISO 21179：2013	轻型输送带　轻型输送带运行中产生的静电场的测定	Light conveyor belts–Determination of the electrostatic field generated by a running light conveyor belt	53.040.10	G42	ISO 21179：2013，IDT；EN ISO 21179：2013，IDT
18	UNI ISO 2878：2012	硫化橡胶或热塑性橡胶　抗静电和导电制品　电阻的测定	Rubber，vulcanized or thermoplastic–Antistatic and conductive products–Determination of electrical resistance	83.06	G40	ISO 2878：2011，IDT

4. 军方标准

序号	文献号	中文题名	英文题名	国际标准分类号	中国标准分类号	采用关系
1	DI–RELI–80669 A：1992	静电放电（ESD）控制程序计划	ELECTROSTATIC DISCHARGE（ESD）CONTROL PROGRAM PLAN			
2	DI–RELI–80670 A：1992	电气和电子部件、组件和设备的静电放电（ESD）灵敏度测试报告结果 [取代：DI–T–7132]	REPORTING RESULTS OF ELECTROSTATIC DISCHARGE（ESD）SENSITIVITY TESTS OF ELECTRICAL AND ELECTRONIC PARTS，ASSEMBLIES AND EQUIPMENT [Superseded: DI–T–7132]			
3	DI–RELI–80671 A：1992	静电放电（ESD）敏感项目的处理程序	HANDLING PROCEDURES FOR ELECTROSTATIC DISCHARGE（ESD）SENSITIVE ITEMS			

续表

序号	文献号	中文题名	英文题名	国际标准分类号	中国标准分类号	采用关系
美国国防部后勤局						
1	DLA DSCC-DWG-08004 REV A：2013	放电器，静电，尾边，非整体基座	DISCHARGER，ELECTROSTATIC，TRAILING EDGE，NON-INTEGRAL BASE			
2	DLA DSCC-DWG-08005 REV A：2013	放电器，静电，翅尖，非集成基座	DISCHARGER，ELECTROSTATIC，WING TIP，NON-INTEGRAL BASE			
3	DLA DSCC-DWG-08006:2008	放电器，静电，尾边，非整体基座	DISCHARGER，ELECTROSTATIC，TRAILING EDGE，NON-INTEGRAL BASE			
4	DLA MIL-DTL-83413/1 D：2010	连接器和组件，电气，飞机接地：类型Ⅰ接地组件，放电器，静电	CONNECTORS AND ASSEMBLIES，ELECTRICAL，AIRCRAFT GROUNDING: TYPE I GROUNDING ASSEMBLY，DISCHARGER，ELECTROSTATIC			
5	DLA MIL-DTL-83413/10 C：2010	飞机接地连接器和组件接地：跳线电缆组件，飞机到燃料喷嘴，放电器，静电	CONNECTORS AND ASSEMBLIES，ELECTRICAL，AIRCRAFT GROUNDING: JUMPER CABLE ASSEMBLY，AIRCRAFT TO FUEL NOZZLE，DISCHARGER，ELECTROSTATIC			
6	DLA MIL-DTL-83413/2 C：2010	连接器和组件，电气，飞机接地：类型Ⅱ接地组件，放电器，静电	CONNECTORS AND ASSEMBLIES，ELECTRICAL，AIRCRAFT GROUNDING: TYPE II GROUNDING ASSEMBLY，DISCHARGER，ELECTROSTATIC			
7	DLA MIL-DTL-83413/3 C：2010	连接器和组件，电气，飞机接地：类型Ⅲ接地组件，放电器，静电	CONNECTORS AND ASSEMBLIES，ELECTRICAL，AIRCRAFT GROUNDING，TYPE III GROUNDING ASSEMBLY，DISCHARGER，ELECTROSTATIC			

续表

序号	文献号	中文题名	英文题名	国际标准分类号	中国标准分类号	采用关系
8	DLA MIL-DTL-9129 F：2008	静电放电器的一般规范	DISCHARGERS，ELECTROSTATIC GENERAL SPECIFICATION FOR			
9	DLA MIL-DTL-9129/9 A：2009	夹持器，放电器，静电	HOLDERS，DISCHARGER，ELECTROSTATIC			
10	DLA MIL-PRF-1/1341 A：2008	电子管，阴极射线静电偏转和聚焦型 3BGP1	ELECTRON TUBE，CATHODE RAY ELECTROSTATIC DEFLECTION AND FOCUS TYPE 3BGP1			
11	DLA MIL-PRF-27/360 A：2011	变压器，电源，15 VA，静电屏蔽	TRANSFORMERS，POWER，15 VA，ELECTROSTATIC SHIELDED			
12	DLA MIL-PRF-27/38 C：2009	变压器，电源，1.5 VA，400 Hz，静电屏蔽	TRANSFORMERS，POWER，1.5 VOLT AMPERES，400 HZ，ELECTROSTATIC SHIELDED			
13	DLA MIL-PRF-27/40 C：2009	变压器，电源，3 VA，400 Hz，静电屏蔽	TRANSFORMERS，POWER，3 VOLT AMPERES，400 HZ，ELECTROSTATIC SHIELDED			
14	DLA MIL-PRF-27/42 C：2009	变压器，电源，6 VA，400 Hz，静电屏蔽	TRANSFORMERS，POWER，6 VOLT AMPERES，400 HZ，ELECTROSTATIC SHIELDED			
15	DLA MIL-PRF-27/45 C：2009	变压器，电源，15 VA，400 Hz，静电屏蔽	TRANSFORMERS，POWER，15 VOLT AMPERES，400 HZ，ELECTROSTATIC SHIELDED			

续表

序号	文献号	中文题名	英文题名	国际标准分类号	中国标准分类号	采用关系
16	DLA MIL-PRF-27/47 C：2009	变压器，电源，25 VA，400 Hz，静电屏蔽	TRANSFORMERS，POWER，25 VOLT AMPERES，400 HZ ELECTROSTATIC SHIELDED			
17	DLA MIL-PRF-27/49 D-：2005	变压器，电源，1.5 VA，400 Hz，静电屏蔽	TRANSFORMERS，POWER，1.5 VOLT AMPERES，400 HZ，ELECTROSTATIC SHIELDED			
18	DLA MIL-PRF-27/51 D：2005	变压器，电源，3 VA，400 Hz，静电屏蔽	TRANSFORMERS，POWER，3 VOLT AMPERES，400 HZ，ELECTROSTATIC SHIELDED			
19	DLA MIL-PRF-27/52 D：2009	变压器，电源，6 VA，400 Hz，静电屏蔽	TRANSFORMERS，POWER，6 VOLT AMPERES，400 HZ，ELECTROSTATIC SHIELDED			
20	DLA MIL-PRF-27/53D：2005	变压器，电源，6 VA，400 Hz，静电屏蔽	TRANSFORMERS，POWER，6 VOLT AMPERES，400 HZ，ELECTROSTATIC SHIELDED			
21	DLA MIL-PRF-27/61D：2005	变压器，电源，16 VA，400 Hz，静电屏蔽	TRANSFORMERS，POWER，16 VOLT AMPERES，400 HZ，ELECTROSTATIC SHIELDED			
22	DLA MIL-PRF-27/62D：2005	变压器，电源，25 VA，400 Hz，静电屏蔽	TRANSFORMERS，POWER，25 VOLT AMPERES，400 HZ，ELECTROSTATIC SHIELDED			

续表

序号	文献号	中文题名	英文题名	国际标准分类号	中国标准分类号	采用关系
23	DLA MIL–PRF–27/63D：2005	变压器，电源，50 VA，400 Hz，静电屏蔽	TRANSFORMERS，POWER，50 VOLT AMPERES，400 HZ，ELECTROSTATIC SHIELDED			
24	DLA MIL–PRF–27/64D：2005	变压器，电源，75 VA，400 Hz，静电屏蔽	TRANSFORMERS，POWER，75 VOLT AMPERES，400 HZ，ELECTROSTATIC SHIELDED			
25	DLA MIL–PRF–27/65D：2005	变压器，电源，100 VA，400 Hz，静电屏蔽	TRANSFORMERS，POWER，100 VOLT AMPERES，400 HZ，ELECTROSTATIC SHIELDED			
26	DLA MIL–PRF–27/66 E：2010	变压器，电源，250 VA，400 Hz，静电屏蔽	TRANSFORMERS，POWER，250 VOLT AMPERES，400 HZ，ELECTROSTATIC SHIELDED			
27	DLA SMD–5962–95595 REV N：2004	静电噪声的随机数字存储存储器混合互补金属氧化物半导体微电路	MICROCIRCUIT，HYBRID，MEMORY，DIGITAL，STATIC RANDOM ACCESS MEMORY，CMOS，128K X 32–BIT	49.025	V11	
28	DLA SMD–5962–95624 REV C：2006	混合数字的 512K X 32–BIT，静电噪声随机存取存储器互补金属氧化物半导体微电路	MICROCIRCUIT，HYBRID，MEMORY，DIGITAL，512K X 32–BIT，STATIC RANDOM ACCESS MEMORY，CMOS	49.025	V11	
美国国防部指令						
1	DOD DI–RELI–80669A：1992	静电放电（ESD）控制程序计划	ELECTROSTATIC DISCHARGE（ESD）CONTROL PROGRAM PLAN			

续表

序号	文献号	中文题名	英文题名	国际标准分类号	中国标准分类号	采用关系
2	DOD DI-RELI-80670A：1992	静电放电（ESD）的报告结果电气和电子部件，组件和设备的灵敏度测试	REPORTING RESULTS OF ELECTROSTATIC DISCHARGE（ESD）SENSITIVITY TESTS OF ELECTRICAL AND ELECTRONIC PARTS，ASSEMBLIES AND EQUIPMENT			
3	DOD DI-RELI-80671A：1992	静电放电（ESD）敏感项目的处理程序	HANDLING PROCEDURES FOR ELECTROSTATIC DISCHARGE（ESD）SENSITIVE ITEMS			
4	DOD DSCC-DWG-08004 REV A：2013	放电器，静电，尾边，非整体基座	DISCHARGER，ELECTROSTATIC，TRAILING EDGE，NON-INTEGRAL BASE			
5	DOD DSCC-DWG-08005 REV A-2013	放电，静电，翅尖，非集成基座	DISCHARGER，ELECTROSTATIC，WING TIP，NON-INTEGRAL BASE			
6	DOD DSCC-DWG-08006 REV A：2015	放电器，静电，尾边，非整体基座	DISCHARGER，ELECTROSTATIC，TRAILING EDGE，NON-INTEGRAL BASE			
7	DOD MIL-DTL-81997D（1）：2006	垫，缓冲，柔性，静电保护，透明	POUCHES，CUSHIONED，FLEXIBLE，ELECTROSTATIC-PROTECTIVE，TRANSPARENT			
8	DOD MIL-DTL-83413/10C（1）：2015	飞机接地连接器和组件接地：跳线电缆组件，飞机到燃料喷嘴，放电器，静电	CONNECTORS AND ASSEMBLIES，ELECTRICAL，AIRCRAFT GROUNDING：JUMPER CABLE ASSEMBLY，AIRCRAFT TO FUEL NOZZLE，DISCHARGER，ELECTROSTATIC			

续表

序号	文献号	中文题名	英文题名	国际标准分类号	中国标准分类号	采用关系
9	DOD MIL-DTL-83413/1E：2014	连接器和组件，电气，飞机接地：类型Ⅰ接地组件，放电器，静电	CONNECTORS AND ASSEMBLIES，ELECTRICAL，AIRCRAFT GROUNDING: TYPE I GROUNDING ASSEMBLY，DISCHARGER，ELECTROSTATIC			
10	DOD MIL-DTL-83413/2C：2010	连接器和组件，电气，飞机接地：类型Ⅱ接地组件，放电器，静电	CONNECTORS AND ASSEMBLIES，ELECTRICAL，AIRCRAFT GROUNDING: TYPE II GROUNDING ASSEMBLY，DISCHARGER，ELECTROSTATIC			
11	DOD MIL-DTL-83413/3D：2014	连接器和组件，电气接地，Ⅲ类接地组件，放电器，静电	CONNECTORS AND ASSEMBLIES，ELECTRICAL，AIRCRAFT GROUNDING，TYPE III GROUNDING ASSEMBLY，DISCHARGER，ELECTROSTATIC			
12	DOD MIL-DTL-9129/9A：2009	夹持器，放电器，静电	HOLDERS，DISCHARGER，ELECTROSTATIC			
13	DOD MIL-DTL-9129G：2008	放电器，静电通用规格	DISCHARGERS，ELECTROSTATIC GENERAL SPECIFICATION FOR			
14	DOD MIL-HDBK-773A：2005	静电放电保护包装	ELECTROSTATIC DISCHARGE PROTECTIVE PACKAGING			
15	DOD MIL-PRF-27/38C（1）：2015	变压器，电源，1.5 VA，400 Hz，静电屏蔽	TRANSFORMERS，POWER，1.5 VOLT AMPERES，400 Hz，ELECTROSTATIC SHIELDED			

续表

序号	文献号	中文题名	英文题名	国际标准分类号	中国标准分类号	采用关系
16	DOD MIL–PRF–27/40C（1）：2015	变压器，电源，3 VA，400 Hz 静电屏蔽	TRANSFORMERS，POWER，3 VOLT AMPERES，400 HZ ELECTROSTATIC SHIELDED			
17	DOD MIL–PRF–27/42C（1）：2015	变压器，电源，6 VA，400 Hz 静电屏蔽	TRANSFORMERS，POWER，6 VOLT AMPERES，400 HZ ELECTROSTATIC SHIELDED			
18	DOD MIL–PRF–27/45C（1）：2015	变压器，电源，15 VA，400 Hz，静电屏蔽	TRANSFORMERS，POWER，15 VOLT AMPERES，400 HZ，ELECTROSTATIC SHIELDED			
19	DOD MIL–PRF–27/47C（1）：2015	变压器，电源，25 VA，400 Hz 静电屏蔽	TRANSFORMERS，POWER，25 VOLT AMPERES，400 HZ ELECTROSTATIC SHIELDED			
20	DOD MIL–PRF–27/47C：2009	变压器，电源，25 VA，400 Hz 静电屏蔽	TRANSFORMERS，POWER，25 VOLT AMPERES，400 HZ ELECTROSTATIC SHIELDED			
21	DOD MIL–PRF–27/49D：2005	变压器，电源，1.5 VA，400 Hz，静电屏蔽	TRANSFORMERS，POWER，1.5 VOLT AMPERES，400 HZ，ELECTROSTATIC SHIELDED			
22	DOD MIL–PRF–27/51D：2005	变压器，电源，3 VA，400 Hz，静电屏蔽	TRANSFORMERS，POWER，3 VOLT AMPERES，400 HZ，ELECTROSTATIC SHIELDED			
23	DOD MIL–PRF–27/52D（1）：2015	变压器，电源，6 VA，400 Hz，静电屏蔽	TRANSFORMERS，POWER，6 VOLT AMPERES，400 HZ，ELECTROSTATIC SHIELDED			

续表

序号	文献号	中文题名	英文题名	国际标准分类号	中国标准分类号	采用关系
24	DOD MIL-PRF-27/53D：2005	变压器，电源，6 VA，400 Hz，静电屏蔽	TRANSFORMERS，POWER，6 VOLT AMPERES，400 HZ，ELECTROSTATIC SHIELDED			
25	DOD MIL-PRF-27/62D：2005	变压器，电源，25 VA，400 Hz，静电屏蔽	TRANSFORMERS，POWER，25 VOLT AMPERES，400 HZ，ELECTROSTATIC SHIELDED			
26	DOD MIL-PRF-27/63D：2005	变压器，电源，50 VA，400 Hz，静电屏蔽	TRANSFORMERS，POWER，50 VOLT AMPERES，400 HZ，ELECTROSTATIC SHIELDED			
27	DOD MIL-PRF-27/64D：2005	变压器，电源，75 VA，400 Hz，静电屏蔽	TRANSFORMERS，POWER，75 VOLT AMPERES，400 HZ，ELECTROSTATIC SHIELDED			
28	DOD MIL-PRF-27/65D：2005	变压器，电源，100 VA，400 Hz，静电屏蔽	TRANSFORMERS，POWER，100 VOLT AMPERES，400 HZ，ELECTROSTATIC SHIELDED			
29	DOD MIL-PRF-81705E（1）：2010	阻隔材料，柔性，静电放电保护，热可密封	BARRIER MATERIALS，FLEXIBLE，ELECTROSTATIC DISCHARGE PROTECTIVE，HEAT-SEALABLE			
30	DOD MIL-PRF-87260B：2006	泡沫材料，爆炸抑制，固有静电导电，用于飞机燃油箱	FOAM MATERIAL，EXPLOSION SUPPRESSION，INHERENTLY ELECTROSTATICALLY CONDUCTIVE，FOR AIRCRAFT FUEL TANKS			
31	DOD MIL-PRF-87893B：1997	工作站，静电放电（ESD）控制	WORKSTATION，ELECTROSTATIC DISCHARGE（ESD）CONTROL			

续表

序号	文献号	中文题名	英文题名	国际标准分类号	中国标准分类号	采用关系
32	DOD MIL-W-80C：1966	窗口，观察，丙烯酸基，抗电沉积，透明（用于指示仪器）	WINDOW，OBSERVATION，ACRYLIC BASE，ANTIELECTROSTATIC，TRANSPARENT（FOR INDICATING INSTRUMENT）			
33	DOD QPL-81705：2014	阻隔材料，柔性，静电放电保护，可热封	Barrier Materials，Flexible，Electrostatic Discharge Protective，Heat-Sealable			
34	DOD QPL-87260：2014	泡沫材料，防爆，固有的静电导电，用于飞机燃油箱	Foam Material，Explosion Suppression，Inherently Electrostatically Conductive，for Aircraft Fuel Tanks			
35	DOD QPL-87260-QPD：2014	泡沫材料，防爆，固有静电导电,对于飞机油箱(QPD不提供PDF，参考相应的QPL和相应的日期）	Foam Material，Explosion Suppression，Inherently Electrostatically Conductive，For Aircraft Fuel Tanks（QPDs not available as a PDF，refer to the corresponding QPL with corresponding date）			
36	DOD QPL-87893：2014	工作站，静电放电（ESD）控制	WORKSTATION，ELECTROSTATIC DISCHARGE（ESD）CONTROL			
37	DOD QPL-87893-QPD：2014	工作站静电放电（ESD）控制（QPD不提供PDF，请参阅相应的QPL相应日期）	Workstation Electrostatic Discharge（ESD）Control（QPDs not available as a PDF，refer to the corresponding QPL with corresponding date）			
38	DOL FED BULLETIN 256：1969	工业机械和物理性危害静电的安全规范	STATIC ELECTRICITY		C65	

续表

序号	文献号	中文题名	英文题名	国际标准分类号	中国标准分类号	采用关系
美国空军						
1	AIR FORCE A-A-50696：1991	50和75英尺的线缆长的接地式静电放电卷轴	REELS，STATIC DISCHARGE，GROUNDING，50 AND 75 FOOT CABLE LENGTHS		K15	
2	AIR FORCE AF M88-9 CHAP 3：1985	雷电和静电防护电气设计	ELECTRICAL DESIGN LIGHTNING AND STATIC ELECTRICITY PROTECTION			
3	AIR FORCE MIL-PRF-87260 B：2006	飞机油箱用静电导电防爆泡沫材料	FOAM MATERIAL，EXPLOSION SUPPRESSION，INHERENTLY ELECTROSTATICALLY CONDUCTIVE，FOR AIRCRAFT FUEL TANKS		K15	
4	AIR FORCE MIL-PRF-87893 B：1997	静电放电控制的工作站	WORKSTATION，ELECTROSTATIC DISCHARGE（ESD）CONTROL		K15	
5	AIR FORCE QPL-87260-QPD：2013	泡沫材料，防爆，固有的静电导电，用于飞机燃油箱	FOAM MATERIAL，EXPLOSION SUPPRESSION，INHERENTLY ELECTROSTATICALLY CONDUCTIVE，FOR AIRCRAFT FUEL TANKS			
6	AIR FORCE QPL-87893-QPD：2011	防静电工作台静电放电控制	WORKSTATION ELECTROSTATIC DISCHARGE（ESD）CONTROL			
7	AIR FORCE QPL-87893-QPD：2013	防静电工作站静电放电控制	WORKSTATION ELECTROSTATIC DISCHARGE（ESD）CONTROL			
美国陆军						
1	ARMY MIL-HDBK-773 A：2005	防静电包装	ELECTROSTATIC DISCHARGE PROTECTIVE PACKAGING		A80	

续表

序号	文献号	中文题名	英文题名	国际标准分类号	中国标准分类号	采用关系
2	ARMY TM 5-811-3：1985	避雷和静电保护的电气设计	ELECTRICAL DESIGN LIGHTNING AND STATIC ELECTRICITY PROTECTION			
3	ARMY UFGS-16665A：1989	静电保护系统	STATIC ELECTRICITY PROTECTION SYSTEM			
美国海军						
1	NAVY MIL-D-3464 E：1987	有活性包装用途和静电除湿气干燥剂	DESICCANTS，ACTIVATED，BAGGED，PACKAGING USE AND STATIC DEHUMIDIFICATION	49.06	V25	
2	NAVY MIL-DTL-81997D（1）：2006	透明静电保护柔性加衬垫弹药袋	POUCHES，CUSHIONED，FLEXIBLE，ELECTROSTATIC-PROTECTIVE，TRANSPARENT			
3	NAVY MIL-F-22963 B（1）：1985	环境控制系统功率供应静电的（沉淀剂）空气过滤器	FILTER，AIR，ELECTROSTATIC（PRECIPITATOR）WITH POWER SUPPLY FOR ENVIRONMENTAL CONTROL SYSTEMS	23.12	K40	
4	NAVY MIL-HDBK-263 B：1994	带电的和电子部分的保护，组装部件和设备静电释放控制手册（排除带电的爆炸性工具）（衡量标准）	ELECTROSTATIC DISCHARGE CONTROL HANDBOOK FOR PROTECTION OF ELECTRICAL AND ELECTRONIC PARTS，ASSEMBLIES AND EQUIPMENT(EXCLUDING ELECTRICALLY INITIATED EXPLOSIVE DEVICES)（METRIC）		U04	
5	NAVY MIL-P-23917：1963	船上使用（静电式）通气管的雾沉淀器	PRECIPITATOR（ELECTROSTATIC），VENT FOG，SHIPBOARD USE	11.040.55	C32	

续表

序号	文献号	中文题名	英文题名	国际标准分类号	中国标准分类号	采用关系
6	NAVY MIL-PRF-81705 E（1）：2010	热密封静电放电防护柔性阻隔材料	BARRIER MATERIALS，FLEXIBLE，ELECTROSTATIC DISCHARGE PROTECTIVE，HEAT-SEALABLE			
7	NAVY MIL-PRF-82815：1989	液态抗静电剂	LIQUID，ANTISTATIC	49.06	V25	
8	NAVY MIL-STD-1686 C：1995	电子零件的保护安装的静电放电控制程序（除开电引爆装置）	ELECTROSTATIC DISCHARGE CONTROL PROGRAM FOR PROTECTION OF ELECTRICAL AND ELECTRONIC PARTS，ASSEMBLIES AND EQUIPMENT（EXCLUDING ELECTRICALLY INITIATED EXPLOSIVE DEVICES）	49.06	V25	
9	NAVY MIL-T-24024：1964	静电电路训练辅助器材	TRAINING AID，ELECTRONIC CIRCUIT，ELECTROSTATIC	49.02	V20	
10	NAVY MIL-W-80 C：1966	透明防静电腈纶基地的观察窗（指示仪表）	WINDOW，OBSERVATION，ACRYLIC BASE，ANTIELECTROSTATIC，TRANSPARENT（FOR INDICATING INSTRUMENT）	49	V04	
11	NAVY QPL-81705：2013	阻隔材料，柔性，静电放电保护，可热封	BARRIER MATERIALS，FLEXIBLE，ELECTROSTATIC DISCHARGE PROTECTIVE，HEAT-SEALABLE			
12	NAVY UFGS-23 51 43.02 20：2006	烟气颗粒物静电除尘器	ELECTROSTATIC DUST COLLECTOR OF FLUE GAS PARTICULATES			
NASA						
1	MSFC-STD-1800 REV B：2008	推进剂和爆炸装置的静电放电（esd）控制	ELECTROSTATIC DISCHARGE（ESD）CONTROL FOR PROPELLANT AND EXPLOSIVE DEVICES			

5. 协会标准

序号	文献号	中文题名	英文题名	国际标准分类号	中国标准分类号	采用关系
美国试验与材料协会						
1	ASTM D4470：1997（2010）	静电起电的标准试验方法	Standard Test Method for Static Electrification	17.220.01	A55	
2	ASTM D4865：2009（2014）	石油燃料系统静电产生和耗散的标准指南	Standard Guide for Generation and Dissipation of Static Electricity in Petroleum Fuel Systems	23.020.01		
3	ASTM D5077：1990（2015）	静电放电（ESD）包装材料相关标准术语	Standard Terminology Relating to Electrostatic Discharge（ESD）Packaging Materials	55.04		
4	ASTM D7524：2010	测定航空涡轮机燃料和中间馏分燃料中抗静电添加剂的标准试验方法高效液相色谱法（HPLC）	Standard Test Method for Determination of Static Dissipater Additives（SDA）in Aviation Turbine Fuel and Middle Distillate Fuels High Performance Liquid Chromatograph（HPLC）Method	75.160.20	E31	
5	ASTM D991：1989（2010）	橡胶特性标准试验方法 导电及抗静电制品体积电阻系数	Standard Test Method for Rubber Property–Volume Resistivity Of Electrically Conductive and Antistatic Products	83.06	G34	
6	ASTM D991：1989（2014）	导电和抗静电制品的体积电阻系数橡胶特性的标准试验方法	Standard Test Method for Rubber Property&mdash；Volume Resistivity Of Electrically Conductive and Antistatic Products	83.06		

续表

序号	文献号	中文题名	英文题名	国际标准分类号	中国标准分类号	采用关系
7	ASTM F1434：1997（2013）	静电复印机和打印机中保险丝油性能评定的标准实施规程	Standard Practice for Estimating the Performance of a Fuser Oil in an Electrostatic Copier or Printer	37.100.10		
8	ASTM G5：1994（1999）e1	作静电位标记和动电位阳极极化测量的基准测试方法	Standard Reference Test Method for Making Potentiostatic and Potentiodynamic Anodic Polarization Measurements	71.040.50	A68	
美国电气电子工程师学会						
1	IEEE C37.90.3：2001	保护继电器的静电释放试验	Electrostatic Discharge Tests for Protective Relays	29.120.70	K31	ANSI/IEEE C 37.90.3：2001，IDT
2	IEEE C63.16：2016	美国静电放电测试方法和电子设备标准国家标准指南	American National Standard Guide for Electrostatic Discharge Test Methodologies and Criteria for Electronic Equipment			
3	IEEE C62.38：1994	IEEE 静电放电指南（ESD）-ESD 耐受能力评估方法（用于电子设备子组件）	IEEE guide on electrostatic discharge（ESD）—ESD withstand capability evaluation methods（for electronic equipment subassemblies）	IEEE C62.38-1994	IEEE 静电放电指南（ESD）-ESD 耐受能力评估方法（用于电子设备子组件）	
4	IEEE C 62.47:1992	ESD ESD 环境 ESD 鉴定指南；重申：1997 年	IEEE guide on ESD—Characterization of the ESD environment；Reaffirmed: 1997	IEEE C62.47:1992	ESD ESD 环境 ESD 鉴定指南；重申：1997 年	

续表

序号	文献号	中文题名	英文题名	国际标准分类号	中国标准分类号	采用关系
美国电子器件工程联合委员会						
1	JEDEC JESD22-A115C：2010	静电放电（ESD）灵敏度测试，机器型号（MM）	Electrostatic Discharge（ESD）Sensitivity Testing，Machine Model（MM）			
2	JEDEC JESD22-C101F：2013	微电子元件静电放电耐受阈值的场诱导充电器件模型测试方法	Field-Induced Charged-Device Model Test Method for Electrostatic-Discharge-Withstand Thresholds of Microelectronic Components			
3	JEDEC JESD471：1980	静电敏感器件的符号和标签	Symbol and Label for Electrostatic Sensitive Devices			
4	JEDEC JESD625-B：2012	处理静电放电敏感（ESDS）器件的要求	Requirements for Handling Electrostatic-Discharge-Sensitive（ESDS）Devices			
美国电信行业协会						
1	TIA TSB-153：2003	LAN 和数据终端设备之间的静电放电	Static Discharge Between LAN and Data Terminal Equipment	49.05	M32	
2	TIA-455-129：1996	FOTP-129 将人体模型静电放电应力应用到封装的光电组件的程序	FOTP-129 Procedures for Applying Human Body Model Electrostatic Discharge Stress to Package Optoelectronic Components		M33	
美国保险商实验室标准						
1	UL 867：2011	静电空气净化机	UL Standard for Safety Electrostatic Air Cleaners（Fifth Edition；Reprint with Revisions Through and Including September 16，2016）	13.040.40	Q76	ANSI/UL 867：2011，IDT
2	UL SUBJECT 2329：1999	个人静电控制装置的调查大纲　发布编号 :1	Outline of Investigation for Personnel Electrostatic Control Devices（Issue 1）		K09	

续表

序号	文献号	中文题名	英文题名	国际标准分类号	中国标准分类号	采用关系
美国机动工程师协会						
1	SAE AIR 1662A: 1998	飞机燃料系统静电危害的最小化	Minimization of Electrostatic Hazards in Aircraft Fuel Systems	49.05	V39	
2	SAE ARP 5672: 2009	航空器的雨滴静电干扰检定	Aircraft Precipitation Static Certification	49.045	V36	
3	SAE J 1113-13: 2015	车辆部件的电磁兼容性测量程序　第 13 部分：抗静电放电（稳定型）	Electromagnetic Compatibility Measurement Procedure for Vehicle Components-Part 13: Immunity to Electrostatic Discharge（Stabilized Type）			
4	SAE J 551-15: 2015	车辆电磁抗扰性　静电放电（ESD）	Vehicle Electromagnetic Immunity-Electrostatic Discharge（ESD）			
美国电信行业解决方案联盟						
1	ATIS 0600308: 2008	中央办公设备　静电放电抗扰性要求	Central Office Equipment-Electrostatic Discharge Immunity Requirements			
美国电子工业协会						
1	EIA 471：1980	静电敏感设备的符号和标签；重申：1996 年	Symbol and label for electrostatic sensitive devices；Reaffirmed: 1996	1	EIA 471:1980	静电敏感设备的符号和标签；重申：1996 年
2	EIA 541：1988	ESD 敏感物品的包装材料标准 撤回 – 由 ANSI / ESD S541-2003（ESDA）取代	Packaging material standards for ESD sensitive items. Withdrawn-replaced by ANSI/ESD S541-2003（ESDA）	2	EIA 541:1988	ESD 敏感物品的包装材料标准。撤回 – 由 ANSI / ESD S541-2003（ESDA）取代

续表

序号	文献号	中文题名	英文题名	国际标准分类号	中国标准分类号	采用关系
3	EIA 545：1989	静电放电（ESD）的机电开关测试方法	Electromechanical switch test method for electrostatic discharge（ESD）	3	EIA 545:1989	静电放电（ESD）的机电开关测试方法
4	EIA 625：2000	处理静电放电敏感（ESDS）设备 取消。被 JESD 625A（JEDEC）取代	Handling electrostatic discharge sensitive（ESDS）devices. Withdrawn. Superceded by JESD 625A（JEDEC）	4	EIA 625:2000	处理静电放电敏感（ESDS）设备。取消。被 JESD 625A（JEDEC）取代
5	EIA SP 3018：1994	处理静电放电敏感（ESDS）设备的要求	Requirements for handling electrstatic discharge sensitive（ESDS）devices	5	EIA SP 3018:1994	处理静电放电敏感（ESDS）设备的要求
6	EIA 583	湿敏物品的包装材料标准	packaging material standards for moisture sensitive items	6	EIA 583	湿敏物品的包装材料标准
汽车电子工业协会						
1	AEC–Q100–002–Rev–E:	人体模型（HBM）静电放电测试	Human Body Model（HBM）Electrostatic Discharge Test	1	AEC–Q100–002–Rev–E:	人体模型（HBM）静电放电测试
2	AEC–Q100–011–Rev–C1	带电器件模型（CDM）静电放电测试	Charged Device Model（CDM）Electrostatic Discharge Test	2	AEC–Q100–011–Rev–C1	带电器件模型（CDM）静电放电测试
3	AEC–Q100 Rev–H	基于故障机理的集成电路应力测试验证（基础文件）	Failure Mechanism Based Stress Test Qualification For Integrated Circuits（base document）	3	AEC–Q100 Rev–H	基于故障机理的集成电路应力测试验证（基础文件）
4	AEC–Q200 Rev–D base	无源元件的压力测试资格（基础文件）	Stress Test Qualification For Passive Components（base document）	4	AEC–Q200 Rev–D base	无源元件的压力测试资格（基础文件）
5	AEC–Q101 Rev–D1	基于故障机理的离散半导体应力测试认证（基础文件）	Failure Mechanism Based Stress Test Qualification For Discrete Semiconductors（base document）	5	AEC–Q101 Rev–D1	基于故障机理的离散半导体应力测试认证（基础文件）

续表

序号	文献号	中文题名	英文题名	国际标准分类号	中国标准分类号	采用关系
6	AEC–Q101–001–Rev–A	人体模型（HBM）静电放电测试	Human Body Model（HBM）Electrostatic Discharge Test	6	AEC–Q101–001–Rev–A	人体模型（HBM）静电放电测试
7	AEC–Q101–005–Rev–	带电器件模型（CDM）静电放电测试	Charged Device Model（CDM）Electrostatic Discharge Test	7	AEC–Q101–005–Rev–	带电器件模型（CDM）静电放电测试
美国防火协会						
1	NFPA77	静电推荐做法	Recommended practice on static electrity	1	NFPA77	静电推荐做法
美国静电放电协会						
1	ANSI/ESD S1.1：2013	静电放电敏感物品防护的ESD协会标准　腕带	ESD Association Standard for the Protection of Electrostatic Discharge Susceptible Items–Wrist Straps	17.220.20	L04	
2	ANSI/ESD S11.4：2013	静电放电灵敏物防护品ESD协会标准　防静电包装	ESD Association Standard for the Protection of Electrostatic Discharge Susceptible Items–Static Control Bags	17.220.20	A42	
3	ANSI/ESD S13.1：2015	提供用于测量电流泄漏、尖端对地参考点电阻和尖端电压的电子焊接/拆焊手工工具测试方法	Provides electrical soldering/desoldering hand tool test methods for measuring current leakage，tip to ground reference point resistance，and tip voltage.			
4	ANSI/ESD S20.20：2014	建立静电放电控制方案　电气和电子零件、装置和设备（不包括电动引爆装置）的保护	ESD Association Standard for the Development of an Electrostatic Discharge Control Program for Protection of Electrical and Electronic Parts，Assemblies and Equipment （Excluding Electrically Initiated Explosive Devices）	29.020；13.260	K31	

续表

序号	文献号	中文题名	英文题名	国际标准分类号	中国标准分类号	采用关系
5	ANSI/ESD S541：2008	静电放电敏感产品的防护　包装材料或 ESD 敏感件	ESD Association Standard for the Protection of Electrostatic Discharge Susceptible Items–Packaging Materials for ESD Sensitive Items	17.220.01	K15	IEC 101/295/FDIS–2009，MOD
6	ANSI/ESD S6.1：2014	静电放电敏感元器件的 ESD 协会防护标准　接地	ESD Association Standard for the Protection of Electrostatic Discharge Susceptible Items–Grounding	29.020；29.120.50	L15	
7	ANSI/ESD S8.1：2017	静电放电敏感产品防护的 ESD 协会操作标准　符号　ESD 意识	ESD Association Draft Standard for the Protection of Electrostatic Discharge Susceptible Items–Symbols–ESD Awareness	01.080.10；17.220.01	L17	
8	ANSI/ESD SP10.1：2016	静电放电敏感产品防护的 ESD 协会操作标准　自动化设备（AHE）	ESD Association Standard Practice for the Protection of Electrostatic Discharge Susceptible Items–Automated Handling Equipment（AHE）	53.040.01；19.040	C73	
9	ANSI/ESD SP14.5：2015	静电放电敏感度测试标准规范　近场抗扰度扫描　元件 / 模块 / PCB 级	ESD Association Standard Practice for Electrostatic Discharge Sensitivity Testing–Near Field Immunity Scanning–Component/Module/PCB Level			
10	ANSI/ESD SP15.1：2011	静电敏感产品的防护标准　使用中手套和指套的电阻标准测试方法	ESD Association Standard Practice for the Protection of Electrostatic Discharge Susceptible Items–In–Use Resistance Measurement of Gloves and Finger Cots	13.26	K31	

续表

序号	文献号	中文题名	英文题名	国际标准分类号	中国标准分类号	采用关系
11	ANSI/ESD SP3.3：2012	静电放电敏感产品ESD协会防护标准　离子发生器的周期检验	ESD Association Standard Practice for the Protection of Electrostatic Discharge Susceptible Items–Periodic Verification of Air Ionizers	13.040.99	C51	
12	ANSI/ESD SP3.4：2012	静电放电敏感产品防护的ESD协会操作标准　基于小型试验设备开展空气离子发生器的性能周期检验	ESD Association Standard Practice for the Protection of Electrostatic Discharge Susceptible Items–Periodic Verification of Air Ionizer Performance Using a Small Test Fixtune	13.040.99	C51	
13	ANSI/ESD SP5.3.2：2013	静电放电敏感产品防护的ESD协会操作标准　灵敏度试验　套接设备模型（SDM）　组件级	ESD Association Standard Practice for Electrostatic Discharge Sensitivity Testing–Socketed Device Model(SDM)–Component Level	31.2	L15	
14	ANSI/ESD SP5.6：2010	静电放电敏感产品防护的ESD协会操作标准　人体金属模型（HMM）　组件级	ESD Association Standard Practice for Electrostatic Discharge Sensitivity Testing–Human Metal Model（HMM）–Component Level	17.220.20	L15	
15	ANSI/ESD STM11.11：2015	静电放电敏感产品的防护　静态耗散平面材料表面电阻的测量	ESD Association Standard for Protection of Electrostatic Discharge Susceptible Items–Surface Resistance Measurement of Static Dissipative Planar Materials	19.08	K04	

续表

序号	文献号	中文题名	英文题名	国际标准分类号	中国标准分类号	采用关系
16	ANSI/ESD STM11.12：2015	静电放电敏感产品的防护试验方法　静态耗散平面材料的体电阻测量	ESD Association Standard Test Method for Protection of Electrostatic Discharge Susceptible Items–Volume Resistance Measurement of Static Dissipative Planar Materials	29.020；13.260	L04	
17	ANSI/ESD STM11.13：2015	静电放电敏感产品防护的 ESD 协会操作标准　两点电阻测量	ESD Association Standard Test Method for the Protection of Electrostatic Discharge Susceptible Items–Two–Point Resistance Measurement	29.045	L15	IEC 101/334/CDV–2011，IDT
18	ANSI/ESD STM11.31：2012	静电放电屏蔽材料性能评价　包	ESD Association Standard Test Method for Evaluating the Performance of Electrostatic Discharge Shielding Materials–Bags	17.220.20	L04	IEC 101/269/CDV–2008，IDT；IEC 101/293/FDIS–2009，IDT
19	ANSI/ESD STM12.1：2013	静电放电敏感物品防护试验方法　座椅　电阻测量	ESD Association Standard Test Method for the Protection of Electrostatic Discharge Susceptible Items–Seating–Resistance Measurement	29.020；13.260	L04	
20	ANSI/ESD STM2.1：2013	静电放电敏感产品防护的 ESD 协会操作标准　服装　电阻表征	ESD Association Standard Test Method for the Protection of Electrostatic Discharge Susceptible Items–Garments–Resistive Characterization	17.220.01	L04	

续表

序号	文献号	中文题名	英文题名	国际标准分类号	中国标准分类号	采用关系
21	ANSI/ESD STM3.1：2015	静电放电敏感物品的防护 电离器	ESD Association Standard Test Method for the Protection of Electrostatic Discharge Susceptible Items–Ionization	17.220.20	L04	IEC 101/268/CDV–2008，IDT；IEC 101/292/FDIS–2009，IDT
22	ANSI/ESD STM4.2：2012	静电放电敏感物品试验方法 EDS 防护工作台静电消散特性	ESD Association Standard Test Method for the Protection of Electrostatic Discharge Susceptible Items–ESD Protective Worksurfaces–Charge Dissipation Characteristics	29.020；13.260	L04	
23	ANSI/ESD STM5.2：2012	静电放电敏感度 ESD 协会标准试验方法 机器模型（MM） 组件级	ESD Association Standard Test Method for Electrostatic Discharge（ESD）Sensitivity Testing–Machine Model（MM）–Component Level	19.08	N20	
24	ANSI/ESD STM7.1：2013	静电放电敏感产品标准试验方法 地板 材料的抗静电性	ESD Association Standard Test Method for the Protection of Electrostatic Discharge Susceptible Items–Floor Materials–Resistive Characterization of Materials	97.150；59.080.60；29.020		
25	ANSI/ESD STM5.5.1：2016	传输线脉冲（TLP）静电放电灵敏度测试 组件级	ESD Association Standard Test Method for Electrostatic Discharge（ESD）Sensitivity Testing–Transmission Line Pulse（TLP）–Component	17.220.20		IEC 47/2006/CDV–2008，IDT；IEC 62615：2010，MOD
26	ANSI/ESD STM9.1–2014	静电放电敏感产品防护试验方法：鞋靴 抗电性	ESD Association Standard Test Method for the Protection of Electrostatic Discharge Susceptible Items–Footwear–Resistive Characterization	29.020；13.340.50	Y78	

续表

序号	文献号	中文题名	英文题名	国际标准分类号	中国标准分类号	采用关系
27	ANSI/ESD STM97.1–2015	静电放电敏感产品防护试验方法　结合人进行地板材料和鞋的电阻测量	ESD Association Standard Test Method for the Protection of Electrostatic Discharge Susceptible Items–Floor Materials and Footwear–Resistance Measurement in Combination with a Person	29.020;13.340.50;59.080.60	L04	
28	ANSI/ESD STM97.2–2016	静电放电敏感产品防护试验方法　结合人进行地板材料和鞋的电压测量	This document establishes test methods for the measurement of the voltage on a person in combination with floor materials and static control footwear, shoes or other devices	29.020;13.340.50;59.080.60	L04	
29	ANSI/ESDA/JEDEC JS–001–2017	静电放电灵敏度试验　人体模式（HBM）组件级	ESDA/JEDEC Joint Standard for Electrostatic Discharge Sensitivity Testing–Human Body Model（HBM）–Component Level	31.080.01	L40	
30	ANSI/ESDA/JEDEC JS–002–2014	静电放电灵敏度试验　带电器件模型（CDM）器件级	ESDA/JEDEC Joint Standard for Electrostatic Discharge Sensitivity Testing–Charged Device Model（CDM）–Device Level	31.080.01		
31	ESD ADV1.0–2017	静电释放术语的ESD协会咨询　术语表	ESD Association Advisory for Electrostatic Discharge Terminology–Glossary			
32	ESD ADV11.2–1995	ESD协会关于保护静电放电敏感物品的咨询　摩擦电荷积累测试	ESD Association Advisory for the Protection of Electrostatic Discharge Susceptible Items–Triboelectric Charge Accumulation Testing			

续表

序号	文献号	中文题名	英文题名	国际标准分类号	中国标准分类号	采用关系
33	ANSI/ESD SP5.1.3：2017	ESD静电放电敏感度测试标准规范　人体模型（HBM）测试　组件级别　引脚对随机抽测方法	ESD Association Standard Practice for Electrostatic Discharge Sensitivity Testing–Human Body Model（HBM）Testing–Component Level–A Method for Randomly Selecting Pin Pairs			
34	ESD S4.1：2006	ESD静电放电敏感物品保护协会标准　工作台面　电阻测量	ESD Association Standard for the Protection of Electrostatic Discharge Susceptible Items–Worksurfaces–Resistance Measurements			
35	ESD SP9.2：2003					
36	ESD TR1.0–01–01	美国静电放电协会之静电放电敏感产品操作标准鞋　脚接地阻性特征	ESD Association Standard Practice for the protection of Electrostatic Discharge Susceptible Items–Footwear–Foot Grounders Resistive Characterization（not to include static control shoes）			
37	ESD TR10.0–01–02	ESD协会技术报告　针对在100伏下处理ESD敏感设备的自动化设备的检测和ESD控制问题	Measurement and ESD Control Issues for Automated Equipment Handling of ESD Sensitive Devices Below 100 Volts			
38	ESD TR13.0–01–99	ESD协会技术报告　EOS安全烙铁要求	ESD Association Technical Report – EOS Safe Soldering Iron Requirements			

续表

序号	文献号	中文题名	英文题名	国际标准分类号	中国标准分类号	采用关系
39	ESD TR14.0-01-00	ESD 协会技术报告　与静电放电（ESD）电流测量相关的不确定度计算	ESD Association Technical Report-Calculation of Uncertainty Associated With Measurement of Electrostatic Discharge（ESD）Current			
40	ESD TR 14.0-02-13	ESD 协会关于保护静电放电易感项目的技术报告　系统级静电放电（ESD）模拟器验证	ESD Association Technical Report for the Protection of Electrostatic Discharge Susceptible Items-System Level Electrostatic Discharge（ESD）Simulator Verification			
41	ESD TR 15.0-01-99	ESD 协会关于保护静电放电敏感物品的 ESD 标准技术报告—ESD 手套和手指套	ESD Association Standard Technical Report for the Protection of Electrostatic Discharge Susceptible Items-ESD Glove and Finger Cots			
42	ESD TR 17.0-01-15	EOS / ESD 协会电子生产线 ESD 过程评估方法技术报告　工业最佳实践	EOS/ESD Association Technical Report for ESD Process Assessment Methodologies in Electronic Production Lines-Best Practices used in Industry			
43	ESD TR 18.0-01-14	ESD 协会关于 ESD 电子设计自动化检查的技术报告	ESD Association Technical Report for ESD Electronic Design Automation Checks			
44	ESD TR 2.0-01-00	ESD 协会技术报告　制定 ESD 服装规范的考虑因素	ESD Association Technical Report-Consideration For Developing ESD Garment Specifications			

续表

序号	文献号	中文题名	英文题名	国际标准分类号	中国标准分类号	采用关系
45	ESD TR 2.0-02-00	ESD 协会技术报告 摩擦带电服装的静电危害	ESD Association Technical Report-Static Electricity Hazards of Triboelectrically Charged Garments			
46	ESD TR20.20:2016	ESD 协会技术报告 制定保护电子部件、组件和设备的静电放电控制程序的手册	ESD Association Technical Report-Handbook for the Development of an Electrostatic Discharge Control Program for the Protection of Electronic Parts, Assemblies and Equipment			
47	ESD TR22.0.01-14-Electronic	ESD 协会关于无缝 ESD 设计和验证流程的相关 ESD 铸造参数技术报告	ESD Association Technical Report for Relevant ESD Foundry Parameters for Seamless ESD Design and Verification Flow			
48	ESD TR 3.0-01-02	ESD 协会技术报告 测量离子发生器失调电压和放电时间的替代技术	ESD Association Technical Report-Alternate Techniques for Measuring Ionizer Offset Voltage and Discharge Time			
49	ESD TR 3.0-02-05	ESD 协会技术报告 选择和接受空气电离器	ESD Association Technical Report-Selection and Acceptance of Air Ionizers			
50	ESD TR 4.0-01-02	ESD 协会技术报告 工作面和接地机制的调查	ESD Association Technical Report-Survey of Worksurfaces and Grounding Mechanisms			
51	ESD TR 5.2-01-01	ESD 协会技术报告 机器模型（MM）静电放电（ESD）研究 减少脉冲数和延迟时间	ESD Association Technical Report-Machine Model（MM）Electrostatic Discharge（ESD）Investigation-Reduction in Pulse Number and Delay Time			

续表

序号	文献号	中文题名	英文题名	国际标准分类号	中国标准分类号	采用关系
52	ESD TR 5.3.2-01-00	ESD 协会技术报告 插座设备模型（SDM）测试仪 应用和技术报告	ESD Association Technical Report-Socket Device Model（SDM）Tester-an Applications and Technical Report			
53	ESD TR 5.4-01-00	ESD 协会技术报告 瞬态诱发闩锁（TLU）	ESD Association Technical Report-Transient Induced Latch-up（TLU）			
54	ESD TR 5.4-02-08	ESD 协会技术报告 确定 CMOS 闭锁敏感度 瞬态闩锁 技术报告 No.2	ESD Association Technical Report-Determination of CMOS Latch-up Susceptibility-Transient Latch-up-Technical Report No. 2			
55	ESD TR 5.4-03-11	ESD 协会静电放电敏感度测试技术报告 CMOS / BiCMOS 集成电路的闩锁灵敏度测试 瞬态闩锁 组件级 供电瞬态刺激	ESD Association Technical Report For Electrostatic Discharge Sensitivity Testing-Latch-Up Sensitivity Testing of CMOS/ BiCMOS Integrated Circuits-Transient Latch-up Testing-Component Level-Supply Transient Stimulation			
56	ESD TR 5.4-04-13	ESD 协会静电放电敏感度测试技术报告 瞬态闩锁测试	ESD Association Technical Report For Electrostatic Discharge Sensitivity Testing-Transient Latch-up Testing			
57	ESD TR 5.5-01-08	ESD 协会关于保护静电放电敏感项目的技术报告 传输线脉冲（TLP）	ESD Association Technical Report for the Protection of Electrostatic Discharge Susceptible Items-Transmission Line Pulse（TLP）			

续表

序号	文献号	中文题名	英文题名	国际标准分类号	中国标准分类号	采用关系
58	ESD TR 5.5-02-08	ESD 协会关于保护静电放电敏感项目的技术报告　传输线脉冲　轮转法	ESD Association Technical Report for the Protection of Electrostatic Discharge Susceptible Items–Transmission Line Pulse–Round Robin			
59	ESD TR 5.5-03-14	ESD协会静电放电（ESD）灵敏度测试技术报告　快速　传输线脉冲（TLP）　轮转法分析	ESD Association Technical Report for Electrostatic Discharge（ESD）Sensitivity Testing–Very Fast–Transmission Line Pulse（TLP）–Round Robin Analysis			
60	ESD TR 5.6-01-09	ESD 协会关于保护静电放电易感项目的技术报告　人体金属模型（HMM）	ESD Association Technical Report for the Protection of Electrostatic Discharge Susceptible Items–Human Metal Model（HMM）			
61	ESD TR 50.0-01-99	ESD 协会技术报告　静电可以被监测吗?	ESD Association Technical Report–Can Static Electricity be Measured?			
62	ESD TR 50.0-02-99	ESD 协会技术报告　高电阻欧姆表测量	ESD Association Technical Report–High Resistance Ohmmeter Measurements			
63	ESD TR 50.0-03-03	ESD 协会技术报告　电压和能量敏感设备概念，包括延迟注意事项	ESD Association Technical Report–Voltage and Energy Susceptible Device Concepts, Including Latency Considerations			
64	ESD TR 53.0-01-15	ESD 协会关于静电放电敏感物品保护的技术报告—ESD 防护设备和材料的符合性验证	ESD Association Technical Report for the Protection of Electrostatic Discharge Susceptible Items–Compliance Verification of ESD Protective Equipment and Materials			

续表

序号	文献号	中文题名	英文题名	国际标准分类号	中国标准分类号	采用关系
65	ESD TR 55.0-01-04	ESD 协会技术报告　无尘室和清洁生产的静电指南和注意事项	ESD Association Technical Report-Electrostatic Guidelines and Considerations For Cleanrooms and Clean Manufacturing			
66	ESD TR 7.0-01-11	ESD 协会静电放电敏感物品保护技术报告　防静电地板材料	ESD Association Technical Report for the Protection of Electrostatic Discharge Susceptible Items-Static Protective Floor Materials			
67	ESDA/JEDEC JTR001-01-12	ESDA/JEDEC 联合技术报告 ANSI/ESDA/JEDEC 用户指南 JS-001 集成电路人体模型测试	ESDA/JEDEC Joint Technical Report User Guide of ANSI/ESDA/JEDEC JS-001 Human Body Model Testing of Integrated Circuits			
68	ESDA/JEDEC JTR5.2-01-15	ESDA / JEDEC 停止使用机器模型进行器件 ESD 认证的联合技术报告	ESDA/JEDEC Joint Technical Report for Discontinuing Use of the Machine Model for Device ESD Qualification			

附录 2　国内标准目录

1. 国家标准

序号	文献号	中文题名	英文题名	国际标准分类号	中国标准分类号	采用关系
1	GB 12014—2009	防静电服	Static protective clothing	13.340.10	C73	
2	GB 12158—2006	防止静电事故通用导则	General guideline for preventing electrostatic accidents	13.26	C66	
3	GB 12367—2006	涂装作业安全规程　静电喷漆工艺安全	Safety code for painting–Safety for electrostatic spray painting process	13.1	C66	
4	GB 13348—2009	液体石油产品静电安全规程	Safety rules of static electricity with relation to liquid petroleum products	13.2	E09	
5	GB 14773—2007	涂装作业安全规程　静电喷枪及其辅助装置安全技术条件	Safety code for painting–Safety specification for electrostatic spray guns and associated apparatus	13.1	C68	
6	GB 15607—2008	涂装作业安全规程　粉末静电喷涂工艺安全	Safety code for painting–Safety for electrostatic powder spraying process	13.1	C66	
7	GB 26539—2011	防静电陶瓷砖	Antistatic ceramic tiles	91.100.25	Q32	IEC 60093：1980，MOD
8	GB 4655—2003	橡胶工业静电安全规程	Safety rules of static electricity in the rubber industry	13.1	G09	
9	GB 50515—2010	导（防）静电地面设计规范	Code for design of conductive or anti–static ground surface and floor		P63	
10	GB 50611-2010	电子工程防静电设计规范	Code for design of protection of electrostatic discharge in electronic engineering		P91	

续表

序号	文献号	中文题名	英文题名	国际标准分类号	中国标准分类号	采用关系
11	GB 50813—2012	石油化工粉体料仓防静电燃爆设计规范	Code for design of static explosion prevention in petrochemical powders silo		P34	
12	GB 50944—2013	防静电工程施工与质量验收规范	Code for construction and quality acceptance of antistatic engineering		P32	
13	GB/T 10715—2002	带传动　多楔带、联组V带及包括宽V带、六角带在内的单根V带　抗静电带的导电性：要求和试验方法	Belt drives—V-ribbed belts, joined V-belts and V-belts including wide section belts and hexagonal belts—Electrical conductivity of antistatic belts: Characteristics and methods of test	21.220.10	G42	ISO 1813：1998，MOD
14	GB/T 11210—2014	硫化橡胶或热塑性橡胶　抗静电和导电制品　电阻的测定	Rubber, vulcanized or thermoplastic-Antistatic and conductive products—Determination of electrical resistance	83.06	G40	ISO 2878：2011，IDT
15	GB/T 12703.1—2008	纺织品　静电性能的评定　第1部分：静电压半衰期	Textile—Evaluation for electrostatic properties—Part1: Static half period	59.080.01	W04	
16	GB/T 12703.2—2009	纺织品　静电性能的评定　第2部分：电荷面密度	Textile—Evaluation for electrostatic properties—Part 2: Electric charge density	59.080.01	W04	
17	GB/T 12703.3—2009	纺织品　静电性能的评定　第3部分：电荷量	Textile—Evaluation for electrostatic properties—Part 3: Electric charge	59.080.01	W04	
18	GB/T 12703.4—2010	纺织品　静电性能的评定　第4部分：电阻率	Textile—Evaluation for electrostatic properties—Part 4: Resistivity	59.080.01	W04	

续表

序号	文献号	中文题名	英文题名	国际标准分类号	中国标准分类号	采用关系
19	GB/T 12703.5—2010	纺织品　静电性能的评定　第5部分：摩擦带电电压	Textile—Evaluation for electrostatic properties—Part 5: Frictionsl voltage	59.080.01	W04	
20	GB/T 12703.6—2010	纺织品　静电性能的评定　第6部分：纤维泄漏电阻	Textile—Evaluation for electrostatic properties—Part 6: Fibre resistance leak	59.080.01	W04	
21	GB/T 12703.7—2010	纺织品　静电性能的评定　第7部分：动态静电压	Textile—Evaluation for electrostatic properties—Part 7: Dynamic voltageo of static electricity	59.080.01	W04	
22	GB/T 14288—1993	可燃气体、易燃液体蒸气最小静电点火能测定方法	Determination of minimum ignition energy of combustible gases and flammable liquid vapors	13.220.60	C81	ASTM E 582：1976，NEQ
23	GB/T 14447—1993	塑料薄膜静电测试方法　半衰期法	Test method for electrostatic properties of plastic films—Half-life method	83.14	A83	DIN 53486，REF
24	GB/T 14598.14—2010	量度继电器和保护装置　第22-2部分：电气骚扰试验　静电放电试验	Measuring relays and protection equipment—Part 22-2: Electrical disturbance tests—Electrostatic discharge tests	29.120.70	K45	IEC 60255-22-2：2008，IDT
25	GB/T 15463—2008	静电安全术语	Electrostatic safety terminology	1.02	C65	
26	GB/T 15662—1995	导电、防静电塑料体积电阻率测试方法	Method of testing volume resistivity of conducting and antistatic plastics	13.220.20	C82	ISO 3915：1981，REF
27	GB/T 15738—2008	导电和抗静电纤维增强塑料电阻率试验方法	Test method for resistivity of conducting and antistatic fiber reinforced plastics	83.12	G33；Q23	ISO 3915：1999，NEQ
28	GB/T 16468—1996	静电感应晶体管系列型谱	Series programmes for static induction transistors	31.080.30	L44	

续表

序号	文献号	中文题名	英文题名	国际标准分类号	中国标准分类号	采用关系
29	GB/T 16801—2013	织物调理剂抗静电性能的测定	Determination of antistatic performance for fabric conditioners	71.100.40	Y43	
30	GB/T 16906—1997	石油罐导静电涂料电阻率测定法	Standard test methods for electrical resistivity of antistatic coating in petroleum tanks	13.11	C78	ASTM D2624-94a，NEQ
31	GB/T 17626.2—2006	电磁兼容 试验和测量技术 静电放电抗扰度试验	Electromagnetic compatibility—Testing and measurement techniques Electrostatic discharge immunity test	33.100.20	L06	IEC 61000-4-2：2001，IDT
32	GB/T 18044—2008	地毯 静电习性评价法 行走试验	Carpets—Assessment of static electrical propensity—Walking test	59.080.60	W56	ISO 6356：2000，IDT
33	GB/T 18136—2008	交流高压静电防护服装及试验方法	AC high voltage electrostatic shielding clothing and test procedure	13.340.10	C73	
34	GB/T 18864—2002	硫化橡胶 工业用抗静电和导电产品 电阻极限范围	Rubber，vulcanized—Antistatic and conductive products for industial use—Electrical resistance limits	83.06	G40	ISO 2883：1980，IDT
35	GB/T 19951—2005	道路车辆 静电放电产生的电骚扰试验方法	Road vehicles—Test methods for electrical disturbances from electrostatic discharge	33.1	L06	ISO 10605：2001，IDT
36	GB/T 22042—2008	服装 防静电性能 表面电阻率试验方法	Clothing—Electrostatic properties—Test method for measurement of surface resistivity	61.02	Y76	EN 1149-1：2006，IDT
37	GB/T 22043—2008	服装 防静电性能 通过材料的电阻（垂直电阻）试验方法	Clothing—Electrostatic properties—Test method for measurement of the electrical resistance through a material（vertical resistance）	61.02	Y75	EN 1149-2：1997，IDT

续表

序号	文献号	中文题名	英文题名	国际标准分类号	中国标准分类号	采用关系
38	GB/T 22845—2009	防静电手套	Anti-eletrostatic glove	59.080.30	W63	
39	GB/T 23316—2009	工作服　防静电性能的要求及试验方法	Anti-static—requirement and test methods of working clothing	61.02	Y75	JIST 8118：2001，MOD
40	GB/T 23464—2009	防护服装　防静电毛针织服	Protective clothing—Static protective wool knitting clothing	13.340.10	C73	
41	GB/T 24112—2009	工业机械电气设备　静电放电抗扰度试验规范	Electrical equipment of industrial machines—Electrostatic discharge immunity test specifications	25.010；29.020	J09	
42	GB/T 24249—2009	防静电洁净织物	Antistatic fabric for cleanroom garment system	59.080.30	W04	
43	GB/T 26825—2011	FJ 抗静电防腐胶	Static-resistance FJ anticorrosive glues	25.220.99	G51	
44	GB/T 28895—2012	防护服装　抗油易去污防静电防护服	Protective clothing—Performance requirements of oil repellenc，sorl release，antistatic clothing	13.340.10	C73	
45	GB/T 30131—2013	纺织品　服装系统静电性能的评定　穿着法	Textile—Evaluation for electrostatic properties of garment system.Dressing method	59.080.01	W55	
46	GB/T 31421—2015	防静电工作帽	Occupational antistatic headwear	13.340.99	C73	
47	GB/T 31841—2015	电工电子设备机械结构电磁屏蔽和静电放电防护设计指南	Mechanical structures for electrotechnical and electronic equipment-Design guide for electromagnetic and ESD protection	31.240	K05	

续表

序号	文献号	中文题名	英文题名	国际标准分类号	中国标准分类号	采用关系
48	GB/T 32072—2015	带传动　抗静电同步带的导电性　要求和试验方法	Belt drives—Electrical conductivity of antistatic synchronous belts—Characteristics and test method	21.220.10	J18	ISO 9563：1990，MOD
49	GB/T 32304—2015	航天电子产品静电防护要求	Electrostatic discharge protection requirements for aerospace electronic products	49.060	V70	
50	GB/T 33006—2016	静电喷雾器　技术要求	Electrostatic sprayer—Technical requirements			
51	GB/T 33094—2016	塑料　抗冲击聚苯乙烯防静电材料	Plastics—Antistatic impact-resistant polystyrene compound			

2. 国家军用标准

序号	文献号	中文题名	英文题名	国际标准分类号	中国标准分类号	采用关系
1	GJB 108A—1993	航空轮胎试验方法静负荷性能、动态模拟和导静电性能试验	Test methods for aircraft tyre static loaded performance、dynamic and electric conductivity tests			
2	GJB 1649—1993	电子产品防静电放电控制大纲	Electrostatic discharge control program for protection of electronic products			
3	GJB 2178.7A—2005	传爆药安全性试验方法　第7部分：静电感度试验	Test method of safety for booster explosive—Part 7: Electrostatic sensitivity test		G89	
4	GJB 2527—1995	弹药防静电要求	Electrostatic safety requirement for ammunition			
5	GJB 2605—1996	可热封柔韧性防静电阻隔材料规范	Barrier materials，flexible，electrostatic protective，heat sealable			

续表

序号	文献号	中文题名	英文题名	国际标准分类号	中国标准分类号	采用关系
6	GJB 2747—1996	防静电缓冲包装材料通用规范	General specification for packaging material cushioned，electrostatic-free			
7	GJB 3007—1997	防静电工作区技术要求	Requirements for electrostatic discharge protected area			
8	GJB 3007A—2009	防静电工作区技术要求	Requirements for electrostatic discharge protected area		C71	
9	GJB 3136—1997	飞机加油用导静电橡胶软管规范	Specification for conductive rubber hose for aircraft fueling			
10	GJB 5006—2001	航天用抗静电、屏蔽化纤编织套管通用规范	General specification for astronautics antistatic and shield sleeve tube of chemical fiber woven			
11	GJB 5104—2004	无线电引信风帽用防静电涂料及风帽静电性能通用要求	General requirements for antistatistic coatings for radio fuze radomes and radomes electrostatic behavior			
12	GJB 5309.14—2004	火工品试验方法　第14部分：静电放电试验	Test methods of initiating explosive devices—Part 14: Electrostatic discharge test			
13	GJB 5383.8—2005	烟火药感度和安定性试验方法　第8部分：静电火花感度试验　升降法	Test methods of sensitivity and stability for pyrotechnic—Part 8: Test for electrical spark. Up and down method		G89	
14	GJB 5383.9—2005	烟火药感度和安定性试验方法　第9部分：静电积累试验　摩擦法	Test methods of sensitivity and stability for pyrotechnic—Part 9: Test for electrostatic build-up friction method		G89	
15	GJB 5891.27—2006	火工品药剂试验方法　第27部分：静电火花感度试验	Test method of loading material for initiating explosive device—Part 27: Electrostatic spark sensitivity test		G89	

续表

序号	文献号	中文题名	英文题名	国际标准分类号	中国标准分类号	采用关系
16	GJB 5891.8—2006	火工品药剂试验方法　第 8 部分：静电积累试验	Test method of loading material for initiating explosive device—Part 8: Electrostatic accumulation test		G89	
17	GJB 6073—2007	地面大气静电场探测仪器通用规范	General specification for atmospheric electrostatic fleld on the ground measuring instruments		A47	
18	GJB 6425—2008	静电陀螺监控器通用规范	General specification for electrostatically supported gyro monitor		U62	
19	GJB 6673—2009	静电陀螺监控器通用规范	General specification for electrically suspended gyro monitor		N20	
20	GJB 6698—2009	大气静电场传感器标定设备通用规范	General specification for calibration equipment of atmosphere electrostatic field sensor		L15	
21	GJB 736.11—1990	火工品试验方法　电火工品静电感度试验	Test method of initiating explosive device—Electrostatic sensitivity test for elexric initiating explosive device			
22	GJB 8142—2013	钝感炸药安全性试验方法静电火花感度试验	Test method of safety for insensitive high explosive. Electrostatic spark sensitivity test			
23	GJB/J 5025—2001	静电放电模拟器检定规程	Verification regulation for electrostatic discharge simulator			
24	GJB/J 5972—2007	非接触式静电电压表校准规范	Calibration specification for non−contact static voltmeter		N21	
25	GJB/Z 105—1998	电子产品防静电放电控制手册	Electrostatic discharge control handbook for protection of electronic products			
26	GJB/Z 86—1997	防静电包装手册	Handbook for electrostatic discharge protective packaging			

3. 行业标准

序号	文献号	中文题名	英文题名	国际标准分类号	中国标准分类号	采用关系
			安全生产			
1	AQ 4115—2011	烟花爆竹防止静电通用导则	Fireworks and firecrackers-general guideline for preventing electrostatic	13.1	C68	
2	AQ/T 4120—2011	烟花爆竹　烟火药静电火花感度测定方法	Pyrotechnics composition used for fireworks and firecrackers test method for sensitivity to electrostatic spark	13.1	G89；C68	
			工程建设			
1	CECS 155—2003	防静电瓷质地板地面工程技术规程	Technical specification for engineering of antistatic tiled floor	91.060.30	P32	
2	CECS 90—1997	整体浇注防静电水磨石地坪技术规程	Technical specification for integral pouring antistatic terrazzo floor	91.06	P32	
			地震			
1	DB13/T 81.6—1991	烟花爆竹药剂静电火花感度测定方法	Electrostatic spark sensitivity testing for fireworks' composition		Y00	
			电力			
1	DL/T 1238—2013	1000kV 交流系统用静电防护服装	Electrostatic shielding clothing for 1000kV AC system	29.035	K15	
			纺织			
1	FZ/T 01059—2014	织物摩擦静电吸附性能试验方法	Test method of electrostatic clinging of fabric			
2	FZ/T 24013—2010	耐久型抗静电羊绒针织品	Durable static protective cashmere knitting goods	59.080.30	W63	

续表

序号	文献号	中文题名	英文题名	国际标准分类号	中国标准分类号	采用关系
3	FZ/T 64011—2012	静电植绒织物	Static flocking fabrics	59.080.40	W59	
4	FZ/T 64013—2008	静电植绒毛绒	Flock	59.080.40	W59	
公安						
1	GA 572—2005	警服材料　抗静电仿毛华达呢	Material for police uniform—Resisted static wool-like of gabardine	59.080.30	A94	
2	GA 734—2007	警服材料　抗静电仿毛哔叽	Material for police uniform—Antistatic wool-like serge	59.080.30	A94；W52	
3	GA 96—1995	铺地纺织品静电性能参数及测量方法	Electrostatic performance parameters and testing method for floor textile	59.080.60	W55	
4	GA/T 822—2009	压痕静电显现仪技术要求	Indented marks electrostatic developing apparatus technical requirement	13.31	A92	
5	GA/T 854—2009	灰尘痕迹静电吸附器通用技术条件	General specifications for dust marks electrostatic extractor	13.31	A92	
航空						
1	HB 6167.26—2014	民用飞机机载设备环境条件和试验方法　第26部分：静电放电试验	Environmental conditions and test procedures for airborne equipment of civil airplane.Part 26: Electrostatic discharge test	49.02	V06	
2	HB 6768—1993	碳纤维复合材料飞机蒙皮用抗静电聚氨酯磁漆	Anti-static polyurethane enamel for carbon fiber composite material aircraft skin		V15	
3	HB 8405—2013	民用飞机燃油系统防静电设计要求	Requirement of electrostaic protection design for commercial aircraft fule system	49.08	V39	

续表

序号	文献号	中文题名	英文题名	国际标准分类号	中国标准分类号	采用关系
化工						
1	HG 2793—1996	工业用导电和抗静电橡胶板	Conductive and anti-static rubber sheet for industry	83.140.10	G47	BS 3187：1978，EQV
2	HG/T 20675—1990	化工企业静电接地设计规程	Rules of design of static grounding for enterprises in chemical industry	29.240.01	F21	
3	HG/T 4449—2012	纺织染整助剂　抗静电剂 通用试验方法	Textile dyeing and finishing auxiliaries—Antistatic agent—General methods of test	71.100.40	G70	
4	HG/T 4569—2013	石油及石油产品储运设备用导静电涂料	Antistatic coatings for storage and transportation equipments of petroleum and petroleum products	87.04	G51	
5	HG/T 4912—2016	静电植绒胶粘剂	Electrostatic flocking adhesive			
机械						
1	JB/T 10240-2001	静电粉末涂装设备	Electrostataic powder coating equipment	25.220-70	A29	
2	JB/T 5470—1991	直接作用模拟指示静电系电压表	Direct acting analogue indication electrostatic voltmeter	17.22	N21	
3	JB/T 5845—1991	高压静电除尘用整流设备试验方法	Test method of rectifier units of high voltage static dedusting devices	29.2	K46	
4	JB/T 7504—1994	静电喷涂装备技术条件	Technical specification for electrostatic spraying equipment	25.22	A29	
建筑工业						
1	JG/T 495—2016	钢门窗粉末静电喷涂涂层技术条件	Specification of franklinism powder spraying coating for steal windows and doors			

续表

序号	文献号	中文题名	英文题名	国际标准分类号	中国标准分类号	采用关系
2	JG/T 496—2016	铝合金门窗型材粉末静电喷涂涂层技术条件	Specification of franklinism powder spyaying coating for steal windows and doors of profiled aluminium alloy			
国家计量检定规程						
1	JJF 1238—2010	集成电路静电放电敏感度测试设备校准规范	Calibration Specification for the Testing System for Microcircuits Electro-static Discharge（ESD）Sensitivity		L86	
2	JJF 1293—2011	静电激励器校准规范	Calibration Specification for Electrostatic Actuators		N65	
3	JJF 1397—2013	静电放电模拟器校准规范	Calibration Specification for Electrostatic Discharge Simulators		N20	IEC 61000-4-2：2008，NEQ
4	JJF 1517—2015	非接触式静电电压测量仪校准规范	Calibration Specification for Contactless Electrostatic Voltage Measuring Instruments			
5	JJF（电子）30801-2006	静电放电发生器校准规范	Calibration Specifications of Electrostatic Discharge Generator		N22	
6	JJF（机械）032-2008	多用静电计校准规范	Calibration specification for multi-functional electrometer		N20	
7	JJG 494—2005	高压静电电压表	High Voltage Electrostatic Voltmeters		N21	
8	JJG（电子）31001-2006	集成电路静电放电敏感度测试系统检定规程	Specification for verification of testing system for integrated circuits’ electrostatic discharge susceptibility	31.2	L56	
9	JJG（机械）114-1992	SP-428 静电感光材料电性能测试仪检定规程	SP-428 verification pecifications for electrostatic photosensitve materials of electrical properties		A50	

续表

序号	文献号	中文题名	英文题名	国际标准分类号	中国标准分类号	采用关系
交通						
1	JT 197—1995	油船静电安全技术要求	Electrostatic safety technique requirement for oil tankers		U09	
2	JT 230—1995	汽车导静电橡胶拖地带	Rubber belt of electrostatic conductivity for motor vehicle		T09	ISO 2024：1981，NEQ；ISO 7232：1986，NEQ
3	JT/T 311—1997	油船油舱静电测量方法	Electrostatic measurement method for tanks of oil tanker		R30	
4	JT/T 407—1999	油船防静电缆绳技术条件	Antistatic ropes technical condition of oil tanker		G31	
劳动和劳动安全						
1	LD 97—1996	防静电毛针织服	Wool knitting clothing of anti-electrostatic		C73	
2	LD 97—1996（编制说明）	防静电毛针织服（编制说明）	Wool knitting clothing of anti-electrostatic（Instruction of drawing up）		C73	
林业						
1	LY/T 1330—2011	抗静电木质活动地板	Anti-static wood based moveable floor	79.08	B70	BS EN 425：2002，MOD；BS EN 424：2002，MOD；JIS A1450：2003，MOD
民用航空						
1	MH/T 3010.17—2009	民用航空器维修　管理规范　第 17 部分：民用航空器防静电维护	Maintenance for civil aircraft—Management Specification—Part 17: Prevent electrostatic damage for maintenance of civil aircraft	49.1	V55	

续表

序号	文献号	中文题名	英文题名	国际标准分类号	中国标准分类号	采用关系
2	MH/T 6091—2013	民用航空喷气燃料添加抗静电剂作业规程	Operating procedure for adding static dissipator additive of commercial aviation fuel	49.100	V56	
3	MH/T 6104—2014	航空地毯抗静电性能的试验方法	Test method for electrostatic propensity of aviation carpe	19	A21	
煤炭						
1	MT 113—1995	煤矿井下用聚合物制品阻燃抗静电性　通用试验方法和判定规则	Retardant anti-static of polymer materials for underground coal mine -General testing method and assessment regulations		D10	
2	MT 379—1995	煤矿用电雷管静电感度　测定方法	Electrostatic sensitivity of electric detonator for coal mine – Testing method		G89	
3	MT 449—1995	煤矿用钢丝绳牵引输送带阻燃抗静电性　试验方法和判定规则	Retardant anti-static of wirerope-driven belts for coal mine -General testing method and assessment regulations		D90	
4	MT 450—1995	煤矿用钢丝绳芯输送带阻燃抗静电性　试验方法和判定规则	Retardant anti-static of steel core belt for coal mine -General testing method and assessment regulations		D90	
5	MT 520—1995	煤矿雷管生产厂防静电安全规程	Electrostatic protection safety regulation for the manufacturer of mining detonator		D09	
6	MT 53—1980	静电显影记录仪	Developing recorder of electrostatic		N91	
7	MT/T 690—1997	雷管生产线导静电地面、台面电阻值　测定方法	Determination of resistance on ground and mesa conducting statial electricity in detonator production line		G98	

续表

序号	文献号	中文题名	英文题名	国际标准分类号	中国标准分类号	采用关系
8	MT/T 691—1997	雷管生产线静电电位测定方法	Determination of electrostatic potential in detonator production line		G98	
轻工						
1	QB/T 1941.4—1994	烟花爆竹药剂　静电火花感度测定	Electrostatic spark sensitivity testing for fireworks' composition		G89	
航天						
1	QJ 1469—1988	复合固体推进剂及其他火炸药静电火花感度测试方法	Electrostatic spark sensitivity testing methods for composite solid propellant and explosives		V72	
2	QJ 1693—1989	电子元器件防静电要求	Electrostatic protection requirements for electronic parts and components		V25	
3	QJ 1875A—1998	静电测试方法	Electrostatic testing methods		V04	
4	QJ 20049—2011	复合固体推进剂研制、生产防静电安全规定	Anti-static safety rules for composite solid propellant development and production		V15	
5	QJ 2177—1991	防静电安全工作台技术要求	Technical requirements for electrostatic protection workstations		V04	
6	QJ 2245—1992	电子仪器和设备防静电要求	Electrostatic protection requirements for electronic equipment and devices		V04	
7	QJ 2524—1993	卫星用抗静电薄膜稳定性能测试方法	Stability testing methods of electrostatic protection film for satellites		V70	
8	QJ 2711—1995	静电放电敏感器件安装工艺技术要求	Technical requirements for the installation of ESDS		V04	

续表

序号	文献号	中文题名	英文题名	国际标准分类号	中国标准分类号	采用关系
9	QJ 2711A—2014	静电放电敏感器件安装工艺技术要求	Technical requirement for electrostatic discharge sensitive device assembly		V25	
10	QJ 2846—1996	防静电操作系统通用规范	General requirements for electrostatic protection operating system		V04	
11	QJ 647A—1995	航天产品核、微重力、静电和电磁环境术语	Glossary of terms: nuclear, microgravity, electrostatic and electromagnetic environment for aerospace products		V04	
石油化工						
1	SH 0044—1991	1501 抗静电剂	1501 antistat		E61	
2	SH 3097—2000	石油化工静电接地设计规范	Code for the design of static electricity grounding for petrochemical industry		P72	
电子						
1	SJ 20154—1992	信息技术设备静电放电敏感度试验	Electrostatic discharge susceptibility testing for information technology equipment	35.02	L60	
2	SJ 20910—2004	粉末静电涂装通用规范	General specification for powder spraying coating	25.220.01	A29	
3	SJ/T 10147—1991	集成电路防静电包装管	Detail specification for electronic components—Semiconductor integrated circuits—CT54LS195/CT74LS195 4-bit parallel-access shift register	31.2	L55	
4	SJ/T 10533—1994	电子设备制造防静电技术要求	Antistatic requirements for manufacturing electronic equipment	31-550	L95	

续表

序号	文献号	中文题名	英文题名	国际标准分类号	中国标准分类号	采用关系
5	SJ/T 10694—2006	电子产品制造与应用系统防静电检测通用规范	General specification of testing method for electrostatic protection electronic production manufacturing and using system	33.14	L06	
6	SJ/T 10796—2001	防静电活动地板通用规范	General specification for raised access floors for electrostatic protection	91.060.30	P32	
7	SJ/T 11090—1996	电子工业用合成纤维防静电绸性能及试验方法	Properties and test methods for antistatic silk fabric of synthetic filament in electronic industry	31-030	L90	
8	SJ/T 11236—2001	防静电贴面板通用规范	General specification for electrostatic protection covers	91.060.01	P32	
9	SJ/T 11277—2002	防静电周转容器通用规范	General specification for reusable containers and boxes for electrostatic protection	33.100.99; 55.160	L08	
10	SJ/T 11294—2003	防静电地坪涂料通用规范	General specification of floor coating for electrostatic protection	33.100.99; 87.040	G51	
11	SJ/T 11412—2010	防静电洁净工作服及织物通用规范	General specification for antistatic and cleanroom garment and fabric	33.100.97; 87.040	C73	
12	SJ/T 11446—2013	离子静电消除器通用规范	General specification for ionizing electrostatic eliminators	33.1	F51	
13	SJ/T 11480—2014	防静电无尘擦拭布通用规范	The General Practice for Anti-static Clean Wipers	59.680.30	W55	
14	SJ/T 11587—2016	电子产品防静电包装技术要求	Technical requirements for electrostatic discharge protective packaging of electronic products	17.220.99; 29.020	L06	

续表

序号	文献号	中文题名	英文题名	国际标准分类号	中国标准分类号	采用关系
15	SJ/T 31058—1994	静电喷塑生产线完好要求和检查评定方法	Requirements and insperction methods for electrostatic spray production line		J70	
商品检验						
1	SN/T 1731.10—2012	出口烟花爆竹用烟火药剂安全性能检验方法　第10部分：静电火花感度测试方法	Safety performance test for pyrotechnic composition used for export fireworks and firecracker—Part 10:Test method for electrostatic sensitivity		G89	
石油						
1	SY/T 0060—2010	油气田防静电接地设计规范	Code for the design of static electricity grounding for oil-gas field	75-010	P71	
2	SY/T 6319—2016	防止静电、雷电和杂散电流引燃的措施	Protection against ignitions arising out of static，lightning and stray currents	13.1	E09	API RP 2003：2008，MOD
3	SY/T 6340—2010	防静电推荐作法	Recommended practice on static electricity	13.1	E09	NEPA 77：2007，IDT
铁道						
1	TB/T 1881—1987	交流电气化铁路对电信线路静电危险影响的计算条件和计算方法	Calculation method for calculation of AC electric railways influence on electrostatic hazard of telecommunication line		S35	
兵工民品						
1	WJ 1695—2004	黑火药生产防静电安全规程	The safety code for preventing electrostatic accidents in manufacturing gunpowder		G89	
2	WJ 1698—1987	防静电织物静电测试方法	Static test method of anti-static fabric		W04	

续表

序号	文献号	中文题名	英文题名	国际标准分类号	中国标准分类号	采用关系
3	WJ 1869—1989	火工品药剂静电火花感度测定法	Determination of electrostatic spark sensitivity for explosive chemicals		G89	
4	WJ 1911—2004	烟火药生产防静电安全规程	The safety code for preventing electrostatic accidents in manufacturing pyrotechnics		G89	
5	WJ 1912—2004	电火工品生产防静电安全规程	The safety code for preventing electrostatic accidents in manufacturing initiating explosive device		G89	
6	WJ 1913—2004	弹药装药装配生产防静电安全规程	The safety code for preventing electrostatic accidents in manufacturing ammunition		G89	
7	WJ 2018—1991	火工品药剂静电积累试验方法	Test method for electrostatic accumulation for explosive chemicals		G89	
8	WJ 2146—1993	兵器工业防静电用品设施验收规程	Acceptance regulations for electrostatic protection facilities in ordnance industry		A00	
9	WJ 2389—1997	发射药生产防静电安全规程	Electrostatic protection safety regulations for gun propellant production		G89	
10	WJ 2390—1997	火工品药剂生产防静电安全规程	Electrostatic protection safety regulations for explosive initiator composition		G89	
11	WJ 2567—2002	防静电复合薄膜包装袋规范	Regulations for electrostatic protection compound film		A82	
12	WJ/T 9038.3—2004	工业火工药剂试验方法　第 3 部分：静电火花感度试验	Test methods for industrial explosive initiator composition—Part 3：electrostatic park sensitivity test		G89	
13	WJ/T 9042—2004	工业电雷管静电感度试验方法	Test methods of electrostatic sensitivity for industrial electric detonator		G89	

续表

序号	文献号	中文题名	英文题名	国际标准分类号	中国标准分类号	采用关系
黑色冶金						
1	YB/T 4244—2011	防静电地板用冷轧钢带	Cold-rolled steel strips for floors of electrostatic prevention	77.140.50	H46	
有色金属						
1	YS/T 769.3—2011	铝及铝合金管、棒、型材安全生产规范　第3部分：静电喷涂	Safety specification for aluminium and aluminium alloys tubes pipes bars rods and profiles production—Part 3：Electrostatic spraying		H61	
医药						
1	YY/T 0867—2011	非织造布静电衰减时间的测试方法	Standard test method for electrostatic decay time of nonwoven fabrics	11.14	C48	
邮政						
1	YZ/T 0010—2000	信函分拣设备电磁兼容性—静电放电和电快速瞬变脉冲群抗扰度要求	Electromagnetic compatibility of letter sorting equipment—Immunity technical requirements of electrostatic discharge & electrical fast transient burst		M82	IEC 61000-4-2：1995，NEQ； IEC 61000-6-1：1997，NEQ
2	YZ/T 0066—2002	小型邮政产品族电磁兼容性—静电放电、电快速瞬变脉冲群、电压暂降和短时中断的抗扰度试验要求	Electromagnetic compatibility of small-size post products-Immunity test requirements of electrostatic discharge，electrical fast transient burst，voltage dips and short interruptions		M84	

4. 台湾地方标准

序号	文献号	中文题名	英文题名	国际标准分类号	中国标准分类号	采用关系
1	CNS 11144—1984	静电敏感组件用记号及卷标	Symbol and Label for Electrostatic Sensitive Devices	01.080.20		
2	CNS 12616—1989	航空燃油含静电逸散剂导电度测定法	Method of Test for Electrical Conductivity of Aviation and Distillate Fuels Containing a Static Dissipator Additive	75.160.20; 71.040.40		
3	CNS 13929—1997	静电植绒布试验法	Methods of test for flocked fabrics	59.080.30		
4	CNS 14499—2001	道路车辆　来自静电放电的电扰动	Road Vehicles—Electrical disturbance from electrostatic discharges	43.040.10		
5	CNS 14676-2—2002	电磁兼容　测试与量测技术　第 2 部：静电放电免疫力测试	Electromagnetic compatibility（EMC）—Testing and measurement techniques—Part 2:Electrostatic discharge immunity test	33.100.20		
6	CNS 8878—2007	防静电鞋	Anti-electrostatic footwears	13.340.30		

中国航天科技集团公司标准

FL 1600　　　　　　　　　　　　　　　　　　　　Q/QJA 118—2013

航天电子产品静电防护管理体系要求

Electrostatic discharge protection management system requirements of aerospace electronic products

2013—01—31 发布　　　　　　　　　　　　　　　　2013—04—30 实施

中国航天科技集团公司　发布

前 言

本标准由中国航天科技集团公司提出。

本标准由中国航天标准化与产品保证研究院归口。

本标准起草单位：北京东方计量测试研究所。

本标准主要起草人：张书锋、刘志宏、朱建华、刘民、马志毅、王南光、季启政、路润喜、袁亚飞、冯文武、许丽丽、胡立栎。

本标准主要审查人：张烨、杨宏海、杜国江、王志勇、谢文捷、华苇、朱联高、雷式松、穆元良。

集团公司标准咨询热线：（010）88108070，（010）88108072。

Q/QJA 118—2013

航天电子产品静电防护管理体系要求

1 范围

本标准规定了航天电子产品静电防护管理体系的总体要求和管理要求。

本标准适用于航天电子产品静电防护管理体系的建立、实施、保持和认证。

2 规范性引用文件

下列文件中的条款通过本标准的引用而成为本标准的条款。凡是注日期的引用文件，其随后所有的修改单(不包含勘误的内容)或修订版均不适用于本标准，然而，鼓励根据本标准达成协议的各方研究是否使用这些文件的最新版本。凡是不注日期的引用文件，其最新版本适用于本标准。

GB/T 15463 静电安全术语

GJB 9001 质量管理体系要求

3 术语和定义、缩略语

3.1 术语和定义

GB/T 15463 和 GJB 9001 确立的以及下列术语和定义适用于本标准。

3.1.1

组织 organization

承担航天电子产品研制、生产、试验、维修任务的厂所、公司或其他实体，包括外包单位。

3.1.2

静电放电 electrostatic discharge

两个具有不同静电电位的物体，由于直接接触或静电场感应引起的两物体间的静电电荷的转移。

3.1.3

静电(放电)防护 electrostatic discharge protection

为防止发生静电放电所采取的各种技术方法或防护措施，也称“防静电”。

3.1.4

静电防护方针 electrostatic discharge protection policy

由组织最高管理者正式发布的关于静电防护方面的全面意图和方向。

3.1.5

处置 handling

在静电放电敏感电子产品(电子元器件、组件和设备)的采购、制造、加工、组装、装联、包装、标识、维修、失效分析、测试、检验、环境试验、贮存、分发和运输等过程中，直接或间接地作用于产品的活动。

3.1.6

静电（放电）敏感度 electrostatic discharge sensitivity

电子元器件耐受静电放电不降低性能的能力，以能够耐受的最大静电放电电压值或级别来描述。

3.1.7

静电（放电）抗扰度 electrostatic discharge immunity

装置、设备或系统面临静电放电不降低运行性能的能力，以电压值或级别来描述。

3.1.8

防静电工作区　electrostatic discharge protected area

配备各种防静电装备（用品）和设置接地系统（或等电位连接）、能限制静电电位、具有确定边界和专门标记的场所。

3.1.9

静电防护包装　electrostatic discharge protective packaging

为航天电子产品提供静电防护的包装物品或材料（含防静电包装袋、填充物、运输箱、转运盒以及集成电路包装管等）。

3.2　缩略语

下列缩略语适用于本标准。

ESD——electrostatic discharge，静电放电；

ESDS——electrostatic discharge sensitive，静电放电敏感(的)；

EPA——electrostatic discharge protected area，防静电工作区。

4　静电防护管理体系总体要求

4.1　组织

4.1.1　组织应按本标准的要求建立、实施和保持与其活动范围相适应的静电防护管理体系。

4.1.2　组织应将其制度、计划、程序和指导书形成文件，加以实施和保持，并持续改进其有效性。组织应将体系文件传达至有关人员，并被其理解、获取和执行。

4.1.3　最高管理者应：

a）指定静电防护负责人并授予相应的权力；

b）确保静电防护方针和目标的实现；

c）提供必要的资源。

注：本标准中的最高管理者是指组织的最高行政领导。

4.1.4　静电防护负责人应：

a）确保静电防护管理体系得到建立、实施和保持；

b）向最高管理者报告静电防护管理体系的绩效和持续改进的需求；

c）确保在整个组织内提高静电防护的意识。

静电防护负责人应是参与静电防护管理体系决策的最高管理层成员，并具备履行以上职责所需的技术和行政能力。

4.1.5　组织应明确静电防护主管部门，负责静电防护管理体系的建立、日常监督和管理，并审核、验证与本标准要求的符合性。

4.1.6　组织应在体系文件中规定相关部门及人员的静电防护职责。

4.2　文件

4.2.1　总则

静电防护管理体系文件应包括：

a）形成文件的静电防护方针和静电防护目标；

b) 静电防护管理手册；

c) 本标准所要求的程序文件；

d) 组织为确保体系有效策划、运行和控制所需的文件；

e) 本标准所要求的记录。

注：静电防护方针包括对满足要求和持续改进静电防护管理体系有效性的承诺。

4.2.2 静电防护管理手册

组织应编制和保持静电防护管理手册。静电防护管理手册是实行静电防护、认证静电防护能力的主要文件。静电防护管理手册应适用于科研生产的各个环节。组织应制定程序文件或操作规程，确保管理手册得到有效实施。静电防护管理手册应符合本标准的全部要求。

静电防护管理手册应由组织最高管理者签发。

4.2.3 文件控制

静电防护管理体系所要求的文件应予以控制。记录是一种特殊类型的文件，应按4.2.4的要求进行控制。

组织应编制程序文件，以规定以下方面所需的控制：

a) 为使文件是充分与适宜的，文件发布前应得到批准；

b) 必要时对文件进行评审与更新，并再次批准；

c) 确保文件的更改和现行修订状态得到识别；

d) 确保在使用处可获得适用文件的有关版本；

e) 确保文件保持清晰、易于识别；

f) 确保外来文件得到识别，并控制其分发；

g) 防止作废文件的非预期使用，若因任何原因而保留作废文件时，对这些文件进行适当的标识。

4.2.4 记录控制

组织应建立并保持记录，以提供符合要求和静电防护管理体系有效运行的证据。记录应保持清晰、易于识别和检索。

记录应能提供航天电子产品实现过程的完整静电防护证据，并能清楚地证明电子产品静电防护满足规定要求的程度。

组织应编制程序文件，以规定记录的标识、贮存、保护、检索、保存期限和处置所需的控制。

5 静电防护管理体系管理要求

5.1 策划

5.1.1 静电防护目标

最高管理者应确保在组织的相关职能和层次上建立静电防护目标。静电防护目标应具体、量化、可考核，并与静电防护方针保持一致。

5.1.2 识别

组织应识别所处置的电子产品的静电敏感度、静电抗扰度或静电防护要求。

组织应识别有静电防护要求的过程、环节、区域、人员等。

组织应对客户的静电防护需求进行识别并加以满足，主动与客户交流沟通。

组织应编制程序文件，以确保组织的静电防护需求得到持续有效识别。

注：上述静电防护管理体系所需的过程包括与航天电子产品的采购、制造、加工、组装、装联、包装、标识、维修、

失效分析、测试、检验、环境试验、贮存、分发和运输等科研生产活动有关的环节。

5.2 人员培训

组织应规定人员培训要求。对静电防护管理人员、处置或可能接触ESDS电子产品的所有人员（包括保洁人员、维修人员、来访人员等）应进行有关静电放电及其防护知识的初始培训和周期性培训。在工作人员从事航天电子产品处置工作之前，应通过培训获得上岗资格。培训的方式方法可自行确定。

组织应编制程序文件：

a) 对人员进行静电防护培训的类型与频次做出规定；

b) 提出保存培训记录的要求，并规定记录保存的具体场所；

c) 规定培训效果的评价和考核办法。

注：上述静电防护管理人员包括静电防护负责人、静电防护主管部门领导、静电防护主管部门主管人员、EPA负责人、EPA所属部门领导、EPA现场管理人员等。

5.3 防静电工作区

5.3.1 总则

组织应编制程序文件，以规定防静电工作区的划分、配置、接地和管理要求。处置未经静电防护的ESDS电子产品必须在EPA中进行。

5.3.2 防静电工作区划分

组织应根据5.1.2识别的结果明确划分出EPA，用于处置航天电子产品。每个EPA应有明确的边界和统一、醒目的标识，并指定责任人。

5.3.3 防静电工作区配置

5.3.3.1 组织应根据相关要求，为EPA配置必要的静电防护设备、设施和器材等。

5.3.3.2 所有与静电防护要求相关的设施、设备、防静电材料、服装、用品、用具及包装等，均应按专用技术文件的要求检测，验收合格后方可投入使用。在使用过程中应按其专用技术文件的要求进行周期检测，并在有效期内使用。

5.3.4 接地/等电位连接系统

组织应采用适宜的接地/等电位连接系统实现EPA内ESD接地，使ESDS电子产品、人员和其他静电导体保持相同的电位，同时应满足电网使用和人身安全的相关要求。

5.3.5 人员接地

在处置ESDS电子产品时，应通过腕带系统、地板—鞋束系统，使所有操作人员连接到接地/等电位连接系统。

5.3.6 工具和设备接地

5.3.6.1 使用交流电的工具

EPA内使用交流电的工具应采取接地措施，工具的操作面(或与ESDS电子产品接触的表面)对接地点的电阻限值应满足相关的要求。

5.3.6.2 不使用交流电的工具

EPA内不使用交流电的工具，应通过ESD工作台面或使用工具的人员实现接地，工具被操作人员使用时其操作面(或与ESDS电子产品接触的表面)对接地点的电阻限值应满足相关的要求。

5.3.6.3 设备

EPA内利用公用电源供电的设备，应通过电源保护地线接地。

5.3.7 防静电工作区管理

5.3.7.1 处置任何ESDS电子产品，均应在EPA内进行。

5.3.7.2 应在EPA入口处显著位置贴挂规定的标识，工作人员进入EPA时应严格遵守其规定。

5.3.7.3 对进入EPA的人员应实行控制。

5.3.7.4 应规定绝缘物品的处置要求，以减少因电场感应导致的电子产品损坏。

5.3.7.5 应依据产品的特点规定EPA内的湿度和温度合理范围，并进行控制。

5.4 包装

组织应对ESDS电子产品在EPA内、外的静电防护包装要求做出规定，并在合同、采购订单、图样或其他相关文件中予以明确。

5.5 标识

组织应对ESDS电子产品、静电防护包装和其他相关物品的标识要求做出规定，并在合同、采购订单、图样或其他相关文件中予以明确。

5.6 采购和外包

组织应确保采购和外包的产品和服务满足静电防护要求：

a) 应将组织的静电防护要求传达给产品和服务的供应商；

b) 组织应评价产品和服务供应商的相应能力或资质，并保存评价记录和获得批准的供应商名录。

组织应编制程序文件，以规定确保采购和外包的产品和服务满足组织的静电防护要求所需的控制。

注：产品包括ESDS电子产品以及静电防护设备、设施、器材等。

5.7 监视和测量

组织应提出监视和测量要求，以确保实现静电防护管理体系所确立的技术要求。

组织应编制程序文件

a) 规定应验证的技术项目、测量限值(允许值)和验证频次，所有过程监测应与此规定相一致；

b) 规定过程监测所使用的设备与方法；

c) 规定做好记录并保存的要求，为判别是否满足规定的技术要求提供证据；

d) 规定所选用的测试设备应能满足监视和测量要求。

5.8 审核

5.8.1 组织应定期进行内部审核，内部审核应涉及管理体系的全部要素。审核周期一般为一年。

5.8.2 审核应由经过培训和具备资格的人员来执行。审核人员应独立于被审核的活动。

5.8.3 对发现的不符合应采取纠正措施，并跟踪落实。审核结果应作为管理评审的输入之一。

5.8.4 组织应编制程序文件，以规定审核的策划、实施、形成记录以及报告结果的职责和要求。

5.8.5 组织应保存内部审核及其结果的记录。

5.9 管理评审

5.9.1 最高管理者应按策划的时间间隔和程序评审静电防护管理体系，以确保其持续的适宜性、充分性和有效性。评审应包括评价静电防护管理体系改进的需求，包括静电防护方针和静电防护目标变更的需求。管理评审的周期一般为12个月。可与质量管理体系等其他体系的管理评审合并进行，但应有独立的管理评审报告。

5.9.2 组织应编制程序文件，以规定管理评审的策划、输入、实施、输出、形成记录以及报告结果的职责和要求。

5.9.3 组织应保持管理评审的记录。

5.10 改进

5.10.1 组织应利用静电防护方针、静电防护目标、审核结果、数据分析、纠正措施和预防措施以及管理评审，持续改进静电防护管理体系的有效性。

5.10.2 组织应采取纠正措施，以消除不符合的原因，防止不符合的再发生。组织应编制程序文件，包括确定不符合的原因、制定并实施确保不符合不再发生的措施、记录所采取措施的结果并验证其有效性。

5.10.3 组织应采取预防措施，以消除潜在不符合的原因，防止不符合的发生。组织应编制程序文件，包括确定潜在不符合及其原因、制定并实施防止不符合发生的措施、记录所采取措施的结果并验证其有效性。

中国航天科技集团公司标准

FL 1600　　　　**Q/QJA** 119—2013

航天电子产品静电防护技术要求

Technical requirements for electrostatic discharge protection of aerospace electronic products

2013－01－31 发布　　　　2013－04－30 实施

中国航天科技集团公司　发 布

前 言

本标准由中国航天科技集团公司提出。

本标准由中国航天标准化与产品保证研究院归口。

本标准起草单位：北京东方计量测试研究所。

本标准主要起草人：张书锋、王南光、刘志宏、刘民、马志毅、袁亚飞、冯文武、季启政、高志良。

本标准主要审查人：张烨、杜国江、朱联高、穆元良、谢文捷、华苇、张正龙、雷式松、王志勇。

集团公司标准咨询热线：（010）88108070，（010）88108072。

Q/QJA 119—2013

航天电子产品静电防护技术要求

1 范围

本标准规定了对航天电子产品(电子元器件、组件和设备)进行静电防护的接地/等电位连接系统、人员接地、工具和设备接地、防静电工作区、包装、标识和人身安全等方面的技术要求。

本标准适用于处置静电放电敏感电压不低于人体模型(HBM)100V的电子产品的采购、制造、加工、组装、装联、包装、标识、维修、失效分析、测试、检验、环境试验、贮存、分发和运输等科研生产活动。

2 规范性引用文件

下列文件中的条款通过本标准的引用而成为本标准的条款。凡是注日期的引用文件，其随后所有的修改单(不包含勘误的内容)或修订版均不适用于本标准，然而，鼓励根据本标准达成协议的各方研究是否使用这些文件的最新版本。凡是不注日期的引用文件，其最新版本适用于本标准。

GB/T 15463 静电安全术语

Q/QJA 118-2013 航天电子产品静电防护管理体系要求

Q/QJA 120-2013 航天电子产品防静电测试要求

Q/QJA 121-2013 航天电子产品防静电离子风机检测方法

Q/QJA 122-2013 航天电子产品防静电屏蔽包装袋检测方法

3 术语和定义

GB/T 15463和Q/QJA 118-2013确立的以及下列术语和定义适用于本标准。

3.1

保护接地线 protective earth conductor

设备接地线

以安全为目的把仪器设备金属外壳和电源外部接地系统连接起来的导线。

3.2

功能地 functional ground

辅助地

除保护地之外的与大地连接起来的装置。

3.3

公共连接点 common connection point

为使防静电器材设备处于相同的电位，把多件防静电器材设备的连接导线连接起来的装置。

3.4

等电位 equipotential

具有相同的电位或具有均匀的电位。

3.5

静电耗散材料 electrostatic dissipative material

表面电阻或体积电阻在 $1\times10^{5}\Omega\sim1\times10^{10}\Omega$ 之间的材料。

4 缩略语

下列缩略语适用于本标准。

CDM——charged device model，带电器件模型；

EPA——electrostatic discharge protected area，防静电工作区；

ESD——electrostatic discharge，静电放电；

ESDS——electrostatic discharge sensitive，静电放电敏感(的)；

HBM——human body model，人体模型。

5 技术要求

5.1 接地/等电位连接系统

5.1.1 利用接地/等电位连接系统实现ESD接地，使ESDS电子产品、人员和其它静电导体(含桌垫、小车、电烙铁等)处于相同的电位。接地/等电位连接系统要求见表1，其中：

a) 具备电源保护接地时，应优先选择电源保护接地系统；

b) 没有电源保护接地系统、不便利用或有特殊需要时，可选用功能地接地；

c) 既无电源保护接地系统又无功能接地装置可利用时，应使ESDS电子产品、人员和其它导体通过等电位连接，处于相同的电位。

表 1 接地/等电位连接系统要求

技术要求	实施方法	要求的限值	测试方法
接地/等电位连接系统	保护接地线	符合电网的安全要求	Q/QJA 120-2013
	功能地	符合电网的安全要求	Q/QJA 120-2013
	等电位连接	$<1\times10^{9}\Omega$[a]	Q/QJA 120-2013

[a] 防静电器材对其公共连接点的最大电阻值应小于 $1\times10^{9}\Omega$。对于 ESD 防护来说，此电阻没有最小值，应根据相关的安全要求，确定安全防护所需的最小电阻值。

5.1.2 各接地干线之间的连接和静电防护设备、设施的固定接地线路应采用钎焊、熔焊或压力连接件、螺栓等进行搭接连接。防静电工具、装置(如防静电腕带)等接地端子可使用电气连接可靠、易于装拆的各种夹式连接器。

5.1.3 EPA 内每个静电防护设备、设施的接地线应尽量独立与接地系统连接，除特殊情况（如防静电椅子、防静电鞋等通过防静电地面接地等）之外不应多个静电防护设备、设施串联接地。

5.2 人员接地

5.2.1 在处置 ESDS 电子产品时，应使所有工作人员连接到接地/等电位连接系统。人员的接地方式、过程监测所要求的限值和测量方法应根据表 2 的规定进行选用。

5.2.2 当工作人员在防静电工作台或固定工位工作时，应佩戴防静电腕带，通过腕带系统把所有工作人员连接到接地/等电位连接系统。

5.2.3 当移动工作、佩戴腕带不方便的情况下，应穿防静电鞋，通过地板－鞋束系统接地。当使用地板－鞋束系统时，应符合下列条件：

a) 当系统(从人体－鞋束－地板到接地/等电位连接系统)的总电阻小于$3.5\times10^{7}\Omega$时，应遵循表2中方法一的要求；

b) 当系统(从人体－鞋束－地板到接地/等电位连接系统)的总电阻大于$3.5\times10^{7}\Omega$且小于$1\times10^{9}\Omega$时，应遵循表2中方法二的要求。

5.2.4 利用防静电服实现人员接地时，应在静电防护管理手册中予以说明。防静电服的各部分(如从一只衣袖到另一只衣袖)应具有电气连续性，并应满足表2中腕带系统电阻要求。

表2 人员接地要求

<table>
<tr><th rowspan="2" colspan="2">人员接地方式</th><th rowspan="2">产品条件</th><th colspan="2">监视和测量</th></tr>
<tr><th>对地电阻允许范围</th><th>测试方法</th></tr>
<tr><td colspan="2">腕带系统[a]</td><td><$3.5\times10^7\Omega$</td><td>$7.5\times10^5\Omega\sim3.5\times10^7\Omega$</td><td>Q/QJA 120-2013</td></tr>
<tr><td rowspan="3">地板一鞋束系统</td><td>方法一</td><td><$3.5\times10^7\Omega$</td><td>$1\times10^5\Omega\sim3.5\times10^7\Omega$</td><td>Q/QJA 120-2013</td></tr>
<tr><td rowspan="2">方法二</td><td>对地电阻
<$1\times10^9\Omega$</td><td>$3.5\times10^7\Omega\sim1\times10^9\Omega$
（防静电地板部分）</td><td>Q/QJA 120-2013</td></tr>
<tr><td>人体电压
<100V</td><td>$3.5\times10^7\Omega\sim1\times10^8\Omega$
（防静电鞋束部分）</td><td>Q/QJA 120-2013</td></tr>
<tr><td colspan="5">[a] 当腕带通过防静电服接地时，包括人员、防静电服和接地线在内的总的系统电阻应小于$3.5\times10^7\Omega$。</td></tr>
</table>

5.3 工具和设备接地

5.3.1 使用交流电的工具

防静电工作区内使用交流电的工具应采取接地措施。防静电电烙铁、吸锡器、有源剥线器等工具，工具的操作面(或与ESDS电子产品接触的表面)对接地点的电阻应小于2Ω。若电阻值随着使用而增大，应小于20Ω。

5.3.2 不使用交流电的工具

防静电工作区内不使用交流电的工具，包括手动工具(含扁嘴钳、剪线钳、镊子、夹具等)、气动工具和电池动力工具等，应通过ESD工作台面或使用工具的人员实现接地。当固定在ESD工作台面或人员使用时，工具的操作面(或与ESDS电子产品接触的表面)对接地点的电阻应小于$1\times10^9\Omega$。

5.3.3 设备

利用公用电源供电的设备，金属机壳应通过电源保护地线接地，并经检测验证，接地正确、可靠。

5.4 防静电工作区

5.4.1 总体要求和标识

无论在何处处置ESDS电子产品，均应建立EPA。当对无静电防护封装或包装的ESDS元器件、组件或设备进行处置时，应在EPA内进行。应在EPA入口处显著位置贴挂规定的警示标识，工作人员进入EPA时应严格遵守其规定。EPA标识符号式样见图1，其最小尺寸为300mm×150mm，标识颜色为黄底黑色。

注：EPA可以是一张工作台，整个房间，甚至是整栋建筑物。

图1 EPA标识符号式样

5.4.2 人员控制

应规定只有经过静电防护知识培训获得上岗资格的人员才能允许进入 EPA 处置 ESDS 电子产品。未经培训的人员在 EPA 期间，应由具备上岗资格的人员陪同。

5.4.3 绝缘物品控制

5.4.3.1 应采取措施减少因电场感应所导致的带电器件模型(CDM)的产品损坏。当绝缘物品的表面电位大于 2000V 时，应采取以下措施：

a) 使绝缘物品与 ESDS 电子产品相隔 30cm 以上的距离；

b) 使用离子风机或其他静电缓解技术，进行电荷中和处理。

5.4.3.2 禁止把塑料水杯、食品包装袋和个人用品等带入 EPA，与工作无关的绝缘物品(如纸制品、塑料制品等)应从工作台或处置 ESDS 电子产品的工作现场清理出去。

5.4.4 温湿度控制

EPA 湿度控制是静电防护的关键要素之一，应规定湿度控制范围。EPA 应配置温度和湿度测量装置和调节装置。室内相对湿度宜保持在 40%～60%范围内，一般不应超出 30%～70%；室内温度应保持在 16℃～28℃范围内。对于有不同要求的 EPA，温湿度应符合专用技术文件的要求。

5.4.5 EPA 分类要求

在 EPA 内实现静电防护，可有不同的器材配置方案。应根据组织的实际工作情况，把 EPA 分为以下两类：

I 类：直接或间接接触、处置 ESDS 元器件、组件(电路板等)的区域。如库房，元器件筛选、老化和测试，电装，电路板调试、维修、检验和清洗，单机调试，与 ESDS 单机直接相连的电缆所处区域等。

II 类：处置 ESDS 单机设备(ESDS 元器件、组件已经做了一定的防护)的区域。如单机环境试验，单机老化，有静电敏感要求的产品部装、总装，单机库房等。

5.4.6 EPA 配置要求

EPA 配置要求见表 3。

所有与静电防护要求相关的设施、设备、防静电材料、服装、用品、用具及包装等，均应按专用技术文件的要求检测，验收合格后方能投入使用。在使用过程中应按专用技术文件的要求进行周期检测，并在有效期内使用。测试方法按 Q/QJA 120-2013 执行。

表 3 EPA 配置要求

序号	要求项目	I 类 EPA	II 类 EPA	选择条件
1	标识	●	●	—
2	防静电地面	●	●	—
3	防静电工作台	●	●	—
4	防静电储存架/柜	●	●	—
5	防静电椅子	●	○	—
6	防静电移动设备(小车)	▲	○	在 EPA 内运输未经防护的静电敏感产品时必选
7	防静电包装	●	○	—
8	防静电服、帽	●	●	—
9	防静电鞋	●	●	—
10	一次性防静电鞋套	●	●	—
11	防静电手套、指套	▲	▲	有洁净度要求时必选
12	防静电腕带	●	●	—

表 3（续）

序号	要求项目	I 类 EPA	II 类 EPA	选择条件
13	防静电工具	●	○	—
14	防静电离子风机	▲	○	处置绝缘体和进行不便于接地的操作时必选
15	防静电涂料、降阻剂	○	○	—
16	温湿度监测仪表	●	●	—
17	人体静电综合测试仪	●	●	—
18	腕带测试仪	●	●	—
19	腕带连续监测仪	▲	—	电装车间必选
20	电烙铁测试仪	▲	—	电装车间必选
21	非接触式静电电压表	○	○	—
注：●表示必选；—表示不要求；▲表示条件必选；○表示可选(根据各单位具体情况考虑，如器件静电敏感电压、工作人员多少等)。				

5.4.7 EPA 内防静电器材及监视和测量要求

EPA 内各种防静电器材的技术要求按表 4 执行。在静电防护管理手册中只要选定了防静电器材，所对应的测量限值和测试方法就成为强制性的。EPA 内防静电器材、设施和工具检测间隔见 Q/QJA 120-2013，每半年或每年进行的监视与测量项目应由具有相应资质并授权的第三方检测机构实施。

表 4 EPA 内防静电器材及监视和测量要求

防静电器材名称	控制项目	产品要求	监视和测量要求	
			允许范围	测试方法
工作台面	对地电阻	$<1\times10^9\Omega$	$1\times10^5\Omega\sim1\times10^9\Omega$	Q/QJA 120-2013
腕带	腕带线缆端对端电阻	$(1\pm20\%)\times10^6\Omega$	见表 2	
	腕带套内表面对电缆扣电阻	$<1\times10^5\Omega$		
	腕带套外表面对地电阻	$>1\times10^7\Omega$		
防静电鞋	鞋底电阻	$<1\times10^8\Omega$	见表 2	
地板、地垫	对地电阻	$<1\times10^9\Omega$	见表 2	
凳、椅	对地电阻	$<1\times10^9\Omega$	$1\times10^5\Omega\sim1\times10^9\Omega$	Q/QJA 120-2013
离子风机	静电衰变时间	不大于 20s(从±1000 V 衰变到±100 V)	不大于 20s(从±1000 V 衰变到±100 V)	Q/QJA 121-2013
	残余电压	不大于 50V 或由产品规范规定	残余电压不大于 50V 或由产品规范规定	Q/QJA 121-2013
储存架	对地电阻	$<1\times10^9\Omega$	$1\times10^5\Omega\sim1\times10^9\Omega$	Q/QJA 120-2013
移动设备(如小车)	表面对地电阻	$<1\times10^9\Omega$	$1\times10^5\Omega\sim1\times10^9\Omega$	Q/QJA 120-2013
连续监控设备	由用户规定	由用户规定	由产品规范规定	由产品规范规定

Q/QJA 119—2013

表 4（续）

防静电器材名称	控制项目	产品要求	监视和测量要求	
			允许范围	测试方法
工作服	防静电服点对点电阻	<$1\times10^{10}\Omega$	$1\times10^{5}\Omega$～$1\times10^{10}\Omega$	Q/QJA 120-2013
	可接地防静电服对地电阻	<$1\times10^{9}\Omega$	$1\times10^{5}\Omega$～$1\times10^{9}\Omega$	Q/QJA 120-2013
	可接地防静电服系统	<$3.5\times10^{7}\Omega$	$7.5\times10^{5}\Omega$～$3.5\times10^{7}\Omega$	Q/QJA 120-2013
周转容器	表面点对点电阻	<$1\times10^{10}\Omega$	<$1\times10^{10}\Omega$	Q/QJA 120-2013
	防静电屏蔽包装袋内感应能量	<50nJ	<50nJ	Q/QJA 122-2013
电烙铁焊头、吸锡器等焊接设备	对地电阻	新购：<2Ω 在用：<20Ω	<20Ω	Q/QJA 120-2013

5.5　包装

ESDS 产品的包装应由防静电材料制作，原则如下：

a)　与 ESDS 电子产品直接接触的包装材料应是静电耗散材料；

b)　ESDS 电子产品在 EPA 之间转运和在 EPA 外时，应满足 a)的要求并增加静电放电屏蔽措施；

c)　ESDS 元器件、半成品、成品组装件均应装入全封闭的防静电容器或防静电屏蔽袋内。

具体规定见 Q/QJA 120-2013 中 4.10。

5.6　标识

ESD 标识应清晰明确。除另有规定外，应使用图 1、图 2 和图 3 的标识。ESD 敏感警示标识用于 ESDS 电子产品，ESD 防护标识用于防静电包装、防静电器材设备等。

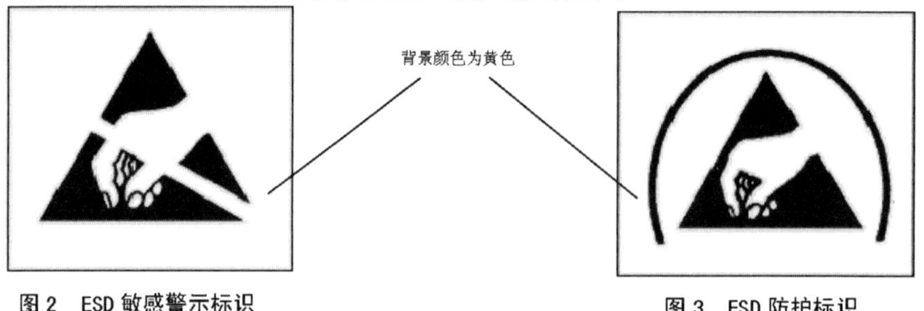

图 2　ESD 敏感警示标识　　　　图 3　ESD 防护标识

6　人身安全

6.1　本标准规定的操作流程和使用的设备有可能使工作人员处于不安全的电气环境。应选用符合相关法规和安全标准的设备。本标准不能替代有关人身安全的要求。

6.2　在工作人员有可能接触到电源的地方，应采用漏电保护装置或其他安全保护措施。

6.3　应遵守电气电子设备的正确接地规则，避免出现危害。

6.4　本标准规定的防静电器材电阻下限值均适用于供电电压不高于 500V 的工作场合。对于供电电压高于 500V 的工作场合，应重新评估此电阻下限值，确保人身安全。

中国航天科技集团公司标准

FL 1600　　　　　　　　　　　　　　　　　　Q/QJA 120—2013

航天电子产品防静电系统测试要求

Test requirements for electrostatic discharge protection system of aerospace electronic products

2013－01－31 发布　　　　　　　　　　　　　　2013－04－30 实施

中国航天科技集团公司　发布

Q/QJA 120—2013

前　言

本标准由中国航天科技集团公司提出。

本标准由中国航天标准化与产品保证研究院归口。

本标准起草单位：北京东方计量测试研究所。

本标准主要起草人：刘民、张书锋、袁亚飞、冯文武、刘志宏、路润喜、季启政、马志毅、屠治国、王伟、冉茂华。

本标准主要审查人：张烨、杜国江、朱联高、穆元良、谢文捷、华苇、张正龙、雷式松、王志勇。

集团公司标准咨询热线：（010）88108070，（010）88108072。

Q/QJA 120—2013

航天电子产品防静电系统测试要求

1　范围

本标准规定了防静电系统的技术要求、测试条件、测试项目、测试方法、测试结果的处理和测试周期等要求。

本标准适用于静电放电敏感电压不低于人体模型100V的电子产品防静电系统的验收和现场测试、周期测试。敏感电压低于100V的电子产品或易燃易爆场所的防静电系统测试方法可参照执行。

2　规范性引用文件

下列文件中的条款通过本标准的引用而成为本标准的条款。凡是注日期的引用文件，其随后所有的修改单(不包含勘误的内容)或修订版均不适用于本标准，然而，鼓励根据本标准达成协议的各方研究是否使用这些文件的最新版本。凡是不注日期的引用文件，其最新版本适用于本标准。

GB 14050　系统接地的型式及安全要求

Q/QJA 118-2013　航天电子产品静电防护管理体系要求

Q/QJA 119-2013　航天电子产品静电防护技术要求

Q/QJA 121-2013　航天电子产品防静电离子风机检测方法

Q/QJA 122-2013　航天电子产品防静电屏蔽包装袋检测方法

3　术语和定义

Q/QJA 118-2013和Q/QJA 119-2013确立的以及下列术语和定义适用于本标准。

3.1

防静电系统　electrostatic discharge protection system

为防止有害的静电场和静电放电而专门设计或配置的系统。一般由地线、接地点、地板、地垫、工作台、工作椅、防静电移动设备（小车)、防静电腕带、防静电手套（指套)、防静电鞋、脚跟带、防静电鞋套、防静电服、储物器具、包装袋(箱、盒)、防静电离子风机以及人员等组成的系统。

3.2

静电泄漏电阻　electrostatic release resistance

在一定的电压下，防静电物体表面对接地点的电阻。

3.3

静电接地点　electrostatic discharge grounding point

为泄放静电电荷或平衡静电电位提供的接地点，可选用保护接地线、功能地、公共连接点作为静电接地点。

3.4

静电放电屏蔽　electrostatic discharge shield

限制由于静电放电产生的电磁场耦合能量所采取的屏蔽。

4 技术要求

4.1 接地/等电位连接

4.1.1 保护接地

保护接地应符合下列要求之一：

a) 作为静电接地点的保护接地线与电源配电箱地线的母线之间的电阻应小于1Ω(交流阻抗)；

b) 作为静电接地点的保护接地线应与接地网可靠连接，到大地的接地电阻应符合供配电系统保护地的接地电阻要求。

4.1.2 功能地

作为静电接地点的功能地与保护接地线之间电阻应小于 25Ω。

4.1.3 等电位连接

在没有接大地的条件时，防静电系统各部分与公共连接点的电阻应小于 1×10^{9}Ω。

4.1.4 接地线连接

防静电系统中固定接地的线路应采用可靠的连接工艺，其中独立的设备、设施应单独与地线的母线及母线延长线连接，不应相互串联后再接地线，应符合 Q/QJA 119-2013 中 5.1.2 和 5.1.3 的规定。

4.2 防静电台面、隔板、货架

4.2.1 防静电台面、隔板、货架应符合如下要求：

a) 防静电台面、隔板、货架表面任意点对接地点电阻应在 1×10^{5}Ω～1×10^{9}Ω 之间；

b) 防静电台面、隔板、货架表面任意点对点电阻应在 1×10^{5}Ω～1×10^{9}Ω 之间。

4.2.2 下限电阻(1×10^{5}Ω)是在 440V 及以下供电系统中，预防触电、漏电和短路等安全防护的基本要求。在无电源、电池和裸露电力线存在的情况下，例如，储物柜、存放架、小车、梯子等，仅为防止静电放电时产生过大电流，下限电阻应大于 1×10^{4}Ω。

4.3 防静电地面

防静电地面应符合如下要求：

a) 通过防静电鞋或脚跟带与防静电地面构成的防静电系统，防静电地面任意点对接地点电阻应在 1×10^{4}Ω～1×10^{9}Ω 之间；并且人员穿着满足要求的防静电鞋在地面走动时，人体电压应小于 100V。

b) 防静电地面任意点对点电阻应在 1×10^{4}Ω～1×10^{9}Ω 之间。

4.4 防静电腕带

4.4.1 防静电腕带验收测试和周期测试时，应符合如下要求：

a) 防静电腕带套内表面任意点与电缆扣之间电阻应小于 1×10^{5}Ω；

b) 防静电腕带套外表面任意点与腕带接地插接头(夹)之间电阻应大于 1×10^{7}Ω；

c) 防静电腕带电缆扣与腕带导线的接地插接头(夹)之间电阻在(0.8～1.2)$\times10^{6}$Ω 之间。

4.4.2 防静电腕带现场测试时，应符合如下要求：

a) 防静电腕带在正确佩戴情况下，仅通过腕带，人体对接地点的电阻应在 7.5×10^{5}Ω～3.5×10^{7}Ω 之间；

b) 防静电腕带接地插接头(夹)插入接地点插孔后，或夹住接地点后，其最小拔出力应大于 1.5N。

4.5 防静电手套、指套

4.5.1 防静电手套、指套验收测试和周期测试时，防静电手套、指套内表面与外表面任意点之间电阻

应在 $1\times10^5\Omega\sim1\times10^9\Omega$ 之间。

4.5.2 防静电手套、指套现场测试时，人员正确佩戴防静电腕带和被测手套、指套情况下，手套或指套外表面与静电接地点之间电阻在 $1\times10^5\Omega\sim1\times10^9\Omega$ 之间；或手套、指套外表面与人体之间电阻在 $1\times10^5\Omega\sim1\times10^9\Omega$ 之间。

4.6 防静电鞋、脚跟带、防静电鞋套

4.6.1 防静电鞋验收测试和周期测试时，应符合如下要求：

a) 导电鞋的鞋内底面与鞋底之间的电阻应小于 $1\times10^5\Omega$；

b) 防静电鞋的鞋内底面与鞋底之间的电阻应在 $1\times10^5\Omega\sim1\times10^8\Omega$ 之间；

c) 防静电脚跟带、防静电鞋套底面与导电带的电阻应在 $1\times10^5\Omega\sim1\times10^8\Omega$ 之间。

4.6.2 防静电鞋现场测试时，在防静电鞋、脚跟带、防静电鞋套正确穿着情况下，仅通过防静电鞋、脚跟带、防静电鞋套，人体对鞋底面的静电泄漏电阻应在 $1\times10^5\Omega\sim1\times10^8\Omega$ 之间。

4.7 防静电服、帽

防静电服、帽其各自各部分之间应存在着电连续性，尤其接缝两边和平行条纹之间应有一致的电连接。防静电服的设计应能保持其在穿着状态下与人体皮肤直接或间接接触，必要时其上可设置专门的接地点，通过导线接地。防静电服、帽在测试电压小于等于 100V 情况下，应满足下列条件之一：

a) 防静电服、帽各自任意两点之间的电阻在 $1\times10^5\Omega\sim1\times10^{10}\Omega$ 之间；

b) 防静电服在正常穿戴好以后，人体与防静电服表面任意点之间电阻在 $1\times10^5\Omega\sim1\times10^{10}\Omega$ 之间；

c) 可接地的防静电服任意点对接地点之间的电阻在 $1\times10^5\Omega\sim1\times10^9\Omega$ 之间；

d) 对于利用防静电服作为防静电腕带的接地途径的情况，人体、防静电服和接地线在内的总电阻应小于 $3.5\times10^7\Omega$。

4.8 防静电椅

防静电椅应符合如下要求：

a) 有接地装置的椅，其座位表面、扶手和靠背与接地点之间的电阻应在 $1\times10^5\Omega\sim1\times10^9\Omega$ 之间；

b) 无固定接地装置的防静电椅，其座位表面、扶手和靠背与所承载地面之间的电阻在 $1\times10^5\Omega\sim1\times10^9\Omega$ 之间。

4.9 防静电移动设备(小车)

防静电移动设备(小车)应符合如下要求：

a) 有接地装置的防静电移动设备(小车)，其工作表面与接地点之间的电阻在 $1\times10^5\Omega\sim1\times10^9\Omega$ 之间；

b) 无固定接地装置的防静电移动设备(小车)，其工作表面与所承载地面之间的电阻在 $1\times10^5\Omega\sim1\times10^9\Omega$ 之间。

4.10 防静电包装

防静电包装包括包装袋、运输箱、转运盒以及集成电路包装管等，应符合如下要求：

a) 在防静电工作区内，防静电包装的外表面应能够通过与地面、桌面、储物柜等表面接触而连接到接地点，放置在防静电工作台或地面上的包装，其内、外表面任意点与接地点之间的电阻小于 $1\times10^{10}\Omega$，与静电敏感电子产品直接接触的表面，点对点电阻在 $1\times10^3\Omega\sim1\times10^{10}\Omega$ 之间。

b) 离开防静电工作区时，防静电包装应能够对其内的物品进行静电放电屏蔽，同时满足 4.10a)的要求外，还应满足当人体放电模型 1000 V 直接放电施加到屏蔽包装袋外部一对平行电极板上时，屏蔽包装袋内部的一对感应电极之间串联 500 Ω 电阻时，感应电流产生的电能量不大于 50 nJ，详细检测装置见 Q/QJA 122-2013。静电放电屏蔽包装应能全部包覆被保护物品，并有连续的电连接。

c) 对于不与静电敏感电子产品直接接触的减震或填充材料，表面与其他物体相互摩擦或自身摩擦时应不易起电，表面点对点电阻小于 1×10^{12} Ω。

4.11 防静电离子风机

在防静电离子风机有效工作空间内，应符合如下要求：

a) 从 1000 V 到 100 V 的正向衰变时间，和从-1000 V 到-100 V 的负向衰变时间，均不大于 20 s；

b) 残余电压应不超过±50 V。

4.12 防静电工具

防静电工具应符合如下要求：

a) 防静电工作区内使用的工具，包括金属工具及其手柄，在人体做好防静电措施，手持工具的情况下，工具的操作面(或与静电敏感电子产品接触的表面)对接地点的电阻小于 1×10^9 Ω。

b) 新购的防静电电烙铁、有源剥线器，其外露金属对地的电阻应小于 2 Ω。使用中的电烙铁头对地电阻应小于 20 Ω。

5 测试条件

5.1 环境条件

5.1.1 环境温度：周期测试为 16 ℃～28 ℃；验收测试为 5 ℃～35 ℃。

5.1.2 使用中检查和周期测试时相对湿度不大于 60%(若现场实际条件不能满足，应选择其工作期间最干燥的时段测试，并缩短测试周期)；验收测试时分别在相对湿度 12%±3%(若现场验收环境不可能达到，应在其最干燥条件下验收，但不应超过 30%)和 50%±5%两种条件下测试。对于产品有明确测试标准的，应优先考虑其相应测试条件。

5.1.3 有接大地装置。

5.1.4 被测物表面应清洁无尘；地面和桌面验收前，被测表面不应有防静电涂料、降阻剂。

5.1.5 验收前在相应湿度条件下分别放置 48h。

5.2 测试用设备

5.2.1 测试所用的仪器设备应经过计量技术机构检定合格(或校准)，满足测试使用要求，并在有效期内。

5.2.2 测试用主要设备如下：

a) 防静电电阻测试仪：

1） 开路测量电压：10 V 与 100 V，允许误差极限不超过±10%；

2） 阻值测量范围 1×10^3 Ω～1×10^{11} Ω，允许误差极限不超过±10%；

3） 当被测电阻在 1×10^5Ω～1×10^{11}Ω 之间时，可选择 100V 测量电压；

4） 当被测电阻小于 1×10^5Ω 时，可选择 10V 测量电压。

b) 接地电阻测量仪：测量范围 0.1 Ω～100 Ω，允许误差极限不超过±5%；

c) 高阻表：开路测量电压 100V，测量范围 1×10^6 Ω～1×10^{13} Ω，允许误差极限不超过±20%；

d) 防静电腕带测试仪：

1） 低（Low、红色）指示的阻值范围：$<7.5\times10^5$ Ω；允许误差极限不超过±5%；

2） 通过（Pass、绿色）指示的阻值范围：7.5×10^5 Ω～3.5×10^7 Ω；允许误差极限不超过±5%；

3） 高（High、黄色）指示的阻值范围：>3.5×10^7 Ω，允许误差极限不超过±5%。

e） 防静电鞋测试仪：

1） 低（Low、红色）指示的阻值范围：<1.0×10^5 Ω，允许误差极限不超过±5%；

2） 通过（Pass、绿色）指示的阻值范围：1.0×10^5 Ω～1.0×10^8 Ω，允许误差极限不超过±5%；

3） 高（High、黄色）指示的阻值范围：>1.0×10^8 Ω，允许误差极限不超过±5%。

f） 防静电服测试仪：

1） 低（Low、红色）指示的阻值范围：<1.0×10^5 Ω，允许误差极限不超过±5%；

2） 通过（Pass、绿色）指示的阻值范围：1.0×10^5 Ω～1.0×10^{10} Ω，允许误差极限不超过±5%（下限电阻），±25%（上限电阻）；

3） 高（High、黄色）指示的阻值范围：>1.0×10^{10} Ω，允许误差极限不超过±25%。

g） 防静电手套、指套测试仪：

1） 低（Low、红色）指示的阻值范围：<1.0×10^5 Ω，允许误差极限不超过±5%；

2） 通过（Pass、绿色）指示的阻值范围：1.0×10^5 Ω～1.0×10^9 Ω，允许误差极限不超过±5%；

3） 高（High、黄色）指示的阻值范围：>1.0×10^9 Ω，允许误差极限不超过±5%。

h） 数字多用表：测量范围 0.1 Ω～100 MΩ，允许误差极限不超过±5%；

i） 表面测试电极：重 2.3 kg±0.3 kg，接触表面圆形直径 50 mm ～ 64 mm，导电橡胶总电阻不超过 1000 Ω；

j） 1.5N 专用砝码和滑轮；

k） 相对湿度表：测量范围 10%～80%，允许误差极限不超过±5%；

l） 温度表：测量范围 5℃～35℃，允许误差极限不超过±1℃；

m） 非接触式静电电压表：测量范围-2000 V～+2000 V，允许误差极限不超过±(10%×读数+10) V。

6　测试项目

防静电系统测试项目有：

a） 接地/等电位连接；

b） 防静电台面、隔板、货架；

c） 防静电地面；

d） 防静电腕带；

e） 防静电手套、指套；

f） 防静电鞋、脚跟带、防静电鞋套；

g） 防静电服、帽；

h） 防静电椅；

i） 防静电移动设备（小车）；

j） 防静电包装；

k） 防静电离子风机；

l) 防静电工具。

7 测试方法

7.1 接地/等电位连接测试方法

7.1.1 保护接地线的接地

保护接地线的接地电阻测试方法可选下列方法之一：

a) 交流设备供电电源的配电柜中保护接地应符合 GB 14050 规定的接地要求。以电源配电柜中的保护地为参考点，用接地电阻测量仪，采用两线法测量用作静电接地点的保护接地端到该参考点之间的交流电阻；或者使用数字多用表直流电阻测量功能，测量者两点之间的电阻，数字多用表的表笔交换测量，取交换前后的两次测量读数的平均值。阻值应满足 4.1.1a)的要求。

b) 用接地电阻测量仪，对用作静电接地点的保护接地端到大地的接地电阻进行测量，接地电阻应满足 4.1.1b)的要求。

7.1.2 功能地

7.1.2.1 若功能地与保护接地线有金属电连接，或共用一个接地网，则使用数字多用表直流电阻测量功能，测量功能地与保护接地线之间的电阻，数字多用表的表笔交换测量，取交换前后的两次测量读数的平均值。

7.1.2.2 若功能地与保护接地线没有金属电连接，或分别使用独立接地网，则使用接地电阻测量仪，测量功能地与保护接地线之间的电阻。

7.1.2.3 如测试线长度不够，应增加延长测试线，然后从测试结果中减去所增加的测试线的电阻。

7.1.2.4 功能地电阻应满足 4.1.2 的要求。

7.1.3 等电位连接

用数字多用表直流电阻测量功能，测量防静电系统各部分的接地点到公共连接点的电阻，公共连接电阻应满足 4.1.3 的要求。若阻值超过数字多用表量程，换用防静电电阻测量仪进行测量。

7.1.4 接地线连接

目视检查固定设备、设施的接地线，必要时揭开地线连接部位的绝缘包围物，检查后恢复绝缘防护。固定设备、设施的接地线连接型式和工艺应符合 4.1.4 的要求。

7.2 防静电台面、隔板、货架测试方法

7.2.1 测试点选取原则

防静电台面、隔板、货架的表面选取测试点的原则如下：

a) 静电泄放特性均匀的表面，以阵列方式选取，相邻两点间隔大于 0.1m，选点应距离边缘 0.1m 以上，台面至少选择中心和四角等五点；

b) 验收测试时，相邻两点不大于 1m；

c) 认为可疑的表面，应增加测试点。

7.2.2 静电泄漏电阻测试

使用防静电电阻测试仪，测量静电泄漏电阻时应用两条测试线和一个表面测试电极，引一条测试线与接地点连接，另一条测试线连接表面测试电极，表面测试电极放置在被测点上，测试仪读数应满足 4.2.1a)的要求。防静电台面、隔板、货架的静电泄漏电阻测试示意图见图 1。

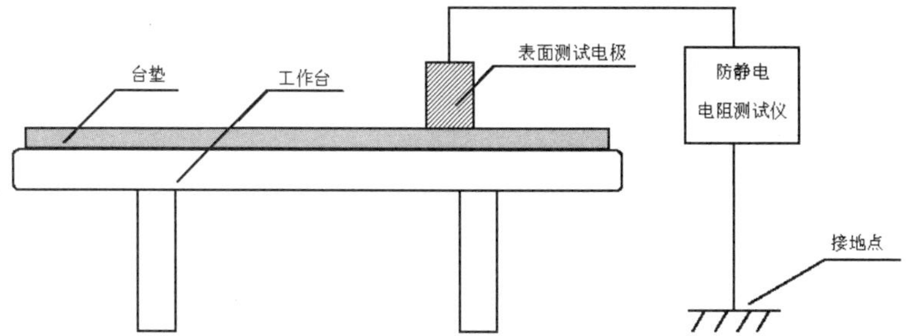

图1　防静电台面、隔板、货架的静电泄漏电阻测试示意图

7.2.3　**点对点电阻测试**

使用防静电电阻测试仪，测量任意点对点电阻时，用两条测试线和两个表面测试电极，两条测试线分别连接两个表面测试电极，表面测试电极放置在被测表面，两电极之间距离不小于 0.1m，测试仪读数应满足 4.2.1b)或 4.2.2 的要求。防静电台面、隔板、货架点对点电阻测试示意图见图 2。

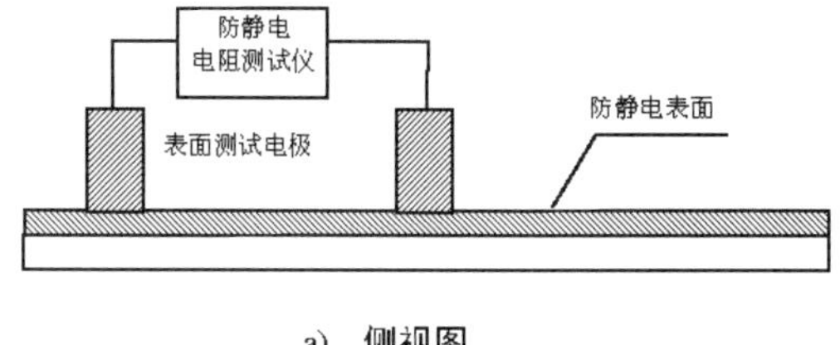

a)　侧视图

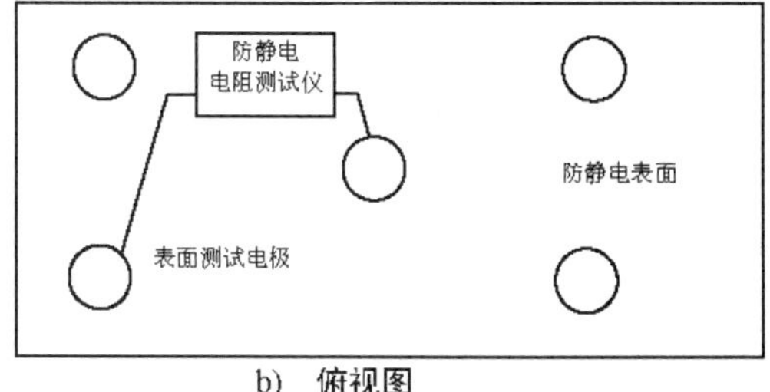

b)　俯视图

图2　防静电台面、隔板、货架点对点电阻测试示意图

7.3　**防静电地面测试方法**

7.3.1　**测试点选取原则**

防静电地面选取测试点的原则如下：

a)　静电泄放特性均匀的表面，以阵列方式选取，相邻两点间隔大于 0.1m；对于活动地板块，选点应距离边缘 0.1m 以上；

b)　验收测试时，相邻两点不大于 1m；

c)　认为可疑的表面，应增加测试点。

Q/QJA 120—2013

7.3.2 静电泄漏电阻测试

使用防静电电阻测试仪，测量静电泄漏电阻时，用两条测试线和一个表面测试电极，一条测试线与接地点连接，另一条测试线连接表面测试电极，表面测试电极放置在被测点上，测试仪读数应满足 4.3a)的要求。防静电地面测试示意图见图 3。

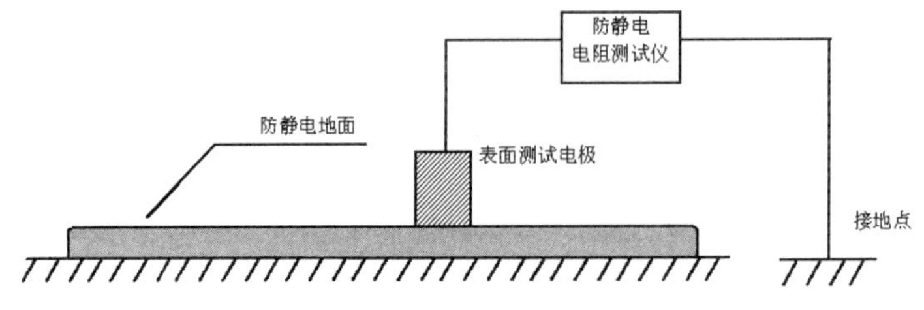

图 3 防静电地面测试示意图

7.3.3 点对点电阻测试

测试方法见 7.2.3，测试结果应满足 4.3b)的要求。

7.3.4 静电电压测试

使用非接触式静电电压表或静电电场表，当被测人员活动或操作时，对人员的服装、正在使用的工具和操作范围内其他物体表面的静电电压进行测量。测量仪读数前应按说明书要求进行清零操作，测量仪不能接触被测表面，并保持说明书要求的测试距离。在现场抽样五次，取平均值，应符合 4.3a)的规定。

7.4 防静电腕带测试方法

7.4.1 防静电腕带验收测试和周期测试

7.4.1.1 用数字多用表直流电阻测量功能，测量腕带套内表面任意点与腕带金属连接器之间的电阻，其读数应满足 4.4.1a)的要求。防静电腕带测试示意图见图 4。

7.4.1.2 用数字多用表直流电阻测量功能，测量腕带套外表面任意点与腕带导线的接地插头(夹)之间的电阻。有两个独立接地线路的腕带，应将独立线路两端分别并联后测量。其读数应满足 4.4.1b)的要求。

7.4.1.3 用数字多用表直流电阻测量功能，测量腕带金属连接器与腕带导线的接地插接头(夹)之间电阻应满足 4.4.1c)要求。

7.4.2 防静电腕带现场测试

7.4.2.1 将腕带戴在手腕上调整适合的松紧，腕带接地引线连接防静电腕带测试仪，用手指按住手触电极，指示应满足 4.4.2a)的要求。防静电腕带现场测试示意图见图 5。

7.4.2.2 将腕带接地插头插入工作中使用的接地插孔，或者用腕带接地夹夹住工作中使用的接地端钮，用 1.5N 专用砝码和滑轮施加拔出力腕带插头或夹子不应从接地插孔或端钮中拔出，应满足 4.4.2b)的要求。腕带接地插头拔出力测量示意图见图 6。

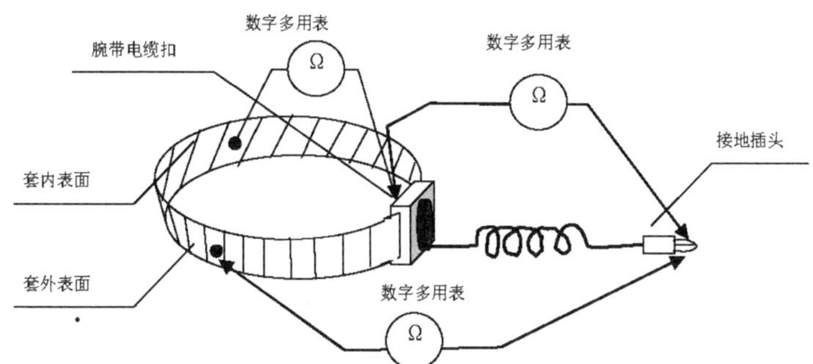

图4　防静电腕带测试示意图

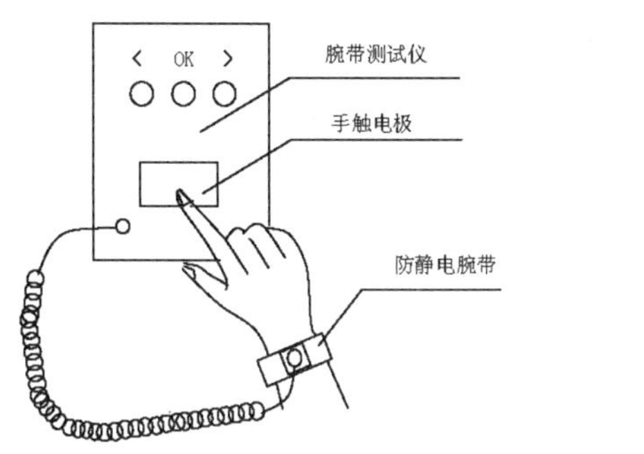

图5　防静电腕带现场测试示意图

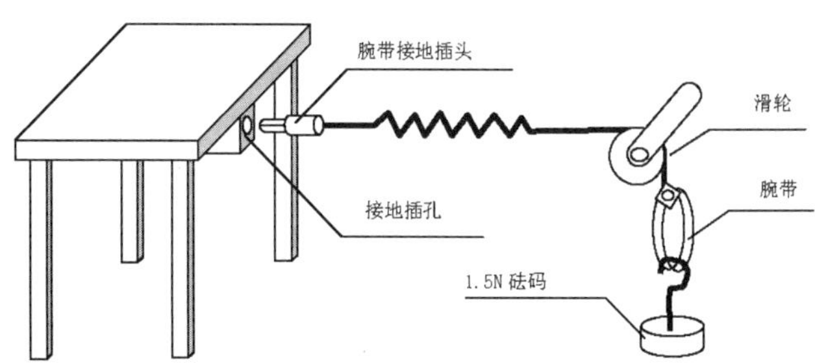

图6　腕带接地插头拔出力测量示意图

7.5　防静电手套、指套测试方法

7.5.1　防静电手套、指套验收测试和周期测试

将手套或指套放在点对点电阻大于 $1\times10^{13}\Omega$ 的绝缘台面上，用尺寸适合的条状金属板（约20mm×200mm），一端插入手套或指套内的手指部位，另一端露出。将防静电电阻测试仪的两个表面测试电极分别压在金属板两端上，使一个表面测试电极直接接触被测手指部位的外表面，另一个接触金属板。测量两个表面测试电极之间的电阻；每个手指部位分别测试，应满足4.5.1的要求；防静电手套、

指套测试示意图见图 7。

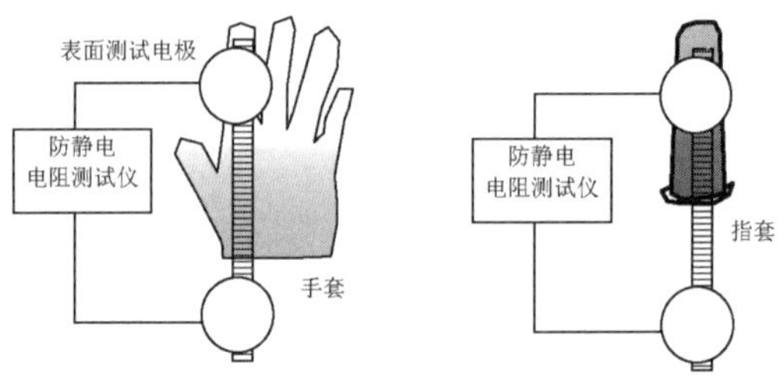

图 7　防静电手套、指套测试示意图

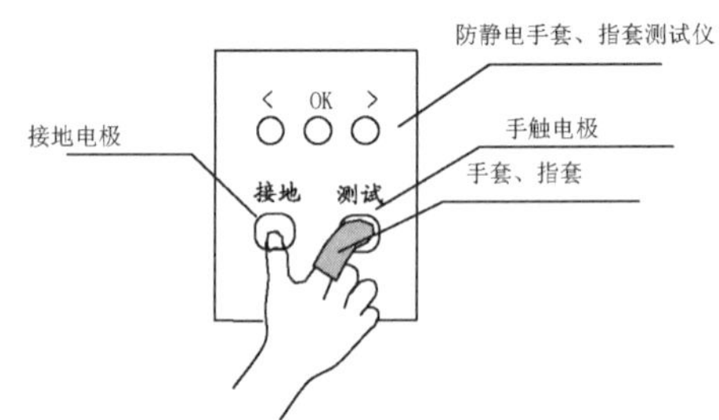

图 8　防静电手套、指套现场测试示意图

7.5.2　防静电手套、指套现场测试

使用防静电手套、指套测试仪，用裸露的其他手指按住手套、指套测试仪的接地电极，用被测手套或指套外表面按住手触电极，指示应满足 4.5.2 的要求。防静电手套、指套现场测试示意图见图 8。

7.6　防静电鞋、脚跟带、防静电鞋套测试方法

7.6.1　防静电鞋验收测试和周期测试

7.6.1.1　使用防静电电阻测试仪，对于导电鞋，设置 10V 测试电压，对于防静电鞋设置 100V 测试电压；将表面测试电极放置到鞋内与鞋内底面紧密接触(如不能有效接触鞋内底面，可使用导电的金属球或链子等增加鞋底面与测试电极的电连接)，将鞋底足跟部放置在一个金属导电板上，将另一个表面测试电极也放置在该金属导电板上；用防静电电阻测试仪测量两个表面测试电极之间的电阻；导电鞋应满足 4.6.1a)的要求；防静电鞋应满足 4.6.1b)的要求。防静电鞋、导电鞋测试示意图见图 9。

7.6.1.2　用数字多用表直流电阻测量功能或用防静电电阻测试仪，测量防静电脚跟带、防静电鞋套底面与导电带之间的电阻，应满足 4.6.1c)的要求。

7.6.2　防静电鞋现场测试

现场测试时，使用防静电鞋测试仪，人穿着好防静电鞋或脚跟带、防静电鞋套，站立于防静电鞋测试仪的金属地面电极上，用手指按住测试仪手触电极。测试仪指示应满足 4.6.2 的要求。防静电鞋现场测试示意图见图 10。

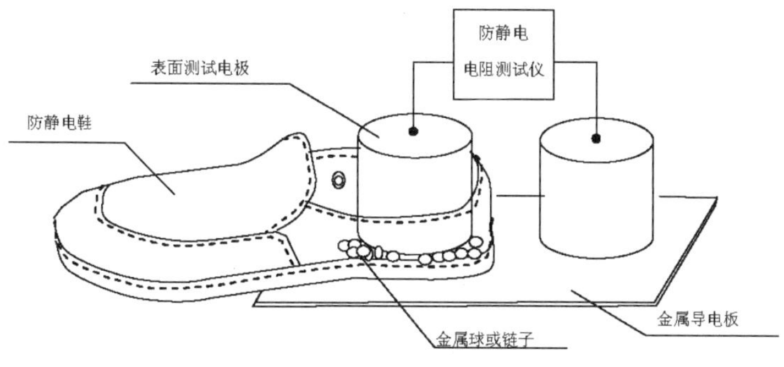

图9　防静电鞋、导电鞋测试示意图

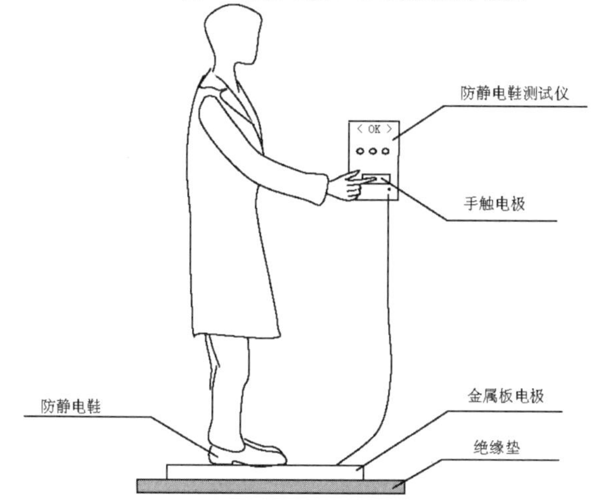

图10　防静电鞋现场测试示意图

7.7　防静电服测试方法

7.7.1　当点对点电阻大于 $1\times10^{11}\Omega$ 时，使用高阻表，选择100V测量电压；当点对点电阻在 $1\times10^{5}\Omega\sim1\times10^{11}\Omega$ 之间时，使用防静电电阻测试仪，选择100V测量电压；当点对点电阻小于 $1\times10^{5}\Omega$ 时，使用防静电电阻测试仪，选择10V测量电压。

7.7.2　验收测试和周期测试：

a) 无固定接地点防静电服：将防静电服平铺在任意点对点表面电阻大于 $1\times10^{13}\Omega$ 的台面上，用防静电电阻测试仪(或高阻表)和两个表面测试电极测量两个袖子之间、袖子与前胸之间、前胸与前兜部外表面之间的点对点电阻，两点之间应间隔服装接缝和平行条纹，应满足4.7a)的要求，无固定接地点防静电服测试示意图见图11；

b) 可接地防静电服：将防静电服平铺在表面电阻大于 $1\times10^{13}\Omega$ 的台面上，用防静电电阻测试仪和一个表面测试电极测量每个袖子与接地点之间、前胸与接地点之间、每个兜部的外表面与接地点之间的点对点电阻，应满足4.7b)的要求。可接地防静电服测试示意图见图12。

7.7.3　现场测试：

a) 无固定接地点防静电服：人穿着好防静电服，站立于防静电服测试仪前，使身体或肘部将防静电服外表面与防静电服测试仪的接触电极压紧接触，用手指按住测试仪手触电极，测试时间大于 5s，测试仪指示应满足 4.7c)的要求，防静电服现场测试示意图见图 13；

b) 可接地防静电服：现场测试方法与腕带现场测试方法相同，见 7.4.2，测试结果应满足 4.6d)的要求。

7.7.4 防静电帽测试方法按 7.7.2 的规定。

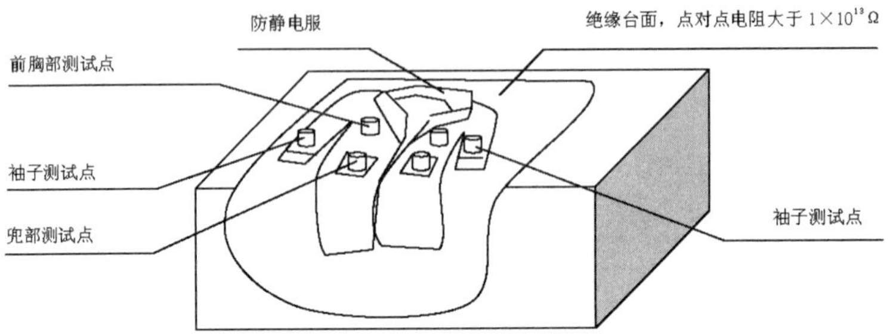

图 11 防静电服(无固定接地点)测试示意图

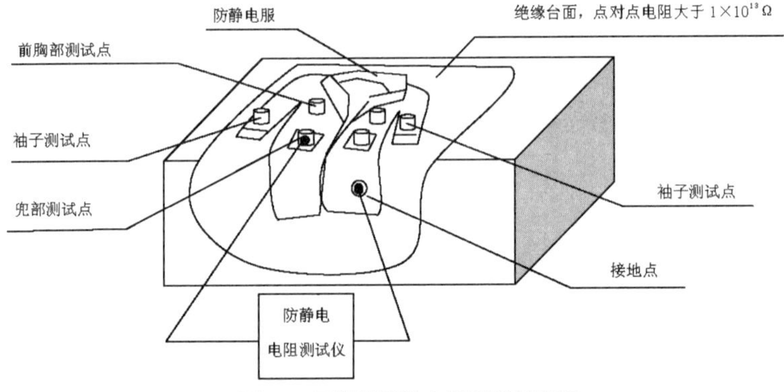

图 12 可接地防静电服测试示意图

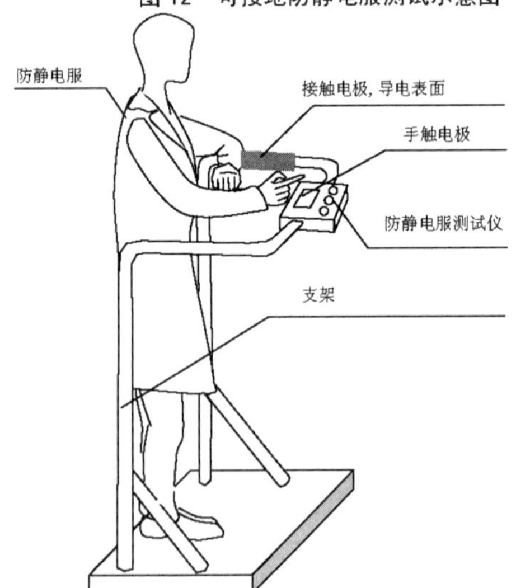

图 13 防静电服现场测试示意图

7.8　防静电椅测试方法

7.8.1　有固定接地装置的防静电椅

用防静电电阻测试仪和一个表面测试电极，将表面测试电极放置在椅子座位上表面，测量表面测试电极与接地点之间的电阻。再将双手戴上绝缘手套或相同效果的绝缘物(绝缘电阻大于 $1\times10^{13}\Omega$)，用一只手托住表面测试电极按压在椅子靠背上，如果另一只手接触椅子的其它部位，也应与椅子绝缘隔离，测量表面测试电极与接地点之间的电阻，两次测量均应满足 4.8a)的要求。

7.8.2　无固定接地装置的防静电椅

用防静电电阻测试仪和两个表面测试电极以及一个导电的金属平板，将一个表面测试电极放置在椅子座位表面，另一个表面测试电极放置在地面的金属平板上，再将椅子的一支腿或一个轮子压在该金属平板上，用防静电电阻测量仪测量两个表面测试电极之间的电阻。再将双手戴上绝缘手套或相同效果的绝缘物(绝缘电阻大于 $1\times10^{13}\Omega$)，用一只手托住一个表面测试电极按压在椅子靠背上，如果另一只手接触椅子的其它部位，也应与椅子绝缘隔离，测量该表面测试电极与金属板上的测试电极之间的电阻。两次测量均应满足 4.8b)的要求。无固定接地装置的防静电椅子测试示意图见图 14。

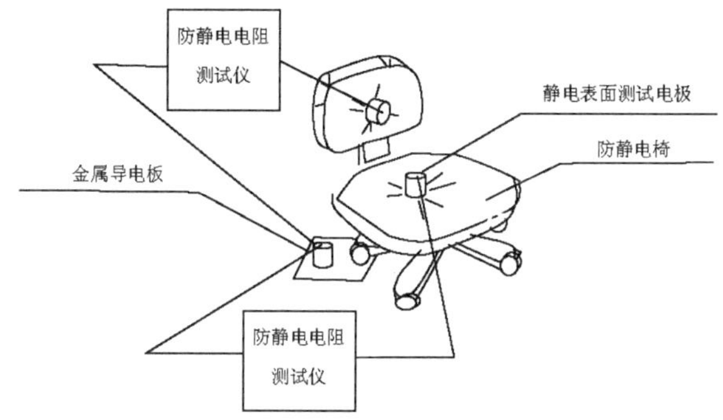

图 14　无固定接地装置的防静电椅测试示意图

7.9　防静电移动设备(小车)表面测试方法

7.9.1　对于有固定接地装置的防静电移动设备表面，用防静电电阻测试仪和一个表面测试电极，将表面测试电极放置在被测表面上，测量表面测试电极与接地点之间的电阻，应满足 4.9a)的要求。

7.9.2　对于无固定接地装置的防静电移动设备表面，用防静电电阻测试仪和两个表面测试电极以及一个导电金属板，将一个表面测试电极放置在被测表面，另一个表面测试电极放置在地面的金属平板上，再将防静电移动设备(小车)的一个轮子压在该金属平板上，用静电表面电阻测量仪测量两个表面测试电极之间的电阻，应满足 4.9b)的要求。

7.10　防静电包装测试方法

7.10.1　静电放电屏蔽形式的包装袋测试方法见 Q/QJA 122-2013。

7.10.2　静电耗散材料的非屏蔽包装袋、箱、盒测试方法如下：

a) 防静电包装的静电泄漏电阻测试方法：使用防静电电阻测试仪和两个表面测试电极以及一张导电金属板，将表面测试电极放置到防静电包装表面紧密接触，将一个金属导电板上衬垫在防静电包装的底部，将另一个表面测试电极放置在该金属导电板上，不直接接触被测材料，用防静电电阻测试仪，设置 100V 测试电压，测量两个表面测试电极之间的电阻，应满足 4.10a)对静电泄漏电阻的要求；

b) 防静电周转容器的点对点电阻测试方法：当点对点电阻大于 $1\times10^{12}\Omega$ 时，使用高阻表，选择100V 测量电压，测试时间应大于 15s；当点对点电阻在 $1\times10^{5}\Omega\sim1\times10^{11}\Omega$ 之间时，使用防静电电阻测试仪，选择 100V 测量电压；当点对点电阻小于 $1\times10^{5}\Omega$ 时，使用防静电电阻测试仪，选择 10V 测量电压，测试电极可按被测包装形状设计，推荐使用 5.2.2i)规定的表面测试电极；测试同一侧表面时，被测件应该放置到表面电阻大于 $1\times10^{13}\Omega$ 的绝缘表面上，两测试电极之间距离不小于 50mm，测量两个表面测试电极之间的电阻，应满足 4.10a)、4.10c)对点对点电阻的要求；

c) 验收测试时，应按 5.1.2 环境相对湿度的要求；

d) 如果必须破坏被测包装，只对同类产品进行抽样测试。

7.11 防静电离子风机测试方法

防静电离子风机测试方法按 Q/QJA 121-2013。

7.12 防静电工具测试方法

7.12.1 在人体防静电措施有效并手持工具的情况下，利用人体接地途径，用数字多用表测量工具操作表面(或与电子产品接触的表面)与接地点之间的电阻应满足 4.12a)的要求。

7.12.2 用数字多用表测量电烙铁或有源剥线器外露金属部位与电源插头地线插销之间的电阻，应小于 2Ω，在电烙铁通电加热状态，使用数字多用表测量烙铁头与保护地线之间的电阻，应小于 20Ω。

8 测试结果的处理和测试周期

8.1 测试报告

8.1.1 每一测试项目，应有相应的原始记录并出具测试报告，测试点位置应有明确的图文信息，测试数据与测试点应正确对应。

8.1.2 对于固定安装的防静电表面(如地面、台面、隔板和货架)，应在原始记录，应用等比例示意图标注所选择的测试点。

8.2 测试周期

8.2.1 EPA 内防静电器材、设施和工具测试周期见表 1 。当测试条件不满足 5.1 的要求时，应当考虑缩短间隔时间。

8.2.2 防静电鞋、防静电腕带、防静电服在使用前应进行现场测试。

表1　EPA内防静电器材、设施和工具测试周期

项目要求		测试周期				
		连续	每次	每月	半年	一年
工作台、垫	接地情况	—	—	●	—	—
	对地电阻	—	—	—	—	●
佩戴腕带情况下人体对地连接		—	●	—	—	—
穿着鞋、袜情况下人体对地连接		—	●	—	—	—
工作凳、椅对地电阻[a]		—	—	—	●	—
地板、地垫	接地连接	—	—	●	—	—
	对地电阻	—	—	—	—	●
离子风机性能[a]		—	—	—	—	●
移动设备(手推车、搬运车、吊车等)表面对地电阻[a]		—	—	—	●	—
静电接地系统[b]	连续性、完整性	—	—	●	—	—
	公共接地点对电源保护地电阻	—	—	●	—	—
	交流设备导体阻抗[a]	—	—	—	—	●
	专用地线接地电阻	—	—	—	—	●
(连续)静电监测仪	工作状况	—	●	—	—	—
	技术性能[a]	—	—	—	—	●
防静电服	个人着装情况	—	●	—	—	—
	点对点电阻或对地电阻	—	—	●	—	—
周转容器表面点对点电阻		—	—	—	—	●
防静电屏蔽包装		—	●	—	—	—
电烙铁接地电阻		—	●	—	—	—
储存架对地电阻		—	—	—	—	●
环境温度、相对湿度[c]		●	—	—	—	—
注：●表示必选；—表示不要求。						
[a] 需要某种形式的测试标识，如标签、标牌或记录表格等。 [b] EPA接地电阻(接地体与大地间的电阻)应每年测试一次。 [c] EPA温度、相对湿度没有条件实现连续记录的，可每日定时记录。						

参考文献

[1]［日］菅义夫主编，王学英、鲍重光等译. 静电手册［M］. 北京：科学出版社，1981.

[2] 鲍重光等. 电子工业放静电危害［M］. 北京：北京工业学院出版社，1987.

[3] 刘尚合. 静电理论与防护［M］. 北京：兵器工业出版社，1999.

[4] 刘尚合，谭志良，武占成. 静电防护工程的研究与进展［J］. 中国工程科学，2000. 2（11）.

[5] 刘尚合，宋学君. 静电及其研究进展［J］. 自然杂志，2007. 2.

[6] 孙可平，电子工业静电放电（ESD）防护与控制技术［M］. 北京：电子工业出版社，2007.

[7] Q/QJA 118 - 122 航天电子产品静电防护管理体系要求［S］. 中国航天科技集团公司标准，2013.

[8] 袁亚飞，刘民，季启政等. 电子工业静电防护技术与管理［M］. 北京：中国宇航出版社，2013.

[9] 刘民，冯文武，袁亚飞. 静电防护测量仪器综述［J］. 电子测量与仪器学报，2011. 25（11）.

[10] 全国标准化原理与方法标准化技术委员会标准化工作指南：第 1 部分 标准化和相关活动的通用词汇：GB/T 20000. 1—2014［S］. 中国标准出版社，2002.

[11] 刘民，郭德华. 静电防护工程学与标准化［J］. 中国标准化，2014（5）.

[12] 马胜男，郭德华. 国外静电安全标准进展［J］. 标准科学，2012（07）.

[13] ISO/IEC Directives Part 1：Procedures for the technical work. 10th ed. Switzerland：ISO.

[14] 国家标准化管理委员会. 国际标准化教程（第 2 版）［M］. 北京：中国标准出版社，2009 年 2 月.

[15] Nathaniel Peachey. the ESD Association and Standards Development. 2012 静电防护与标准化学术交流会报告集.

[16] John Kinnear. Factory and Material Standards. 2012 静电防护与标准化学术交流会报告集.

[17] IEC/TC 101 STRATEGIC BUSINESS PLAN（SBP）. 2016 - 07.

[18] 郭德华，李景．美国参与 IEC 静电防护国际标准化活动的经验与启示 [J]. 中国标准化，2014 (5).

[19] 甘藏春，田世宏．中华人民共和国标准化法释义 [M]．北京：中国法制出版社. 2017 年 12 月.

[20] 马胜男，季启政．我国 ESD 标准研究进展、问题分析及对策建议 [J]．标准科学，2012 (9)．

[21] 李春田．标准化概论（第 4 版） [M]．北京：中国人民大学出版社，2005.

[22] 季启政，郭德华，高志良．关于我国静电防护标准化体系构建的研究 [J]. 中国标准化，2014 (5).

[23] ANSI/ESD S20. 20 – 2014. For the Development of an Electrostatic Discharge Control Program for – Protection of Electrical and Electronic Parts, Assemblies and Equipment (Excluding Electrically Initiated Explosive Devices) [S] .

[24] 季启政，高志良，刘民，等．深度解析 ANSI/ESD S20. 20 标准 2014 版修订 [J]．标准科学，2015 (3)：53 – 57.

[25] MIL – STD – 1686C. Electrostatic discharge control program for protection of electrical and electronic parts, assemblies and equipment [S] .

[26] IEC 61340 – 5 – 1. Protection of electronic devices from electrostatic phenomena – general requirements [S] .

[27] 黄九生．从 ANSI/ESD S20. 20—2014 的变化谈静电放电控制发展趋势 [J]. 安全与电磁兼容，2015 (1)：9.

[28] 赵凯华，陈熙谋．电磁学 [M]．北京：高等教育出版社，1985.

[29] [美] 亨利・B. 加勒特，艾伯特・C. 威特利斯主编，信太林，张振龙，周飞，译. 航天器充电效应防护设计手册 [M]，北京：中国宇航出版社，2016.

[30] 沈自才，刘业楠，王松等. 航天器静电放电标准的现状与发展方向，中国物理学会全国静电学术会议，石家庄，2015.

[31] 陆承祖，静电防护的基本措施：《防止静电事故通用导则》解释之二 [M]，静电，1990 (3)：28 – 35.